KB082624

산과 사람

❶

Mountains and Man

A Study of Process and Environment

by Larry Price

학술명저번역 656

산과 사람 1

산의 과정과 환경에 관한 연구

Mountains and Man: A Study of Process and Environment

래리 프라이스 지음 | 이준호 옮김

『산과 사람』은 가장 중요하고 시기적절하게 출판된 책으로, 산의 여러 과정과 환경에 관한 표준 교과서이다.

산과 사람의 관계는 기록된 역사의 시작보다 앞서 있다. 산은 예술, 종교, 철학, 정치, 사회 제도에 영향을 미치고 있다. 이러한 사람과 산의 관계가 20세기 말보다 더 중요한 적이 없었다. 정부와 사회 및 개인이 지구의 한정된 자원을 점차 고갈시키고, 또한 인구가 계속 팽창함에 따라 인간의 생존 가능성은 점점 더 모호해지고 있다. 인간의 생존은 아마도 산을 보존하는 것에 달려 있을 것이다.

에릭 에크홀름(Erik Eckholm)의 관찰에 따르면, 네팔이 인도와 방글라데시로 하나의 상품을 수출하고 있는데, 네팔은 잃으면 곤란한 필수품이고 이를 수입하는 국가들은 오직 재앙적인 결과를 맞게 되는 상품이라는 것이다. 이 상품은 바로 산악 홍수로 운반되는 실트이다. 동시에 산에서의 발전은 충격적인 삼림파괴[1]를 불러왔고, 계단재배하는 농업을(계단식 논농사를) 더 높은(가파른) 급경사면으로 내몰면서 네팔의 경제적 안정과 정

1) 한 지역에서 수목이 제거되는 현상이다. 이러한 수목의 제거 현상은 일시적이거나 연속적이며, 부분적으로는 피복된 수목이 완전히 제거되는 현상이 나타날 수도 있다. 이러한 현상은 인간의 작용이나 자연적인 현상, 또는 이 둘의 복합적인 작용 등이 원인이 되어 완만하게 또는 급격하게 일어난다.

치적 독립을 위협하고 있다. 실제로, 이러한 위협은 네팔에만 국한된 것이 아니다. 경제적인 안정이 산에 종속된 수많은 나라들은 이로 인해 고통받고 있다. 히말라야 인도(인도의 히말라야 지역), 시킴,[2] 아프가니스탄, 에티오피아, 에콰도르, 콜롬비아 등의 지역에서는 날마다 소중한 산악토[3]가 유실되고 있다. 파푸아, 뉴기니, 부탄, 태국 북부 및 수많은 다른 산악 국가와 지방에서도 비슷하게 산악토가 유실되고 있다.

알프스산맥에서의 위협은 과도한 이용에 기인하지만, 이러한 남용은 통제되지 않은 관광에서 비롯된다. 지난 2~3세기 동안 교목한계는 위험할 정도로 낮아졌다. 최근 눈사태 지대에 도로, 호텔, 스키 시설을 건설하는 것은 산악국가[4]로 하여금 인간이 야기한 자연재해로부터 자국을 보호하기 위해 지난 30년에 걸쳐 엄청난 액수의 돈을 쏟아붓도록 했다.

최근 태국 북부는 급증하는 인구와 다량의 아편 재배로 주목을 받고 있다. 이 험준한 몬순 삼림의 산악지역에서 전통적인 숲의 화전(화전 농업/이동경작) 경제는 붕괴되었다. 오늘날 미얀마, 라오스, 윈난과 연결된 태국 북부는 과거 무성했던 산악림이 불에 타고 숲이 광범위하게 파괴되면서 심하게 침식되고 있다. 이러한 황폐화로 주요 강의 수문학적인 순환은 비정상적으로 작용하고 있으며, 그 아래에서 쌀을 생산하는 비옥한 평원과 계곡은 생산성이 낮아지고 있다.

2) 네팔과 부탄 사이에 있는 인도의 주이며, 주도는 강톡(Gangtok)이다.

3) 높은 산지의 급경사지나 중간 규모의 험준한 산지 중 토양이 끊임없이 침식되고 있는 곳에 분포하는 비성대 토양이다. 고결암설토라고도 한다. 토층은 매우 얇으며, 층위 분화는 대단히 불안전하다. 일반적으로 석력질이며, 고결암 위에 쌓여 있거나 암설퇴적물로 이행한다. 표층의 부식 함량이 매우 적고 토양은 건조하다.

4) 1991년 알파인 협약으로 정의된 산악지역과 관련된 8개국, 즉 오스트리아, 프랑스, 독일, 이탈리아, 리히텐슈타인, 모나코, 슬로베니아, 스위스 등의 영토를 가리킨다.

단지 2억 명이 (지구 육지 면적의 20~30%인) 전 세계 산악지역에 거주하고 있지만, 이들 인구수의 몇 배가 산에서 시작해 인접한 저지대로 이주하고 확산하는 퇴화의 악영향이 산악지역에 나타나고 있다. 예를 들어, 히말라야산맥에서는 환경 저하로 인해 힌두스탄 평원(Indo-Gangetic Plain)에서만 3억 명의 목숨이 위협받고 있다. 어떤 기준으로 보아도, 이것은 전 세계적으로 중요한 문제로 인식되며 전 지구적인 행동을 촉발했다. 최근 이러한 사람과 산의 문제에 대한 긴급성을 유네스코 사람과 생물권(Man and Biosphere, MAB) 프로그램에서도 인정했다. 오스트리아 정부는 유네스코와 협력하여 1973년 1월 잘츠부르크에 전문가들을 초청해 회의를 열었다. 응용연구 디자인 개발을 목표로 소집한 이 회의에서는 인간 활동이 산악 생태계에 미치는 영향에 대한 연구인 MAB 프로젝트6(MAB Project6)을 공식적으로 개시했다. 그 밖에 1973년 11월 노르웨이 릴레함메르, 1973년 12월 오스트리아 빈, 1974년 6월 볼리비아 라파스, 1974년 7월 미국 콜로라도주 볼더, 1974년 12월 페루 리마, 1975년 10월 네팔 카트만두, 1976년 6월 콜롬비아 보고타, 1977년 5월 프랑스 브리아콘 등에서의 회담이 그 뒤를 이었다.

릴레함메르 회의에서는 MAB 프로젝트6의 국제워킹그룹(International Working Group)이 설립되었는데, 여기서 나는 영광스럽게도 의장직을 맡을 수 있는 기회를 얻었다. 그 이후로 국제워킹그룹의 국가위원회는 15개 이상의 국가에서 중요한 응용산악 연구를 설계하고 개시했다. 1977년에 유엔대학(the United Nations University, UNU)은 '습한 열대 및 아열대에서의 고지대-저지대 상호작용 시스템(Highland-Lowland Interactive Systems)'이라는 야심찬 이름을 가진 특별 프로젝트를 시작했다. 초기의 관심 지역은 파푸아, 뉴기니, 태국 북부, 네팔이었다. 그것에 더해 유네스코와 UNU

는 카트만두에 새로이 설립된 지역통합 산악개발센터(Regional Centre for Integrated Mountain Development)와 연계하여 네팔의 산악재해를 지도화하는 프로그램을 제시했다. 네 명의 젊은 네팔 전문가들이 콜로라도 프런트산맥(Colorado Front Range)[5]에서 산악지생태학에 대하여 특별한 훈련을 받았고, 지난여름 이들은 히말라야 지도 제작 프로젝트에 편입되었다.

유네스코와 UNU는 다른 기관과 협회, 특히 뮌헨 고산연구협력체(Arbeitgemeinschaft für Hochgebirgsforschung), 국제지리학연합(IGU) 산악지생태학 위원회와 연계하여 산악환경의 문제와 연구 및 개발을 다루는 새로운 학술지를 계획하고 있다.

지난 7년에 걸친 이렇게 엄청난 폭발적 활동이 있었다고 해서 현실에 안주하지 말라. 이처럼 응용연구 프로젝트를 수립하고 정치 및 토지이용 결정에 영향을 미치려고 노력하면서, 우리는 산악환경이나 산에서의 여러 과정에 대한 자연과학과 인문과학에서의 무지의 정도를 깨닫게 된다. 현재의 지식을 종합하고 공표하는 것은 엄청난 첫걸음이다. 이러한 단계를 밟으면서 프라이스 교수는 가장 중요한 공헌을 했으며, 헌신과 통찰력 및 용기에 대해 축하를 받을 것이다. 나는 용기를 말하고자 한다. 왜냐하면 우리의 연구 범위가 초기 연구를 부적절하고 불완전한 것으로 만들 것이기 때문이다. 사회의 서로 다른 부문과 다양한 교육 수준을 목표로 한다면 10권 또는 20권 이상의 책이 필요하다. 이 작업의 학제간, 다국어, 다국적 특성은 한 개인의 능력을 넘어선다. 하지만 이러한 목적을 달성하기 위해 협력하는 것도 마찬가지로 어려울 것이다.

그럼 여기서 우리는 어디로 가야 하는가? 이것은 수사적인 질문이 아

5) 미국 콜로라도주 중부에서 와이오밍주 남부에 걸친 산맥으로 로키산맥의 한 지맥이다.

니다. 더군다나 프라이스 교수가 내 자신의 헌신과 관심사를 공유하고 있기 때문에 내가 이런 파격적인 어조로 질문을 하는 것에 찬동할 것으로 확신한다. 과학자, 교육자, 정치인, 정부 기관, 산지의 사람들 사이의 자발적인 결합 활동의 필요성은 매우 중요하다. 홍보, 교육, 훈련이나 장기 및 단기 연구와 모니터링 또는 기존 지식과 새로운 지식을 모든 수준의 의사결정에 지능적으로 적용하는 등 수많은 동시 작업이 필요하다.

이러한 과제, 즉 일련의 상호 관련 업무가 너무나 엄청난 것으로 보여 우리 모두는 절망할지도 모른다. 이런 책임 회피는 피해야 한다. 세계 문명과 환경이 직면한 매우 심각한 위협 가운데 일부는 안일함, 무기력함, 절망에 있다. 이는 문제가 너무 크고 시간은 너무 짧아 환경과 문화에서 그 손실을 만회할 수 없다는 확신에 따른 것이다. 각오 하지 않으면 정치적인 문제에 압도당할 수도 있지만, 우리는 필시 가치 있는 시작을 할 수 있는 전문지식을 가지고 있을 것이다. 개별 공동체뿐만 아니라 수많은 색채를 가진 국가 정부와 국제기구가 집단적으로 사고하고 행동하도록 유도해야 한다. 우리는 이 모든 요구가 충족될지 확신할 수는 없지만, 또한 결과에 영향을 미치려는 시도를 피할 수도 없다.

나는 콜로라도주 프런트산맥의 3,000m 높이에 있는 개인 소유의 산채에서 이 책을 주의 깊게 읽었다. 나는 감탄했고 열정을 느꼈으며 기뻤다. 프라이스 교수는 이 책에서 산악 과정과 이용 가능한 환경을 가장 잘 종합하여 분석하고 있다. 저자의 폭넓은 관심과 이해 그리고 무엇보다도 산과 사람의 문제를 해결하려는 분명한 헌신은 칭찬받을 만한 것이다. 이 책 『산과 사람(*Mountains and Man*)』은 너무 긴 시간 동안 부족했던 교육 과정에 중요한 교재를 제공할 뿐만 아니라 산을 연구하는 여러 학술 공동체를 하나로 통합하고 결집할 것이다. 이들 공동체는 산악 유산의 보존과 균형 발전을 이루기 위하여 산지 사람들과 협력하는 데 전념하고 있다.

잭 D. 아이브스
IGU 산악지생태학 위원회 회장
콜로라도 프런트산맥 산지연구관측소
1979년 7월 15일

저자 서문

이 책의 저술에 대한 아이디어는 1973년 포틀랜드 주립대학에서 '산'이라는 이름의 신규 강좌를 준비하던 중에 처음 떠올랐다. 그 강의는 일반 대중이 관심을 가질 만한 입문용 교과과정으로 산의 여러 작용 및 산악환경에 대한 연구를 지향하는 것이었다. 나는 곧 수많은 저널의 논문과 심포지엄 초록에서 정보를 모아야 한다는 것을 알게 되었다. 하지만 다양한 주제를 적절히 다룬 책은 없었다. 이것은 내게 아무런 문제가 되지 않았지만, 학생들에게 무엇을 지정해줄 수 있는가? 영어로 된 어떤 것도 적절하지 않아 보였다. 이용 가능한 교과서(예: Pattie 1936, *Mountain Geography*)는 너무 오래되어 절판되었거나, 지역에 초점이 맞춰져 있거나(예: Pearsall 1960, *Mountains and Moorlands*) 또는 너무 상세하고 선별적(예: Wright and Osburn 1967, *Arctic and Alpine Environments*)이었다. 또 다른 극단은 밀네와 밀네(Milne and Milne, 1962)의 '산맥'이라는 제목의 타임라이프 자연도서관 출판물이었다. 이 얇은 책은 훌륭하게 묘사하고 잘 쓰였지만, 대학 교재로 사용하기에는 너무나 초급 수준이었다. 그 이후로 몇 권의 책이 나왔고, 가장 주목할 만한 것은 아이브스와 배리(Ives and Barry)가 저술한 거대하고 아름다운 『북극과 고산의 환경(*Arctic and Alpine Environments*)』(1974)이었다. 하지만 이들 두 사람도 역시 앞서 말한 유형 중 하나에 빠지는 경향이 있다.

산에 대한 흥미와 관심이 점차 커진 결과, 산에 관한 양질의 입문용 종합서의 필요성이 대두되었다. 산은 이 나라에서 발달해온 신비한 황무지의 중심에 있다. 산은 야생의 길들여지지 않은 자연의 마지막 피난처 중 하나로 간주되며, 마찬가지로 인간이 문명의 압박에서 벗어날 수 있는 마지막 남은 은신처 중 하나로 여겨진다. 홀로 있으며 자연의 맥박과 흐름을 느낄 기회가 점점 줄어들고 있는 도시화한 사회에서 산은 특히 중요하다. 수많은 사람의 마음에서 산은 자연의 좋은 모든 것을 대표하는 것이다. 그리고 산은 도시와 정반대이다. 급증하는 인구와 토지이용 압력과 더불어 산에 대한 관심이 높아짐에 따라 이러한 경관의 본질 및 교란에 대한 경관의 민감성을 더욱 즉각적으로 이해할 필요가 있다.

나는 이 책을 세 가지 용도로 쓰려고 노력했다. 먼저 산의 환경과 그 자연적인 과정을 다루는 교과과정에 필요한 대학 교재이다. 다음으로 박물학자, 도보 여행객과 등산객, 그리고 산에 관심이 있는 여러 사람들을 위한 문헌이다. 마지막으로 광범위한 참고 문헌이 아이디어를 종합하고 자연과학과 물리과학의 심화 학습을 위한 참고 자료로 가치가 있기를 바란다.

나는 기술적인 용어나 과학적인 전문용어의 불필요한 사용을 피하려고 노력했지만, 모든 전문용어를 제거하는 것은 불가능하고 바람직하지 않다. 측정 단위는 영국식 단위에 상당하는 미터(m) 단위로 제시했다. 이것이 어떤 맥락에서는 읽기를 느리게 만드는 반면, 이 책을 이용하는 대부분의 독자는 영국식 단위가 부차적으로 유용한 것임을 알게 될 것이라고 생각했다. 그림은 대부분 미터(m) 단위로 식별된다. 하지만 원본이 너무 어색해서 바꿀 수 없는 몇몇은 영국식 단위로 되어 있다. 정확도가 필요한 경우 정확하게 동등한 값으로 표시했지만, 일반적으로 큰 숫자는 가장 가까운 적절한 숫자로 반올림했다.

이 책은 높은 산의 여러 과정과 환경에 초점을 맞추고 있다. 특정 주제를 다루기 위한 선택과 깊이는 일반 교재에서 이용 가능한 정보, 나만의 관심사, 장점, 우선순위, 일반 독자들에게 가장 유용하고 흥미로운 것에 대한 일반적인 개념에 달려 있다. 또한 지나치는 지점도 있어야 했다. 유감스럽게도, 예를 들면 산악호수에 대한 별도의 논의는 없다. 반면에 산악곤충은 상당히 광범위한 지역에서 나타난다. 절지동물(arthropods)은 산에서 매우 중요한 유기체이며, 이들의 특징과 생존전략은 일반적으로 이러한 환경에서 생존의 문제들을 예시하고 반영한다. 같은 이유로 몇몇 절은 다른 절보다 훨씬 더 길고 상세하다. 예를 들어, 산악기후에 관한 장은 산의 기원에 대한 것보다 3배나 더 많다. 상당수는 이미 산악지질학에 대한 입문서에서 쉽게 구할 수 있다. 반면 기후에 대한 이해는 산에서 작용하는 특정 경관 과정을 이해하는 데 한층 더 기본적인 것이다. 마찬가지로 빙하는 식생, 야생 동물, 토양보다 덜 상세하게 다루었는데, 이는 산악빙하에 대한 정보를 입문서에서 쉽게 구할 수 있기 때문이다.

나는 현학적으로 행동하지 않고 이 텍스트를 완전히 문서화하려고 시도했으며, 이 책의 주요 강점 중 하나가 참고 문헌이란 것을 알아주면 좋겠다. 정보를 직접 취할 때마다 유명 잡지든 학술지든 그 출처를 인용했다. 가장 최근의 출판물에 초점을 맞추고 있으며, 오래되었지만 아마도 권위 있는 자료를 포기하면서까지 좋은 참고 문헌이 포함된 출판물을 인용하였다. 나는 대학 도서관에서 이용할 수 있는 자료들로 참고 문헌을 제한하려고 노력했다. 학위논문이나 학술논문 및 사내 출판물은 일반적으로 인용하지 않았고, 본문에서도 동료들과의 개인 소통을 통해 정보를 습득한 수많은 사례를 확인하지 못했다. 영어 인용에 중점을 두고 있기 때문에, 결과적으로 산악지리학의 수많은 권위 있는 연구가 생략되었으며, 특히 알프스산맥을 다루는 프랑스와 독일의 여러 저작물은 생략되었다. 다행스럽게도, 이들 아이디어의 대부분은 번역본으로 영어 출판물이나 유럽 학자들이 영어로 출판한 것에서 모두 보고되었다.

나는 이 책을 쓰면서 많은 사람에게 큰 도움을 받았고 신세를 졌다. 그 가운데 가장 중요한 사람은 테드 M. 오버랜더와 윌 F. 톰슨으로, 이들은 각 장을 읽고 비평, 논평, 아이디어로 가득 찬 원고를 돌려주었다. 이 두 사람 모두 열정적이며 참고할 만한 조언을 해주었다. 감사 인사 정도로는 이 책에 대한 두 사람의 상당한 공헌에 대한 보상으로 너무 부족하다. 하나 이상의 장(chapter)을 비판적으로 읽어준 동료들의 이름을 알파벳순으로 밝히면 L. C. 블리스, R. S. 호프만, 피터 헬레르만, 잭 아이브스, 마틴 카아츠, 프리츠 크레이머, 데이비드 란티스, 멜빈 마르쿠스이다. 이들 모두에게 감사 인사를 전한다.

또한 출판물을 재인쇄하고, 내 질문에 답하고, 원본 사진을 제공하고, 출판된 삽화의 사용을 허락해준 여러 분들의 친절에 감사한다. 특히 레이 허드넛이 삽화 작업 대부분의 밑그림을 그려준 것을 매우 영광스럽게 생각한다. 테드 오버랜더는 선의로 그림 5.13과 5.18을 훌륭한 작품으로 만들어냈다. 론 키혼과 테리 스톰스는 사진 촬영 및 현상과 인화 작업으로 야근했는데, 이들의 수고에 감사한다. 몇몇 학생들은 이 프로젝트에 적극적으로 관심을 보였고 여러 면에 도움을 주었다. 특히 도움과 아이디어를 준 개리 비치, 캐서린 핸슨, 미셸 데서지리-뉴솜, 로버트 뵉스, 들로레스 맥클레린에게 감사한다.

나는 포틀랜드 주립대학의 지리학부 구성원들에게 감사를 표한다. 이들은 내가 몫을 다하지 못해 끝이 없어 보이는 기간 동안에도 믿고 지지해주었다. 특히 1970년, 1971년, 1973년, 1974년, 1978년 여름에 지리학 답사

캠프에서 태평양 연안 북서부의 산을 주제로 가르칠 수 있도록 허락한 학과장 제임스 에쉬보의 선견지명과 용기에 감사하고 싶다. 당시의 경험은 내가 산에 관심을 기울이는 데 큰 도움이 되었다. 이 책의 집필을 시작한 안식년 동안 대학 당국, 그리고 대학 도서관과 타 도서관 대출 시스템에 감사한다. 이들 기관은 수많은 다양한 문헌을 다루는 데 있어 매우 귀중한 서비스를 제공했다.

각 부서의 비서는 원고를 타이핑하고 또다시 타이핑해야 하는 부담을 견뎌냈다. 이들은 자신만의 스타일을 더해 노력했다. 나는 첫 완성본을 신중히 그리고 성실히 완성한 나딘 화이트에게 특별히 감사한다. 캐롤린 페리는 시간이 있을 때마다 많은 물류 문제를 신속히 처리하고 원고의 일부를 타이핑했다. 베티 프로엔과 마리온 브래들리는 최종본의 많은 부분을 타이핑했다. 이 모든 분에게, 감사의 말씀을 드린다.

캘리포니아 대학 출판부의 후원 편집자인 그랜트 반스는 초기 개발 기간 동안 이 프로젝트에 대한 확신이 있었고, 내내 열정적으로 도움을 준 후원자였다. 카렌 리즈는 이 책을 비판적으로 읽고 편집했다. 그녀는 내용뿐만 아니라 문어체 표현에 대해서도 수많은 귀중한 제안을 했다. 나는 이들의 도움에 매우 감사한다.

마지막으로, 너무 오랫동안 제대로 된 남편과 아버지 없이 희생하며 살아온 아내 낸시와 자녀 로라, 마크, 제니퍼에게 감사를 표한다. 낸시는 아이디어와 문제를 수용하는 자문역을 감당해주었다. 그녀의 열정과 변함없는 인내, 그리고 지지는 이따금 찾아오는 좌절과 의심의 나날 동안 끊임없는 격려와 위안의 원천이었다. 이 책은 내 책이기도 하지만, 그만큼 또한 그녀의 책이기도 하다.

차례

1권

2권

1권 세부 차례

제4장 산악기후

제5장 눈과 빙하 및 눈사태

제6장 산악지형 및 지형적인 과정

제7장 산악토

일러두기

1. 각주는 모두 옮긴이 주이다.
2. 원서에서 이탤릭체로 강조한 전문용어는 찾아보기에 수록하여 그 내용을 확인할 수 있게 했다.
3. 특정한 지명 앞에 국명을 밝혀 적은 것은 자국(미국)이 아닌 지명에 국명을 밝힌 원서(저자)의 관례를 따른 것이다.
4. 전공 용어로 확정되거나 굳어진 비표준어는 한글맞춤법과 외래어표기법을 따른 이 책의 표기 방침에서 예외로 두었다.

도입

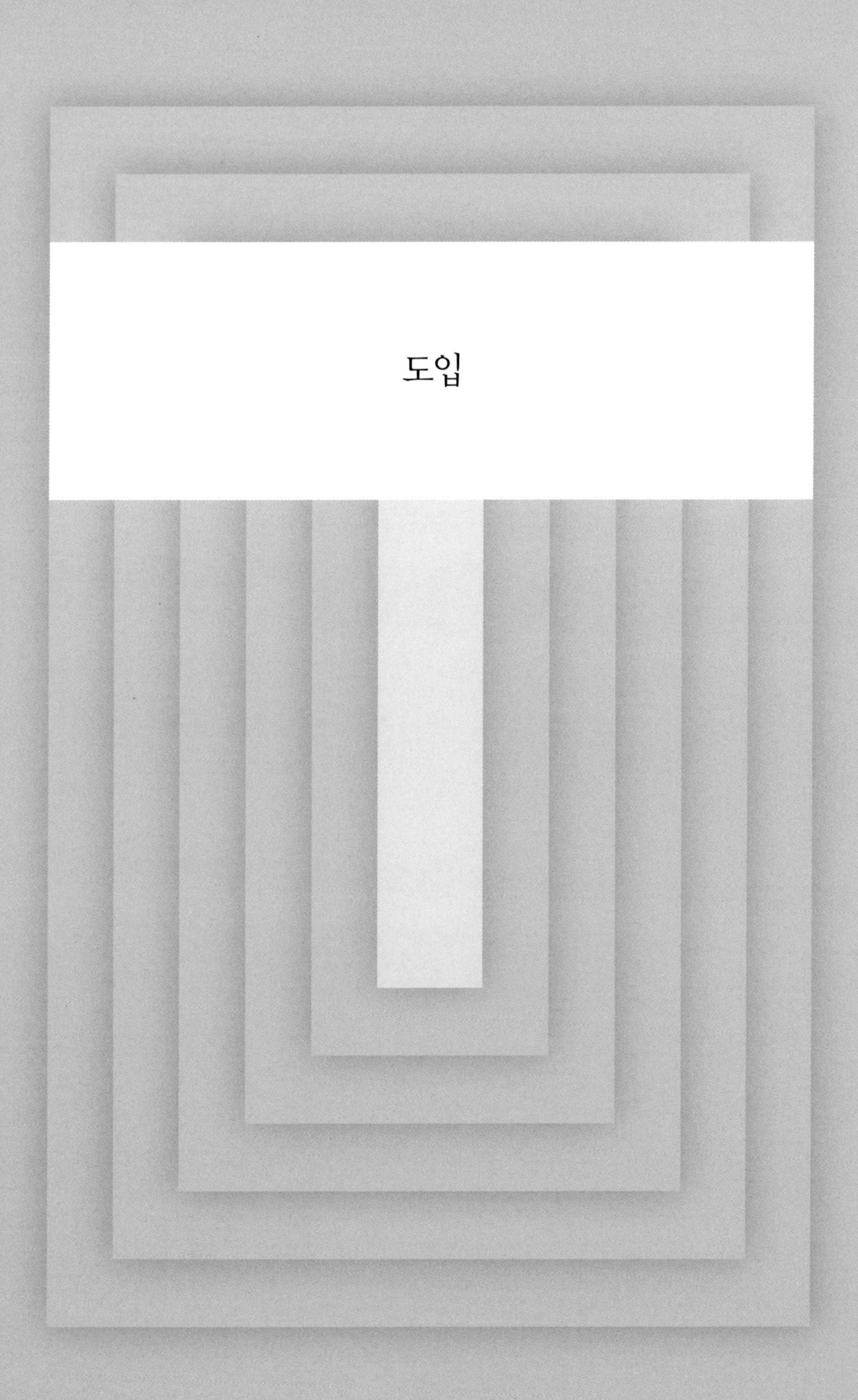

(…) 높은 산은 깊이 연구할 만한 가치가 있다.
여러분이 돌아서는 모든 곳에,
산은 모든 감각에 수많은 물체를 제공하여
마음을 흥분시키고 즐겁게 만든다.
산은 우리의 지성을 시험하고 우리의 영혼을 놀라게 한다.
산은 우리에게 무한한 창조물의 다양성을 상기시켜주고
타의 추종을 불허하는 장을 제공하여
자연의 과정을 관찰할 수 있도록 한다.

– 요지아스 짐러(Josias Simler),
『알프스에 관한 주석서(*De alpibus commentarius*)』(1574)

산의 존재는 근본적으로 지구를 개조하고 자연현상의 특성과 분포를 크게 바꾼다. 이것이 어느 만큼 사실인지는 아마도 산이나 언덕이 없다면 세상이 어떨지 잠시 생각해보면 가장 잘 알 수 있을 것이다. 해안선을 제외하고 사면이나 기복이 없는 육지 표면을, 그리고 이것이 환경의 본질과 분포에 어떤 영향을 미칠지 상상해보라. 아마도 주요 변화는 지구의 표면과 서식지의 균질화일 것이다. 기후-생물 지역은 더욱 감소할 것이다. 그래서 이들 지역은 광대한 지역을 차지하고, 어느 사이엔가 서로 합쳐질 것이다. 산은 기후, 식생, 토양, 야생 동물의 전 지구적 패턴을 묘사하고 강조하며 변경하는 역할을 한다.

산은 지구를 근본적인 무대 배경으로 자리 잡게 하고 지상극(terrestrial play)이 벌어지는 무대를 마련한다. 이것을 배경으로 삶과 살아가는 과정의 반복되는 성쇠가 바람과 물의 밀물과 썰물로 표현된다. 시나리오가 전개될 때 인간의 활동을 제한하고 잠재력을 일깨운다. 천연자원은 집중되거나 분산되어 증가하거나 감소할 수 있다. 예를 들어 히말라야산맥과 알프스산맥은 북쪽과 남쪽을 분리하고 있는데, 이러한 분리는 북쪽과 남쪽의 자연적 경관과 문화적 경관의 차이를 가지각색으로 반영한다. 안데스산맥, 캐스케이드산맥, 고츠(Ghats)산맥[1]은 남북으로 뻗어 있고, 동쪽과 서쪽에 엄청난 환경적 대비를 이루고 있다. 한쪽은 비가 오고, 다른 한쪽은 건조하다. 울창한 숲에는 관목지[2]와 사막이 나란히 있다. 이에 따라 생산성과 가치에서 큰 차이가 나는 취락과 토지이용도 뒤따른다.

산은 독창적이고 독특한 현상들을 만들어낸다. 산이 없다면 고산식물이나 고산동물은 없을 것이다. 산의 눈이나 급류, 또는 습곡암석이나 주맥(mother lode)[3]도 없을 것이다. 타히티나 마르티니크(Martinique)[4]는 대부분의 다른 섬들과 마찬가지로 바다의 산이 노출된 정상에 불과하다. 경치에 흥미를 더할 수 있는 어떤 높고 험준한 윤곽이 없다면 평원이 최고를 차지할 것이다. 우리는 '언제부터인가 우리의 힘이 생겨난 영원한 언덕'을 바라볼 수 없을 것이다. 어떤 산신도 없을 것이고, 올라가서 감상할 수 있는 후지산이나 에베레스트도 없을 것이다. 마추픽추와 카트만두는 존재하지 않을 것이다. 그 결과 안데스산맥의 길잡이나 셰르파(Sherpa)는 없을 것이다. 역사

1) 인도 데칸고원의 양옆을 남북으로 달리는 산맥이다. 서고츠산맥은 평균 고도 900~1,600m의 연속적인 산맥으로 아라비아해에서 불어오는 남서 계절풍이 산맥에 정면으로 부딪히기 때문에 서사면과 해안 지역은 인도의 다우 지역으로 알려져 있다. 동고츠산맥은 해발고도 500~600m의 개석된 구릉성 산지로 남서단의 닐기리 구릉에서 서고츠산맥과 합쳐진다. 고츠는 계단상의 비탈이라는 뜻으로, 이들 산맥이 길고 가파른 계단상의 지형으로 이루어진 데서 나온 것으로 보인다.

2) 키가 작은 잡목이 우거진 땅이며, 총림지(叢林地)라고도 한다.

3) 광물이 아주 풍부한 주맥을 말한다.

4) 카리브해에 위치한 프랑스의 해외 영토로, 주도는 포르드프랑스이다.

의 과정은 끝없이 수많은 방식으로 바뀔 것이다. 카이버 고개,[5] 테르모필레(Thermopylae),[6] 한니발, 알프스산맥을 생각해보자. 언어와 문화 및 국적은 그 수가 더 감소할 것이다. 그러면 스위스나 몬테네그로(Montenegro)는 존재하지 않았을 것이다. 세상은 더 가난한 곳이 되었을 것이다.

다행스럽게도 산은 인간 세계의 매우 현실적인 부분이며, 앞으로도 그럴 것이기에 우리는 이들 가정되는 상황에 대해 걱정할 필요가 없다. 성경 구절의 "보라, 골짜기마다 돋우어지며 산마다 낮아지며"는 더할 나위 없는 예언이다. 산의 생성과 파괴는 영원한 과정이다. 즉 산을 파괴하는 힘은 산을 만드는 힘에 적절히 필적하는 것 이상이다. 산은 지구의 내부에서 만들어지지만, 지표면에 도달하자마자 물질의 조성이 너무 많이 변해서 그 근원으로 결코 돌아갈 수 없다. 모든 지진과 화산 폭발은 지속적인 조산작용의 증거가 된다. 산은 지구의 후손이고, 대륙은 아주 오래된 산의 골격이다.

산의 생성은 거대한 물리적 구조를 제공하여 육상 환경의 특성과 분포를 변형시킬 뿐만 아니라 저지대에서 발견되는 것과 다른 서식지와 생명체를 만들어낸다. 산은 위쪽으로 지구를 보호하는 대기 중에 돌출함으로써 육지의 유기체가 높은 고도에서 나타나는 환경을 경험할 수 있는 가능성을 만들어낸다. 즉 공기는 더 희박해지고, 햇볕은 더 강렬해지고, 바람은 더 거세지고, 온도는 더 낮아진다. 유기체는 서로 다른 수준의 환경에 적응하여 특유의 생물 형태와 군집을 만들어낸다. 이를 위해 유기체는 산악 경관의 다양한 생태적 지위와 구성 요소를 서서히 전개하고 혁신하며 개발

5) 아프가니스탄과 파키스탄과의 국경에 위치해 있다.
6) 기원전 480년 스파르타군이 페르시아군에게 대패한 그리스의 산길이다.

하고 이용한다. 산비탈에는 종종 식물과 동물이 우선적으로 배열된 고도대나 지대가 표시될 것이다. 종은 하나둘 상한계에 도달하여 사라진다. 살아남은 종은 점차로 생산성이 떨어진다. 환경은 더욱 집약되고 삶은 더욱 신중하게 진행된다. 유기체는 환경에 직접적으로 더 얽매이게 되고 덜 복잡해지며 더욱 뚜렷해진다. 가장 높은 곳에는 오직 추위와 눈 그리고 빙하만이 있을 뿐이다.

섬이 주변의 저지대 바다 한가운데 있는 것처럼 산은 소우주(microcosmos)로 존재한다. 산은 고유의 유전물질[7]을 생산하고 유지하는 레퓨지아(refugia)[8] 역할을 한다. 산은 멸종위기에 처한 종들에게 피난처를 제공하고 독특한 서식지를 공급하며, 조사, 실험, 교육을 위한 자연실험실 역할을 한다.

산은 도시 및 인간의 건조물에서부터 자연 발생적이고 변하지 않는 것에 이르기까지 연속체[9]의 모든 부분을 차지하고 있다. 수많은 산은 지구의 경관이 거의 변화되지 않은 것으로 남아 있지만, 반면에 도시는 거의 완전히 변경된 것을 나타낸다. 그리고 우리 대부분이 도시에서 일생을 보낸다

7) 일차적으로 유전정보를 포함한 물질이다. 생물은 보통 이중나선 DNA를 유전물질로 가지고 있으며 자기복제의 능력과 유전정보를 다른 고분자 물질에게 전달하여 형질 발현을 이끄는 작용을 같이 구비하고 있다.

8) 과거에는 광범위하게 분포했던 유기체가 소규모의 제한된 집단으로 생존하는 지역이나 거주지를 말한다. 이들 지역은 보통 그 장소에서 계속해서 생존할 수 있었던 것을 설명할 수 있는 뚜렷한 미기후적, 지형적, 생태적, 역사적 특성을 가지고 있다. 예를 들어 빙기와 같은 대륙 전체의 변화기에 비교적 기후변화가 적어 다른 곳에서는 멸종된 것이 살아 있는 지역을 지칭한다.

9) 유체역학적 개념으로 운동과 변화를 설명할 수 있는 물체의 총칭이다. 단단하고 부서지기 쉬운 암석도 지하의 지구 물질은 장기간, 고압력, 고온 등의 조건에서는 연성 변형을 나타내므로 지구 내부를 연속체로 해석할 수 있다.

고 하더라도, 이것이 완전한 실존(existence)은 아니다. 우리는 멀리 떨어진 삼림과 암석투성이 산비탈에 있는 어떤 무언가가 인간이 필요로 하는 한층 더 원시적이고 신비로운 것을 채워주고 있다는 것을 점차 깨닫고 있다. 산은 이 세계에서 다른 세계로 도피할 수 있는 기회를 제공하여 자연과 교감할 수 있게 한다. 산은 고독을 제공하며 지구상의 마지막 '야생'의 보루 가운데 외로이 서 있다. 인구압이 증가하고 인간 활동이 극심해짐에 따라 점점 더 중요해지고 있는 이러한 특질은 또한 사람들이 산을 점점 더 이용하면서 산을 유지하는 것이 갈수록 더 어려워지고 있다. 한정된 자원에 대한 수요는 무한하다. 모두 수용할 수는 없다. 황무지를 더 쓸모 있게 만드는 것은 역설적으로 덜 쓸모 있게 하는 것이다. 우리가 매력적이라고 생각하는 이러한 환경의 속성이 지속되도록 하려면 이들 자원 관리의 문제를 해결해야만 한다.

산은 변화의 지표처럼 존속하고 있다. 산은 저지대보다 오염이나 변화의 영향을 더 심각하게 받는다. 그리고 산은 저지대보다 회복력이 약하고 더 취약하여 돌이킬 수 없는 피해를 입기 쉽다. 피해를 입으면 아무리 해도 그 피해는 억제되지 않는다. 그래서 고지대의 피해는 언제나 저지대로 이어진다. 이러한 영향은 해수면 지역이 이미 직면하고 있는 문제에 더해져 문제를 더욱 복잡하게 만든다.

이 책은 산악환경의 본질과 특징 및 지배적인 과정, 그리고 인간에게 산악환경이 갖는 중요성에 대한 조사서이다. 이 책은 경사지고 불안정하며 거친, 그러면서 갑작스럽고 파멸적인, 그리고 놀랍고 아름다운 세계로 인도하는 여행서이다. 이 책은 산의 존재에 대한, 그리고 산이 제시하는 다양성과 도전에 대한 찬사이다. 이 책은 산악환경(mountain milieu)을 탐험하고 배우기 위한 초대장이다.

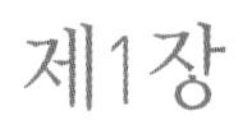

산은 무엇인가?

나는 그에게 신경이 과민해졌다고 말했다.
모든 두더지 언덕은 산이었다.
- 토머스 허친슨(Thomas Hutchinson),
『일기(*Diary*)』(1778)

1930년대에는 미국 48개 각 주의 가장 높은 정상에 오르며 이곳저곳 여행하는 것이 미국의 다양한 산악회 회원들 사이에서 유행했다. 이 중 가장 높은 곳은 캘리포니아주의 휘트니(Whitney)산(4,418m)이고, 가장 낮은 곳은 플로리다주의 아이언(Iron)산(100m)[1]이었다(Sayward 1934). 휘트니산이 진정한 산이라는 것을 어느 누구도 의심하지 않겠지만, 아이언산에 대해서는 상당한 의문이 든다. 웹스터 사전에는 산이 "주변보다 눈에 띄게 돌출한 육괴(landmass)의 모든 부분"이라고 정의되어 있다. 이러한 정의에 따르면 아이언산은 적절한 이름일 수도 있지만, 대부분은 이러한 정의를 완곡한 표현이라고 판단한다. 이와는 정반대의 극단적인 상황으로 히말라야산

1) 플로리다에서 실제 가장 높은 지점은 앨라배마주와의 경계 부근에 있는 105m의 이름 없는 고도이다.

맥에서 영국의 산악인이 길잡이 셰르파에게 주변의 3,500m 산봉우리 중 몇 개의 이름을 물어봤다는 이야기가 있다. 이 길잡이는 이들 산봉우리가 아무 이름도 없는 작은 언덕에 불과하다며 어깨를 으쓱했다.

이 두 상황 사이의 차이점이 눈에 띄는 차이이다. 높은 산봉우리일지라도 더 높은 히말라야산맥의 장엄함 속에서는 그 존재가 희미해지고, 반면에 평원에 있는 작은 돌출부조차 현지 주민들에게는 '산'이 될지도 모른다. 따라서 플로리다주의 아이언산이나 뉴저지주의 와청산맥(Watchung Mountains)과 같이 단지 약간 더 높은 지형은 그 높이가 150m를 넘지 않을 수도 있지만 '산'이라는 이름이 부적절해 보이지 않는 중요한 지방 명소이다. 그런데 지세를 산이라고 부르는 것이 이를 산으로 만드는 것은 아니다.

로더릭 피티(Roderick Peattie)는 자신의 대표작인 『산악지리학(*Mountain Geography*)』(1936, p. 3)에서 산을 정의하는 몇 가지 주관적인 기준을 다음과 같이 제시했다. 즉 산은 인상적이어야 하고, 또한 산은 산의 그림자 안에 사는 사람들의 상상 속으로 들어가야 하며, 더불어 산은 개성을 갖고 있어야 한다는 것이다. 그는 후지산과 에트나산을 사례로 언급한다. 이 둘 모두 눈 덮인 화산추(volcanic cones)[2]로 주변 경관을 지배하고 있고, 둘 다 예술과 문학에서 불멸의 존재가 되었다. 하지만 이들 산은 가까이에 사는 사람들의 마음속에서 매우 상이한 반응을 자아낸다. 후지산은 온화하고 신성하며 평화와 힘의 상징이다. 반면에 에트나산은 계속해서 끓어오르는 용암과 불을 내뿜으며 농장과 마을을 파괴하는 악마이다.

2) 많은 양의 용암과 화산력, 화산사 따위가 계속 분출하여 쌓이면서 원뿔 모양을 이룬 지형을 말한다.

> 그렇다면 산은 대체로 산이다. 왜냐하면 대중의 상상 속에서 산이 하는 역할 때문이다. 산은 거의 언덕에 불과할지도 모른다. 하지만 만약 산이 뚜렷한 개성을 가지고 있거나 사람들에게 다소 상징적인 역할을 한다면, 산의 기저에 사는 사람들은 산을 산으로 평가할 것 같다.(Peattie 1936, p. 4)

수많은 산이 이러한 요구 조건을 충족시키지만, 그러한 무형의 것을 실행 가능한 정의에 포함시키기는 어렵다. 산을 정의하는 더 객관적인 근거는 높이다. 지형이 산의 자격을 얻으려면 적어도 특정 고도(예: 300m)에 도달해야 한다. 이것은 중요한 기준이지만, 그것만으로는 여전히 불충분하다. 북아메리카의 그레이트플레인스(Great Plains)는 높이가 1,500m가 넘고 티베트고원은 5,000m의 높이에 이르지만 어느 것도 산으로 분류되지 않는다. 볼리비아에서는 포토시(Potosi) 철도가 엘 콘도르(El Condor)역 근처 4,800m의 높이에 도달하는데, 코피를 흘릴 정도로 매우 높은 곳이다. 하지만 이 철도는 가끔 5,000m를 초과하는 돌출부가 존재하는 상당한 높이의 나라에 있다(Troll 1972a, p. 2). 이와는 대조적으로, 해발 수백 미터밖에 되지 않는 스피츠베르겐 서부는 빙하, 서리 암설(frost debris), 툰드라 식생이 있는 높은 산악경관의 모습을 하고 있다.

산악지형에 대한 객관적인 정의는 높이뿐만 아니라 국지적인 기복, 사면의 경사도, 사면의 토지 크기가 포함되어야 한다. 국지적인 기복이란 어느 지역에서 가장 높은 지점과 가장 낮은 지점 사이의 상승된 거리이다. 국지적인 기복을 적용하는 것은 적용되는 상황에 따라 달라진다. 초기 유럽의 지리학자들 몇몇은 어느 지역이 진정으로 산이 되려면 최소한 900m의 국지적인 기복이 있어야 한다고 생각했다. 이 기준을 적용할 경우 알프스산맥, 피레네산맥, 캅카스산맥, 히말라야산맥, 안데스산맥, 로키산맥,

캐스케이드산맥, 시에라네바다산맥 등과 같은 주요 산맥에 한해서만 자격이 있다. 심지어 애팔래치아산맥도 이러한 접근법으로는 실패할 것이다. 반면 미국 동부와 중서부에서 활동하는 미국 지리학자들은 300m의 국지적인 기복이라면 산의 자격을 갖기에 충분하다고 생각해왔다. 다양한 지형 분류는 그 범위가 이들 수치 사이에 있는 여러 조건으로 제안되었다(Hammond 1964).

국지적인 기복은 높이와 같이 그 자체만으로는 산에 대한 불완전한 척도이다. 고원은 깊은 계곡(예: 그랜드 캐니언)에 의해 개석(dissection)[3]되었을 때 장엄한 기복을 나타낼 수 있다. 이러한 지세는 본질적으로 산이 지형역전[4]된 것이지만, 우리는 산을 내려다보는 것이 아니라 올려다보는 것에 익숙하다. (반면에 만약 누군가가 그랜드 캐니언의 기저부에서 올려다보고 있다면, 경관은 충분히 산처럼 보일 수도 있다.) 그런데 국지적인 기복이 심한 지역은 그 규모가 제한되어 있고 어느 쪽이든 비교적 평평한 지표면으로 둘러싸여 있다. 상반되지만 비교될 수 있는 경관은 미국 서부의 베이슨앤드레인지 지방(Basin and Range Province)[5]의 경관이다. 이 지역의 대부분은 평원에 있지만, 때때로 산릉[6]은 주변보다 위로 1,500m 돌출되어 있다. 이러한 경관은 평지나 산의 범주에 잘 맞지 않기 때문에 불확실하다.

산은 대개 개석된 높은 경관으로 여겨진다. 토지 표면이 대부분 기울어져 있고 사면은 저지대보다 더 가파르다. 이것은 보편적으로 사실이지만,

3) 원지형면이 지표의 여러 기지 지형 형성작용, 즉 외인적 작용으로 침식되고 해체되면서 원지형의 구성 지층이 그 침식된 단면에 명확하게 나타나는 현상을 말한다.
4) 지질 구조와 지형이 일치하지 않는 지역에 적용하기도 하고, 지형의 높낮이가 뒤바뀐 경우에도 사용한다.
5) 분지들과 산맥들이 교대로 형성된 지방으로 미국 서부 지역 대부분을 덮고 있다.
6) 초기 습곡 구조에서 배사부에 해당되는 부분으로 향사곡과 함께 습곡산지를 이룬다.

가파르게 개석된 토지의 실제 크기는 다소 제한적일 수 있다. 많은 부분이 지질학적인 구조와 경관의 역사에 달려 있다(이 책 326~329쪽 참조) 알프스산맥이나 히말라야산맥과 같은 산에서는 가파른 톱니 모양의 지형이 지배적이다.

다른 지역에서는 이들 특징이 더 국한될 수 있다. 로키산맥의 남부와 중부는 대규모의 넓고 완만한 정상의 고지대[7]를 보여주고 있으며, 오리건주 캐스케이드산맥에도 비슷한 환경이 존재한다. 이러한 캐스케이드산맥의 특색을 이루는 것은 고지대 지표면 위에 있는 플라이스토세 유년기 화산이다. 캘리포니아주 시에라네바다산맥에는 빙하작용을 강하게 받아 장관을 이루는 수많은 지형이 있다. 하지만 또한 적당한 정도의 기복만 있는 넓은 고지대 지역도 있다. 요세미티 밸리(Yosemite Valley)는 이러한 물결 모양이 지표면에 새겨져 있으며, 이 지역의 인상적인 기복의 대부분은 고지대의 험준한 지형보다는 깊은 계곡의 발생에서 비롯된다. 산의 세계는 기본적으로 하나의 수직적인 상태이지만, 10°~30°의 경사각이 특징이다. 산이 매우 가파르다는 인상을 주는 것도 간헐적인 절벽과 벼랑 및 산릉 때문이다. 그럼에도 산릉과 계곡 사이의 수평 거리는 사면의 험준함에 대한 외연과 틀을 확립하고 있다. 이러한 수평 거리는 기복을 만드는 수직 거리만큼이나 산의 윤곽을 묘사하는 원리이다.

산은 지질학적 기준, 특히 단층되거나 습곡된 지층,[8] 변성된 암석, 화강암질 저반 등으로 구분할 수 있다(Hunt 1958). 주요 산계(mountain chain)[9]

7) 해안에서 가깝지 않은 고지대를 말한다.

8) 좁은 의미로는 퇴적암의 층상 집합체를 의미하나 화산회나 응회암층도 지층이라고 하며, 넓은 의미로는 지각을 구성하는 암석과 토양으로 이루어진 전부를 의미하기도 한다.

9) 수백~수천 킬로미터에 걸쳐서 연속된 기복을 갖는 선상의 동일 산맥 계통의 대지형으로,

대부분은 이러한 특징을 갖고 있으며, 또한 이전의 산을 확인하는 데 중요하다. 여러 타당한 사례가 미시간주 슈피리어호(Lake Superior)의 남쪽 호숫가를 따라, 그리고 캐나다의 남동부 전역에서 발견된다. 이 지역에는 이들 모든 특징이 나타나지만, 침식이 한때 산이었던 과거 산봉우리를 제거한 지 오래되었다. 이러한 정의에 내재된 생각은 산이 건조(建造)된 지형이라는 것이다. 즉 산이 어떤 내적 영력에 의해 형성되고 만들어졌다는 것이다. 이것은 분명히 주요 산맥에도 해당하지만, 산악지형은 파괴적인 과정, 즉 침식의 결과로 발생하는 것일 수도 있다. 예를 들어, 강하게 개석된 고원은 위에 나열된 지질학적 특징을 전혀 포함하지 않더라도 산지의 특성이 나타날 수 있다. 미국 남서부의 어떤 지역에서는 실제로 그러한 개석이 나타난다. 이상하게도, 이들 경관은 종종 경관 형성의 기원과는 매우 다르게 인식된다. 산은 웅장한 자연의 초기 표현이라기보다는 오히려 폐허, 즉 애처로운 지세로 여겨진다. 산은 "우울한 감정"을 불러일으킨다(Tuan 1964).

산을 정의하는 또 다른 근거는 기후와 식생의 특성에 있다. 언덕과 산의 본질적인 차이점이 산에서는 연속적인 여러 높이에서 상이한 기후가 뚜렷하게 나타나고 있다는 것이다(Thompson 1964). 이러한 기후 변동은 대개 식생에 반영되어 산에서는 기저부에서 정상까지 식물군락[10]의 수직적인 변화가 나타나지만, 언덕에서는 그렇지 않다. 전 세계 대부분 지역에서는

각 부분의 공통적인 지사를 가신다.

10) 식물로 이루어진 생물공동체로 식물공동체라고도 한다. 동일 장소에서 어떤 종의 단위성과 개별성을 지니고 같이 생활하고 있는 식물군을 지칭하는 인위적이고 편의적인 식생의 단위이다. 오늘날은 단지 어떤 장소에 생육하고 있는 식물적 집단만을 뜻하는 것이 아니라 군락을 형성하고 있는 종간의 조성과 환경조건 등이 서로 평형을 이루고 있는 식물적 사회집단을 의미한다.

600m의 국지적인 기복이라면 뚜렷한 식생 변화를 가져오기에 충분하다는 주장이 있다.

이것이 언제나 분명한 것은 아니다. 왜냐하면 일부 식물(예: 산쑥 *Artemisia spp.*)은 광대한 범위의 고도에서 나타나며 산 전체를 덮을 수도 있기 때문이다. 하지만 식생이 균질하더라도 고도에 따라 측정 가능한 기후적 변화가 있다(Thompson 1964). 이 접근법의 가장 큰 장점은 지형뿐만 아니라 생태를 인식한다는 점이다. 의심할 여지없이 산의 가장 독특한 특징 중 하나는 심한 기복과 급경사면과 함께 비교적 짧은 거리 내에서 환경적인 대비가 크다는 점이다.

높은 산의 경관

독일어를 사용하는 사람들은 호흐게비거(hochgebirge, 높은 산)와 미텔게비거(mittelgebirge, 중간 산)를 구별한다. 하츠(Harts)산맥과 블랙포레스트(Black Forest)[11]는 미텔게비거이고, 알프스산맥은 호흐게비거의 전형적인 예이다(Troll 1972a, p. 2). 프랑스어에는 비교할 만한 용어로 오트 몽타뉴(hautes montagnes, 높은 산)와 모옌느 몽타뉴(moyennes montagnes, 중간 산)가 있다. 이는 영어로 각각 '하이시에라(High Sierra)'[12]와 '하이캐스케이

11) 블랙포레스트는 빽빽이 들어선 아름드리나무들 때문에 하늘이 보이지 않는다고 해서 붙여진 이름이다. 독일 서남부 지역 바덴-뷔르템베르크주에 있는 산림지대로 총 75만 헥타르의 광대한 지역을 일컫는다. 전 세계 임업인과 임학자들이 평생 꼭 한번은 방문하고 싶어하는 곳이다.

12) 시에라네바다산맥의 해발고도 약 2,700m 이상의 고산지대를 말한다.

드(High Cascades)'를 말하지만, 시에라산맥이나 캐스케이드산맥과는 대조된다. 코스트(Coast)산맥은 낮은 산이고 로키산맥은 높은 산이다. 하지만 높은 산과 낮은 산을 구별하는 것은 무엇인가? 높이만으로는 충분하지 않다. 즉 티베트의 높은 고원과 스피츠베르겐 서부의 적절한 높이를 비교해야 한다. 심한 기복[13]도 신뢰할 수 없다. 즉 캘리포니아주의 코스트산맥은 아마도 로키산맥의 대부분 지역보다 기복이 더 심할 것이다. 기후는 고산지대(alpine zone)[14]가 시작되는 곳을 결정하는 가장 좋은 결정요인이다. 이러한 이유로 높은 산의 경관은 서로 다른 환경조건의 상이한 고도에서 발생한다. 자바에서는 해발 3,000m까지 치솟아 있는 판그랑고(Pangrango) 화산이 정상까지 열대우림으로 뒤덮여 있다. "판그랑고는 높은 산의 경관이 없는 높은 산이다."(Troll 1972a, p. 2)

고산(alpine)이라는 단어는 알프스산맥에서 유래한 것으로, 암석투성이 산릉과 툰드라 식물이 산재해 있으며 춥고 바람이 많이 부는 숲의 위쪽에 위치한 연속적인 지역을 가리킨다(Love 1970). 숲의 상부 가장자리(수목한계선)는 일반적으로 극지[15]에서 높이가 가장 낮으며 적도 쪽으로 갈수록 높아진다. 하지만 이것은 단순한 선형 관계가 아니다. 나무가 자라는 가장 높은 고도는 습한 열대지방이 아니라 위도 약 30°의 안데스산맥과 히말라야산맥의 건조지대이다(Troll 1973a, pp. 10~13). 또한 수목한계선은 해안지역에서 대륙 내부로 갈수록 높아지는 경향이 있다. 따라서 뉴햄프셔주

13) 일정 지역에서의 요철에 의한 상대적인 고도의 차이를 말한다. 계곡과 산릉이 발달한 산악지역은 기복량이 큰 반면에 평야지역은 기복량이 적다고 할 수 있다.

14) 표고에 따른 구분으로 삼림한계의 상부로부터 빙설대의 하한까지의 고도 범위를 말한다.

15) 북극과 남극을 중심으로 하는 고위도 지방을 말한다. 보통 수목한계선이 그 경계가 된다. 주민의 생활은 주로 순록의 유목이나 어로 수렵 등에 의존한다. 최근에는 항공교통의 요충지로서 그 중요성이 재평가받고 있다.

의 워싱턴산에서는 고산지대가 1,500m에서 시작되고, 와이오밍주의 로키 산맥에서는 고산지대가 3,000m 이상에서 나타난다. 그리고 오리건주 캐스케이드산맥에서는 고산지대가 다시 1,800m까지 하강한다(Daubenmire 1954, p. 121). 상부 수목한계선은 높은 산의 환경이 어디에서 시작되는지 결정하는 주요한 기준이 될 수도 있지만, 이것만이 유일한 결정요인은 아니다. 나무 종마다 기후 요건이 다르기 때문에, 대비되는 능력과 잠재력은 서로 다른 지역과 연관되어 있다(이 책 553~554쪽 참조). 지질학적인 요인이나 여러 다른 자연적인 요인으로 인해 수목한계선이 비정상적으로 낮아질 수 있다. 또한 수많은 수목한계선이 인간의 간섭으로, 특히 불의 작용에 크게 영향을 받으므로 이들을 쉽게 비교할 수 없다(Hedberg 1972).

이런 이유로 높은 산의 환경에서 하한계를 결정하기 위한 지질학적인 접근법을 제안하였다. 다음과 같이 크게 세 가지 기준이 있다. 먼저 높은 산은 플라이스토세 설선 위로 올라가야 한다. 이곳은 산악빙하 및 동결작용(frost action)[16]과 관련된 험준한 톱니 모양의 지형이 있는 지대이다. 다음으로 높은 산은 지역의 수목한계선 위로 확장되어야 한다. 그리고 높은 산은 동상작용(frost-heaving)과 솔리플럭션과 같은 극저온빙설의 과정을 보여야 한다(이 책 367~369쪽 참조)(Troll 1972a, 1973b). 비록 이들 각각이 다양한 고도에 존재할 수 있고, 어느 한 가지가 어떤 지역에서는 다른 지역에서보다 더 중요할 수도 있지만, 모든 것을 함께 고려했을 때 세 가지 기준은 높은 산의 환경을 구분하는 데 꽤 적절한 근거를 제공한다(그림 1.1). "이 개념에 따르면, 높은 산은 특정 고도에 도달한 산으로 이들 산은

16) 주빙하작용의 주체를 이루는 작용으로 토양과 암석의 강한 동결이나 동결과 융해의 반복으로 형성되는 모든 작용의 총칭이며, 동결융해작용이라고도 한다.

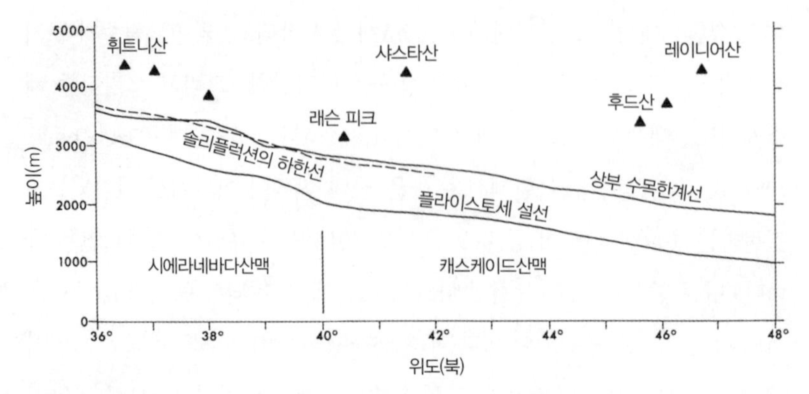

그림 1.1 캐스케이드산맥과 시에라네바다산맥을 남-북으로 가로지르는 고도선을 토대로 구분한 높은 산의 환경이 나타나는 범위와 그 일반적인 위치(출처: Höllermann 1973, p. A151)

지형, 식물 피복, 토양 과정, 경관 특성을 나타낸다. 경관 특성은 일반적으로 알프스산맥의 고전적인 산악지리학의 지역에서 높은 고산(high-alpine)으로 인식된다."(Troll 1972a, p. 4)

높은 산과 낮은 산의 차이는 고사하고 산이 무엇인지에 대한 의견이 다른 이유는 분명하다. 아마도 우리의 현재 지식 상태에서는 정의를 내리는 데 상당히 유연한 것이 최선일 것이다. 이 책의 목적에 맞게 산은 심한 국지적인 기복(예를 들어 300m)이 있는 높은 지형으로 정의될 것이다. 산의 지표면 대부분은 급경사면에 있으며, 보통 산의 기저에서 정상까지 기후의 뚜렷한 변동 및 기후와 관련된 생물학적 현상의 현저한 변화를 나타낸다. 높은 산의 경관은 빙하작용, 동결작용, 매스웨이스팅[17]이 지배적인 과정인 곳으로 기후상의 수목한계선 위의 지역이다.

17) 유수, 바람, 빙하 등과 같은 운반매개체의 개입 없이 중력작용에 의해 물질이 사면의 지구 중심, 즉 낮은 사면을 따라 이동하는 과정을 총칭한다.

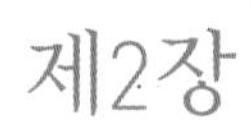

산에 대한 태도

신학, 철학, 지질학, 천문학 —
이 모든 것의 기본적이고 급진적인 변화는
'산의 어둠'이 '산의 영광'에게
자리를 내주기 전에 일어났다.

- 마저리 니컬슨(Marjorie H. Nicolson),
『산의 어둠과 산의 영광(*Mountain Gloom and Mountain Glory*)』(1959)

오늘날 거의 모든 사람은 산을 찬탄하며 애정 어린 시선으로 바라본다. 하지만 산에 대한 긍정적인 태도는 비교적 새로운 것이다. 동양과 중동에서 산은 매우 오랜 역사가 있지만, 서양에서 산의 역사는 단지 3~4세기에 불과하다. 산은 수천 년 동안 사람의 마음을 끌고 있다. 사람은 산을 두루 여행하고, 수렵과 채집 및 짐승의 방목을 목적으로 계절에 따라 각기 다른 고도의 환경을 이용하고 있다. 그리고 사람은 산에 영구적인 집을 짓고 땅을 개간하고 있다. 하지만 인류 역사 대부분의 기간 동안 산에 대한 지배적인 느낌은 두려움이나 의심, 또는 경외감 중 하나였다. 산에 대한 현재의 사랑을 이해하기 위해서는 시간을 통해 이러한 사상의 전개 과정을 추적하고 역사적 관점에서 바라볼 필요가 있다.

선사시대

산에 대한 원시인의 견해에 대해서는 알려진 것이 거의 없다. 증거 대부분은 유럽인들과의 주요한 접촉 이전의 원시사회에 대한 연구에 기초하고 있다. 이들 집단의 상당수는 활화산 지역에 살았으며, 화염과 파괴적인 산봉우리에 대한 태도는 대체로 부정적이었다. 산은 자비로운 신이나 악마의 고향으로 여겨졌으며, 화산 폭발은 신이 사람들에 대한 불만을 표출하는 징조로 해석되었다. 따라서 여러 다양한 문화는 신의 분노를 달래기 위하여 여러 가지 금기와 의식 및 제물을 정성들여 마련해서 제사했다. 화산 활동이 없는 지역에서도 산은 경외심을 불러일으켰다. 산은 평원 위에 우뚝 솟아 있으며 외딴 곳에 멀리 떨어져 있었다. 이곳에서 대지는 하늘과 만났으며 여기서 신과 영적으로 교감했다. 지진은 산에 살던 신의 맹위와 권능의 증거이자 인간에 대한 격노를 표출하는 증거로 종종 화산폭발을 대신했다. 원시인은 흔히 산을 날씨와 엄밀히 같은 것으로 간주했다. 산은 폭풍과 번개, 그리고 강풍과 추위 및 구름의 고향이다. 산꼭대기는 자주 구름에 가려져 보이지 않고 신비롭다. 또한 산은 눈과도 관련이 있는데, 눈은 저지대에서 내릴 수도 있고 그렇지 않을 수도 있는 현상이다. 하지만 어떤 경우에도 눈은 높은 고도에서 훨씬 더 오래 지속된다. 그리고 눈은 산의 봉우리를 영혼과 신이 자연적으로 깃드는 섬뜩한 곳(과 광경)으로 변화시킨다. 산에서 소리가 크게 울려 퍼지는 메아리의 진동은 가뜩이나 무서운 경험에 섬뜩한 느낌을 더했을 것이다. 의심할 여지없이 산봉우리를 방문한 초기의 사람들이 관찰한 또 다른 것은 그들 자신의 몸에 일어난 반응이었다. 복통, 구토, 어지럼증, 호흡 곤란과 같은 고산병의 증상은 여행자들이 자연적인 원인으로 간주하기 어려웠을 것이다. 설명은 명백했다.

즉 여행자들이 신성한 땅을 침범한 것이다. 산과 날씨와 관련된 수많은 특징이 공포를 불러일으켰지만, 산은 또한 긍정적인 속성을 지니고 있었다. 예를 들어, 산이 강우와 산악하천을 통해 흐르는 물의 근원이기 때문에 사람들은 산을 생명의 은인으로 여겼다.

산은 종종 기이하고 (때로는 신화의) 위험한 야수들이 사는 곳으로 여겨졌다. 이들 야수 중 몇몇은 눈표범이나 다른 대형 고양이과 동물과 독수리, 늑대, 원숭이, 유인원 등과 함께 울창한 산악림[1]에 살았지만 때때로 눈 덮인 지대를 헤매고 다녔던 실재하는 동물이었다. 이들 수많은 동물은 저지대에서는 찾기 힘들고 좀처럼 볼 수 없던 포식자였고, 전설과 미신에서는 실제보다 더 크게 부풀려졌다. 히말라야산맥의 설인[2]이나 북아메리카 서부 산맥의 새스콰치(빅풋)[3]와 같은 전설의 일부는 오늘날까지 계속되고 있다.

우리는 정확히 언제부터 인간이 산에 정착하기 시작했는지 알지 못한다. 알프스산맥과 중동의 산맥에서 발견되는 고고학적 유적지는 적어도 석기시대(10만 년 전) 이후 인류가 존재한 것을 나타낸다. 여기에는 이른바 무스테리안기(Mousterian)[4]와 구석기 문화의 여러 고산 요소가 포함된다 (Charlesworth 1957, p. 1035; DeSonnerville-Bordes 1963, p. 354; Young and Smith 1966; Schmid 1972). 산속의 이들 무리는 주로 일시적인 수렵 집단으

1) 산지 중 경사가 심하고 고도가 높은 곳에 위치한 산림을 말한다.
2) 예티(Yeti)라고도 한다.
3) 북아메리카 북서부 산속에 사는 손이 길고 털이 많은, 사람 비슷한 미확인 동물이다. 새스콰치는 캐나다 서해안 지역 인디언 부족의 언어로 털이 많은 거인이라는 뜻이다.
4) 중기 구석기시대의 문화로 원시적인 골각기를 만들었고, 불을 피우는 방법을 발견했다. 유해는 의식적으로 매장했다. 유적은 동굴에 많았고, 유럽, 서아시아, 자바, 남아프리카에 분포하며, 주요한 것은 프랑스의 르무스티에 유적이다.

로 이루어졌지만, 일부는 영구적인 취락을 형성하기도 했다. 이들은 동굴에서 살았고 석제 사냥도구를 만들었다. 나중에 (약 4만 년 전) 이들은 뼈, 상아, 뿔로 된 도구를 사용했다. 결국 이들은 동굴 벽에 그림을 그리고 죽은 사람을 매장하는 풍습을 시작했다(사체는 이따금 건조한 고산의 대기 중에서 미라로 보존되었다). 청동기시대와 철기시대를 거치면서 유라시아 산에서는 꾸준한 문화의 발전이 계속되었다(Anati 1960). 하지만 이들에 대해 아는 것이 너무 부족해서 우리가 자신 있게 말할 수 있는 것은 이들이 산에서 살기로 선택했다는 것뿐이다.

인간은 2만~5만 년 전에 베링해협을 거쳐 아메리카 대륙에 왔다. 춥고 혹독한 환경조건에 익숙해진 유라시아의 산악문화가 이러한 이동을 주도했을 가능성이 있다. 뼈, 조개껍데기, 유물의 방사성 탄소 연대 측정은 1만~1만 1,000년 전에 콜로라도주의 로키산맥에 인간이 존재했음을 나타낸다(Husted 1965, 1974; Benedict and Olson 1973, 1978). 여름에는 사냥꾼 무리가 주로 고산툰드라 지대에서 활동하였는데, 이들은 분명히 북극지방에서 이용한 것과 비슷한 방식의 사냥감 몰이 기술을 이용했다. 사냥감 몰이의 대상은 아마도 야생양이었을 것이다. 북극지방의 카리부(북아메리카 순록)와는 달리, 야생양을 한곳으로 모는 것은 거의 불가능하기 때문에, 사냥감 몰이는 양이 사냥꾼이 숨어 있는 쪽으로 이동하도록 고안된 것으로 생각된다(Husted 1974, p. 869). 영구적인 집터는 중간 높이에 마련했다. 하지만 이들 집터는 수 세기에 걸쳐 수차례 점령되거나 방치되었다(Wedel et al. 1968, p. 184; Benedict 1975).

북아메리카에서는 산을 오가는 이주가 유리한 기후 조건과 식량의 입수 가능성에 달려 있었다는 것이 꽤 분명해 보인다. 산맥으로의 주요 유입은 5,000년에서 9,000년 전 그레이트플레인스(Great Plains)와 그레이트베이슨

(Great Basin)에서 온난하고 건조한 기후가 우세했던 시기인 고온기[5]와 일치한다(Fagan 1973; Husted 1974; Benedict 1975; Morris 1976; Benedict and Olson 1978). 마찬가지로, 산에서 빙하가 발달한 서늘하고 습한 기간 동안 저지대로의 일반적인 이동도 이루어졌다. 이렇게 기후상의 주요한 갑작스러운 등장으로 인해 산과 평원 사이를 주기적으로 이주하는 것 외에도, 이용 가능한 자원에 따라 일부 집단(예: 유트족Ute[6]과 쇼쇼니족Shoshoni[7])이 연간 주기적으로 산과 평원을 이용했다는 증거도 있다. 이들은 겨울에는 평원에서 들소와 영양을 사냥했고 여름에는 사슴과 야생양을 쫓아 산으로 갔다. 이와 같이 비교적 완전한 환경 착취는 산의 토지이용에 대한 훨씬 더 현대적인 접근 방식을 암시한다.

산은 아메리카 인디언들의 종교 및 상상력에 중요한 역할을 했다(Bent 1913; Jackson 1930; Clark 1953). 인디언들은 수많은 산에 이름을 붙였는데, 이들 가운데 가장 유명한 이름은 디날리(매킨리산[8])와 타코마(레이니어산)이다. 블랙풋(Blackfoot)[9]은 노래 '태양 산에 가며(Going to the Sun Mountain)'를 불렀는데, 이 산은 주신인 태양이 거처로 삼았던 곳이다. 뉴멕시코주

5) 후빙기를 온난도에 따라 3기로 나누었을 때, 가장 온난했던 시기이다. 후빙기의 기후는 크게 차츰 온난화한 시기, 고온기, 기온이 내려간 시기로 분류할 수 있으며, 고온기는 4,000~7,000년 전인데, 현재보다 여름 기온은 1.5~2.5℃ 높고, 여름은 15일가량 길었다. 빙하는 가장 많이 후퇴하였고, 해수면의 높이도 가장 높았다.

6) 미국 유타주, 콜로라도주 일대에 사는 아메리카 원주민이다.

7) 미국 와이오밍주, 아이다호주, 유타주, 캘리포니아주, 콜로라도주 지방에 사는 인디언이다.

8) 매킨리산은 966km나 뻗어 있는 알래스카산맥의 일부이다. 산의 반 이상은 만년설에 덮여 산허리에는 거대한 빙하가 있고 수십 미터 두께의 만년설이 곳곳에 자리를 잡고 있다. 고위도에 위치해 있어 악천후가 유난히 심하며 기온이 영하 35도까지 떨어질 때도 있다. 매킨리산이 포함된 디날리 국립공원은 미국에서 가장 큰 자연보호구역에 속한다.

9) 북아메리카 원주민의 한 종족으로, 주로 미국의 몬태나, 캐나다의 앨버타 지역에 거주한다.

의 주니족(Zuni)[10]은 치코모(Tsikomo)산을 우주의 중심이자 모든 장소 중에서 가장 신성한 곳으로 여겼다(Miiller 1969, p. 194). 미국 태평양 연안 북서부 지방(Pacific Northwest)의 네즈퍼스족(Nez Percé)[11]은 '헬스캐니언(Hell's Canyon)'에 인접한 왈로와(Wallowa)산맥에 살았고, 아이다호주 바로 동쪽에 위치한 일군의 산을 '세븐데블스(Seven Devils)'라고 불렀다. 캐스케이드산맥의 화산 봉우리는 수많은 전설에 영감을 주었다(Clark 1953). 몇몇은 '신이었던 산' 타코마(Tachoma)를 다루고 있다(Williams 1911).

북아메리카 고산의 고고학적 유적 중 종교적 의미를 지닌 것은 극히 일부에 불과하다. 이들 가운데 가능한 후보 하나는 와이오밍주 북부의 빅혼(Big Horn)산맥의 고도 2,940m 수목한계선 위에 있다. 이것은 돌로 대충 만든 지름 25m의 원으로, 그 가운데 폭 4m의 돌무덤(cairn)과 테두리 및 방사상으로 뻗어 있는 28개의 바큇살(spoke)로 이루어져 있다(Eddy 1974)(그림 2.1). 초기 관찰자들은 이 구조물이 산에서 선댄스(Sun Dance)[12] 의식의 거행을 허락하는 메디신로지(Medicine Lodge)[13]의 복제품으로 만들어진 메디신휠(Medicine Wheel)이라고 생각했다(Grinnell 1922, p. 299). 그러나 에디(Eddy 1974)는 메디신휠을 원시 천문 관측소라고 믿으며, 초자연적인 그리고/또는 심미적인 함축적 의미가 있다고 생각한다. 왜냐하면 메디신휠이 갖는 천문학적인 목적은 평원에서도 바로 쉽게 얻을 수 있기 때문이다. 최종 판단이 무엇이든 간에, 메디신휠은 인디언들이 그곳을 특별한 장

10) 아메리카 원주민의 한 종족이다.
11) 아이다호주의 중부에서 서부에 걸쳐 거주하는 북아메리카 인디언이다.
12) 북아메리카의 평원 인디언의 19부족이 행하던 의식으로 태양을 보는 춤, 목마르는 춤이라고도 한다. 미시시피강 유역의 평원에서 행하던 것이 후에 로키산맥의 서쪽으로까지 퍼져나갔다. 일 년에 한 번, 초여름에 한복판에 기둥을 세운 회장에서 행했다.
13) 북아메리카 인디언이 갖가지 무술(巫術)이나 종교 의식에 쓰는 건물이다.

그림 2.1 와이오밍주 빅혼산맥의 수목한계선 위에 있는 스톤메디신휠(stone medicine wheel). 정확한 연대와 목적은 알 수 없다. 일부 연구자는 높은 산에서 선댄스 의식의 거행을 허락하는 메디신로지의 복제품으로 블랙풋이 만들었다고 생각했다. 반면에 다른 연구자는 원시 천문 관측소라고 믿는다.(Western History Research Center, University of Wyoming)

그림 2.2 페루 안데스산맥의 가파른 지형 가운데 2,300m 높이에 있는 고대 잉카의 취락지이자 종교 유적지 마추픽추. 광범위한 계단재배로 이용 가능한 토지가 증가했다. 심지어 오른쪽의 높은 산봉우리의 정상 부근에서도 계단재배 흔적을 볼 수 있다. 이곳은 망루로 사용되었으며, 여기 주둔했던 병사들은 그들 자신의 식량을 직접 경작했다.(Leonard Palmer, Portland State University)

소로 여겼던 것이고 특별한 목적을 위해 만든 인공물이라는 것이 분명해 보인다.

아마도 인류가 산속에 정주한 것에 대하여 세계가 알고 있는 가장 멋진 전시물은 남아메리카 안데스산맥에서 발견할 수 있을 것이다. 그리스도가 태어나기 수천 년 전 높이 4,500m에 달하는 곳에 여러 문명이 번성했다. 이러한 문명의 번성은 현대 세계에서도 여전히 경이로운 일이다. 이들 문화의 정점은 티아우아나코(Tiahuanaco)[14]와 마추픽추의 폐허에서 볼 수 있다(그림 2.2). 오늘날에도 이들의 유명한 석조 건축과 관련된 기술은 말할 것도 없고, 이런 환경에서 거주지의 물류 관리를 상상하기도 어렵다(Heizer 1966).

안데스산맥의 초기 주민들은 숲이 울창한 열대 저지대나 해안사막보다 고지대를 선호했다(Mayer Oakes 1963; MacNeish 1971). 안데스인들은 처음에는 수렵과 채집을 했고 높은 고도에서도 식량이 상당히 풍부했지만, 문명이 도래할 수 있는 기초는 농업이었다. 감자, 옥수수, 호박, 콩을 포함한 몇몇 식물 종은 중앙아메리카와 남아메리카의 고지대에서 처음으로 재배되었다(Sauer 1936; Linares et al. 1975). 식량 생산은 인간을 끊임없는 사냥의 부담에서 해방시켰고, 아주 많은 사람이 좁은 지역에 정착할 수 있게 해주었으며, 결국 티아우아나코와 잉카의 고도로 조직적이고 복잡한 문화를 발전시켰다.

이 사람들은 자신의 고향인 산에 대해 어떤 태도를 취했는가? 우리는

14) 주로 페루나 볼리비아에서 기원전 300년경부터 기원후 900년 무렵까지 존재했던 잉카 이전 문화에 해당하며, 기하학적 무늬나 동물무늬를 새긴 거석 건조물, 석상, 다색 토기, 청동 공예품 등이 특징이다.

이들의 수많은 신 중에 태양이나 달과 별, 그리고 산이 있었다는 것을 알고 있다. 근동 문화의 지구라트(Ziggurat)[15]처럼 계단식 피라미드는 본질적으로 인간이 만든 산이었다(Quaritch Wales 1953). 대제사장이 거주하면서 식품, 귀금속, 라마, 인간 등을 제물로 바친 것은 대개 이들 인공 산에서였다.

산은 전설 속에서 민족의 기원과 빈번히 연결되어 있다. 고지대 에콰도르의 판잘레오족(Panzaleo)은 퉁구라우아(Tungurahua)화산에서 그들 자신의 혈통을 추적했다. 또 다른 부족인 푸루아족(Puruha)은 여성 퉁구라우아와 남성 침보라소(Chimborazo)[16]라는 두 화산 간의 결합으로 생겨났다고 믿었다(Trimborn 1969, p. 97). 수많은 문화권에서는 산을 남근의 상징으로 바라보거나, 다른 방식으로는 산을 다산과 연관 짓는다. 미국 북동부 알곤킨(Algonquin) 인디언 전설은 다음과 같은 전형적인 예를 제공한다. 한때 크타딘(Ktaadn)산에서 블루베리를 채집하는 인디언 소녀가 있었는데, 외로워하며 "남편이 있었으면 좋겠다"라고 말했다. 이 큰 산이 모든 영광 속에 높이 솟아 있고 정상에 붉은 햇살이 비치는 것을 보고 그녀는 다음과 같이 덧붙였다. "크타딘이 남자여서 나와 결혼해주었으면 좋겠어." 소원은 이루어졌고, 그녀는 산의 위대한 초자연적인 힘으로 산의 사람들을 도와주는 아들을 낳았다(Bent 1913, p. 263). 남성의 성기 외에도 산은 종종 여성의 가슴과 비교된다. 와이오밍주의 장엄한 그랑 테턴(Grand Teton)산의 이름

15) 고대 바빌로니아, 아시리아 유적에서 발견되는 고대의 탑이다. 둘레에 네모반듯한 계단이 있는 피라미드 모양을 한 구조물로, 신과 지상을 연결하기 위한 것으로 보인다.

16) 에콰도르 안데스산맥 고원 지대의 북서부에 위치하며 에콰도르 최고봉이다. 고지대에서는 주로 양의 방목이 이루어지며, 분지에서는 젖소를 사육한다. 곡류, 감자 등을 재배하며 직조업, 식품 가공업이 성하다.

은 '큰 가슴'을 뜻하는 프랑스어에서 유래한 것이다.

안데스산맥의 높은 산봉우리 대부분은 영혼의 고향으로 여겨졌다. 페루 쿠스코(Cuzco)의 동쪽 4,265m에 있는 외딴 마을의 우주론을 현대적으로 연구한 결과, 주변의 수많은 산봉우리에 특별한 종교적 의미가 있는 것으로 밝혀졌다. 마을 사람들은 여전히 매년 8월에 질병으로부터 보호받고 좋은 농작물을 보장받기 위해 산신에게 코코아와 음식물을 바치고 있다. 현지 전설에 따르면 우박과 번개의 신은 가장 높은 봉우리인 6,400m의 아우상가테(Ausangate)에 살고 있다. 만약 충분한 음식물을 바치지 않으면, 화가 난 신은 산을 구름으로 감싸고 번개와 우박을 내려 밭을 파괴한다(Mishkin 1940, p. 237).

산은 수많은 부족에게 종교적 의미가 있었지만, 다른 원시의 사람들에게는 단지 그들의 세계에서 자연의 일부분이었다. 산은 주로 경관 속에서 그 크기와 우세함 때문에 특별한 주의가 필요했다. 초기 주민들은 먼 산봉우리에 대해 흥미와 호기심을 느꼈을 것이다. 그러나 만약 이들이 살기 위해 그곳에 간다면, 아마도 먹을 것을 찾거나 적에게서 도망칠 필요가 없었을 것이다. 사람들의 산을 향한 발전된 태도는 어느 정도 토지와의 관계에 달려 있었을 것이다. 산의 조건이 험악하고 예측할 수 없는 곳에서는 사람들은 그러한 특성들을 산에 사는 영혼들의 탓으로 돌리고는 했다. 산봉우리가 접근하기 쉽고 날씨가 온화하고 식량이 풍부한 곳에서는 사람들이 산신을 자애로운 신으로 보기 쉬웠다. 서구인들이 산의 거룩함에 대한 믿음을 활자화된 전통으로 전한 것은 놀라운 일이 아니다.

서양의 전통

성경의 시대

산은 구약성경의 히브리인들에게 경배의 대상이자 힘과 평화의 상징이었다. 하나님은 예언자 중 한 사람과 만나는 장소로 종종 산을 선택했다. 다윗은 다음과 같이 말했다. "내가 산을 향하여 눈을 들리라 나의 도움이 어디서 올까"(「시편」 121:1). 성경학교의 아이들은 누구나 모세가 시나이산에서 십계명을 받은 이야기(「출애굽기」 19~20; 24)와 아브라함이 어떻게 하나밖에 없는 아들 이삭을 모리아 땅의 산으로 데려가 여호와께 제물로 바치려 했는지(「창세기」 22:2)를 알고 있다. 다윗은 현재 예루살렘이 있는 작은 산들 가운데 하나인 시온산에 수도를 세웠다(「시편」 78:68~70). 롯과 그의 가족은 소돔과 고모라에서 산속 피난처로 도망쳤다(「창세기」 19:17; 19; 30). 노아의 방주는 홍수가 빠지자 아라라트(Ararat)산 위에 멈추었다(「창세기」 8:4). 그 밖에 수많은 다른 산, 예를 들어 카멜(Carmel)산, 레바논산, 타보르(Tabor)산, 칼바리(Calvary)산, 호렙(Horeb)산, 피스가(Pisgah)산, 올리브산을 이스라엘 자손은 신성한 것으로 여겼다(Headley 1855). 이들 가운데 많은 산이 언덕에 지나지 않는다는 것을 파악하는 것이 중요하다. 고대 근동의 종교는 산을 "다산의 중심, 창조의 원시 언덕, 신들의 회합 장소, 높은 신의 거처, 하늘과 땅의 만남의 장소, 창조 질서를 효과적으로 지탱하는 기념물, 신이 인간을 만나는 장소, 신의 현현(theophany) 장소"라고 지칭했다(Clifford 1972, p. 5).

신약성경에서는 산을 훨씬 덜 강조하고 있다. 즉 구약성경에서는 509개의 구절에서 산을 언급하지만, 신약성경에서는 단지 64개의 구절에서만 언급한다(Strong 1894, pp. 696~697). 이러한 차이는 일부 구약성경의 분량이 더 많기 때문이기도 하지만, 철학에 근본적인 차이가 있어 나타난 결과이기도 하다. 예수가 여러 번 그랬던 것처럼 산에 올라갈 때마다 신약성경은 이를 단순히 사실로 명시하고 있다. 영원한 언덕의 아름다움, 힘, 평화는 더 이상 언급할 가치가 있는 것으로 간주하지 않는다. 그리스도가 중심적인 위치를 차지하고, 그의 가르침은 이사야의 예언으로 전형화한 철학에 대해 깊이 논하고 있다. "모든 골짜기가 메워지고 모든 산과 작은 산이 낮아지고"(「누가복음」 3:5). 자연에서든 사회에서든, 높거나 자랑스럽거나 부자인 것은 죄라고 의심하였고, 낮거나 비천하거나 가난한 것은 가치가 있었다. 이것은 팔복(Beatitudes)[17]에서 잘 표현된다(「마태복음」 5:3~11). 마저리 니컬슨(Marjorie Nicolson)은 『산의 어둠과 산의 영광(*Mountain Gloom and Mountain Glory*)』(1959, pp. 42~43)에서 이러한 유산이 중세 유럽에서 나타난 산에 대한 혐오감을 부분적으로 설명한다고 주장한다.

고전주의 유산

그리스 시대

고전고대[18]가 나중에 서양의 산에 대한 태도에 이바지한 바를 정의하는 것은 어렵다. 그리스는 산이 많은 나라이지만, 그리스의 예술과 문학은 산

17) 「마태복음」 5장(「누가복음」 6장)에 수록된 유명한 산상수훈 앞부분에는 예수가 축복을 내리는 구절이 반복된다. 예수가 축복해주는 사람들은 심령이 가난한 자, 애통해하는 자, 온유한 자, 의에 주리고 목마른 자, 긍휼히 여기는 자, 마음이 청결한 자, 화평하게 하는 자, 의를 위하여 박해받은 자이다. 모두 여덟 부류의 사람들을 복받을 자로 지목했기 때문에 팔복이라고 부른다.

18) 서양의 고전 문화를 꽃피운 고대 그리스와 로마 시대의 총칭이다.

을 거의 참조하지 않는다. 빅토리아 시대의 미술 평론가이자 수필가인 존 러스킨은 "그리스인은 그런 것(산)이 세상에 존재한다는 것을 아는 예술가처럼 보이지 않았다"라고 지적했다. "그리스인은 인간과 말, 또 짐승과 새, 그리고 온갖 종류의 살아 있는 생물을 조각했다. 물론 아래로는 심지어 갑오징어까지, 그리고 얼마간 나무도 조각했다. 그러나 산은 그 윤곽조차 없었다."(1856; 제4권 11장 3절) 호메로스의 『일리아스』는 산이 야생과 고립을 불러일으킨다는 맥락에서 산을 주로 언급한다. 산은 님프(Nymph)와 야수, 그리고 켄타우로스(Centaur)가 자주 출몰하는 곳이다. 외로이 산비탈을 자주 올라가는 사람은 오직 사냥꾼과 나무꾼이다. 호메로스는 산악 기상을 매우 잘 알고 있으며, 그래서 그 위력을 생생하게 묘사하고 있다.

> 봄이 되면 눈 녹은 물의 급류가 불어나 산허리를 타고 흘러내리는 강물이 지류로 가득 찬 골짜기에서 세차게 쏟아져 나와 거대한 물줄기를 따라 흐르고 멀리 언덕에서는 목동 한 명이 그 굉음을 듣는다. 남풍과 동남풍이 산의 수풀과 경쟁하면서 숲을 온통 뒤흔들리게 하고 (…) 휘몰아치는 바람이 숲의 뾰족한 나뭇가지들을 서로 흔들고 나뭇가지를 부러뜨린다.(『일리아스』, 16권)

그리스 신화와 문학에서 가장 두드러지게 묘사되는 산은 물론 신들의 고향으로 테살리아(Thessaly)에 있는 올림포스(Olympus)산이다. 올림포스는 그리스어보다 앞선 단어로 포괄적인 측면에서 '산봉우리' 또는 '산'을 의미하는 것으로 보이는데, 올림포스라는 이름을 가진 그리스 산이 많기 때문이다. 이들 중 일부는 테살리아의 올림포스와 같이 날씨 숭배와 연관되어 있었다. 올림포스는 종종 폭풍과 날씨의 신 제우스의 고향으로 언급된다. 제우스는 번개와 천둥을 치는 능력으로 산꼭대기에서 신과 인간을 모두 통제한다(Nilsson 1972, pp. 220~251).

당연히 그리스인은 산악 경치의 거칠고 험하며 길들여지지 않은 자연을 알아보았지만, 자연의 매우 조화로운 면을 선호했다. 그리스인은 인간과 그의 작품에 몰두하고 있었다. 예를 들어 소크라테스는 도시의 여러 난관에 완전히 봉착하게 되었다. 소크라테스는 친구 파이드로스(Phaedrus)[19]가 도시를 떠난 적이 없다고 불평한 것에 대한 자책에 다음과 같이 화답한 것으로 전해지고 있다. "그는 지식을 좋아했는데, 수림과 시골에서는 아무것도 배울 수 없었고 오직 도시의 사람들에게서만 배웠다"라고 말했다(Hyde 1915, p. 71에서 인용). 인간의 형태는 가장 높은 수준의 아름다움으로 여겨졌고, 심지어 신들도 인간의 모습으로 나타났다. 자연에서 좋았던 것은 인간에게 편안함과 조화를 제공했다는 것이다. 아름다움은 대칭과 질서였다. 러스킨은 그리스 예술과 문학을 해석하면서 다음과 같이 말한다. "그러므로 내 기억으로는 단 한 번의 예외도 없이, 아름답게 보이려고 의도된 호메로스의 모든 경관은 분수, 초원, 그늘진 숲으로 이루어져 있다."(1856, 제4권 13장 15절)

호메로스 시대부터 그 이후 기원전 4세기까지 그리스인은 산에 대해 적극적으로 관심을 갖기 시작했다. 그리스인은 골짜기와 산비탈에 정착하였고, 산속의 샘과 시원한 숲에 감사했다. 그리고 그리스인은 벼랑 위에 망루와 신호소를 세웠고, 산의 수목을 베어내 배를 만들었다(A. C. Merriam 1980). 『일리아스』에서의 산악기후 관찰은 산의 기원 및 그와 관련된 현상

19) 고대 로마의 우화 시인(B.C. 15~A.D. 50)으로, 『이솝 이야기』에 바탕을 둔 동물에 관한 수많은 우화를 집대성하여 후세에 남긴 공적이 크다. 그의 시와 이야기가 모두 단순 평이하며 격조가 높고, 대단한 인기를 끌어 나중에는 산문으로 번역되었다. 이솝의 그리스 원전과 그의 시까지도 유실된 중세에 이 산문 번역이 전해져 우화는 명맥을 잇게 되었다.

의 원인에 대한 후기 그리스인의 과학적 호기심을 미리 보여주고 있다. 예를 들어 헤로도토스(Herodotus)는 강의 작용 및 강의 침식과 침전 능력에 대해 언급했으며, "이집트는 나일강의 선물이다"라고 말한 것으로 알려졌다. 그는 산에서 바다조개 화석을 발견한 후 산봉우리가 한때 물속에 있었다고 추측했다. 또한 신의 분노보다는 지진이 대지를 쪼개고 산을 융기시키는 원인이 될 수 있다고 생각했다. 아리스토텔레스는 산의 불균등한 분포, 산 중턱에서 흐르는 샘의 중요성, 고도에 따라 발생한 기후의 변화를 관찰했다. 그는 지진과 화산이 밀접하게 연관되어 있고 산의 형성에 관여하고 있다고 믿었다. 아리스토텔레스의 제자 중 한 명인 테오프라스토스(Theophrastus)는 산악 식물을 조사했고, 또 다른 제자 디카이아르코스(Dicaearchus)는 산의 높이를 계산하려고 시도했다.[20] 스트라보(Strabo)[21]는

20) 고대 그리스 사람들은 숙련된 지도 작성자였다. 기원전 5~6세기 지중해, 유럽, 아시아의 넓은 부분과 아프리카 등을 표시한 세계의 지도를 그렸다. 당시에는 거리를 측정하기 위한 과학적인 도구가 없었다는 점을 감안하면 그 지도는 놀랄 만큼 정확했다. 탈레스는 지구의 모습을 평평하거나 물 위에 떠 있는 원판일 것이라고 상상했으며, 이때부터 지구의 형상에 대해 과학적인 사고를 갖고 지도를 그리기 시작했다. 아낙시만드로스(Anaximandros), 헤카타이오스(Hecataeos), 헤로도토스 등이 그린 세계 지도는 지구 구체설이 나오기 전에 제작되었으며, 피타고라스를 중심으로 한 동료 과학자들은 둥근 지구에 대한 확신을 갖고 지도 제작에 접근했다. 그 후 플라톤과 아리스토텔레스는 태양의 고도나 낮의 길이에 따른 지구 구체설에 근거하여 지도를 그렸고, 에우독소스(Eudoxus)와 디카이아르코스(Dicaearchus)도 수학적인 근거에 의해 경위선을 설정하여 위치를 잡는 기법을 응용하기 시작했다. 알렉산드리아의 수학자이자 도서관장인 에라토스테네스는 실제로 측정을 하여 지구의 규모를 계산하고 좌표 개념을 도입하여 지도를 그리기 시작했다. 또 그리스의 천문학자 히파르코스는 지구를 360°로 구분하고 경위선 개념을 도입했으며 고도계를 발명했고 지도의 투영법인 정사 도법과 평사 도법을 고안했다.

21) 그리스의 지리학자이자 역사학자(B.C. 64~A.D. 23)로, 그의 『지리지』(17권)는 유럽·아시아·아프리카의 전설 및 정치적인 사건, 중심 도시, 주요 인물 등 역사적 서술도 있어 중요한 사료로 평가받는다.

그의 유명한 저서인『지리지(*Geōgraphiā*)』에서 고대 세계의 산을 묘사했다(Tozer 1935).

로마 시대

이탈리아는 그리스와 마찬가지로 산악 국가이다. 아펜니노(Apenine)산맥은 이탈리아 전체를 가로지르고 알프스산맥은 북쪽 국경을 형성한다. 몇몇 로마인, 특히 철학자 세네카(Seneca)와 백과사전학자 플리니(Pliny)는 산과 관련된 중요한 관찰을 했지만, 대체로 로마인은 그리스인의 산에 대한 인식을 공유하지 않았다. 다만, 산은 아마도 별장 현관에서 볼 수 있는 먼 풍경일 뿐이었다. 라틴 민족의 시인 중에서 오직 루크레티우스(Lucretius)만이 알프스산맥의 숭고한 아름다움을 간파했다(Geikie 1912, p. 287; Nicolson 1959, p. 40). 이들 실용적인 사람들은 산을 대체로 불모지로 보고 상업과 정복의 장애물로 보았다. 로마인들은 카이사르 시대까지 알프스산맥을 정기적으로 횡단하고 있었지만, 알프스산맥에 대해 처음 가졌던 두려움을 결코 극복하지 못한 것으로 보인다. 알프스산맥 고개의 신들을 달래고 안전한 여행을 기념하기 위해, 로마인들은 신과 여행자의 이름을 새긴 동전과 작은 청동판을 제물로 만들어 바쳤다. 그랑 생베르나르 고개(Great St. Bernard Pass)에 있는 호스피스(Hospice)[22] 박물관은 주변의 고개 지역에서 이들 수많은 제물을 수집해오고 있다.

산에 대한 로마인의 지배적인 태도는 실리우스 이탈리쿠스(Silius Italicus)[23]

22) 옛날 험난한 산간 지방의 여행객을 위해 수도원은 특별한 시설을 건립했다. 스위스와 이탈리아 사이의 심플론 고개(2,009m)에 세워진 생베르나르 수도원(1802~1832년 설립)의 여인숙이 유명하다.

가 적절하게 표현한 기원전 218년 한니발의 유명한 알프스산맥 횡단에 대한 묘사를 통해서 알 수 있다.

병사들이 산으로 가까이 다가갔을 때, 이제 그들 자신에게 닥친 훨씬 더 심각한 시련에 직면하여 이전의 신고(toil)[24]에 대한 기억은 잊혔다. 여기 모든 것이 영원히 변치 않는 서리에 싸여 있고, 눈에 덮여 하얗고, 태고의 얼음 손아귀에 잡혀 있다. 산의 벼랑이 추위로 너무 굳어 있어서, 하늘로 솟아 있음에도 불구하고, 햇볕이 내리쬐는 따스함이 벼랑의 단단히 얼어붙은 상고대를 누그러뜨릴 수는 없다. 지하세계 타르타로스(Tartarus)[25]의 심연이 땅 밑 깊은 곳에 있는 것처럼, 여기 이 세상조차 그렇게 멀리 하늘로 솟아 있고 그림자로 천국의 빛을 가로막는다. 이 지역에는 봄이 오지도 않고, 여름의 아름다움도 없다. 미스세이픈 윈터(Misshapen Winter)는 이 무서운 벼랑에 홀로 살면서, 그녀의 영원한 거처로서 이곳을 지키고 있다. 그녀는 사방에서 이쪽으로 어두컴컴한 엷은 안개와 우박이 뒤섞인 천둥구름을 그러모은다. 여기, 또한 이 알프스산맥의 고향에서도 바람과 거센 폭풍우가 맹렬하게 그 지배력을 집중시키고 있다. 인간은 높은 바위틈에서 현기증이 나고, 산은 구름 속으로 사라진다. 아토스(Athos)가 토로스(Taurus)에, 로도페(Rhodope)가 미마스(Mimas)에, 오사(Ossa)가 펠리온

23) 로마의 서사시인(25~101)으로 네로 황제 치하에 집정관과 아시아 총독을 지냈다. 로마의 서사시 가운데 가장 긴 「포에니 전쟁」이 대표작이다. 『포에니 전쟁』(17권)은 한니발이 맹세하는 장면부터 자마 전투에서 스키피오가 승리하는 장면에 이르는 제2차 포에니 전쟁을 읊은 서사시이다.

24) 고난이나 지나친 수고, 고통 등을 의미한다(「신명기」 26:7). 이 말에는 이 세상 가운데서 경험하는 수고와 좌절, 갈등 등이 함축되어 있다. 특히 해산의 고통이나(「창세기」 35:16; 「아가서」 8:5), 그에 상응하는 혹독한 육체적 고통에 사용된다(「신명기」 26:7).

25) 그리스로마 신화에 나오는 지하세계의 심연 또는 그것을 상징하는 태초의 신을 말한다.

(Pelion)에, 오트리스(Othrys)가 헤무스(Haemus)에 쌓인다고 해도 이들 모두는 알프스산맥에 굴복할 것이다.(*Punica III* 479~495, in Geikie 1912, p. 293)

문자 그대로 수천 페이지에 걸쳐서 한니발의 횡단에 관해 기록했는데, 그중 수많은 페이지에서는 한니발의 정확한 경로에 대한 문제를 논하고 있다. 드비어(DeBeer 1946, p. 405)는 다음과 같이 말했다.

나는 종종 폴리비오스(Polybius)와 리비우스(Livy)가 한니발의 알프스산맥 통로에 대한 이야기를 꼼꼼하게 정리한 것이 인류에게 얼마나 큰 축복인지 이들 두 사람이 알고 있는지 궁금하다. 두 사람이 정리한 것이 한니발의 경로를 명백하게 추적하기에는 충분하지 않지만, 그의 행로에 대한 퍼즐을 풀 수 있는 꽤 괜찮은 기회를 줄 충분한 내부 증거가 있다고 생각할 만큼 독자들을 고무시키기에 충분하다.

프레시필드(Freshfield)가 펴낸 대표적인 작품은 「한니발의 고개(The Pass of Hannibal)」(1883)와 「한니발의 고개에 대한 추가 노트(Further Notes on the Pass of Hannibal)」(1886)(이 둘은 모두 알파인 저널*the Alpine Journal*[26]에 발표했다) 및 저서 『한니발 한 번 더(*Hannibal Once More*)』(1914)이다. 드비어도 유혹을 뿌리칠 수 없었다. 그는 『알프스와 코끼리: 한니발의 3월(*Alps and Elephants: Hannibal's March*)』을 출간했는데, 예상대로 더 많은 논란을 즉

26) 영국의 알파인 클럽에서 발간하는 세계에서 가장 오래된 연감이다. 처음에는 'Peaks, Passes and Glaciers'란 제호로 1859년부터 발간했으나 1863년부터 지금의 '알파인 저널(The Alpine Journal)'로 바뀌었다.

각 불러일으켰다(McDonald 1956).

산에 대한 로마인의 견해는 거의 일관되게 부정적이었다. 로마인은 그리스인과는 달리 고산 경치를 결코 경험하지 못한 것으로 보인다. 이들 두 민족의 산에 대한 태도에 내재된 이원론은 어떤 면에서 구약성경과 신약성경 사이의 이원론을 연상시키면서 서유럽의 유산이 되었다(Nicolson 1959, p. 42). 궁극적으로, 우리가 아는 바와 같이, 올림포스산의 신들을 숭배했던 그리스인과 영원한 산을 눈을 들어 바라보았던 이스라엘 자손의 숭고한 정신은 산에 대한 반감을 수 세기가 지난 후에야 극복한 것이었다.

중세의 공포에서 로마의 열정으로

중세 시대에는 미신이 지배했고, 산을 기괴한 불모지나 다름없다고 여겼다. 중세 사람들은 고대 로마 제국의 전임자들과 마찬가지로 자연의 웅대한 측면에 거의 관심을 기울이지 않았고, 그래서 중세의 문학이나 그래픽아트[27]에는 산에 대한 호의적인 언급이 거의 없다. 종종 풍자나 추상적 개념 및 도덕적 해석으로 인해 심하게 왜곡된 것만이 존재한다. 이 시대의 그림에서 산은 보통 전형적으로 또는 상징적으로 평원에 솟아오른 어둡고 뒤틀린 흙무덤으로 보인다(Rees 1975a, p. 306). 단테는 산을 지옥의 수호자로 삼았다(어떤 사람들은 이것이 우화라고 주장했는데, 사실 단테는 일찍이 산을

27) 그래픽은 그리스어 'graphikos(쓰다)'에서 유래했으며, 펜이나 붓을 사용해서 선을 그을 때 문자나 도표를 쓰는 것과 사물의 모양을 그리는 것과도 유사하므로, 서(calligraphy)나 선묘사 등 주로 선을 그리는 예술을 의미한다. 중세 말부터 많은 수요에 부응하려고 문자나 그림을 판에 새겨 인쇄했고, 목판화, 동판화, 석판화 등의 판화나 초기의 인쇄 서적이나 그 삽화까지 인쇄술에 의한 예술표현을 말한다.

숭배한 사람 중 한 명이었다)(Freshfield 1881; Noyce 1950, pp. 23~33).

중세 여행자들은 산을 싫어했는데도 정기적으로 산을 횡단했다. 여행을 용이하게 하기 위해서 고산의 작은 마을에서는 여관을 공급하고 길잡이를 제공했다. 그래서 교회와 호스피스는 가장 인기 있는 경로를 따라 건설되었다. 서유럽과 북유럽에서 로마로 가는 순례자들은 812년부터 수도원이, 그리고 859년부터 호스피스가 있는 그랑 생베르나르 고개를 선호했다(Coolidge 1889, p. 3). 8월을 산악 여행에 가장 좋은 달로 여겼지만, 이들 고개를 통행하는 일은 모든 계절에 걸쳐 시도되었다(Tyler 1930, p. 27). 업무차 로마로 파견된 영국 캔터베리 크라이스트처치의 수사 존 드 브렘블 사부는 1188년 2월 그랑 생베르나르의 통행로를 설명하는 편지를 집으로 보냈다.

> 편지 못해 미안하다. 나는 조브산(Mount of Jove: 그랑 생베르나르 고개의 로마식 이름)에 가본 적이 있다. 한편으로는 산의 하늘을 우러러보며, 다른 한편으로는 계곡의 지옥에서 떨며, 나 자신이 천국에 더 가까워진 것을 느끼며 내 기도가 더 잘 들릴 것이라고 더욱 확신했다. 그리고 기도했다. "주님, 저를 제 형제들에게 돌려보내 주십시오. 제가 그들에게 말할 수 있도록. 그들이 이 고통의 자리에 오지 말 것을." 고통의 장소, 실제로 돌로 된 땅의 대리석 포장도로는 얼음만 있어서 안전하게 발을 디딜 수 없다. 이곳에서는, 이상한 말이지만, 서 있을 수 없을 정도로 너무 미끄러워서 종말(추락해 사망하기 쉽다)은 확실히 죽음이다. 내가 짐 보따리에 손을 넣었더니, 너에게 한두 음절을 휘갈겨 쓸 수 있을 것 같았다. 아, 잉크병이 마른 얼음덩어리로 가득 차 있었다. 손으로 글을 쓸 수 없었다. 수염은 서리로 뻣뻣해졌고, 숨결은 긴 고드름으로 굳어졌다. 나는 원했던 소식을 쓸 수 없었다.(Coolidge 1889, pp. 8~9에서 인용)

괴물과 초자연적인 위험에 대한 이야기는 여행자와 산간 거주자들의 두려움을 더했다. 아라곤의 왕 페드로 3세(1239~1285)는 피레네산맥의 가장 높은 봉우리인 픽 카니구(Pic Canigou, 2,785m)를 오르는 것이 가능하다는 것을 증명하기 위해 출발했다. 그 후 픽 카니구는 피레네산맥에서 가장 높은 봉우리로 여겨졌다. 정상 근처의 작은 호숫가에서 쉬다가 그는 멍하니 돌멩이를 물속에 던졌다. 그때 갑자기 "거대한 크기의 무시무시한 용이 그 속에서 나와 허공을 날아다니기 시작했고, 그 숨결로 주변 공기가 어두워졌다." 모든 설명은 그리블(Gribble)의 『초기산악인(*The Early Mountainers*)』(1899, pp. 16~17)에서 찾아볼 수 있다. 그리블은 다음과 같이 결론을 내린다. "베드로가 죽은 후 수 세기 동안 계몽된 사람들은 신을 믿는 것만큼이나 용을 굳게 믿었다. 반면에 덜 계몽되었지만 충분히 성실한 사람들은 산에서 용을 마주쳤다고 치안판사 앞에서 맹세했다."

아마도 가장 유명한 전설은 스위스 알프스에 있는 필라투스(Pilatus)산(2,129m)의 전설일 것이다. 소문에 의하면 카이사르는 예수를 십자가에 못 박은 빌라도에게 화가 나서 그를 로마로 불러들여 사형에 처했다. 그의 몸은 돌에 묶인 채 티베르(Tiber)강으로 떨어졌고, 그러자 그곳에 큰 혼란이 일어났다. 그래서 시신은 회수되었고, 결국 스위스령 루체른(Lucerne)에 있는 필라투스산의 작은 호수에 안치되었다. 그때부터 누군가 소리를 지르거나 돌을 호수에 던지면 빌라도는 엄청난 폭풍우를 일으켜 복수를 하고는 했다. 또한 빌라도는 성금요일마다 물에서 일어나 가까운 바위 위에 앉아 있었다. 만약 누군가 그를 봤다면, 그 사람은 틀림없이 죽을 것이다. 그가 일으킨 폭풍우에 대한 사람들의 두려움이 너무나 커서 루체른 정부는 누구도 호수에 접근하지 못하도록 했다. 1387년에는 이 규정을 어긴 여섯 명의 남자가 실제로 투옥되었다(Coolidge 1889, pp. 11~12; Gribble

그림 2.3 1723년 스위스에서 출판된 책에 묘사된 산속의 날개 달린 용. 이러한 생물이 산에 산다는 믿음은 분명히 중세 시대에 매우 흔했다.(출처: DeBeer 1930, p. 90)

1899, pp. 43~50). 루체른의 자연사 박물관은 중세 암흑시대부터 전해온 '용돌(dragon stone)'(아마 지나가던 용이 떨어뜨린 것으로 추정)을 보유하고 있다(DeBeer 1930, p. 97).

이들 믿음에 대한 훌륭한 컬렉션은 1723년에 출판된 요한 야코프 슈스처(Johann Jakob Scheuchzer)의 『스위스 알프스 지역 여행(*Itinera per Helvetia Alpina regiones*)』에 수록되어 있다. 취리히 대학의 교수인 슈스처는 빙하의 형성 및 이동에 대한 이론을 공식화하려는 최초의 시도로 인정받은 매우 존경받는 식물학자였다(Gribble 1899, p. 69). 하지만 그는 기이한 것들을 매우 좋아했고, 용이 산속에 산다고 굳게 믿었다. 그의 책은 실체와 비현실적인 것들이 혼합된 것으로, 다양한 용의 형태에 대한 몇 가지 삽화와 함께 이들 생물에 대한 수많은 목격담을 담고 있다(그림 2.3). 이러한 표본의 추출은 그리블(Gribble 1899, pp. 70~81)과 드비어(DeBeer 1930, pp. 76~97)에서 확인할 수 있다.

하지만 슈스처 시대 이전에 용에 대한 믿음은 거의 사라졌다. 1518년 네 명의 학자들이 필라투스산에 올라 별다른 일을 겪지 않고 호수를 방문했다. 그리고 1555년 취리히 대학의 의학 교수인 콘라트 게스너(Conrad Gesner)는 루체른주 치안판사의 특별 허가를 받아 산에 올라 두려울 것이 없다는 것을 증명했다. 불과 30년 후에 루체른주의 목사가 이끄는 일단의 마을 사람들이 산에 올라 호수에 돌을 던지면서 "*Pilat, wirf aus dein kath!*(빌라도, 네 더러운 것을 내쫓아라!)"를 외치며 시비조로 빌라도의 영혼을 조롱했다(Gribble 1899, pp. 46~50).

산에 대해 조금이라도 알고 있는 대부분의 중세 사람들은 산을 두려워했고, 그렇지 않으면 적어도 정상에 오르는 것은 시간 낭비라고 생각했을 것이다. 하지만 예외도 있었다. 로마의 역사학자 리비우스가 트라키아(Thrace)[28]의 왕이 단지 경치를 보기 위해 아드리아해와 흑해가 내려다보이는 산에 올랐다고 언급한 것에 고무된 시인 페트라르카(Petrarch)는 단순히 "그곳의 놀라운 고도를 보기 위해" 1336년에 프로방스의 방투산(Mont Ventoux)을 올라갔다(Gribble 1899, pp. 18~19). 페트라르카의 등반은 종종 자연의 아름다움에 대한 르네상스 감상의 첫 번째 증거로 인용되지만, 페트라르카의 진술 대부분이 너무나 우화적인 기미를 보여 몇몇 학자들은

28) 발칸반도의 동남쪽 지역으로, 남쪽으로 에게해에 면해 있다.

그가 결코 등반하지 않았다고 의심했다(Noyce 1950, p. 45). 자연의 아름다움과 자연현상에 대해 새로이 관심을 기울인 훨씬 더 명확한 증거는 15세기 말에 레오나르도 다빈치가 산을 관찰한 기록으로 그의 예술과 과학 수첩 모두에서 나타난다.

스스로 산을 가장 먼저 감상하고 사랑한 것으로 여겨지는 사람은 16세기 스위스의 자연주의자 콘라트 게스너이다. 1541년 게스너는 친구에게 보낸 편지에 다음과 같이 썼다.

> 가장 박식한 아비에누스(Avienus), 이제부터 나는 하나님께서 기쁘게 내 생명을 허락하는 한 몇 개의 산을, 또는 매년 적어도 한 개의 산을 꽃들이 그 화려함 가운데 있는 계절에, 한편으로는 꽃들을 살펴보기 위해서, 다른 한편으로는 건강한 육체적인 운동과 정신적인 기쁨을 위해서 올라갈 결심이다. 인간이 산에 있고, 광대한 산을 응시할 때 산의 크기에 경탄하고, 구름 속에 있는 것처럼 고개를 들게 되는 것이 얼마나 큰 기쁨인지, 감동받은 인간에게 얼마나 큰 즐거움인지 너는 아는가? 왜 그런지는 알 수 없지만, 이 깨달음으로 산의 놀라운 높이에 깊이 감동받았고, 산을 만든 위대한 건축가를 떠올리게 되었다.(Coolidge 1889, pp. 12~13에서 인용)

그는 그러한 결심을 했을 뿐만 아니라, 다른 르네상스 박물학자들을 데리고 알프스산맥을 탐험하여 산악 식물에 대한 박물학자들의 관심을 일깨웠고 산의 아름다움에 눈을 돌리게 했다. 취리히 대학의 학생이자 후계자인 요시아스 심러(Josias Simler)는 1574년 눈과 얼음의 운동(snow and ice travel)에 관한 연구논문을 출판했다. 그는 이 책에서 아이젠, 등산용 지팡이, 아이셰이드(eye-shade)[29] 사용, 크레바스[30] 횡단법 등과 같은 것을 논의했다(Gribble 1899, pp. 62~68).

과학과 철학에 대한 신학의 지배력은 중세 내내 매우 강했고, 사람들 대부분이 산에 대해 느끼는 일반적인 혐오감은 종교적인 제재로 강화되었다. 중세와 초기 근대의 수많은 신학자는 산의 존재를 세계가 은총에서 벗어났다는 증거로 여겼다. 중세 이후의 영향력 있는 대변인 토머스 버넷(Thomas Burnet)은 그의 책 『신성한 지구 이론(*The Sacred Theory of the Earth*)』(1684)에서 다음과 같이 주장했다. 지구는 원래 완벽하게 매끄러운 구체, 즉 '우주란(Mundane Egg)'이었다. 인간의 죄에 대한 형벌로 지표면은 파열되었고 내부의 액체는 '거대하고 미분화된 돌과 흙의 무더기'로 끓어올랐다. 다른 사람들은 성경의 대홍수와 같이 산의 대격변적 기원을 제안했다(Nicolson 1959, p. 78).

계몽운동 직전의 17세기 말에는 지구가 의도적으로 설계되었다는 생각과 산의 유용성을 뒷받침하는 출판물이 등장하기 시작했다. 산은 야생 동물 보호에 귀중한 존재, 광물의 공급원, 소금물을 담수로 바꾸는 수단으로 인식되었다(Rees 1975a, p. 307). 하지만 산은 여전히 그 아름다움을 널리 인정받지 못했다. 산의 자연 그대로의 혼란스러움 및 대칭과 비례의 완전한 결여는 초기 근대 지성이 받아들이기 어려웠다. 산은 혼란을 상징했고 자연계에서 사상가들이 추구한 질서와 동일성과는 전혀 달랐다. 초기 근대인의 이상은 질서, 이성, 자제라는 고전적인 것이었다. 그러나 그들이 지

29) 광선을 가리기 위한 셀룰로이드로 만든 모자챙이나 챙만으로 된 모자 또는 보안용 챙을 말한다.

30) 빙하의 표면에 쪼개진 틈을 말한다. 좁은 곡지를 흐르던 빙하가 넓은 장소로 나가는 곳이나 곡류하는 곳에 크레바스가 생긴다. 빙하가 흐르는 바닥이 위로 철형(凸形)을 이루고 있으면 횡단 크레바스가 발달하고, 빙하가 측방으로 퍼지는 곳에서는 크레바스의 방향이 빙하의 방향과 일치하는 종단 크레바스가 발달한다.

구의 아름다운 얼굴에 있는 이러한 '사마귀, 종기, 물집, 농양'에 섬뜩해할 때, 또한 그들은 산의 광활함과 거대함에 깊은 감명을 받았다. 이것은 버넷의 『신성한 지구 이론』에 잘 나타나 있다.

자연에서 가장 거대한 물체는 가장 보기 좋은 것이라고 생각한다. (…) 광활한 바다와 대지의 산보다 더 기쁜 마음으로 볼 수 있는 것은 없다. 이들 산과 바다 위 공중에는 무언가 위엄 있고 위풍당당한 것이 있는데, 이것은 위대한 사상과 열정으로 마음에 영감을 준다. 이런 경우에 우리는 자연스럽게 하나님과 그의 위대함을 생각한다. 그리고 무한의 그늘과 겉모습을 제외한 어떤 것이라도 모든 것들이 우리가 이해하기에는 너무나 큰 것들이기 때문에 그 과도함으로 지성을 가득 채우고 지배하며, 기분 좋은 종류의 망연자실과 감탄을 자아내고 있다.

그렇지만 (…) 우리가 산의 거대함을 단지 존경하지만, 산의 아름다움이나 우아함은 전혀 존경할 수 없다. 왜냐하면 산은 거대한 만큼 기형적이고 불규칙하기 때문이다.(출처: Nicolson 1959, pp. 214~215)

버넷과 동시대의 사람들이 표현한 "즐거운 공포"와 "끔찍한 기쁨"의 감정은 18세기 이후 산에 대한 유럽인의 태도를 전형적으로 보여주는 낭만적 열정의 첫 번째 표시이다. 1732년 알브레히트 할러(Albrecht Haller)는 알프스산맥과 주민들을 찬양하는 시집인 『알프스산맥(*Die Alpen*)』을 출판하여 유럽에서 베스트셀러가 되었다. 또 다른 시인 토머스 그레이는 1739년 알프스산맥의 여행을 일지와 편지에 묘사하였는데, 이들 일지와 편지는 영국에서 비슷한 반응을 불러일으켰다. 그중에서도 가장 영향력 있는 작가는 장 자크 루소(Jean-Jacques Rousseau)였다(Hyde 1917, p. 117; Noyce 1950, pp. 47~55). 1759년에 출판된 『신(新)엘로이즈(*La Nouvelle Héloïse*)』[31]에서 그는 다음과 같이 열변을 토하고 있다.

> 스위스에 가까워질수록 내 기분은 더욱 고조되었다. 쥐라(Jura)산맥[32]의 고지에서 제네바호를 불현듯 보게 되었던 그때는 황홀하고 환희에 가득 찬 순간이었다. 내 조국의 경치, 대단히 사랑받는 조국, 기쁨의 물결이 내 마음을 사로잡은 곳 ─ 알프스산맥의 건강하고 맑은 공기; 동양의 향기보다 더 달콤한 고향의 부드러운 공기; 이 풍부하고 비옥한 토양; 비길 데 없는 이 경관, 인간의 눈으로 본 것 중 가장 아름다운 곳; 내가 여행하면서 결코 본 적이 없는 이 매력적인 곳; 행복하고 자유로운 사람들의 모습; 온화한 계절; 평온한 기후; 내가 느꼈던 모든 감정들을 상기시키는 수천 가지의 달콤한 기억들 ─ 이 모든 것들이 묘사할 수 없는 황홀감에 나를 빠뜨렸다.(출처: Perry 1879, p. 305)

루소의 글은 거의 대변혁을 초래하는 영향을 미쳤다. 자연에 대한 사랑이 새로운 것은 아니었지만, 특별히 산에 대한 루소의 표현은 스위스가 아름다운 장소라는 대중의 인식을 크게 높였다. 루소의 마법에 걸린 사람 중에는 독일의 유명한 철학자이자 시인인 괴테와 모든 문학에서 아마도 가장 위대한 자연의 해석자였던 영국의 시인 워즈워스(Wordsworth)가 있었다. 또한 루소는 1760년에서 1787년 사이에 몽블랑을 등반하려고 네 번이나 시도하여 마침내 1787년에 성공한 스위스 최초의 위대한 산악인이자

31) 프랑스 철학자 장 자크 루소의 대표적인 소설로서, 신분의 차이로 인해 결혼할 수 없는 두 남녀가 사랑을 우정으로 전환하려 하지만 비극적 결말을 맞게 되는 내용의 서한 소설이다.
32) 프랑스와 스위스 사이에 있는 산맥이다.

과학자 오라스 베네딕트 드 소쉬르에게도 영향을 주었다. (드 소쉬르는 등산에 대해 아는 것이 너무나 적어서 첫 번째 시도에서 햇빛 가리개와 후자극제[33]를 가져왔다!) 드 소쉬르의 등반은 산에 대한 과학적인 관심에 큰 붐을 일으켰다. 다음 반세기 후에 과학적인 목적을 위해 스위스 산악인들은 이전에 결코 등반한 적이 없는 다른 수많은 산을 등반했다(Noyce 1950, pp. 57~67). 그러나 19세기 중반에 이르러 과학적인 초점은 영국인의 모험심에 자리를 내주었다. 허드슨, 해들로, 더글러스 경이 1865년 마터호른에서 목숨을 잃었을 때, 재앙은 억제책이라기보다는 도전으로 작용하는 것처럼 보였다. 그리고 그 후 몇 년 동안, 영국인 등반객들과 관광객들은 알프스 산맥의 외딴 지역으로 몰려들었다(Peattie 1936, p. 5). 산악 숭배의 근대기가 시작되었다.

극동

극동에서의 산에 대한 태도의 발달은 서양의 경우와 비교했을 때 큰 대조를 이룬다. 두 문명에서의 태도는 초기 경외와 혐오의 감정에서 존경과 사랑으로 바뀌었다(Tuan 1974, p. 71). 하지만 극동에서는 매우 일찍이 산의 진가를 감상하기 시작했다. 일본, 중국, 티베트, 인도에서는 오랫동안 산을 숭앙하고 예배하고 있다. 중국에서는 적어도 2,000년 전 그리스도가 태어나기 전부터 산을 신성한 것으로 여겼다(DeSilva 1967, p. 40; Sullivan 1962, p. 1). 불교, 도교, 유교, 신도(Shintoism),[34] 힌두교 모두는 산악 숭배

33) 냄새로 각성·자극하는 약으로 탄산암모늄이 주재료이다.

를 신앙에 포함시켰다.

산이 초기의 중국 문화에 끼친 영향은 심오한 것이었다. 산을 신의 몸으로, 즉 암석은 신의 뼈로, 물은 신의 피로, 식생은 신의 머리카락으로, 구름과 안개는 신의 숨결로 여겼다(Sullivan 1962, p. 1). 이러한 믿음은 아마도 고대의 지구 숭배에서 비롯되었을 것이고, 그 이후로 대부분 다른 개념으로 대체되었지만, 여전히 중국 철학에서는 기본적인 것으로 남아 있다. 인간은 자연의 필수적인 부분으로 간주된다. 무생물에도 생물과 마찬가지로 영과 혼이 있다. 이러한 관점에서 볼 때, 경관에서 그렇게 지배적인 산은 신성한 것으로 여겨진다.

태초에 중국에는 다섯 개의 신성한 산(즉 중부의 산, 서부의 산, 북부의 산, 남부의 산, 동부의 산)이 있었는데, 동부의 산이 바로 가장 신성하고 유명한 타이산(TàiShān)산[태산]이다(Chavannes 1910). 이들 산은 대개 도교와 유교 사상과 관련이 있지만, 멀리 하(夏)나라(기원전 2205~1176)까지 오래전부터 숭배되었다(Sowerby 1940, p. 154). 또한 불교에 특별한 의미가 있는 네 개의 산이 있는데, 그중 쓰촨성의 어메이산(Emei Shan)[아미산]이 가장 유명하다(Shields 1913; Mullikin and Hotchkis 1973). 어메이산에만 50개가 넘는 탑과 절이 있는 것으로 알려져 있다.

수많은 다른 산에도 현지의 종교적 의미가 있다. 그러한 산봉우리 중 하나는 고대 도시인 안칭(Anqing)[35] 근처에 있는 용산(Dragon Mountain)이다. 시는 다음과 같이 기리고 있다.

34) 일본 고유의 민족종교로 모든 자연물에 혼령이 깃들어 있다는 범신론에 기초한다.
35) 중국 동부 양쯔강에 면한 도시로, 청대부터 1945년까지 안후이(Anhwei)성의 성도였다.

슈(Hsu)에는 용산이 있다.

들에 물을 주는 샘과 함께

산 위에는 샘이 있다.

그리고 산비탈에는 개간된 들판이 있다.

슈의 사람들은 어릴 때부터 산의 도움을 받았다.

어려운 때일수록 모든 사람은 산을 향한다.

언덕 위 높은 곳에 구름이 떠다니고

그리고 구름 속에는 끊임없이 모양을 바꾸는 신령이 있다.

사람들은 신령이 누구인지 궁금해했다.

그것이 용왕이라는 것을 발견하기 전까지.

이 자리에 사람들은 사원을 다시 건설하였고

그래서 희생은 천년 동안 이루어졌을지 모른다.

이들의 희생은 여전히 계속되고 있다.

그리고 사람들은 보상을 받는다.

(Shryock 1931, p. 118)

산은 수원으로 수많은 문화에서 발견되는 종교적 모티브가 있다. 산은 구약성경의 이스라엘 자손과 바빌로니아 자손뿐만 아니라 동양의 여러 나라와 인도네시아 전역에 걸쳐 중심이 되는 것이었다(Quaritch-Wales 1953; Van Buren 1943). 구름은 중국인에게 특별한 매력을 가지고 있어 중국의 초기 예술에 나타난다. 산은 종종 구름에서 솟아오르거나 구름에 의해 완전히 둘러싸여 있는 모습을 보여주는데, 이는 음산함이나 황량함의 상징이 아니라 아름다움의 상징으로 보인다(그림 2.4). 때때로 구름은 용으로 보인다. 이 둘은 습한 원소(humid element)로 연관되어 있다. 서양인과는

그림 2.4 14세기 중국 풍경화의 구름으로 뒤덮인 산, 명나라 마완(Ma Wan)의 〈저녁 구름의 시적 구상〉(상하이 박물관)

달리 동양인의 마음에는 용이 그 위협적인 외모는 차치하고라도 일반적으로 사악한 의미가 있지는 않다. 용은 흙, 물, 불, 바람의 4원소를 지배하는 자애로운 동물이다(Sowerby 1940, p. 154).

아마도 산에 대한 동양의 정서를 고려해볼 때, 산이 동양의 예술에서 지배적인 위치를 차지하는 것은 지극히 자연스러운 일일 것이다. 중국어로 풍경을 뜻하는 바로 그 단어는 산수(山水)이며, 말 그대로 '산과 물'을 의미한다. 그림은 서예의 한 갈래로 여겨지며, 산의 한자(山)는 산을 그림으로 표현한 것이다(DeSilva 1967, p. 40). 이 산의 모티브는 가장 오래된 것으로 알려진 중국 도자기와 석조 조각에 나타나며, 한나라(기원전 206~기원후 220) 이후에는 풍경화에도 나타나고 있다(DeSilva 1967, pp. 53~74).

또한 일본인들은 산을 강인함과 불멸의 상징으로 바라본다. 산을 나타내기 위해 돌을 사용하는 것은 중국과 일본의 정원에서 모두 행해지는 고대 예술의 형태이다. 이것의 정점은 일본인들이 이시야마(石山)라고 부르는 것으로, 높이가 15cm 정도 되는 천연석을 작은 나무 받침대 위에 수직으로 세우는 것이다. 이렇게 산악경관이 축소된 간단한 자연 조각품은 집안의 선반이나 탁자 위에 놓아두며, 종종 주인에게 큰 가치와 의미를 주고 있다. 일본에는 신성한 산이 여럿 있는데, 그중 후지산이 단연 유명하다. 여전히 매년 수천 명이 성스러운 순례로 후지산을 올라간다(여름 동안 하루 2만 5,000명 이상이 후지산에 오른다). 정상까지 가는 특별 철도를 건설하자는 상업적인 제안이 나오자, 일본인들은 신성한 산에 대한 모독이라고 격분하며 이러한 의견에 반대했다(Fickeler 1962, p. 110).

캄보디아, 태국, 발리, 자바, 필리핀 사람들도 산을 숭배한다(Quaritch-Wales 1953). 미얀마에 있는 포파(Popa)산은 2,000년 이상 신성시되고 있다(Aung 1962, pp. 61~81). 산은 인도에서도 특별한 의미를 지닌다. 인도는 기본적으로 평원 국가이지만 히말라야산맥은 북쪽 국경을 따라 2,500km나 뻗어 있다. 이들 산에는 수많은 종교적이고 신화적인 연관성이 있다. 이들 산은 인더스강, 브라흐마푸트라강, 갠지스강이라는 3개의 위대하고 거룩한 강의 원천이다. 갠지스강의 원천은 특히 신성한 성지로 여겨지며 수많은 사람이 성스러운 순례지로 방문한다. 히말라야산맥은 힌두교의 여러 신들의 고향으로, 그중 가장 중요한 것은 카일라스(Kailas)산에 사는 위대한 산맥의 신 시바(Siva)이다. 시바의 아내 파르바트(Parvat)는 히말라야산맥의 딸이다(Basak 1953, p. 114). 히말라야의 또 다른 산봉우리인 메루(Meru)산은 우주의 중심지로 여겨진다. 또한 남쪽으로 뻗어 있는 빈디야(Vindhya)산맥과 카이머(Kaimur)산맥도 힌두교에서 한몫을 하고 있다(Crooke 1896).

히말라야의 카슈미르, 네팔, 시킴, 부탄과 같은 작은 공국뿐만 아니라 티베트에서도 산은 불교와 힌두교가 출현하기 이전인 매우 오랜 과거부터 자연 발생적인 사당이었다(Nebesky-Wojkowitz 1956). 중국과 인도 두 나라의 문화적 영향은 현재 명백하지만, 주민은 그들 자신의 토착신앙의 많은 부분을 고수하고 있다. 그러므로 사람들이 산의 오솔길을 따라 가파른 오르막길을 올라간 후에 도달한 조망이 좋은 장소에서 수풀에 천 조각을 묶거나 신성한 돌더미에 돌이나 나무 조각을 놓는 것과 같은 종교적인 표시를 하는 것은 일반적이다(Shaw 1872)(그림 2.5). 산의 순행(Circumambulation)[36]은 불교도들에 의해, 특히 티베트에서 널리 행해지고 있다. 티베트의 가장 유명한 두 산은 아녜마첸(Amnye-Machen)('헤일 고

36) 고대 헬레니즘 점성가들이 길흉을 보기 위하여 가장 많이 사용했던 기법이다. 순행은 구체적인 사건보다는 살아가면서 길한 시기와 흉한 시기를 보여준다.

그림 2.5 네팔 히말라야산맥의 3,873m에 위치한 티앙보체(Thyangboche) 수도원. 종교적인 표시로 길가에 놓아둔 무늬가 새겨진 돌에 주목하라.(Pradyumna P. Karan, University of Kentucky)

대의 신Hail Advanced One', '위대한 공작Great Peacock'으로 번역됨)과 티세강스(Tisegangs: 카일라시산Mount Kailash)[37]이다. 힌두교도들에게도 신성시되는 티세강스산은 뛰어나게 아름다운 피라미드형 산봉우리로 순행을 하기에 가장 좋은 곳이다. 산을 둘러싼 암석투성이 오솔길을 지나는 여행은 이틀이 걸린다. 또한 많은 사람은 꽤 위험하고 사고가 흔한 더 높은 오솔길을 이용한다(Ekvall 1964, p. 242).

사람들은 여전히 히말라야산맥의 높은 산봉우리 대부분을 신성한 것으로 여기고 있다. 현대 산악인들의 무분별한 등반으로 인해 정부는 특정 지역에서의 활동을 제한해야만 했다. 예를 들어, 네팔에서는 마차푸차

37) 티베트 마나사로와르호에 있는 산이다.

레(Machapuchare)산과 칸첸중가(Kangchenjunga)산 둘 다를 종교적인 이유로 출입 금지시켰다(Süger 1952). 이들 산봉우리의 상공에서는 비행기 운항도 금지되고 있다. 이러한 금지는 익숙함과 고고도 제트기의 출현으로 인해 다소 완화되었다. 그러나 항공기 산업이 처음 시작되었을 때, 1934년 에베레스트산, 즉 신성한 초모룽마(Chomolungma)산의 상공에서 영국 비행기 두 대의 계획된 비행은 인도와 티베트에서 상당한 파문을 일으켰다(Fickeler 1962, p. 110). 고대의 순수한 숭배를 초월하는 것이 산속에서의 삶에 대한 강한 욕구이다. 이는 봄에 보름달이 뜨는 동안 3일간 열리는 축제로 셰르파 댄스 의식인 '마니림두(Mani-Rimdu)'가 전형적인 사례이다. 이러한 의식은 종교적인 측면을 가지고 있지만, 근본적으로 세계에서 가장 높은 산에 대한 자부심이 매우 강한 사람들의 삶의 방식을 고무하고 찬미하기 위한 수단이다(Jerstad 1969).

현대시대

현대의 산에 대한 낭만적인 예찬의 시작은 알브레히트 폰 할러, 토머스 그레이, 장 자크 루소, 오라스 베네딕트 드 소쉬르의 작품에서 찾을 수 있다. 19세기까지 산의 아름다움은 시인과 철학자에게 공통된 주제였다. 과학자들은 산의 기원과 고산의 여러 현상에 대해 깊은 관심을 갖기 시작했고, 과학적인 발견을 신문과 정기 간행물에 실어 대중에게 설명했다. 그리고 산은 풍경화 작가들이 가장 좋아하는 것이 되었다(Ruskin 1856; Lunn 1912; Rees 1975a, 1975b). 1856년에는 철도로 알프스산맥에 비교적 쉽게 접근할 수 있게 되었다. 관광리조트가 우후죽순 생겨났으며, 산속 건조하고 맑은 공기의 탁월한 치료 효과가 밝혀지자 폐결핵으로 고통받는 사람들을 수용할 수 있는 요양시설이 세워졌다(*Alpine Journal* 1871). 산의 대중적인 이미지는 더 이상 춥고 인적이 드문 공포의 땅이 아니라 매력적이고 건전한 환경의 이미지로 바뀌었다.

1857년에 영국 산악회(British Alpine Club)가 결성되었고, 그 직후 유럽 대륙에서는 여러 다른 등산 클럽이 설립되었다. 하지만 이후 수십 년 동안 알프스산맥에 몰려든 사람들은 바로 영국인들이었다. 영국 산악회의 역사에 관한 기사는 다음과 같다. "이 멋진 시기에 대해 상세히 길게 논하는 것은 불가능하다. 알프스산맥의 첫 등반과 첫 통행을 열거하는 것만으로도 참을 수 없을 만큼 지루할 것이다. 그 끝에 있는 알프스산맥의 위대한 정상 어느 것도 정복되지 않은 채 남아 있는 것은 거의 없으며, 그래서 알프스산맥을 새로이 등반하는 것이 영국 등반가들에게 매우 큰 몫으로 남겨졌다"(Mumm 1921, p. 8). 1865년에 일어난 마터호른(Matterhorn) 비극으로 영국 산악회와 세계는 잠시 멈추었지만, 몇 년 후 다른 젊은 회원들은 다시 새로운 열정으로 정복되지 않은 산봉우리에 도전했다.

산악회는 점차 전 세계로 퍼져 나갔으나(미국 최초의 산악회는 1876년에 결성된 애팔래치아 마운틴 클럽Appalachian Mountain Club이다), 이들 산악회 중 상당수는 상당히 배타적이었다. 누군가 합류하도록 초대해야만 했으나, 입회에 필요한 조건을 쉽게 충족할 수 없었다. 등산을 하는 것은 절실한 열망이 되었고, 거의 종교였다. 피티(Peattie, 1936, p. 6)는 발전을 "산악 숭배"라고 불렀는데, 이것은 고대 산악 숭배의 현대적이고 보다 의식적인 단계였다. '종교로서의 등산(Mountaineering as a Religion)'이라는 제목의 기사는 이러한 극단적인 관점의 전형이었다.

> 우리는 우리 자신을 다른 사람들과는 별개의 특권 계급으로 구별해주는 동질적이고 본질적인 정신적 특성을 찾아야만 한다. 혼자 힘으로, 나는 모든 등산가에게 공통적인 것으로 어떤 정신적인 경향이나 독특한 개인적이고 도덕적인 성향에서 이들 특성을 발견했지만, 등산에 중독되지 않은 사람들에게서는 좀처럼 볼 수 없었다. 진정한 산악인은 단순한 체육 전문가가 아니라 산을 숭배하는 사람이다.(Strutfield 1918, p. 242)

비교적 최근의 기사인 '산에 대한 사랑(The Love of Mountains)'은 이 정서를 더욱 알맞게 표현한다.

> 거대한 산들 사이에 사는 원시시대 사람들은 산을 경외와 두려움으로 숭배하며, 산을 신이나 여신으로, 또는 적어도 신들의 거주지로 여겼다. 현대의 문명화된 산악 애호가들 역시 산을 숭배하는 것에 대해 자주 언급했다. 그리고 진정한 숭배는 실제로 이러한 사람들이 산의 존재에서 느끼는 사랑과 경외심의 혼합체로 이루어져 있다. 순결성 때문에 거대한 설산은 특히 숭배의 대상으로 여겨질 만한 가치가 있는 것으로 보인다. (…) 산에 대한 문제는, 우리 산악 애호가들은 산의 아름다움 속에서 산을 볼 때, 이성을 바람에 내던지기 쉬우며, 그래서 일종의 광기에 사로잡히기 쉽다는 것이다. 산악 숭배는 결국 충분히 속죄하는 종교가 될 수 없다. 하지만 우리 중 몇몇은 '산에 대한 비이성적이고 탐욕스럽지 않으며 속세를 벗어난 사랑'이 한층 더 진정한 숭배의 발판이 될 수 있다고 생각한다.(Vandeleur 1952, p. 509)

수많은 예언자와 대규모 추종자들이 산을 예찬했다. 여러 산악회에서 발행된 잡지는 산을 찬양하는 기사들로 가득하다(예: Freshfield 1904; Fay

1905; Godley 1925; Lunn 1939, 1950; Young 1943; Howard 1949; Thorington 1957). 아마도 열성적인 사람들의 가장 광범위한 주장은 영국 산악회의 오랜 회원이자 존경받는 제프리 W. 영(Young)이 한 1956년 글래스고 대학의 강연으로 진전을 이루었을 것이다. 즉 산이 인간의 지능 발달에 영향을 주고 있다는 것이다.

> 산이 인간의 지능에 높이와 깊이라는 3차원을 제공했다는 것은 산에 대한 대담한 주장이다. 그리고 이 3차원을 통해 산은 심지어 4차원, 즉 정신의 차원도 개략적으로 알려주었다. 이 정신의 차원은 3차원을 투과하는 것이 아니라 그 위에 높여진 것이다. 하지만 인간의 정신이 처음으로 비교할 수 있는 능력을 갖게 되었을 때, 그리고 인간의 지배력이 지구로 이동하기 시작했고, 또 인간이 오직 노동에서만 풀려나고 주위를 둘러싼 공포의 어두움으로부터 해방되었을 때, 지평선 위에서 처음 보는 산봉우리는 실제로 '별들의 군대가 밤을 새워 방문한' 어떤 천체(sphere)에 속하는 것으로 보였음에 틀림없다.(Young 1957, pp. 14~15)

더욱이 경관의 다양한 구성 요소를 논하면서 그는 이와 같이 주장했다.

> 이 모든 시각적 균형에서, 그리고 그것이 미치는 영향에서, 산은 주요한 역할을 하며 또 해오고 있다. 그것은 높이로, 측정치를 나타내고 있다. 높이는 평원과 바다 및 하늘의 원근을 서로 맞대어 비교하는 눈금을 표시하기 위해 곧게 세워진 자(ruler)와 같이 설정된다. 일정하고 밝은 조명이 비추는 실제적이고 선명한 색과 그림자에 대한 끊임없는 사색 속에서, 원시적인 지성은 그 성장의 일부로, 시각에서와 마찬가지로 사상에서 측정의 법칙, 질서의 법칙, 비례의 법칙을 습득하는 것 외에 다른 어떤 대안도 없었다. 추론과 고찰을 측정과 비례와 비교

하고 구별하는 습득된 능력에서 최초의 그리스 철학자들의 풍조 및 최초의 그리스 예술가들의 조각과 건축에서 나타난 인간 정신에 대한 깨달음은 모든 서양 인종에게서 초기의 문명과 문화를 시작하거나 재촉했다.(Young 1957, pp. 24~25)

이것은 매우 강력한 진술이고, 아마도 우리 대부분이 받아들이기에는 너무나 결정론적일 것이다. 어쨌든 나무와 암석도 역시 3차원이고 원근을 제공한다. 따라서 산은 단순히 차원에 관한 인상을 한층 더 크게 준다. 더욱이 물리적 환경은 아동이나 사회의 발달에서 여러 인자 중 하나일 뿐이다(그리고 아마도 가장 중요한 인자는 아닐 것이다)(Keenlyside 1957).

몇몇 산악회는 재정적으로나 사회적으로, 그리고 정치적으로 매우 강력해졌다. 영국 산악회는 극지 탐험에서부터 히말라야의 설인[38] 수색에 이르기까지 수많은 프로젝트를 지원했다. 이들 산악회 구성원은 전통적으로 영국 사회의 엘리트 전체에 걸쳐 있었다. 힐러리와 헌트는 에베레스트산을 오른 후 여왕에게서 기사 작위를 받았다. 현재 이들 산악회 대부분은 다양해졌지만, 여전히 영향력이 있다. 14만 4,000명이 넘는 회원을 가지고 있는 미국의 시에라클럽[39]이 좋은 예이다. 이 단체는 워싱턴에 다섯 명의 전임 로비스트를 고용하고 있으며 상당한 정치적 영향력을 행사하고 있다. 가장 인상적인 성과는 (몇몇 다른 그룹과 협력하여) 알래스카 송유관 건설을 거의 3년 동안이나 지연시켜 환경 보호를 위한 충분한 안전 조치가 이루어지도록 한 것이다.

38) 히말라야산맥 고지의 설선 부근에 살고 있다는 전설적 인수를 말한다.
39) 미국의 자연보호단체이다.

산은 더 이상 엘리트 클럽이나 특수 이익 집단의 사적인 전유물이 아니지만 '산의 숭배'는 계속되고 있다. 르네 뒤보(René Dubos)는 이를 다음과 같이 아름답게 표현했다.

> 인간은 이제 지구의 표면 대부분을 인격화하는 데 성공했지만, 동시에 역설적으로 황무지에 대한 숭배를 발전시키고 있다. 원시림에 겁먹은 지 오래된 후에 인간은 그 섬뜩한 빛이 과수원이나 정원에서는 경험할 수 없는 경이로운 분위기를 자아낸다는 것을 깨닫게 되었다. 마찬가지로 인간은 바다의 광활함이나 파도의 끝없는 썰물과 흐름 속에서 인격화된 환경에서는 찾아볼 수 없는 신비로운 성질을 인식한다. 깊은 협곡의 우레와 같은 적막, 높은 산의 고독, 사막의 광명에 대한 인간의 반응은 아직도 질서 정연한 사건들의 반향 속에 머물러 있는 인간의 근본적인 존재의 양상을 표현한 것이다.(Dubos 1973, p. 772)

세계의 인구 밀도가 점점 더 높아지고 도시화하면서 도시의 압박에서 벗어나야 할 필요성이 증대함에 따라 산은 더욱더 관심의 대상이 되고 있다. 산은 이제 거의 보편적으로 은둔의 피난처이자 자유의 상징으로 여겨지고 있다. 도시는 이제 소크라테스가 본 것처럼, 더 이상 모든 좋은 일이 일어나는 활동의 중심지로 여겨지지 않고, 점점 더 나쁜 일이 일어나는 곳으로 여겨진다. 이것은 특히 지난 20년 동안 젊은이들 사이에서 일어난 자연으로의 회귀 운동에서 두드러지게 나타나며, 현대 도시화한 삶의 인위성을 제거하는 데 중점을 두고 있다. 200년 전 루소가 주창했던 것과 그 100년 후 소로가 주창했던 것을 연상시키는 이러한 경향은 우리 시대에 중요한 영향을 미친다. 산은 자동차 여행객이든 배낭 여행객이든 간에 자연과 교감하려고 하는 사람들이 가장 즐겨 찾는 피난처이다.

이러한 관광객의 유입은 산악경관에 전례 없는 압력을 초래했다. 일부 지역에서는 허가증 및 여러 다른 제한을 시행하고 있고, 예약을 하고 대기자 명단을 만들 날이 머지않을지도 모른다. 인간의 모든 역사에서 산이 이런 요구를 하거나 산을 그렇게 호의적으로 여긴 적은 없다. 산은 우리의 예술, 문학, 음악에서 주요한 주제로, 그리고 칭찬받을 만한 테마로 구성되어 있다. 산은 선하고 아름다우며 숭고한 것의 화신으로 여겨진다. 최근 수업 토론에서 나는 학생들에게 산의 매력이 무엇인지 물었다. 한 젊은이의 대답은 아마도 매우 큰 반향을 불러일으킬 것이다. "저는 산에 갑니다"라고 그녀가 말했다. "높아지기 위해서요."

제3장

산의 기원

무엇이 산을 일으켰는가?
어디서, 그리고 언제 산이 생성되었는가?
산은 정말로 지구와 공존이 가능한가?
아니면 몇몇 박식한 이론가들이 말하는 것처럼,
물에 잠긴 지구의 울퉁불퉁한 폐허인가?

- 제임스 커크패트릭(James Kirkpatrick), 『바다의 작품(*The Sea-Piece: A Narrative Philosophical and Descriptive Poem*)』(1749)

산에 대한 태도와 마찬가지로, 산의 기원에 대한 견해도 시간이 지남에 따라 크게 달라졌다. 서유럽의 중세 시대와 초기 근대 동안 산은 '자연의 엄청나게 큰 무용지물'로 여겨졌다. 가장 지배적인 견해 중 하나는 인간이 에덴동산에서 쫓겨난 후에 산이 하나님의 형벌로 창조되었다는 것이다. 이러한 생각은 창세기의 창조 이야기가 산에 대해 언급하지 않는다는 사실에서 유래한 것으로 보인다. 산이 생성되는 정확한 방법에 대한 설명은 다음과 같다. 어떤 이들은 내부의 유체가 지구의 표면을 깨뜨리고 거대한 더미로 쌓였다고 말했고, 반면에 다른 사람들은 성경의 대홍수로 야기된 대격변의 기원에 기대고 있다(위의 인용문을 참조하라). 이보다 더 발전된 생각이 고대 그리스와 중세 아랍 학자들에 의해 전개되었지만, 지질과학이 퇴보하게 된 것은 서유럽 신학 때문이었다. 17세기와 18세기에 종교와 과학 사이의 이런 긴밀한 관계가 단절되고 나서야 주요한 과학적 진보가 이루어지기 시작했다. 일단 시작되자, 과학의 진보는 급속도로 이루어졌고, 산의 기원을 설명하는 다수의 그럴듯한 이론을 제시했다. 우리는 대부분 과학의 진보를 기반으로 이론들을 개선해왔지만, 지난 20년 동안 해저에서의 발견을 바탕으로 사실상의 지질학적 혁명이 일어났다. 새롭게 개발된 판구조 이론은 지구의 지각이 서로 다른 방향으로 움직이는 단단한 판으로 나뉘어 있다고 주장한다. 판이 분리되는 곳에서는 새로운 지각 물질이 생성되고 있고, 판이 충돌하는 곳에서는 판이 좌굴되어 산이 되고 지구의 맨틀 안으로 다시 내려가면서 파괴되고 있다. 하지만 이러한 과정의 역학을 논하기 전에, 산의 기본적인 특징 중 일부를 지구적인 규모로 확립하는 것이 적절하다.

산의 주요 특성

산의 기원에 대한 두 가지 가장 중요한 단서는 전 세계에 걸친 산맥의 분포 및 산의 구조와 물질 구성이다. 이 둘은 모두 바다와 산 사이의 근본적인 연관성을 가리킨다. 세계의 어떤 기복도(relief map)를 보더라도 산맥이 대륙의 주변부를 따라 긴 선형의 지대에서 이동하는 경향이 있다는 것을 알 수 있다(그림 3.1). 하나의 예외적으로 긴 지대는 태평양 주변으로 뻗어 있고, 또 다른 지대는 유라시아의 '가장 취약한 부분'을 따라 동서로 달린다. 이러한 산의 분포는 지진, 단층대,[1] 화산활동, 해구,[2] 호상열도[3]의

1) 한 개의 단층만이 아니고 여러 개의 단층이 띠 형태로 조밀하게 분포하고 있는 경우 이 부분을 단층대라고 한다.

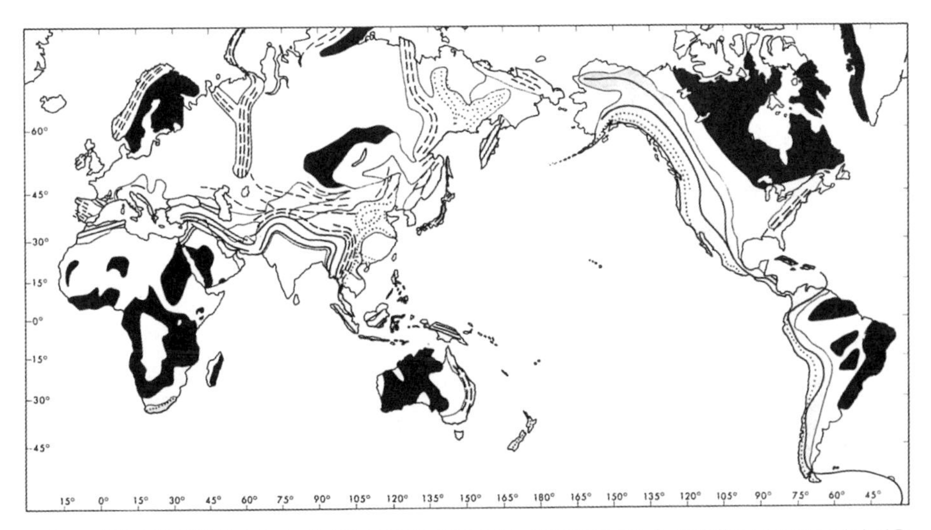

그림 3.1 산악지대(연회색)와 순상지 지역(검은색)의 전형적인 분포. 산악지대의 실선은 신생대(지난 6,500만 년)의 산을 나타내고, 점선은 중생대(2억 2,500만~6,500만 년 전)의 산을 나타내며, 파선은 고생대(6억~2억 2,500만 년 전)의 산을 나타낸다.(다양한 출처에서 적용)

분포를 면밀하게 따른다(그림. 3.6, 3.8, 3.10, 3.15). 이들 지대를 특히 지질학적으로 활동적인 곳으로 만들기 위해서는 이들 지대에 관한 무언가가 있어야 한다. 이와는 대조적으로 대륙의 내부는 비교적 안정적이다.

해안 지대는 내륙보다 덜 안정적일 뿐만 아니라 훨씬 더 유년기 암석으로 이루어졌다. 대륙 내부의 대부분은 선캄브리아기 화강암과 변성암으로 이루어진 아주 오래된 결정질 핵으로 구성되어 있으며, 이들은 신생 퇴적암의 대략적인 동심원 고리들로 둘러싸여 있다(그림 3.2; 그림 3.1과 비교). 대륙

2) 심해저에서 움푹 들어간 좁고 긴 곳으로, 급사면에 둘러싸인 해저지형을 말한다.
3) 대양 중에 호상으로 배열된 섬의 집합체를 말하며 도호(島弧) 또는 노끈으로 꽃을 묶어 늘어놓은 것 같다고 하여 화채열도(festoon islands)라고도 한다. 호상열도는 환태평양 조산대 중에서 서태평양에 잘 발달해 있다.

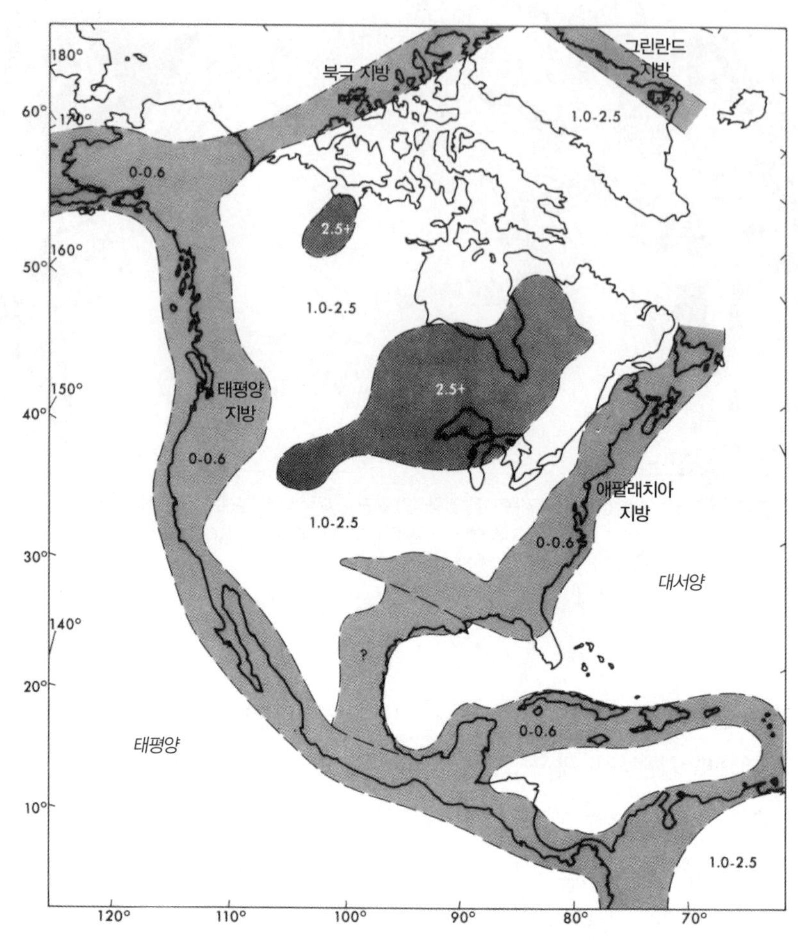

그림 3.2 주요 화강암 형성 작용 및 조산작용의 사건들로 정의되는 북아메리카 지역의 지질학적 영역의 일반적인 분포와 연대. 대륙의 내부는 가장 오래된 지역인 반면, 해안 지역은 가장 새로운 지역으로 이는 부가 성장으로 인한 발달을 나타낸다는 점에 주목하라.(Engel 1963, p. 145에서 인용)

중심부에 새로운 육지가 추가되는 주된 방법은 조산작용에 의한 것이다.

조산작용의 과정에서 암석들이 종종 변성되어 화성암 물질이 관입되기도 했지만, 거대한 산악지대는 주로 해양 퇴적물[4]로 구성되어 있다. 이러한 산의 암석을 구성하는 퇴적물은 의심할 여지없이 해양에서 기원하며, 이는 높은 산 위에 있는 바다조개 화석의 존재로 증명되었다. 이러한 사실은 산의 발생에 대한 이론을 정립한 모든 사람을 혼란스럽게 만들었다. 전형적인 천해(shallow sea)의 진흙 화석은 어떻게 산꼭대기로 이동했는가? 또한 해양 화석은 산기슭보다 훨씬 아래인 지구의 깊은 곳에서도 발견된다. 실제로 산 아래에 있는 퇴적물은 주변 저지대 아래에 집적된 퇴적물보다 훨씬 더 깊게 퇴적되었다. 예를 들어 미국에서는 일리노이주와 아이오와주(과거 천해로 덮여 있던 곳)의 퇴적암이 펜실베이니아주와 뉴욕의 애팔래치아산맥 아래에 있는 암석만큼이나 두껍지 않다는 것이 100년 전에 관측되었다.

주변 저지대보다 산 아래의 퇴적암이 한층 더 깊게 집적되어 있다는 것은 산의 본질에 대해 많은 것을 보여준다. 지질학자들은 산의 거대한 무게와 질량이 단순히 초과 하중으로 지표면 위에 쌓여 있어서 그 결과 불안정한 상태에 있는 것인지, 또는 산이 주변의 지층보다 밀도가 낮은 '뿌리'나 기초를 가지고 있어 비교적 균형 잡힌 상태로 존재하는 것인지에 대해 오래전부터 궁금해했다. 퇴적암의 깊이 외에도, 산 뿌리(mountain root)의 존재에 대한 증거는 1800년대 중반에 인도 북부에서 나온 것인데, 이곳에서 조사단은 정확한 토지 측량을 수립하고 있었다. 히말라야산맥 부근의 관측소에서 지질학자들은 다림줄(수평이나 수직 여부를 가늠하기 위해 원뿔 모양의 추를 한쪽 끝에 매단 끈)이 똑바로 매달려 있지 않다는 것을 알아챘다. 선은 지구 중력의 중심에서 벗어나 산 쪽으로 약간 기울었다. 이러한 사실

4) 해저에 쌓여 있는 퇴적물을 말하며, 그 기원에 따라 육성기원 퇴적물, 생물기원 퇴적물, 수정(자생)기원 퇴적물 및 우주기원 퇴적물로 분류한다.

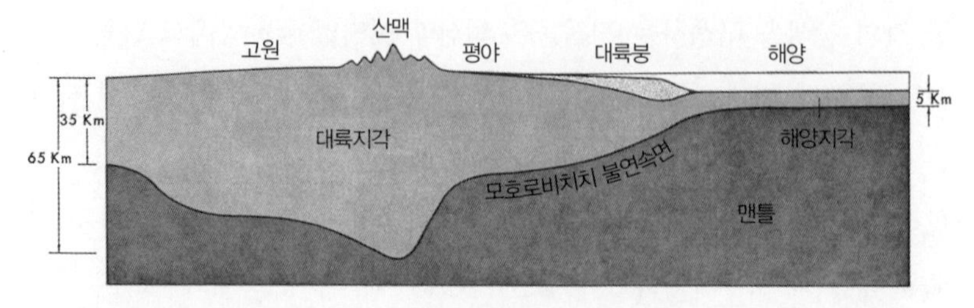

그림 3.3 대륙과 해양 아래에 있는 지각의 두께에 대한 이상적 표현. 가장 두꺼운 지각은 고원과 산 아래에 있는 반면, 가장 얇은 지각은 해양 아래에 존재한다는 점에 주목하라.(Holmes 1965, p. 30에서 인용)

은 히말라야산맥의 거대한 질량을 고려하면 예상된 것이었다. 사실 지질학자들의 계산에 따르면, 선의 기울어진 정도는 그렇게 크지 않았다. 기울어진 정도가 작았던 것은 산괴가 무거운 기층(substrata)[5] 대신에 지중으로 뻗어나가는 가벼운 암석들로 이루어져 있기 때문이라고 올바르게 결론을 내렸다(Holmes 1965, p. 28). 다시 말해, 산은 다소 물속의 빙산처럼 지구의 표면 위에 떠 있는 것이다. 산이 크고 높이 올라갈수록 산 뿌리는 땅속으로 더 깊이 뻗어나갈 것이다. 평형(isostasy)('동등한 지위'를 의미하는 그리스어에서 유래)이라고 불리는 이러한 상황은 지구의 지각은 항상 중력 평형[6]을 유지하기 위해 노력한다는 것을 시사한다. 주변의 지표면보다 위로 높이 융기하는 산괴는 높은 밀도의 암석을 대체하는 깊은 뿌리로 보상받는다(그림 3.3).

산을 만드는 물리적인 과정의 본질과 집적된 질량을 지탱할 수 있는 기저부의 능력이 산이 도달할 수 있는 높이를 제한한다. 조구조적 활동의 유

5) 다른 어떤 층의 밑에 있는, 특히 암반이나 토양을 말한다.
6) 물체가 자기 자신의 중력(만유인력)과 균형을 이루고 있는 상태이다.

형과 강도는 산의 기원과 관련된 특정한 과정을 결정한다. 그리고 기저부의 지탱 능력은 산괴의 무게와 기저부 물질의 압력에 의한 용융점으로 결정된다. 압력 용융점은 어느 단계에서 기저부 물질이 녹아 흐르기 시작하는 시점이다(Weisskopf 1975, p. 608). 최대 높이는 알려지지 않았지만, 산의 높이를 신속하게 조사한 결과 6,000m가 상한선에 가깝다는 것이 분명하다. 히말라야산맥은, 명백한 예외로서, 산맥의 형성 방식 때문에 그만큼 높은 것이다. 두 대륙지괴의 일부는 그 사이에 있는 과거 바다의 퇴적물과 함께 압축되었고(그림 3.12), 그 결과 낮은 밀도의 암석이 엄청나게 두껍게 집적되었다. 이 두꺼운 퇴적암의 덮개는 아마도 히말라야산맥에서 화산활동이 거의 없었던 이유를 설명해줄 것이다. 화성암 물질은 산 아래에 있지만 퇴적암의 두꺼운 층을 통과하지 못한다.

산의 높이(질량)가 뿌리의 깊이를 결정하고, 이를 통해 주변 환경과의 균형을 유지함에 따라, 지구의 지각은 침식이나 중력활강작용(gravity-sliding)[7](p. 54 참조)이 일어나면서 변화하는 하중 조건에 계속해서 적응한다. 기저부의 하중이 가벼워질수록 산은 이러한 무게 감소를 보상하기 위해 상승하는 경향이 있다. 무게의 방대한 적용에 대한 지구 지각의 반응은 플라이스토세 빙상이 수 킬로미터 두께로 뒤덮였던 지역에서 볼 수 있는데, 그 무게는 틀림없이 어마어마했을 것이다. 예를 들어, 북아메리카에서 대륙의 빙하작용이 집적된 중심지인 허드슨만은 빙하의 엄청난 무게로 함몰된 상태에서 현재 100년마다 약 1m의 융기 속도로 원래대로 되돌아가고 있다(Andrews 1970).

7) 중력에 의해 급경사의 지형면, 즉 성층면, 절리면, 단층면 등에서 다양한 입자의 쇄설물과 암괴류가 단독으로, 또는 집단적으로 미끄러져 내려가는 현상을 말한다.

대륙 자체는 지각 평형의 원칙을 고수한다. 즉 대륙은 높은 밀도의 암석층 위에 떠 있는 가벼운 암석으로 구성되어 있다. 유고슬라비아의 지진학자 모호로비치치(Mohorovičićs)가 이러한 사실을 확인했다. 그는 지진으로 인한 충격파가 지구 표면 아래의 특정 거리에 도달할 때까지 상당히 느린 속도로 이동하고, 그 이후 갑자기 속도가 빨라지는 것을 관찰했다. 그는 이것이 지구 맨틀의 밀도가 높은 암석 때문이며, 속도가 증가된 지점이 지각(지구의 바깥층)의 기저부에 흔적을 남겼다고 결론 내렸다. 지각 물질과 맨틀 물질 사이의 밀도 차이가 현저하게 나타나는 지대는 후에 모호로비치치 불연속면(Mohorovičićs discontinuity) 또는 일반적으로 알려진 대로 모호(Moho)면으로 불리고 있다(그림 3.3). 지진학 연구에 따르면 대륙 아래 지구 지각의 두께는 평균 20~30km이지만 바다 아래 지각의 두께는 단지 5~10km에 불과한 것으로 나타났다. 주요 산맥 아래의 깊은 뿌리나 기초에서는 지구 지각의 두께가 최대 60km에 이른다.

이 시점에서 근본적인 질문은 다음과 같다. 주요 산악대에 존재하는 해양 퇴적물의 엄청난 집적을 설명하는 것은 무엇인가? 에베레스트산 정상(높이 8,840m) 부근에서 수집된 화석뿐만 아니라 다른 수많은 높은 산악지역의 화석은 이들 암석이 원래 천해에 퇴적된 퇴적물이었다는 것을 보여준다. 어떻게 얕은 물에서 집적물이 지속적으로 두껍게 퇴적되는 것이 가능한가? 답은 이들 퇴적물이 육지에서 침식되어 해안 지역에 퇴적된 것으로 보인다. 퇴적물의 무게가 증가함에 따라, 점진적으로 아래에 있는 암석을 함몰시켜 얕은 물에서 퇴적작용이 지속되도록 했다. 어떤 퇴적물은 결국 선형의 거대한 구유 같은 함몰지[8)]에서 1만 2,000m 두께로 퇴적되었다. 지향사(geosyncline)[9)]로 알려진 이러한 특징은 조산작용과 밀접한 관련이 있는 것으로 생각된다. 애팔래치아산맥과 같은 아주 오래된 습곡산맥[10)]을 연구함으로써 전형적인 지향사가 다음과 같은 두 개의 평행 성분으로 나뉘어 있다는 것을 발견했다. 안쪽, 즉 대륙의 부분은 완만하게 습곡된 퇴적암으로 이루어지며, 이를 미오거클라인(miogeocline)이라고 부른다. 바깥쪽, 즉 바다에 면한 부분은 풍부한 화성암 물질이 습곡되고 단층된 암석들 사이에 끼어들어 가 훨씬 더 심하게 변형되어 있으며, 이를 유거클라인(eugeocline)이라고 한다(그림 3.4).

아주 최근까지도, 어떤 현대적인 지향사의 사례가 발견되지 않았기에, 지향사에 대한 정보는 전적으로 산의 습곡된 지층의 연구에서 도출해야 했다. 하지만 최근 몇 년 동안의 해양학 연구에서는 얕은 물에서 활발하게 형성되는 지향사를 발견했다. 예를 들어 미국 동부의 해안지방을 따라 폭 250km, 그리고 길이 2,000km의 퇴적물 쐐기가 대륙붕을 구성하고 있다. 이것을 '현존하는' 미오거클라인으로 여긴다. 심해에서 상승하는 대륙대[11]는 '현존하는' 유거클라인으로 생각된다(그림 3.4a). 대륙붕의 퇴적물은 바다 쪽으로 갈수록 두꺼워져 3~5km의 깊이에 달하며, 진흙투성이 현탁(suspension)[12]액과 저탁류[13](수체의 바닥 사면을 따라 나타나는 밀도가 높은 흐름)

8) 지표면에서 주위에 비하여 낮은 부분이다. 주위가 높은 부분으로 둘러싸여 외부로의 자연배수로가 없다.
9) 장기간에 걸친 침강이 계속되어 두꺼운 지층이 퇴적된 지역을 말한다.
10) 횡압력에 의한 습곡작용에 의해 형성된 산맥을 말한다. 대표적인 예로 알프스산맥, 히말라야산맥, 안데스산맥, 로키산맥 등을 들 수 있다. 이들 산맥은 과거에는 얕은 바다의 퇴적층이었으나 횡압력을 받아 습곡작용과 함께 이루어진 산맥이므로 천해성 해성층이 발견된다.
11) 대륙사면의 하단부는 대양저 평원과 만나면서 경사가 0.2° 정도로 완만해지는 부분이다. 이 지형은 대륙사면을 통해 운반된 육성기원 퇴적물이 두텁게 쌓인 해저 퇴적 지형이다.
12) 액체 속에 고체 미립자가 분산되어 있는 현상이다.
13) 풍화 생성물이 떠 있는 비중이 큰 물이 조용한 수층 바닥을 따라 이동하는 대규모의 저류이다. 혼탁한 강물은 바다에서 저탁류를 형성하며, 해저지진에 의한 해저 혼탁물도 저탁류를 만든다. 이 같은 저탁류는 물결작용이 미치지 않는 깊은 해저를 침식하게 되고 해저지형

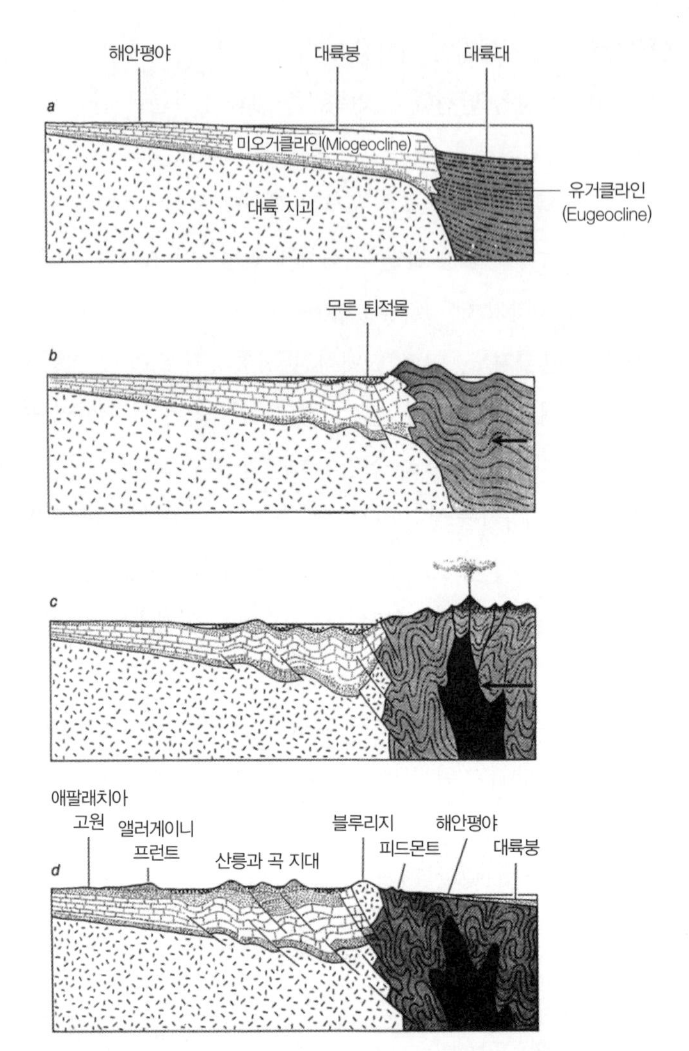

그림 3.4 애팔래치아산맥 쪽으로 이전의 지향사 한 쌍이 구부러지는 결과를 초래한 일련의 사건에 대한 한 가지 해석. 이들 퇴적물은 선캄브리아기 말기(약 4억 5,000만 년 전) 동안 퇴적된 것으로 보인다. 미오거클라인, 즉 지향사의 육지 방향 부분은 블루리지 라인(Blue Ridge Line)과 앨러게이니 프런트(Allegheny Front) 사이의 일련의 산릉으로 습곡되었다. 화산작용과 관련된 엄청난 열과 압력으로 인해 변형된 암석들로 이루어진 유거클라인은 융기하여 블루리지 라인 동쪽에 산릉이 위치한 거대한 산맥으로 변형되었다. 하지만 침식이 영향을 미치고 있다. 남아 있는 모든 것은 그림 d에서 보는 바와 같이 현재의 애팔래치아산맥이다.(출처: Dietz 1972, p. 36; Scientific American 제공)

에서 발생하는 이질적인 퇴적물로 구성되어 있다. 이러한 현탁액은 때때로 대륙대로 흘러내려 그 기저부에 최대 10km 두께의 퇴적물로 이루어진 거대한 선상지가 된다. 대륙붕과 대륙대 이 두 곳의 최근 퇴적물은 애팔래치아산맥의 습곡대에서 발견된 아주 오래된 암석들과 매우 유사하다(그림 3.4d). 그러므로 이들 퇴적물이 산을 구성하고 있는 물질이라는 것과 오늘날 다른 주요 대륙의 앞바다에 현존하는 지향사의 유사한 사례가 존재한다는 것은 당연하다. 하지만 이들의 궁극적인 변형과 산으로의 융기를 야기하는 메커니즘은 아직 설명하지 못하고 있다.

산의 기원에 대한 이론

산의 기원에 대한 궁극적인 원인은 과학의 커다란 수수께끼 중 하나였다. 심지어 1950년대 후반까지도 지질학자들은 적어도 6개의 주요 이론에 동의했다. 이 중 한 이론은 산이 (그리스어로 '심부암deep rock'을 뜻하는) 저반의 상승으로 인해 만들어졌다는 것이다. 저반은 지하에서 나와 지구 표면 근처의 암석으로 관입하여 화강암으로 굳어지는 거대한 용해 물질 덩어리이다. 대부분의 산맥 중심부에서 저반이 발견되기 때문에, 이들 저반은 또한 지표면의 초기 융기와 변형의 원인이 되는 것으로 여겨졌다. 사면의 측면에서 중력을 통한 암석층의 활강작용은 그 위에 있는 암석층의 습곡작용[14)]과 왜곡작용에서 중요한 역할을 하는 것으로 간주되었다(Bucher

에 큰 변화를 가져온다. 또한 퇴적물을 운반하여 해저의 계곡지에 완경사의 선상지 형태를 형성한다.

1956). 150년 전에 제안되었지만, 여전히 몇몇 사람들이 유효한 것으로 주장하고 있는 또 다른 주요 이론은 지구가 수축하고 있다는 것이다(지구는 원래 태양이 방출한 물질로 이루어진 용융된 상태의 행성이었고 지금은 점차 식어가고 있는 것으로 생각하기 때문이다). 지구가 차가워지고 수축함에 따라 지구의 바깥 지각은 말라가는 사과의 껍질처럼 오그라들고 주름지게 될 것이다. 지구가 팽창하고 있다는 또 다른 이론은 거대한 지구대[15]와 단층대를 설명하고 대륙이동을 설명하도록 제안되었다(Carey 1958). 한 가지 아이디어는 지구 내부의 거대한 대류 흐름을 상상하는 것이다. 이 이론에 따르면, 산은 두 개의 서로 다른 시스템에서 상승하는 흐름이 수렴하며, 그 결과 엄청난 압축력이 작용하여 지표면의 습곡작용과 변형을 초래하는 곳에서 발달한다(Holmes 1931). 그러나 또 다른 이론은 조산작용이 대륙이동을 통해 이루어졌다는 주장, 즉 대륙이 이동하면서 대륙의 전면부 가장자리가 물질의 저항에 부딪히고 이러한 저항을 통해 대륙이 압력을 받아 좌굴되면서 산이 형성되었다는 것이다.

이론 대부분은 상호 배타적이지 않으며, 각각의 요소들은 여전히 이런저런 형태로 유지되고 있지만, 지금은 어느 누구도 이들 이론이 산을 만드는 주요 선도적인 메커니즘을 적절하게 설명한다고 믿지 않는다. 20세기 중반의 혁명적인 발견은 전술한 이론들을 판구조론의 새로운 통일 개념으로 대체했다. 이 개념은 과학사에서 가장 중요한 발전 중 하나로 입증되고 있다. 판구조론 바로 앞서 있었던 대륙이동설은 그다지 좋은 평가를 받지 못했다.

14) 조산운동에 의해 지각의 어떤 부분이 압축되어 지층이 휘어지는 것을 말한다.

15) 일반적으로 폭 1,000km 정도의 융기대 정상 부분이 30~70km의 폭으로 함몰된 형태를 이루고 있으며, 깊이는 곳에 따라 다르나 6km에 이르기도 한다. 지구대의 형성은 알칼리 현무암을 분출하는 심한 화산활동이 수반되는 경우가 많다.

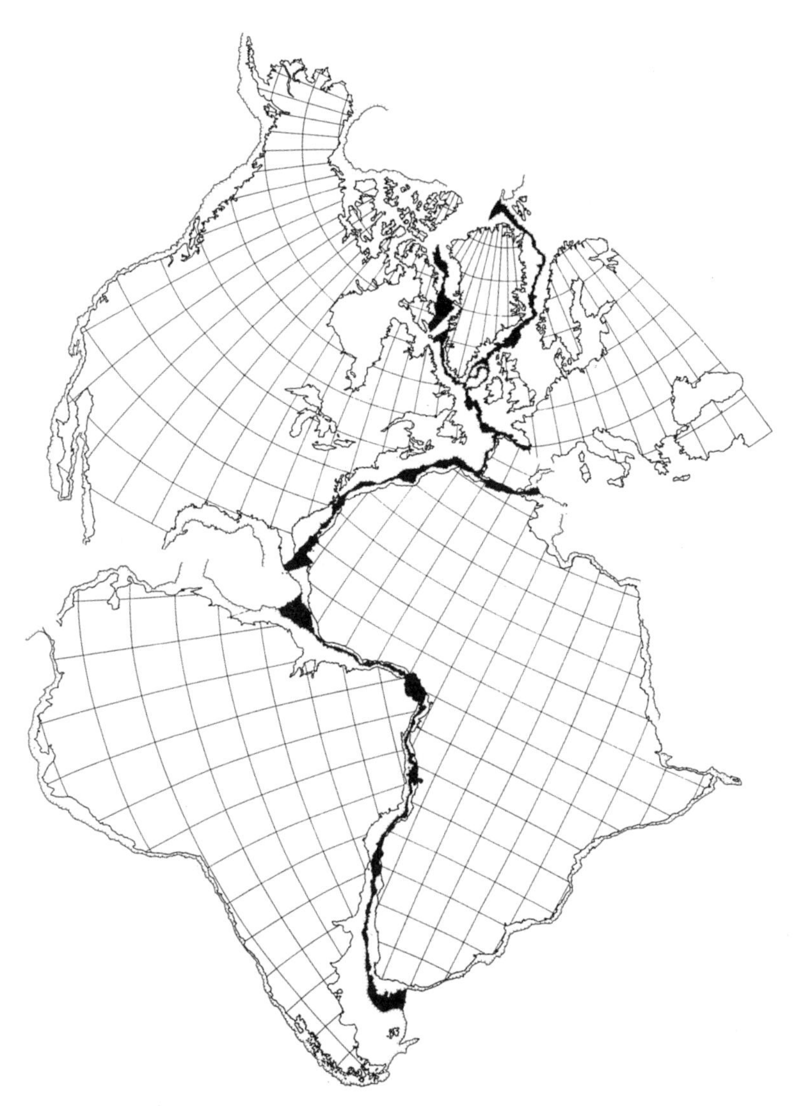

그림 3.5 500패덤[16](깊이) 등고선에서 대서양 주변 대륙의 '맞음새'. 검은 영역은 틈새 또는 겹치는 영역이다.(출처: Bullard et al. 1965, p. 48)

16) 바다의 깊이나 측심줄의 길이 등을 재는 데 쓰는 단위로, 1패덤은 1.83m이다.

대륙이동설은 유럽, 아프리카, 아메리카 대륙의 윤곽이 보여주는 상보성(complementarity)에 충격을 받은 독일의 젊은 기상학자 알프레드 베게너(Alfred Wegener)에 의해 1910년 제안되었다. 베게너는 이들 대륙을 모두 함께 모으면 대륙은 마치 조각그림 맞추기의 조각처럼 서로 잘 맞는다고 보았다(그림 3.5). 다른 사람들도 전에 이것을 관찰했지만 전혀 이해하지 못했다. 하지만 베게너는 자신의 직감을 끝까지 밀어붙일 만큼 충분히 호기심이 많았다. 그는 곧 브라질과 아프리카의 해안 지역에서 발견된 동일한 식물과 동물의 화석에서 증거를 찾아냈다. 이로써 그는 과거에 육지가 연결되었다는 확신을 갖게 되었고, 그때부터 대륙이 이동해 분리되었다는 생각을 뒷받침할 증거를 찾는 데 일생의 대부분을 바쳤다(Hallam 1975). 베게너의 저서 『대륙과 바다의 기원(*The Origin of Continents and Oceans*)』(1924년 영어로 번역)은 과거 단일의 초대륙이 있었으며, 이후 초대륙은 나뉘어 현재 존재하는 분리된 단위의 여러 대륙으로 존재하게 되었다는 설득력 있는 증거를 담고 있다.

과거의 육지 연결을 입증하는 베게너의 증거는 화석과 암석 유형의 일치, 단층대 정렬, 과거 빙하작용 지역의 일치, 유럽과 북아메리카의 유사한 산악유형의 존재 등을 포함하고 있다. 그 당시 지질학자들 대부분은 베게너의 이론을 환상적인 것으로 여겼다. 베게너가 지적한 연관성과 유사성은 흥미롭지만 입증할 수 없었고, 모든 것은 다른 방법으로 설명할 수 있었다. 하지만 가장 큰 반대는 대륙 전체의 그렇게 놀랄 만한 이동을 설명하기 위해 베게너가 제시한 메커니즘, 즉 태양과 달의 주기적으로 변동하는 인력에 대한 것이었다. 이후 몇 년 동안, 새로운 이론들이 제안되면서 대륙이동에 대한 관심이 커졌고, 대륙이동설을 논의하기 위한 심포지엄이 열렸지만, 대체로 과학계는 확신을 갖지 못했다. 1960년대까지만 해도 대륙이동설에 대한 생각은 여전히 몇몇 학자들에 의해 무시당했다. 그러나 20세기 중반 이후의 발견을 통해 수많은 유형의 증거들이 많이 축적되었고, 그 결과 다음의 결론을 피할 수 없게 되었다. 즉 대륙은 실제로 이동하고 분리되었다(Wilson 1976).

이러한 최초의 근대적 발견 중 하나는 1950년대 초 암석의 고지자기[17]를 연구하는 지구물리학자들에 의해 제시되었다. 미량의 철을 포함한 용융된 화성암이 굳으면, 암석은 지구 자기장 방향으로 약간 자화된다. 이는 서로 다른 대륙에서 거의 동시에 형성된 용융암이 지구의 자극 방향으로 바늘이 고정된 나침반과 같아야 한다는 것이다. 그러나 서로 다른 대륙에서 과거 암석들의 유사한 방향이 지구의 현재 자기장과 일치하지 않는다는 것이 발견되었다. 이것은 극이 '움직이고 있다'라거나, 또는 자극의 기준점에서 본다면 대륙이 움직였다는 것을 암시한다. 일반적으로 지구의 자북과 진북은 항상 서로 매우 가까이 있다(15° 이내)고 생각되기 때문에 대륙이 이동하고 있는 것으로 추측한다(Hurley 1968; Dietz and Holden 1970).

이러한 대륙이동의 메커니즘은 아직 알려지지 않았다. 지구 내부의 대류 흐름이 대륙을 거대한 떠다니는 뗏목처럼 점성이 있는 바다 위에서 몰고 다닌다는 가설이 제기되었다. 이 가설에 따르면, 북아메리카의 태평양 연안은 다른 암석들과 충돌하고 좌굴되어 산으로 이루어진 대륙의 전면부 가장자리가 될 것이다. 대서양 연안은 비교적 안정적인 후면부 가장자리이

17) 과거 지질시대의 지자기를 말한다. 지자기장의 강도와 방향은 150년 전부터 관측됐지만 그 이전에도 인류의 기록에서 추정되어 고고학적 시대, 지질시대에서는 토가퇴적물암석의 잔류자화로 보존되고 있다. 현재 다수의 고지자기에 관한 자료에서 지질시대에 지구자장은 지축과 거의 일치하는 축을 가진 지심쌍극자였다고 생각되지만 자장의 역전은 빈번하게 일어났다.

며, 주된 활동으로 퇴적물을 거대한 지향사로 집적되도록 할 것이다. 그러나 지질학자들 대부분은 대륙이 고체의 지각 물질을 지나서 이런 식으로 움직이는 것을 상상할 수 없어서, 한층 더 만족스러운 메커니즘이 나올 때까지 대륙이동설을 수용하기를 거부했다.

판구조론

판구조론은 지구의 표면이 거대한 금이 간 구처럼 몇 개의 단단한 판으로 나뉘어 있다는 생각을 구현하고 있다. 판은 대륙과 해양의 부분으로 구성되어 있으며, 다양한 방향으로 움직이고 있다(그림 3.6). 판이 떨어져 나가는 곳에는 깊은 곳에서 나오는 새로이 용해된 화성암 물질이 판의 분리로 생긴 공백을 채운다. 판들이 모이는 곳에서는 대륙 암석이 종종 압착되고 좌굴되어 산이 된다. 결국 하나의 판은 다른 판 아래로 내려가고 다시 지구 안으로 흡수된다.

판구조론의 초기 증거는 해저에서 나왔다. 1950년대와 1960년대의 체계적인 조사에 따르면 지구는 사실상 장엄한 해저산맥이나 중앙해령에 둘러싸여 있는 것으로 나타났다. 정교한 지진계, 음파탐지기, 전산장비의 발달로 상세한 샘플링(표본추출)과 해저의 분석이 가능해졌다. 해저산맥은 육지의 산맥과 마찬가지로 화산활동과 지진활동이 빈번한 장소이며 비정상적으로 높은 열유량[18] 지역이라는 것이 곧 명백해졌다(그림 3.6, 3.8, 3.15). 가장 크고 잘 알려진 해저산맥은 대서양중앙해령으로 유럽과 아프리카,

18) 온도가 높은 지구의 내부에서 지표로 흘러나오는 열의 양을 말한다. 측정장소에서 지각의 지온구배와 암석의 열전도율을 측정하여 구할 수 있다.

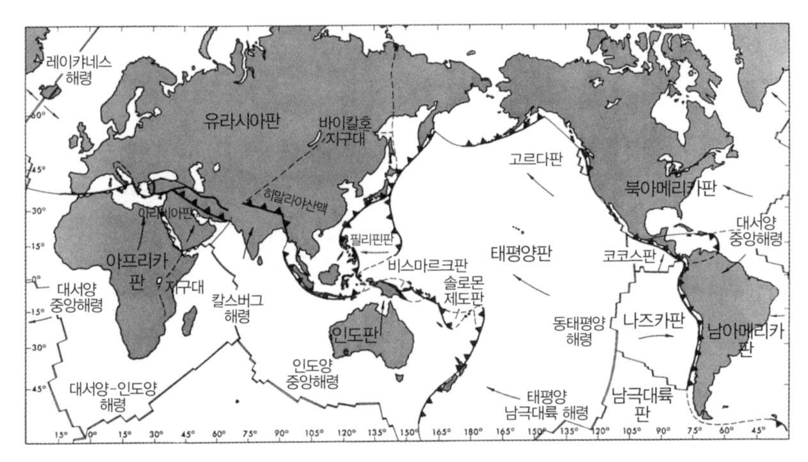

그림 3.6 주요 판과 중앙해령의 분포. 이중선은 산릉 축을 나타내며, 단일선을 연결한 것은 변환단층을 따라 변위를 나타낸다. 굵은 선과 삼각형 기호는 섭입대를 나타낸다. 파선은 불확실한 판 경계와 대륙 내 확장 지역을 보여준다. 화살표는 판 이동의 일반적인 방향을 나타낸다.(Dewey 1972, pp. 56～57 및 Toksoz 1975, pp. 90～91에서 인용)

아메리카의 해안선과 대략 평행하게 남북으로 수천 킬로미터 뻗어 있다(Orowan 1969). 1963년 수면 위로 처음 모습을 드러낸 아이슬란드 쉬르트세이(Surtsey)[19]섬과 부근의 다른 화산활동이 이 해령과 연관되어 있다.

해저 암석의 연대 측정을 바탕으로 한 연구에서 가장 새로운 암석이 해령의 중앙 부근에 있으며, 해령에서 양방향으로 거리에 따라 암석의 연대가 증가하는 것이 발견되었다. 이것은 해저 확장설로 이어졌는데, 이 이론은 중앙해령에서 새로운 지각이 생성되고 있어, 지각은 바깥쪽으로 확장

19) 아이슬란드의 남쪽 해안 약 32km 지점에 있는 화산섬으로, 1963년부터 1967년까지 있었던 화산 폭발로 생겨났다. 이 섬은 생성될 때부터 보호되었기 때문에 자연 그대로의 천연 실험실이라고 할 수 있다.

된다고 가정한다(Hurley 1968, p. 57). 또한 해양 연구선 뒤에 고감도 자기력계를 견인하여 실시한 연구에 따르면, 중앙해령의 축에 평행한 암석에 뚜렷한 자기 줄무늬(magnetic strip)가 존재한다는 것이 밝혀졌다. 이들 자기 줄무늬는 대칭적으로 분포하고 짝을 이루어 발생하며, 해령의 한쪽 면에 있는 패턴은 반대쪽 면에 거울상[20] 패턴을 형성한다. 이들 자기 줄무늬에서는 이전에 용융된 암석에 포함된 철 입자의 자기 방향이 반대 방향으로 나타난다. 지구의 자기장이 지질학적 시간 내내 반복적으로 역전되었다는 것은 잘 알려져 있다. 즉 (극이 거의 같은 위치에 머물렀지만) 북극은 남극이 되고 남극은 북극이 되었다. 용암이 중앙해령을 따라 분출되었을 때, 용암은 우세한 자기장 방향으로 자화되었다. 해저가 확장되면서 암석은 중앙에서 양방향으로 운반되었다. 이후 분출은 새로운 물질을 퇴적시켰는데, 이들 물질은 우세한 자기장의 방향으로 자화되었고, 그런 다음 해령의 축에서 멀리 운반되었다. 이들 자기 줄무늬에 있는 암석의 연대 측정을 통해 해저 확장의 속도를 계산할 수 있었는데, 이는 연간 수 센티미터인 것으로 밝혀졌다(Heirtzler 1968).

이들 발견은 1960년대 초에 구상된 대륙이동의 맥락에 들어맞았지만, 또한 새로운 문제가 야기되었다. 만약 새로운 물질이 생성되어 중앙해령에서 멀어지고 있다면, 다른 쪽 끝에서는 무슨 일이 일어나고 있는가? 지구가 실제로 팽창하고 있었거나, 아니면 다른 곳에 있는 물질이 파괴되고 있었다. 증거 대부분은 지구가 눈에 띄게 팽창하고 있지 않다는 것을 나타내기 때문에, 이들 물질은 분명히 파괴되고 있었다(하지만 Carey 1976 참조).

20) 어떤 형태에 대하여 그것이 거울에 비친 상(像)과 같이 좌우가 바뀌어 있는 상태를 말한다. 이러한 두 형태의 관계를 거울상관계라고 한다.

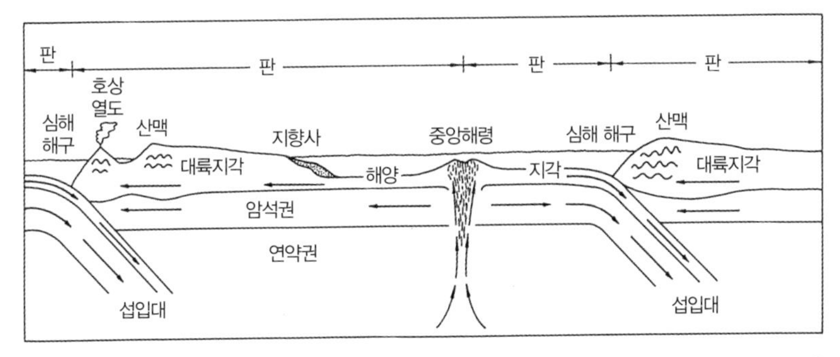

그림 3.7 해저 확장과 섭입을 통한 판 이동의 개략도. 새로운 지각 물질은 중앙해령(확장하는 판의 주변부)에서 생성되고 있는 반면에, 해양지각과 암석권은 심해 해구(판의 수렴경계)에서 지구로 다시 소멸되고 있다. 따라서 이 그림에 있는 중앙의 해양은 크기가 커지고 있는 반면에, 왼쪽에 있는 해양은 닫히고 있다.(다양한 출처에서 편집)

그 직후인 1960년대 중반에 판구조 이론이 상정되었다. 판의 파괴와 소멸의 과정은 섭입(subduction)이라고 하며, 주로 심해 해구에서 일어난다(그림 3.7). 이 과정의 증거는 주로 지진학에서 나왔다(Isacks et al. 1968).

대부분의 화산활동과 지진활동은 심해 해구와 호상열도 주변에서 일어난다(그림 3.8; 그림 3.6, 3.10, 3.15 비교). 현재는 화산작용과 지진 모두 판의 이동과 섭입의 직접적인 부산물로 알려져 있다.

지진은 기본적으로 네 개의 지역에서 발생한다. 지진이 발생하는 첫 번째 지역은 지구 표면의 확장으로 인해 높은 열유량과 화산활동이 일어나는 중앙해령을 따라 나타난다. 이들 중앙해령의 지진은 보통 70km 이하의 깊이에서 발생하는 천발지진[21]이다. 두 번째 지진 발생 지역은 캘리포니아주의 샌안드레아스 단층이나 튀르키예 북부의 아나톨리아 단층과 같이 지각

21) 진원의 깊이가 60km 이내인 지진을 말하며, 지구 전체의 지진의 수와 지진활동의 에너지 중 약 80%를 점유하고 있다. 대규모의 지진과 대부분의 지진 피해는 천발지진에 의한 것이다.

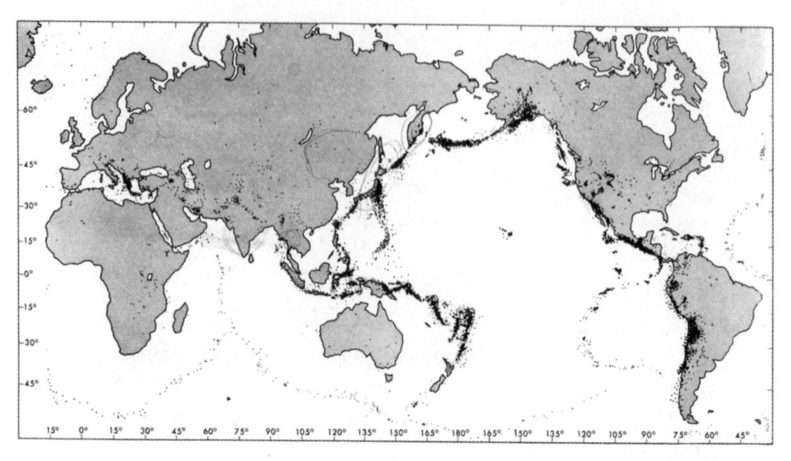

그림 3.8 1957년부터 1967년까지 기록된 모든 지진의 진앙. 지진의 발생 빈도가 가장 높은 곳은 주요 섭입과 지각 이동이 일어나는 태평양 주변에서 발견된다. 히말라야산맥에서 알프스산맥까지 동-서 범위는 그 빈도가 더 낮다. 또한 대서양과 남반구 해양의 판 경계를 따라 뚜렷한 지진 발생 패턴을 볼 수 있다(그림 3.6 참조).(출처: Barazangi and Dorman 1969, plate I)

의 한 부분이 다른 부분에 의해 미끄러지는 변환단층대를 따라 나타난다. 또한 이곳의 지진은 천발지진이지만 화산활동과는 관련이 없다. 세 번째 지역은 히말라야산맥에서 알프스산맥까지 뻗어 있는 천발지진대이다. 즉 지진은 명백하게 이들 산맥의 형성에 원인이 되는 압축력과 관련이 있다. 일반적으로 천발지진은 그 수가 가장 많으며 가장 큰 에너지 방출을 수반하기 때문에 인류에게 가장 큰 위험이 된다(이 책 748~756쪽 참조). 지진이 발생하는 마지막 지역은 태평양을 둘러싸고 있는 심해 해구 및 화산의 호상열도이다. 이 지역에서 발생하는 지진은 섭입대에서의 정확한 진원[22]의

22) 지진이 발생하는 곳을 진원이라 한다. 진원은 보통 지하 수 킬로미터에 있으며, 단층지진의 경우 진원이 긴 평면으로 나타나게 된다.

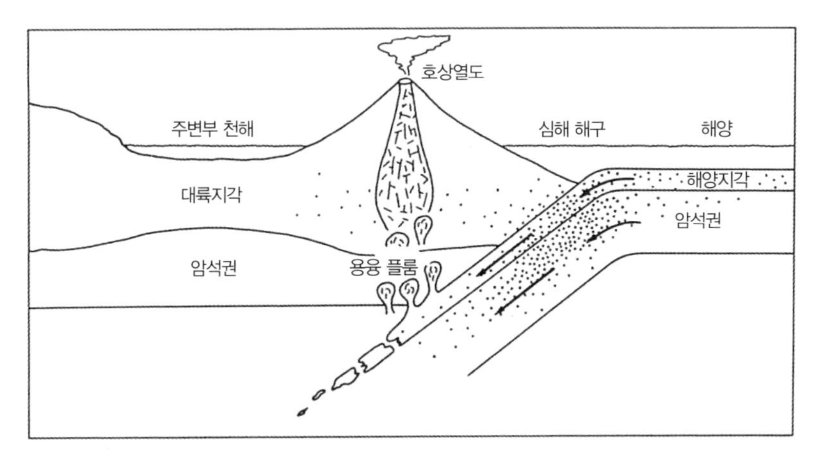

그림 3.9 심해 해구에서 발생하는 섭입의 일반적인 개관. 점은 지진의 진앙을 나타낸다. 가장 깊은 곳의 진앙은 400~700km에서 발생하는데, 이 깊이에서는 엄청난 열과 압력으로 인하여 하강하는 암석권이 용융된다. 그 결과로 발생하는 용융 플룸은 심해 해구와 대륙 사이에서 용융 플룸 특유의 일련의 복성화산으로 이루어진 호상열도를 형성하는 역할을 한다.(다양한 출처에서 인용)

위치에 따라 천발지진이거나 중발지진[23] 또는 700km나 깊은 심발지진[24]이 있을 수 있다(Dewey 1972). 이들 지역에서의 진원 추적을 통해 심해 해구에서 멀리 떨어져 하강하는 경사지대에서 심발지진이 발생한다는 사실이 밝혀졌다. 따라서 이들 지진의 진원을 찾기 위해 지구의 여기저기에 고감도 지진계 네트워크를 이용해 섭입대의 위치와 경사도를 확립하는 것이 가능하다(그림 3.9). 지진은 700km 이상의 깊이에서는 발생하지 않는데, 그 이유는 침강하는 암석권이 용해되어 부서지기 쉬운 고체보다는 가소성 물질처럼 작용하기 때문이다(Toksoz 1975). 암석권은 지구의 단단한 외부 껍

23) 진원의 깊이가 65~300km인 지진이다.
24) 진원의 깊이가 300~700km인 지진이다.

질로 판을 구성하는 물질이다. 암석의 두께는 60~150km이며, 지각 및 맨틀 최상단의 단단한 층을 포함한다.

게다가 중앙해령에서 새로운 지각 물질이 생성되도록 하고, 또 섭입대에서 판의 전면부 가장자리가 맨틀 속에서 다시 합쳐지도록 하는 것과 관련된 컨베이어벨트 시스템이 본질적으로 존재한다(그림 3.7). 중앙해령과 섭입대 사이에 있는 물질은 한 지점에서 다른 지점으로 천천히 운반된다. 대륙은 이동하고 있지만, 이전에 상상했던 것과 같이 점성이 강한 바다에서 뗏목처럼 떠다니지는 않는다(이것은 대륙이동을 폭넓게 수용하는 데 항상 걸림돌이 되는 주요 장애물 중 하나였다). 판구조론은 대륙의 움직임에 적합한 메커니즘을 제공한다. 대륙은 이제 지각판의 탑승객으로 간주되고 있는데, 지각판은 해령 시스템에서 바깥으로 밀려나고 있으며 대륙지각뿐만 아니라 해양지각도 포함하고 있다. 판의 정확한 개수는 알려져 있지 않지만, 적어도 일곱 개의 큰 판과 여러 개의 작은 판이 확인되었다(그림 3.6). 가장 큰 태평양판은 태평양의 대부분을 운반한다. 북아메리카판은 북아메리카 대륙 및 대서양의 서쪽 절반으로 구성되어 있다. 이 판 전체는 서쪽으로 이동하여 태평양판과 충돌하고 있다. 대서양의 동쪽은 유라시아판의 일부로 반대 방향으로 이동하면서 태평양판의 서쪽 연변과 충돌하고 있다. 따라서 대서양은 열리고 태평양은 닫히고 있다. 대륙지각은 저밀도 물질로 구성되어 있고 해양지각보다 부력이 더 크기 때문에 섭입될 수 없다. 그 결과 해양지각으로 구성된 태평양판은 대륙지각을 운반하는 북아메리카판과 유라시아판의 아래로 침강하며, 알류산해구, 쿠릴해구, 일본해구, 마리아나해구 등의 심해 해구 속으로 섭입된다. 판의 이동을 구동하는 메커니즘은 알려져 있지 않지만, 여전히 어떤 종류의 거대한 대류 흐름이 포함된 것으로 여겨진다(Anderson 1962; Wyllie 1975).

판구조론은 갑자기 모든 사람의 관심을 받게 되었다. 세부 사항들이 아직 해결되지는 않았지만, 판구조론은 사실상 지구과학의 모든 측면에 들어맞는 광범위하고 통일된 체계를 제공한다. 이것은 대륙의 이동뿐만 아니라 해양의 유년기와 같이 이전에는 곤혹스러웠던 문제들에 대해서도 설명한다. 바다의 기원은 오랫동안 중요한 수수께끼 중 하나였다. 즉 바다의 기원은 지구와 거의 동일한 것으로 생각되지만 해저 암석은 지구 나이 40억 년과는 대조적으로 1억 8,000만 년도 채 되지 않는다. 이러한 차이는 이제 판구조 이론으로 설명된다. 새로운 해저 지각은 중앙해령에서 지속적으로 생성되고 있으며 동시에 섭입대에서 파괴되고 있다. 결과적으로 해저 지각은 결코 매우 오래될 수 없다(Bullard 1969). 반면에 대륙은 판이 분리되거나 충돌하면서 다양한 방법으로 분리되고 다시 결합될 수 있다. 그러나 대륙은 섭입될 수 없기 때문에, 대륙물질의 기본적인 양은 거의 같거나 심지어 증가한다(Moorbath 1977). 침식은 육지를 마모시키고 퇴적물을 바다로 운반할 수도 있지만, 이러한 물질들은 결국 재구성되고 조산작용을 통해 기존의 대륙지괴에 추가된다. 그러므로 대륙은 그 주변부에서는 부가성장(accretion)[25]과 활동적인 지각변동을 보이는 반면에, 내륙 지역은 오래되고 안정적이다(그림 3.1과 3.2).

판구조론을 통한 조산작용의 본질적인 특징은 판의 경계에 있는데, 크게 세 가지 유형이 있다. 발산경계는 판이 분리되고 있는 열곡대[26]에 위치

25) 해양판이 대륙판 밑으로 섭입할 때 해양판 위에 쌓인 퇴적물을 대륙지각에 밀어붙여 대륙을 성장시키는 현상이다. 오랜 기간 동안 자연적인 힘에 의해 퇴적물이 해안에 쌓여 육지 면적이 눈에 띄지 않게 점차 커진다.

26) 열곡이 길게 이어져 형성된 띠이다. 열곡대가 점점 넓고 깊어지면 홍해와 같은 좁은 바다를 형성하고, 더욱 발달하면 새로운 지각을 형성하는 해령이 된다.

해 있다. 이들 지역에서 산악지형은 화산활동뿐만 아니라 장력과 응력으로 인한 단층작용을 통해서도 만들어질 수 있다. 대표적인 사례는 대서양 중앙해령 및 이와 연관된 지형인 동아프리카 지구대[27)]가 있다. 판은 판의 변환경계에서 수렴되지만 어떤 섭입도 일어나지 않는다. 대신 판은 단순히 변환단층[28)]을 따라 서로 미끄러지는데, 이는 캘리포니아주 샌안드레아스 단층(San Andreas Fault)[29)]을 따라 발생하는 것과 같다(그림 3.19c). 단층을 따라 뒤틀리고 좌굴되어 생성된 산은 비교적 작은 것이 특징이다. 조산작용에서 가장 중요한 판의 경계는 판이 수렴하여 섭입이 발생하는 판의 수렴경계이다. 산은 수렴하는 판의 경계를 따라 적어도 네 가지 주요한 방법으로 만들어진다고 여겨진다. 즉 호상열도의 해양암석권이 아래로 밀고 내려가는 것, 대륙 주변부 해양암석권이 아래로 밀고 내려가는 것, 대륙과 대륙이 충돌하는 것, 대륙과 호상열도가 충돌하는 것이다(Dewey and Bird 1970; Dewey and Horsfield 1970).

호상열도

호상열도는 해양 쪽으로 볼록하게 휜 일련의 호(arc) 모양 섬들이며, 호상열도의 바다 쪽 바로 연해에는 심해 해구가, 그리고 호상열도와 대륙 사

27) 지구대는 단층운동의 결과로 단층 사이에 함몰된 낮은 지대가 길게 연속적으로 나타나는 지형을 말한다.

28) 해저의 자기이상지대나 대서양중앙해령 등의 해양저 대구조를 횡단하고 있는 주향이동단층을 말한다. 일반적으로 대양저 산맥은 여러 단층으로 절단되어 있는데, 이들 단층은 암권의 생성이나 파괴 없이 단층면을 경계로 양쪽 판의 이동 방향을 엇갈리게 한다. 이 단층은 대양저 산맥에서 단층면을 경계로 새로 생성된 지각이 서로 반대 방향으로 이동하면서 해양저가 확장되는 데 중요한 역할을 한다.

29) 북아메리카 서해안에 연한 단층이다.

이에는 작은 해양분지가 있다. 호상열도는 대륙 주변부로부터 어느 정도 떨어진 바다에서 해양판이 소멸되기 시작하고 해구가 형성되는 판 주변부에서 생성된다. 해구의 대륙 쪽에서는 층을 위로 치미는 충상작용이 발생하고 돔(dome)이 형성된다. 하강하는 해양판으로 인해 생성된 엄청난 열은 암석을 녹이고, 그 결과로 생기는 마그마(지구 내부의 용융된 물질)는 위쪽으로 이동하여 현무암과 안산암의 대지를 만든다(그림 3.9). 호상열도에는 전 세계의 파괴적인 화산 대부분이 포함되어 있다. 이들 화산은 주로 심해 해구에서 판의 소멸과 관련해 생성된 실리카가 풍부한 용암(안산암)으로 만들어진 복성화산이다(이 책 736~748쪽 참조)(Dewey and Bird 1970).

호상열도 및 그 안에 포함된 화산은 주로 태평양에 한정되어 있으며, 이들 호상열도는 '불의 고리'로 알려진 지대의 주변에서 발생한다(그림 3.10). 이상하게도, 알래스카 연안의 알류샨 열도, 대서양 연안의 서인도 제도,

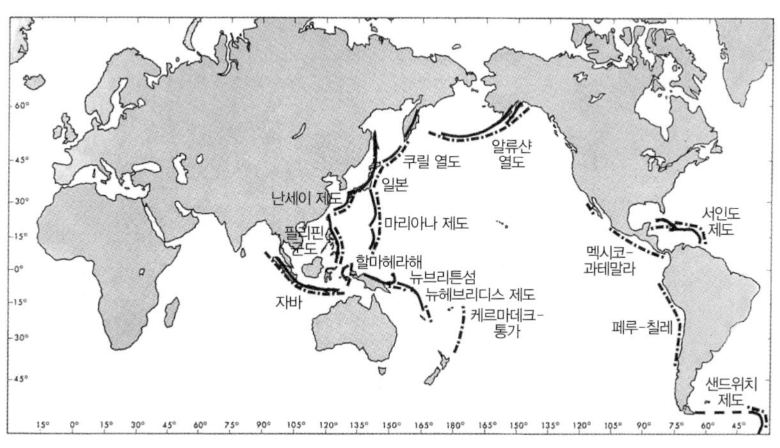

그림 3.10 호상열도(실선)와 심해 해구(점이 있는 파선)의 분포. 두 현상 모두 거의 전적으로 태평양을 둘러싸고 있으며, 이는 닫히는 바다라는 점에 주목하라.(다양한 출처에서)

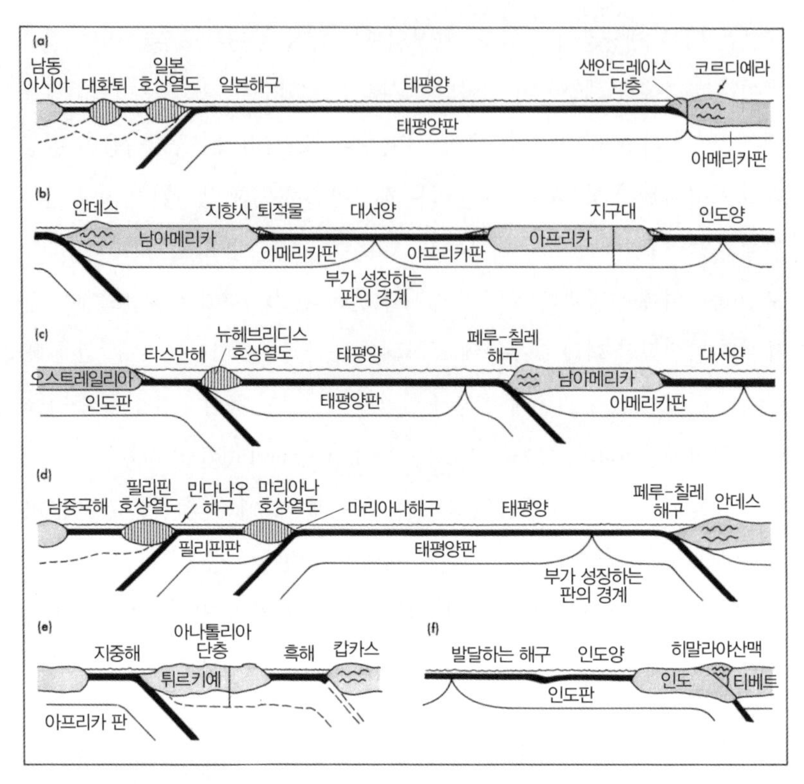

그림 3.11 암석권의 판, 대륙, 해양, 호상열도, 심해 해구(섭입대), 조산작용 사이의 관계를 보여주는 개략적인 단면도(Dewey and Bird 1970, p. 2627 및 Dewey and Horsfield 1970, p. 523에서 인용)

사우스샌드위치 제도를 제외하고 미국 해안을 따라 호상열도는 존재하지 않는다. 분명히 북아메리카와 남아메리카의 태평양 연안을 따라 존재하던 모든 호상열도가 충돌하여 대륙에 편입되었다. 안데스산맥은 부분적으로 이전의 호상열도로 구성된 것으로 추정되고 있으며, 캐스케이드산맥과 시에라네바다산맥도 마찬가지일 것으로 생각된다.

중남미 해안에는 아직도 여러 심해 해구(예를 들어, 페루-칠레 해구)가 있지만, 미국 대륙의 서쪽 해안에는 아무것도 존재하지 않는다. 대신 태평양판이 북서쪽으로 이동하여 알류샨 해구로 섭입되는 변환단층(샌안드레아스단층)이 있다(Anderson 1971).

호상열도의 형성은 대륙에 육지를 추가하는 효과적인 방법이다. 지구 내부 깊은 곳에서 발원한 액상의 화성암 물질은 지구 표면에 도달하면서 팽창하고 결정화하여 대륙지각과 거의 같은 밀도의 암석을 형성한다. 호상열도는 해양판의 전면부 가장자리에 놓여 있고, 결국 인접한 대륙과 충돌하고 맞물리기 때문에, 이 물질은 결국 대륙에 편입된다. 호상열도와 대륙 사이의 작은 대양분지에 포함된 퇴적물도 또한 조산작용을 통해 육지로 압착될 것이다. 현재 이 과정에 대한 전형적인 후보는 한국과 일본 사이에 위치한 동해(원저에는 일본해로 표기되어 있으나 이 책에서는 동해로 표기함)이다(그림 3.11a; 그림 3.10과 비교).

대산계의 유형

코르디예라(cordillera)[30]는 로키산맥, 캐스케이드산맥, 시에라네바다산맥 및 관련 산들을 포함하는 북아메리카 서부의 거대한 산악지역과 같은 대규모 산악 시스템을 일컫는 말로, 스페인어이다. 이 단어는 여기서 판구조론을 통해 특별한 유형의 산의 기원을 지정하는 데 사용된다. 대륙 주변부 가까운 앞바다에 섭입대가 형성되면 대륙붕과 대륙대에 포함된 해양 퇴적물

30) 대륙적 규모에서 발달하는 최대급의 산지 그룹을 말하며, 체인(chain)과 시스템(system)을 의미한다. 스페인의 코르디예라(cordillera)는 체인에 해당하는데, 체인은 수백, 수천 킬로미터에 걸쳐서 연속된 기복을 갖는 선상의 동일 산맥 계통의 대지형으로 각 부분의 공통적인 지사(地史)를 가진다. 일반적으로 남북 아메리카의 태평양 연안을 달리는 선상의 산지 줄기를 지칭하기도 한다.

이 결국 대륙 위로 밀려 올라가 산으로 변형된다(미오거클라인). 또한 화산 활동은 이 지역이 위로 반구형으로 융기되면서 발생하며, 이로 인해 저반[31]이 관입될 수 있다(유거클라인)(그림 3.4). 안산암질 화산은 또한 깊은 섭입과 함께 발달할 수 있다. 북아메리카와 남아메리카의 코르디예라는 이런 방식으로 형성되었다고 생각되며, 아마도 애팔래치아산맥도 그렇게 형성되었을 것이다. 산 기원의 모든 단계적 변화는 코르디예라 유형과 호상열도의 유형 사이에 존재할 가능성이 높다. 즉 만약 해구가 대륙에서 충분히 멀리 떨어진 곳에 형성된다면, 호상열도는 그 사이에 대양분지를 가지고 있을지도 모른다. 그러나 만약 해구가 대륙에 더 가까이 형성된다면, 코르디예라 유형의 산악대가 발달할 수 있다(Dewey and Bird 1970, p. 2640).

대륙과 대륙의 충돌

각각 대륙을 운반하는 두 개의 판이 대륙을 충돌하도록 하는 것과 같은 그런 방식으로 소멸할 때 산은 생성될 수 있다(그림 3.12; 그림. 3.11f와 비교). 대륙들이 서로 가까워지면서 그 사이에 있는 바다는 압착되고 해양 퇴적물은 하강하는 판에 있는 대륙의 위로 밀려 올라간다. 하지만 대륙이나 퇴적물 어느 것도 낮은 밀도 때문에 아주 멀리 섭입대로 침하할 수는 없다. 그 결과, 두 대륙은 함께 압축되어 봉합되거나 섭입대가 다른 곳에서 발달하여 압력이 완화될 때까지, 서로 합쳐진 대륙지각은 압축되고 좌굴(buckling)되어 두꺼워진다. 대륙이 충돌한 것으로 생각되는 지역에서 중발

31) 지표에 노출된 면적이 보통 100km^2 이상인 거대한 심성암체를 말한다. 마그마가 대규모로 관입하여 형성된 것으로 마그마가 서서히 냉각되어 조립질 조직을 보인다. 화강암이나 섬록암이 많다.

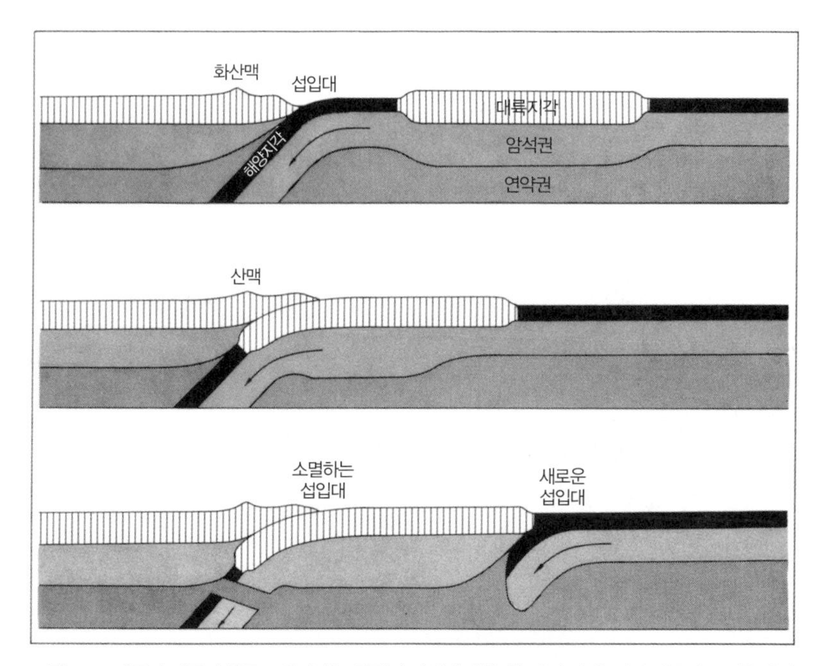

그림 3.12 대륙과 대륙의 충돌로 일어나는 일련의 사건에 대한 한 가지 해석. 각각 대륙성 물질을 운반하는 두 개의 판 사이에 섭입대가 발달하여 이들 판이 수렴되고 병합될 수 있게 한다. 가벼운 대륙지각은 섭입될 수 없기 때문에 전체 지괴는 압축되고 좌굴되어 높은 산이 된다(예: 히말라야산맥). 이전의 섭입대는 결국 비활성 상태가 된다. 또 다른 섭입대는 다른 곳에서 형성될 수 있다.(출처: Dewey 1972, p. 64)

지진[32]과 심발지진이 일반적으로 존재하지 않는 것은 본래의 섭입대가 비활성 상태로 바뀐 것을 나타낸다(Dewey 1972). 이러한 방식으로 생성된 산의 가장 좋은 예는 지금의 인도와 중국의 충돌로 형성된 히말라야산맥이다. 알프스산맥, 피레네산맥, 캅카스산맥은 아마도 비슷한 방식으로 아프리카

32) 지진은 진원의 깊이에 따라 심발지진(300~700km), 중발지진(65~300km), 천발지진(65km 이하)으로 나뉘는데, 중발지진은 환태평양조산대에서 특히 자주 발생한다. 심발지진은 태평양 주변부와 서인도 제도 부근에서만 관측되고 있다.

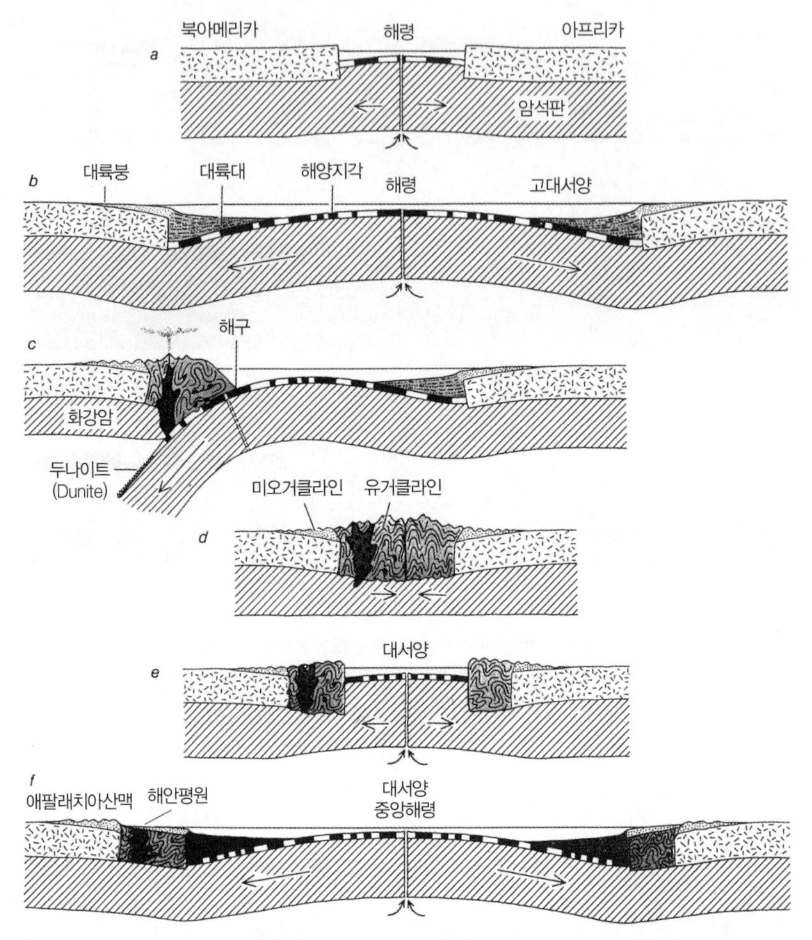

그림 3.13 칼레도니아산맥-헤르시니아 산지-애팔래치아산맥의 생성 및 대서양의 생성에 의한 이들 산맥의 궁극적인 분리를 이끄는 사건들에 대한 개략적인 해석. (a와 b) 처음에는 두 대륙 사이에서 해령이 발달하고, 그리고 대륙붕과 지향사를 전부 갖춘 과거의 대서양이 형성된다. (c와 d) 판들이 수렴하기 시작하면서 섭입대가 발달한다. 지향사 퇴적물은 산으로 두드러지게 되고 결국 두 대륙이 충돌하여 산괴를 증가시킨다. (e와 f) 판이 점차 봉합(suture)되면서 발산하기 시작하면, 한때 연결된 산을 분리하고 현재의 대서양을 만든다. 이러한 과정이 계속되고 있다는 것은 대서양이 여전히 매년 3cm의 속도로 성장하고 있다는 사실로 입증된다.(출처: Dietz 1972, p. 37; Scientific American 제공)

와 유럽의 충돌로 만들어졌을 것이다. 하지만 이곳의 상황은 더 복잡하다(Dewey and Bird 1970, p. 2641). 사실 지중해나 흑해와 같은 이곳의 작은 해양분지는 현재 아프리카와 유럽 사이에서 조여 오는 바이스(vise)에서 압착되고 있는 과거 커다란 대양의 잔존물일 수도 있다고 생각된다(그림 3.6과 3.11e). 애팔래치아산맥은 대륙과 대륙의 충돌로 인해 생성되었을 수도 있다. 이러한 과정이 일어나기 위해서는 대서양이 닫히고 다시 열려야 했을 것이다. 비현실적으로 들리겠지만, 이것이 현재 가장 선호되는 이론이다(Dietz 1972)(그림 3.13).

대륙과 호상열도의 충돌

만약 심해 해구나 섭입대가 호상열도와 대륙 사이에 발달하고 이 지대에서 해양지각의 소멸이 일어난다면 호상열도는 결국 대륙 쪽으로 밀릴 수 있다. 뉴기니의 산맥은 이런 식으로 생성되었다고 여겨진다. 오늘날 이러한 과정의 사례는 뉴헤브리디스(New Hebrides) 호상열도의 남서쪽에 있는 태즈먼해(Tasman Sea)이다. 이 바다는 결국 오스트레일리아 쪽으로 밀릴 수도 있다(그림 3.11c). 충돌이 발생하는 경우, 대륙붕의 퇴적물은 일반적으로 호상열도를 아래로 밀려들어가게 하지만, 저밀도 암석의 부력으로 인해 그리 큰 정도는 아니다. 결과적으로, 대륙과 호상열도는 단순히 함께 압착되어 암석을 변형시키고 습곡시킨다. 그런 다음 새로운 해구가 호상열도의 해양 쪽에서 발달할 수 있다(Dewey and Horsfield 1970, p. 525).

이들 과정이 과도기인 점을 강조하는 것이 중요하다. 즉 판은 무수한 방법으로 합쳐지고 재결합된다. 해저 확장은 발산경계에 수직인 방향으로 진행되지만, 판은 어떤 각도에서나 해구로 섭입될 수 있다. 판의 소멸은 판의 모양뿐만 아니라 이동 속도에 따라 달라진다. 따라서 지각의 소멸 속도와 변형의 크기는 장소마다 크게 다를 수 있다. 불규칙한 대륙 외곽선을 따라 전면부가 먼저 충돌하여 가장 빠르고 강도 높은 변형을 보일 것이다. 이러한 근거로 오리건주 남부의 클래머스(Klamath)산맥은 북아메리카 서부 해안을 따라 초기 변형을 겪은 것으로 생각된다(Dewey and Bird 1970, p. 2640). 반면에, 대륙 주변부의 움푹 들어간 부분은 결코 충돌하지 않을 것이며, 따라서 훨씬 더 적은 변형을 보일 것이다.

판구조론과 산의 기원에 관한 수많은 의문점은 여전히 풀리지 않고 있다. 예를 들어, 하나 또는 두 개의 고유 초대륙에 대한 생각은 지나치게 단순화된 것임이 이제 분명해 보인다. 이들 초대륙은 한때 존재했을지도 모르지만, 끊임없이 변화하는 경관의 무대 위에서 일시적인 집합체에 불과했다. 오늘날 활성 상태로 간주되는 과정들은 지질학적인 과거 전체로 확장되었을 것이라고 추측된다. 판은 항상 이리저리 움직이며 스스로 재배치되었을 것이고, 바다는 항상 열리고 닫혔을 것이며, 대륙은 수차례 분리되고 다시 합쳐졌음에 틀림없다.

2억 년 전에는 대서양이 존재하지 않았다는 것은 사실상 확실하다(Wilson 1966). 이보다 훨씬 이전에, 아마도 5억 년 전에, 유럽과 북아메리카의 칼레도니아산맥-헤르시니아 산지-애팔래치아산맥의 암석을 형성하고 있는 퇴적물이 가라앉은 오래된 바다가 있었다. 이러한 바다가 닫힌 것이 이들 산맥을 만들었고, 뒤이어 다시 열린 바다가 현재의 대서양으로 이들 산맥을 분리시켰다(그림 3.13).

이것은 바다와 멀리 떨어져 있는 현재의 몇몇 세계적인 산맥에 대해 흥미로운 의문을 제기한다. 분명히 조구조적인 압축으로 생성된 우랄산맥은 대륙 내부의 깊숙한 곳에 위치해 있다. 일부 지질학자들은 한때 우랄산맥이 시베리아와 러시아 서부를 갈라놓았던 대양의 해안 주변부 부근에서 형성되었을 것으로 믿고 있다. 시베리아 바이칼호는 유라시아판 내에서 새로운 열곡대가 발달한 곳으로 여겨진다. 로키산맥은 대부분 연직으로 융기한 과거의 대륙지각으로 이루어져 있으며, 또한 대륙 내부에 위치해 있다. 그리고 로키산맥은 일반적으로 코르디예라를 만든 전체 조산작용의 일부분으로 여겨지지만, 그 위치는 로키산맥 형성 당시에 바다가 어디에 있었는지에 대한 의문을 불러일으킨다(Bullard 1969, p. 75).

이러한 엄청난 생각은 정말 재미있지만, 골칫거리이다. 해결해야 할 일이 많이 남아 있다. 판구조론은 아직 초기 단계에 있으며 오직 시간만이 판구조론이 뒤이은 발견에 따른 테스트를 통과할 수 있는지 여부를 알려줄 것이다. 우리가 가진 것은 아주 사소한 세부 사항들이 포함된 광범위한 개요이다. 그럼에도 이들 개요는 이전에는 불명확했던 산의 기원에 대한 많은 측면을 설명하는 데 큰 도움이 된다. 또한 산을 만든 과정에 비추어 볼 때 우리의 관심 대상들이 불분명해지는 것을 인정해야 한다. 이러한 지식은 우리가 서로 다른 산의 유형을 좀 더 자세히 보기 시작함에 따라 산에 대한 우리의 감상을 감소시키기보다는 오히려 한층 더 고조시키고 있다.

산의 주요 유형

어떤 산은 화성암 물질[33]의 분출로 인해 생성된다. 다른 산들은 기존에 존재하는 암석이 습곡되거나 단층된 구조로 변형된 결과이다. 또한 태양

33) 화산활동에 의해 공중으로 분출된 고체나 액체 상태의 물질로 지상에 낙하하여 고화된 화산쇄설물의 일부이다. 화산 부근에는 흔히 조립질의 분출물이 쌓이고 세립의 것은 바람으로 운반되어 먼 곳까지 날아간다.

으로부터 영력을 받아 침식을 통해 표현되는 여러 과정에 의해 산의 기복은 만들어질 수 있다. 하지만 이것은 일반적으로 부차적인 과정이다. 산은 기본적으로 지구 내부에서 발생한 에너지에 의해 만들어진 건조물의 특징을 지닌다. 주요 산의 유형은 기원에 따라 분류되며, 화산성, 단층성, 습곡성 및 이들의 복합성이 있다.

화산

화산은 지구 내부에서 분출되어 지표면에 집적되는 용융 물질인 용암과 화산재 및 다른 화산암설에서 비롯된다. 화산은 일반적으로 과열된 물질이 지표면에 접근할 수 있는 열하[34]나 단층대를 따라 나타나는 국지적인 심층 활동에서 비롯되는 보기 드문 지형이다. 화산은 캐스케이드산맥이나 알류샨 열도와 같이 무리지어 또는 일직선으로 늘어선 연장된 부분으로 나타날 수 있다. 그러나 이들 화산은 로키산맥이나 히말라야산맥처럼 습곡산맥과 단층산맥이 있는 주요 지역에서 발견되는 연속적이고 가공할 만한 산릉을 형성하지는 않는다. 화산 분출은 화산이 현재 형성되고 있다는 놀라운 증거를 제공한다. 어떤 경우에는 화산이 믿을 수 없는 속도로 발달할 수 있다. 멕시코 파리쿠틴(Paricutin)[35] 화산은 1943년 한 농부

34) 지각 깊이 갈라진 기다란 틈을 의미한다. 냉각과 건조에 의한 수축열극, 단단한 주변부에 비해 유동적인 내부가 상승하면서 생기는 주변열하, 관입화성암체의 변연부에서 볼 수 있는 연변열하 등이 있다.

35) 1943년 2월 20일 멕시코 중부의 옥수수밭에서 갑자기 수증기가 뿜어져 나왔고, 곧이어 여기저기 바닥이 갈라지더니 갈라진 틈에서 연기와 화산재가 솟아오르며 황 냄새도 피어났다. 잠시 뒤 뜨거운 용암이 공중으로 솟구쳐 분출했다. 분석(용암 덩어리)이 계속 뿜어져 나와 21일에는 화산의 높이가 9m에서 46m로 높아졌고 일 년 뒤에는 336m나 되었다. 2년 만에

의 들판에서 나타나 일주일 만에 140m나 높아졌다. 첫해가 끝날 무렵에는 325m의 높이로 성장했다(Bullard 1962, p. 272)(그림 3.14). 습곡산맥과 단층산맥[36]의 지속적인 형성에 대한 증거(예: 지진, 지표면 요곡,[37] 단층애[38])도 볼 수 있지만, 이러한 산맥은 수많은 화산과 비교해 상대적으로 비활성 상태이다. 화산은 모든 대륙에서 발생하며 전 세계 산의 상당 부분을 차지한다(그림 3.15). 바다에 가려진 것들까지 모두 포함한다면, 그 숫자는 훨씬 더 인상적이다. 섬 대부분은 해저 화산의 정상에 지나지 않는다. 눈에 보이는 부분뿐만 아니라 물에 잠긴 부분까지 포함한다면, 세계에서 가장 높고 가장 큰 산봉우리는 하와이 마우나로아(Mauna Loa) 화산이다(그림 3.18). 높이 4,169m의 완만한 돔형의 산 중 수면 윗부분은 그다지 인상적이지 않지만, 지름이 100km가 넘는 해저의 기저부에서 9,100m나 솟아오른 것이다.(Macdonald 1972, p. 275). 가장 높은 화산은 에콰도르 안데스산맥에 있는 6,267m의 침보라소(Chimborazo)산이다.

화산은 지구의 두 가지 기본 영역과 연결되어 있다. 이는 섭입대 및 맨틀 내부의 깊은 곳에서 용융 물질이 솟아오르는 '열점', 즉 열적인 중심이다. 열점은 상대적으로 고정되어 있고 판이 그 위로 이동하면서 일련의 화

인근 마을 대부분이 화산재와 용암으로 뒤덮였다. 1952년 2월 파리쿠틴 화산은 격렬하게 마지막 분출을 하였고, 이때 분석구 화산의 높이는 424m였으며, 산꼭대기는 2,800m가 되었다.

36) 한쪽 또는 양쪽이 단층작용으로 경계를 이루는 산맥을 말한다. 단층작용으로 생긴 지루부(地壘部)가 산맥으로 나타나며, 지구(地溝)는 계곡을 이루어 하천이 발달한다.

37) 지표 또는 지각을 이루는 암층이 계단상으로 구부러지는 현상을 말한다. 특정 방향으로 연장하는 장소를 중심으로 지표부 또는 지각의 한쪽이 융기하고 다른 쪽이 침강할 경우, 그 중심 부근을 경계로 하여 요곡이 발생한다.

38) 단층과 관련하여 형성되는 가장 보편적인 지형이며, 단층작용의 직접적인 결과로 생긴 급사면, 즉 단층면으로 이루어진 사면을 가리킨다.

그림 3.14 1944년 여전히 활발히 성장하고 있는 멕시코 파리쿠틴 화산(늦은 저녁 시간에 찍은 노출 사진). 백열하는 화산탄과 용융 물질이 공기와 원뿔의 측면을 통해 날아가는 것을 볼 수 있다. 화산재가 주변 지역을 덮고 있다.(Ted Nichols)

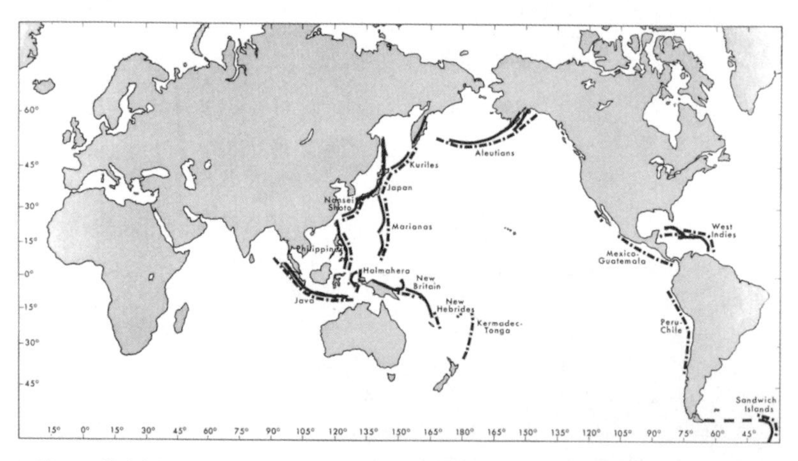

그림 3.15 활화산의 분포. 알려진 해저의 분출 지점이 보인다. 아마도 훨씬 더 많은 숫자가 여전히 알려지지 않았을 것이다. 화산 분포를 그림 3.6, 3.8, 3.10의 화산 분포와 비교하라.(출처: Macdonald 1972, p. 346)

산이 만들어지는 경향이 있다. 예를 들어 하와이섬(실제로 해저에 있는 산)은 북서-남동의 화산섬 띠로 이루어져 있으며, 북서쪽에는 가장 오래된 섬이, 남동쪽에는 가장 새로운 섬이 있다. 이러한 패턴은 태평양판이 북서쪽으로 이동하고 화산섬들이 계속해서 열점으로부터 멀어져 간 결과이다. 가장 새로운 섬인 하와이는 현재 열점 위에 가로놓여 있다(Burke and Wilson 1976). 현재의 추세가 계속된다면, 하와이 역시 결국 북서쪽으로 이동할 것이다. 그리고 마우나로아 화산과 킬라우에아 화산의 활동은 잠잠해질 것이고, 또 다른 화산이 아마도 남동쪽의 열점 위에서 바로 형성될 것으로 추정된다.

일부 지질학자들은 열점이 판 주변부가 발달하는 장소일 수 있으며 판을 이곳저곳으로 움직이는 에너지원이 될 수 있다고 믿는다. 이러한 열점은 미국 서부의 스네이크강 기슭에도 자리 잡고 있는 것으로 생각된다. 옐로스톤 플룸(Yellowstone Plume)이라고 불리는 이 열점은 이 지역에서 용암이 엄청나게 분출되는 결과를 낳았다. 이것은 사실 지금으로부터 5,000만 년에서 6,000만 년 후에 북아메리카의 분열을 일으킬 미래의 판 경계 위치일지도 모른다(Morgan 1972).

화산은 일반적으로 복성화산과 순상화산의 두 가지 기본 유형으로 나뉜다. 이름에서 알 수 있듯이, 화산은 용암의 생성 방법에 따라 모양도 다르고 분출의 종류도 다르다. 복성화산은 주로 대륙의 주변부를 중심으로 섭입이 일어나는 판의 수렴경계를 따라 발달한다. 해양판이 맨틀로 내려갈 때, 해양판은 가열되고 매우 깊은 곳에서 녹기 시작한다. 용융 물질은 '용융 플룸'으로 상승하여 호상열도와 그 안에 포함되는 화산을 만든다(그림 3.9). 이 물질은 용융되었지만 상대적으로 온도가 낮으므로 순상화산의 뜨거운 액체 상태의 용암보다 한층 더 점성이 높고 산성을 띠며 기체가 풍부하다. 순상화산은 판이 갈라지는 경계와, 맨틀 내부의 깊숙한 곳에서 용융

그림 3.16 아시노코에서 남동쪽으로 34km 떨어진 높이 3,754m의 후지산 모습. 기저부 부근은 완만하고 정상 부근은 가파른 전형적인 형태의 화산을 관찰할 수 있다.(Naka Rhynsburger)

된 물질이 솟아오르는 열점과 연관되어 있다. 결과적으로 순상화산은 현무암질(기본) 용암으로 구성되며, 해양 지역에서 가장 많이 발견된다. 드물게 두 종류의 화산이 함께 발생할 수도 있다. 예를 들어, 캐스케이드산맥의 높은 산봉우리들(예: 레이니어산, 후드산)은 현무암질 순상화산의 대지 위에 형성된 복성화산으로 이루어져 있다. 이 대지는 마이오세(2,000만 년 전)의 것이지만, 상당수가 여전히 활성 상태인 복성화산은 플라이스토세(200만 년 전 이후)의 것이다. 이 특이한 패턴의 이유는 알려져 있지 않지만, 북아메리카판이 태평양판을 지나 서쪽 방향으로 이동하는 것과 관련된 시기 및 특정한 전개와 관련이 있는 것으로 생각된다(Lipman et al. 1971).

복성화산

복성화산은 가장 아름다운 산의 형태 중 하나이다. 전형적인 형태는 기저부가 둥근 원뿔의 형태로, 하부는 완만한 사면을 이루고 정상 쪽으로는 가파르게 기울어져 안정되고 균형이 잘 잡힌 구조를 만든다. 이 산의 형태는 오랫동안 수많은 문화권의 사람들을 매료시켜왔다. 후지산, 킬리만자로산, 베수비오산이 대표적인 예이다(그림 3.16). 복성화산은 용암과 공기 중에 배출된 물질이 번갈아 층을 이루고 있기 때문에 성층화산으로도 알려져 있다(그림 3.17b). 이렇게 유체 암석과 응고된 암설 사이의 교호(alternation)는 복성화산의 비교적 가파른 형태를 만들고 유지하는 역할을 한다. 서로 다른 물질이 끼워 넣어지는 작용은 더 큰 힘을 제공한다. 이들은 때때로 폭발성 화산이라고도 불리는데, 그 이유는 복성화산의 특징인 실리카(이산화규소)가 풍부한 용암(안산암)은 점성이 있어 지표면에 도달하면 빠르게 굳어서 밑에 있는 물질을 덮어버리기 때문이다. 이것은 기체와 증기가 빠져나가는 것을 막기 때문에 압력은 증가하고 결국 엄청난 양의 과열된 증기, 기체, 용암 및 그 밖의 화산암설이 폭발적인 분출과 함께 갑자기 방출된다. 일단 활성 상태가 중단되면, 용암은 굳어져 화산을 다시 밀봉하고, 그 결과 다시 충분한 압력이 형성되어 화산이 분화되도록 한다.

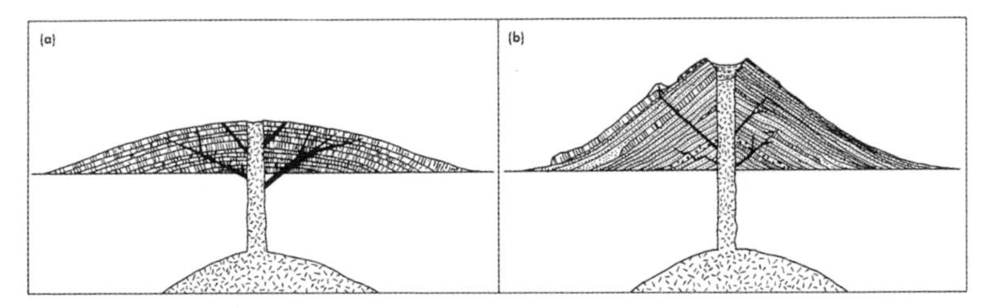

그림 3.17 (a) 순상화산과 (b) 복성화산의 이상적인 횡단면도. 순상화산은 주로 완만한 아치형 돔을 만드는 경향이 있는 현무암질 용암의 분출로 만들어진다. 복성화산은 안산암질 용암, 화산재 및 그 밖의 화쇄암 암설이 번갈아 층을 이루고 있다. 이들 물질이 층 사이에 삽입되어 중첩되는 것은 한층 더 높은 강도를 제공하고 가파른 원뿔 형태를 만드는 결과를 낳는다.(Macdonald, 1972에서 인용)

화산폭발은 몇 년에 한 번씩 일련의 작은 소동으로 일어날 수도 있고, 수 세기 동안 거의 휴화산 상태에 있다가 어느 날 격렬하게 깨어날 수도 있다.

복성화산은 가장 위험하며 예측할 수 없는 화산이다. 이들 화산은 인류 역사상 가장 큰 재난을 일으키기도 했다. 1815년에 동인도 제도 탐보라산의 분화로 5만 6,000명이 사망했다. 1902년 마르티니크섬에 있는 플레(Pelee)산의 화산 폭발로 3만 명의 목숨이 단 몇 분 만에 사라졌다(그림 10.18). 그리고 역사상 가장 유명한 화산 폭발로는 서기 79년에 일어난 베수비오(Vesuvius)산의 폭발이다. 이 일로 1만 6,000명이 사망하였고 소도시 폼페이는 완전히 매장되었다(Williams 1951). 그야말로 화산활동이 직접적으로나 간접적으로 재산과 생명을 파괴하는 것에 대한 수백 가지의 다른 사례들을 제시할 수 있지만, 그럼에도 사망자 수는 과거와 비교해 상대적으로 적다. 6,000년 전 오리건주 캐스케이드산맥의 마자마(Mazama)산(현재의 크레이터호) 분출과 같이 다수의 대규모 분출은 그다지 인구가 많지 않은 지역에서 발생하고 있다. 1912년 알래스카주 카트마이(Katmai)산의 분출로 160km 떨어진 앵커리지 도로에 화산재가 50cm 이상 퇴적되었다. 그리고 1956년 캄차카반도에서는 베지미아니(Bezymianny)산의 거대한 분출도 있었다. 세계 인구가 증가하고 더 많은 수의 사람들이 화산 부근에 정착함에 따라, 재해의 가능성 또한 증가하고 있다(이 책 736~748쪽 참조).

순상화산

순상화산은 경사가 10° 미만인 완만한 아치형 돔이다. 순상화산의 기저부는 주변 경관과 합쳐져 눈에 띄지 않는다(그림 3.18). 이들 화산은 아이슬란드의 돔형 화산을 원형의 전투 방패에 비유한 바이킹족에 의해 이름 지어졌다(Macdonald 1972, p. 271). 또한 이들 화산은 '조용한 화산'이라고도

그림 3.18 하와이섬의 순상화산 마우나로아. 완만한 돔처럼 보이지만 이 순상화산의 중요한 통계자료는 인상적이다. 마우나로아는 지름이 100km를 넘는 기저부 위로 4,169m의 고도까지 높아진다. 사진의 전경은 최근 용암류가 자리 잡은 곳으로, 식생과 토양이 서서히 발달하고 있다.(Hawaii Visitors Bureau 제공)

하는데, 그 이유는 고체 물질의 폭발적인 분출이 아니라 용암의 연속적인 분출로 화산이 만들어지기 때문이다(그림 3.17a). 하지만 이것이 화산의 분화가 온화하거나 점진적인 것을 의미하지는 않는다. 이들의 화산 분출은 불타는 용암의 분수를 공기 중으로 최대 500m까지 뿜어내며 정말 장관이다. 하지만 복성화산과 달리 순상화산의 기체는 한층 더 뜨겁고 유동적이며 규산(실리카, 이산화규소)을 적게 함유한 용암에 용해된 상태로 남아 있다. 이 용암은 높은 압력으로 밀봉하는 덮개를 형성하지 않는다.

가장 유명하고 잘 기록된 순상화산은 하와이섬의 마우나케아산, 마우나로아산, 킬라우에아산이다(그림 3.18). 마우나로아산과 킬라우에아산은 세계에서 가장 활성적인 상태의 화산 중 하나이며 섬에 계속 육지를 추가하고 있다. 화산은 킬라우에아산의 분화구 근처에 관측소가 설립된 1912년부터 집중적으로 연구되었다. 1832년 분화를 처음 기록한 이후 현재까지 마우나로아산과 킬라우에아산은 평균 3.6년마다 분출하고 있다. 전형적인 분출에 앞서 열하가 열리고[39] 마그마가 지표면에 도달하도록 만드는 일련의 지진이 발생한다. 수일이나 수 시간 내에 뜨거운 용암 분수가 갈라진 틈을 따라 하늘을 향해 뿜어져 나오고, 엄청난 양의 연기와 기체가 대기를 가득 채운다. 과열된 용암의 흐름이 시속 15~40km에 이르는 속도로 사면을 따라 흘러내리며, 흐름의 말단부에서는 식고 느려지기 시작한다. 관측된 가장 긴 흐름은 1859년의 분출로 10개월 동안 계속되어 53km 떨어진 바다로 흘러들어 갔다. 1881년의 분출은 46km를 흘러 힐로(Hilo)[40]시의 경계에 조금 못 미치는 곳에서 멈추었다(Bullard 1962, p. 213). 1960년 킬라우에아산에서 일어난 가장 최근의 대분화는 미국지질조사국이 1959~60년 '킬라우에아산의 분화(Eruption of Kilauea)'라는 제목의 영화로 아름답게 기록하였다.

단층산맥과 습곡산맥

주요 산계는 기존에 있던 암석 퇴적층[41]이 균열작용, 습곡작용, 구김작용(crumpling)에 의해 기복이 심한 지세로 변하면서 생긴 것이다. 이 과정은 (그리스어로 '산의 기원'을 뜻하는) 조산운동[42]으로 알려져 있다. 이 용어는 지

39) 암석이나 암반은 모두 균질하지는 않고, 구성 물질과 그 집합 상태, 운동 등에 의해 여러 가지의 불연속면이나 균열을 갖는다. 열하는 지각 깊이 갈라진 기다란 틈을 의미한다.

40) 하와이섬 동부의 항구 도시이다.

41) 층상의 수평적인 넓이를 가진 퇴적물의 집합체를 말한다. 퇴적층 내에서는 침적입자가 층리 또는 성층을 나타낸다.

42) 지각의 구조를 변형시켜 복잡한 지질 구조를 갖는 산맥을 형성하는 운동으로, 조구조운동

구의 지각이 산으로 변형되는 것뿐만 아니라 융기되는 것을 포함한다. 이 영력은 판의 이동에서 나와서 대륙지각과 퇴적물을 판의 주변부에서 압착하거나 잡아당기게 된다. 지질학자들 대부분은 단층작용과 습곡작용의 원인이 되는 강한 변형력 및 경관을 상승시키는 한층 더 일반적인 융기를 구분한다(Billings 1956). 일반적으로 변형이 대부분 먼저 발생하는데 종종 지구 내부의 깊은 곳에서 일어나며, 그런 다음 암석이 융기하여 산의 높이를 만든다고 생각한다.

융기에는 두 가지 기본적인 종류가 있다. 하나는 비교적 큰 부분을 융기시키는 것으로, 대체로 변형이 일어나지 않는다(예: 고원의 생성). 다른 하나는 집중적이고 강한 융기이다(예: 산의 생성). 그러나 고원 대부분이 산과 접하고 있기 때문에 이 둘은 일반적으로 서로 연결되어 있다. 지질학자들은 한 지역의 암석이 크게 변형되고 변경된 반면에, 인접한 유사한 높이의 고원에 있는 암석은 평평하고 변하지 않은 채 남아 있는 이유에 대해 오랫동안 의문을 품어왔다. 이러한 차이의 지질학적인 과정은 아직 풀리지 않았다. 분명히 고원 지역의 지각은 더욱 단단하고 융기는 한층 더 완만하고 광범위하게 나타나기 때문에 어떤 두드러진 변형도 일어나지 않는다. 어쨌든, 주요 산맥에서 보이는 기본 구조는 주로 단층작용이나 습곡작용으로 만들어진 것이 분명하다. 이들 과정은 단독으로 그리고 함께 작용하여 독특한 경관을 만들어낸다.

⁚

이라고도 한다. 조산운동은 좁고 긴 특수 지역에 영향을 주고, 비가역적으로 현저히 암석의 구조를 변화시켜 단기간에 우발적으로 일어나는 특징을 갖고 있어서, 조륙운동과는 대조적인 운동이다. 또 조산운동은 특징 있는 화성 활동을 수반한다.

단층산맥

단층산맥은 단열대[43]를 따라 지구 표면의 일부분이 변위하는 것에서 발생한다. 이러한 움직임은 일반적으로 매우 느려서, 짧은 반사 운동이 수천 년에 걸쳐 일어난다. 이 변위는 수직 또는 수평일 수 있지만, 그 결과는 하나의 지괴[44]가 다른 지괴에 비해 높아지는 것이다(그림 3.19). 단층작용과 관련된 특징은 다음과 같다. 즉 다양한 물질 유형의 병렬 배치, 융기된 단애,[45] 절리작용[46]과 단열작용, 움직이는 지대에서 암석의 국지적인 변경이나 분쇄 작용, 그리고 하천유출[47]을 다시 배치하거나 댐으로 막는 것과 같은 다양한 종류의 지표면 교란 등이 있다. 단층작용의 또 다른 일반적인 지표면의 표식으로 선형구조[48]가 존재한다. 즉 직선의 형태를 이루는 지형적인 특징이다. 이것은 암석이 부서지기 쉬운 물질로 작용하고 일직선

43) 주위 지역보다 훨씬 산이 많고 길이가 다른 두 지역을 나누는 매우 길쭉한 지대로서 파쇄역이라고도 한다.

44) 단열대를 경계로 구분되는 지각의 일부를 말한다. 보통 단층운동으로 구분된 지괴를 단층지괴라고 하지만 보통 지괴라고 부르는 경우도 많다. 지괴 간의 상대적인 변위를 지괴운동이라고 한다.

45) 침식이 심한 하천이나 해안 등에 생긴 급경사면을 말하며 주로 암벽으로 되어 있다. 암석낙하 등의 물리적 풍화작용이 심한 산악지 등에도 볼 수 있다. 때로는 절벽이라고도 한다.

46) 암석의 물리적 연속성을 단절하는 수직이나 수평 또는 경사진 분할선이나 균열을 말하는 것으로 장력이나 비틀림에 의해 형성된다. 절리의 형성 요인은 다양하지만 일반적으로 퇴적암이 수축할 때 혹은 화성암체가 액체 상태에서 고체 상태로 변화할 때 발생하는 장력에 의해 발달하거나 지구 외부층의 변형에 의해 형성되기도 한다.

47) 다른 흐름의 성분과 함께 강우의 일부분으로 영구적 또는 간헐적으로 지표하천을 통한 흐름이며, 지표류와 구분하여 하천수로 내에서 흐르는 유출을 말한다.

48) 일반적으로 지형도상에 표시할 수 있는 규모의 선형을 보이는 모든 구조를 의미한다. 지형적으로는 계곡이나 선형으로 배열된 언덕, 일자형 해안과 같이 지표상에 선형의 배열을 보이는 구조를 말하며, 지질학적으로는 대부분 지질경계, 암맥과 같은 화성암 관입체, 습곡, 전단대, 특히 단층, 절리 및 균열 등 지표 암석권의 단열구조와 잘 일치하는 것으로 알려져 있다.

의 단편으로 부서지는 경향이 있는 갑작스러운 육지 이동의 결과인 것으로 보인다. 직선은 자연에서 흔하지 않기 때문에, 선형구조는 종종 단층대와 지진활동의 징후를 보이는 것이다.

지각을 잡아 늘이는 영력(장력)과 압착하는 영력(압축력)은 각각 고유한 형태의 단층작용을 만들어낸다. 장력으로 인해 지각의 지괴는 서로 하강하거나 상승하면서 뜻밖의 화려한 단층애를 생성하는 경향이 있다. 이것은 정단층으로 알려져 있다(그림 3.19a). 양측의 토지에 대해 가운데의 지괴가 하강한 경우, 단층지구 또는 ('묘혈grave'을 뜻하는 독일어에서) 지구(graben)[49]가 생성된다. 양측의 높아진 지괴는 ('독수리 둥지'를 뜻하는 독일어에서) 지루(horst)[50]라고 한다(그림 3.19e). 독일의 라인(Rhine)강 계곡은 지구의 한 예이다. 계곡 양측의 보주(Vosges)산맥과 블랙포레스트(Black Forest)산맥은 지루이다. 이러한 하향 단층작용은 해수면 아래의 경관을 만들어낼 수 있는 몇 안 되는 과정 중 하나이다. 예를 들어, 캘리포니아주의 지구인 데스밸리는 파나민트(Panamint)산맥과 블랙산맥의 두 지루 사이에 위치하며 해수면 아래 86m 높이에 있다.

미국 서부 분지와 산맥의 산계 대부분은 장력의 결과로 보인다. 네바다주를 중심으로 한 이 지역은 대략 북서-남동 방향을 축으로 한 일련의 단층대로 나뉘어 있고, 그 결과 지괴는 서로 상대적으로 기울어지고, 융기하고, 하강하면서 다소 평행한 산릉과 계곡을 형성하였다. 대부분의 지괴는

49) 단층운동의 결과 지각의 일부는 융기하고 일부는 하강하여 양측 단층 사이의 중앙부 지괴가 내려앉아 형성된 지형이다. 이러한 지구가 길게 연속되어 나타나는 것을 지구대라고 한다.
50) 평행하거나 교차하는 단층운동의 결과 지각의 일부가 상대적으로 높아지거나 낮아져서 단층지괴를 형성하는데, 단층에 의해 중앙부의 지괴가 올라가고 양쪽의 지괴가 내려갔을 때 중앙부의 지괴를 지루라고 한다.

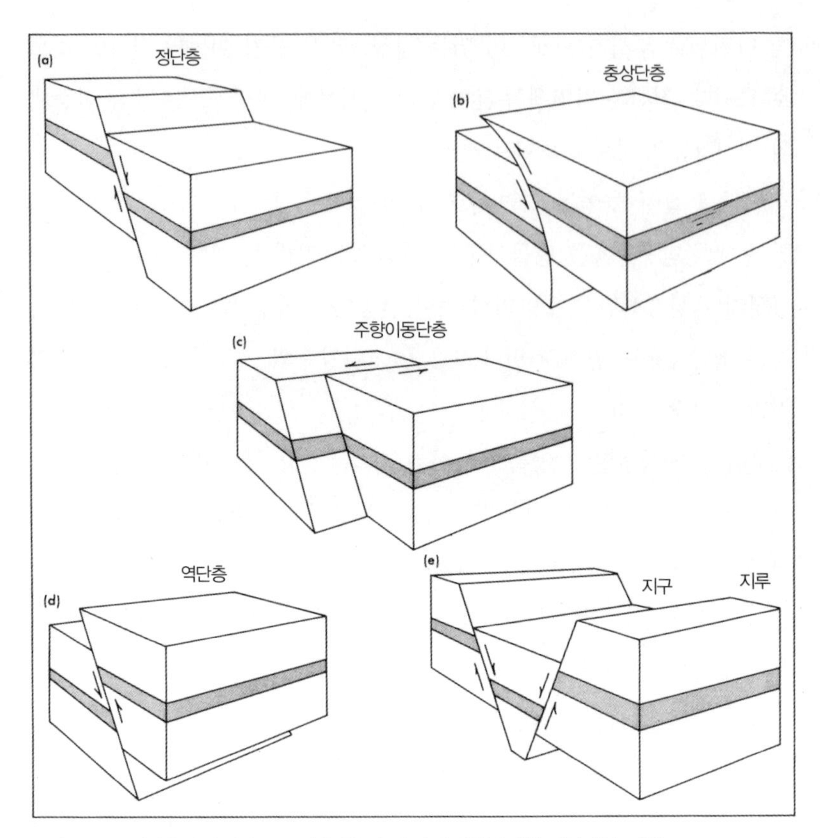

그림 3.19 조산작용과 관련된 주요 단층작용의 몇 가지 유형에 대한 개략적인 표현(California Geology 1971, p. 209에서 인용)

한쪽이 인접한 지표면보다 위로 1,500m만큼이나 높이 상승(단층애)하는 비대칭 육괴(massif)[51]로 발생하며, 다른 한쪽은 주변 저지대로 완만하게 하강한다. 이 경관을 연구한 몇몇 사람들은 지표면의 표식이 단층작용 그

51) 주변의 암석보다 견고한 암석으로 구성된 암석의 큰 덩어리나 구조적 단위로서 조산대에 들어 있는 암체를 말한다.

자체에서 나오는 것이라기보다는 서로 다른 내성의 암석 유형이 접촉하는 장소에서 단층선을 따라 일어나는 차별침식에서 나오는 것으로 생각한다. 아마도 두 과정 모두 중요할 것이다. 일부 단애[52]는 단층대를 따라 변위되는 과정에서 직접 발생하는 반면에, 그 밖의 단애는 침식으로 생성되는 경우도 있다. 어느 경우든 구조적인 틀을 만들어내고 지역에 고유의 특성을 부여하는 것은 단층작용이다.

캘리포니아주의 시에라네바다산맥은 단층작용의 훌륭한 사례이다. 이 산맥은 다소 일제히 기울어진 몇 개의 개별 부분으로 이루어져 길이가 650km이고 폭이 80km에 이르는 지괴로 나타난다. 이 거대한 지괴는 서쪽으로 완만하게 하강하는 반면에, 동사면은 단층애를 따라 갑자기 상승하여 미국 대륙에서 가장 높은 산악 전선을 나타낸다(그림 3.20). 10km 이하의 수평 거리에서는 시에라네바다산맥의 높은 산봉우리와 오언스(Owens) 계곡(이것은 지구graben이다) 사이에 3,350m의 고도차가 있다. 미국의 다른 멋진 단층애로는 와이오밍주의 그랑 테턴산맥과 유타주의 워새치산맥 등이 있는데, 이 둘 다 주변 평원보다 1,800m나 높이 상승하여 뜻밖의 산악 전선을 보여준다(그림 10.19).

또 다른 주요 단층작용의 유형에서는 지표면의 한 부분이 다른 부분을 지나 수평으로(때로는 또한 수직으로) 변위되어 주향이동단층[53]이나 변환단층을 생성한다(그림 3.19c). 이러한 유형의 단층은 주로 수직 변위를 일으키

52) 수직 또는 급경사의 암석사면을 말한다. 단층운동에 의해 형성된 것을 단층애, 요곡운동에 의해 형성된 것은 요곡애라고 한다. 화산용암류의 말단이 급애를 이루는 경우에는 화산애라고도 한다.

53) 단층의 한 종류로 단층지괴 간의 변위 방향이 단층면과 수직 방향이 아니고 평행한 방향, 즉 주향과 평행한 단층을 말한다. 일반적으로 단층의 종류 중에서 규모가 크게 나타나 길이가 1,000km를 넘는 것도 있다.

그림 3.20 오언스 계곡의 서쪽 상공에서 바라본 시에라네바다산맥의 동쪽 사면. 산악 전선은 곡상 위로 3,350m 이상 솟아 있다. 4,418m 높이의 휘트니산이 중앙에 있다.(U.S. Geological Survey)

는 것보다 조산작용에 덜 중요하지만, 그럼에도 중요한 지질학적인 과정이다. 멕시코에서 북태평양까지 북서 방향으로 3,000km 뻗어 있는 캘리포니아주 샌안드레아스 단층은 이 지역에서 가장 격렬한 지진의 원인이 되는 매우 활성 상태의 주향이동단층이다. 서부 구역(로스앤젤레스가 위치한 태평양판)은 연간 5.8cm의 속도로 북상하고 있다. 과거 1,100km를 이동한 것으로 추정되며, 현재의 추세가 계속된다면 로스앤젤레스는 언젠가(지금으로부터 수백만 년 후) 샌프란시스코의 교외가 될 수도 있다(Anderson 1971). 단층을 따라 주로 수평으로 이동하지만, 일부 좌굴[54]과 수직 변위가 발생하여 산악지형(예: 샌가브리엘산맥과 샌버너디노산맥)이 형성되었다. 튀르키예의 아나톨리아 단층, 뉴질랜드의 알파인 단층, 스코틀랜드 하일랜드의 그레이트 글렌 단층과 같은 다른 주요 주향이동(변환)단층도 또한 산악지형을 만들었다. 이들 중 처음 두 곳은 지진과 조산작용이 여전히 극도로 높

54) 일정한 힘 이상의 압축하중을 받을 때 길이의 수직 방향으로 급격히 휘는 현상이다.

은 활성 상태에 있는 장소이다. 세 번째 장소는 오래되고 낮은 활성 상태에 있다. 그 유명한 네스호(Loch Ness)와 같이 길고 폭이 좁으며 매우 깊은 일련의 호수가 현재 그레이트 글렌 단층을 차지하고 있다(Holmes 1965, p. 230).

정단층작용이나 변환단층작용은 상당히 복잡한 과정이 될 수 있지만, 지층의 변위와 변형을 통해 이들 과정이 생성하는 구조물은 역단층작용이나 충상단층작용으로 인해 생성되어 갈피를 못 잡게 만드는 혼란스러운 것과 비교했을 때 상대적으로 단순하다(그림 3.19b와 d). 이들은 지구 표면의 한 부분을 다른 한 부분에 압착하여 누르는 경향이 있는 압축력에 의해 발생한다. 이동은 고각단층[55]이나 저각단층 중 어느 곳을 따라서든 발생할 수 있다. 고각단층작용은 지층을 다소 수직으로 쌓아 올리는 경향이 있으며, 이렇게 쌓인 지층은 종종 차별적으로 침식되어 일련의 평행한 산릉과 계곡이 된다. 그 결과 몬태나주의 소투스산맥(Sawtooth Range)처럼 날카롭고 험준한 지형이 나타나는데, 이곳에서 충상단층작용은 한층 더 단단하거나 무른 암석을 만들어냈다(그림 3.21).

저각단층작용은 낮게 가로놓인 오래된 암석들이 새로운 지층 위로 밀리면서 수평적인 변위를 일으키는 경향이 있다. 이와 관련된 암석 단위는 두께가 수십 미터에서 수백 미터까지 다양하며, 인접한 지표면 위로 최대 80km의 거리에 걸쳐 퍼져 있을 수 있다. 그런 다음 침식을 통해 약한 지층은 제거되고, 내성이 한층 더 강한 부분은 고립된 잔유물로 남게 된다. 극단적으로 혼란스러운 층서학적인 관계가 종종 만들어진다. 산봉우리는 아래에 가로놓인 지층보다 더 오래된 암석으로 이루어질 수도 있으며, 이 암

55) 경사각이 30° 이하이면 저각단층(low-angle fault)이라고 부르는 반면, 고각단층(steep fault)은 경사가 60°보다 더 급하다.

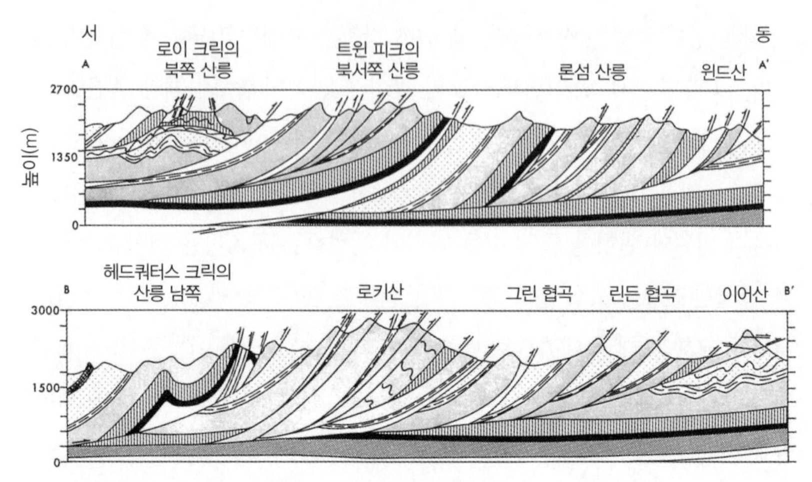

그림 3.21 몬태나주의 소투스산맥에서 고각충상단층작용으로 인한 암석 구조물의 횡단면도. 이것은 종종 다양한 내성의 암석들이 나란히 배치되도록 하고 극도로 험준한 경관을 만들어낸다. 횡단면도의 길이는 16km이다.(출처: Deiss 1943, in Thornbury 1965, p. 391)

석은 인근의 다른 곳에서 찾아볼 수 없다. 주변에서 볼 수 있다면 산봉우리는 인접한 계곡의 훨씬 아래에서 노출된 암석과 동일한 암석인 경우도 있다. 반면에 이들 사이에는 수백 미터 두께의 새로운 암석이 끼워져 있다.

전 세계 주요 산맥에는 충상단층[56]이 많이 있다. 로키산맥의 유명한 사례는 몬태나주 글레이셔 국립공원(Glacier National Park) 근처의 루이스 충상단층(Lewis Overthrust)이다. 이것은 아주 오래된 선캄브리아기의 암석들이 융기되면서 24km 길이의 단층을 따라 중생대의 새로운 혈암과 사암 위로 밀어 올려져 만들어졌다. 치프산(Chief Mountain)[57]은 이 충상단층 암상

56) 지괴가 다른 지괴 위로 올라타는 움직임을 가리킨다. 충상단층은 일종의 역단층에 속하며, 단층면의 경사각은 45°보다 작고, 주향 방향으로의 운동 성분은 매우 미약하며, 수평 압축 응력에 의해 단층면의 상반 지괴가 하반 지괴보다 더 많이 미끄러져 올라간 단층이다.
57) 미국 몬태나주의 루이스산맥(Lewis Range)에 속한 산이다.

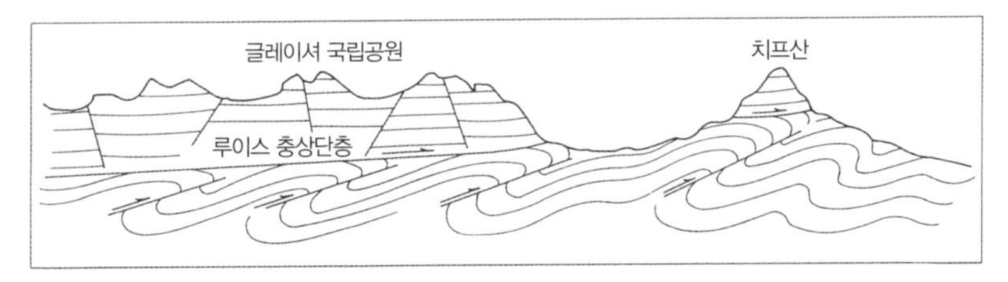

그림 3.22 몬태나주 북부의 캐나다 국경 근처에 위치한 루이스 충상단층의 일반적인 동-서 횡단면도. 오래된 암석은 최소 24km의 (이 단면도에서 보이는 것처럼) 저각단층을 따라 새로운 암석 위로 밀어 올려졌다. 치프산은 충상단층 암상이 침식된 잔유물인데, 한때는 훨씬 더 넓었을 것이다.(출처: Alt and Hyndman 1972, p. 165).

그림 3.23 브리티시컬럼비아주 로키산맥 남부의 설리번강 근처의 멋진 습곡작용(Geological Survey of Canada)

이 침식된 잔유물이다(그림 3.22)(Thornbury 1965, p. 389). 충상단층작용과 유사한 결과는 중력활강작용이나 역전습곡작용[58]과 같은 다른 과정을 통

58) 습곡축면이 수평면에 대하여 90° 이하로 기울어진 습곡을 말한다. 양쪽 축면의 지층이 각기 다른 각도로 기울어져 있으나 방향은 같은 쪽을 향한 것이 특징이다. 과습곡작용이라고도 한다.

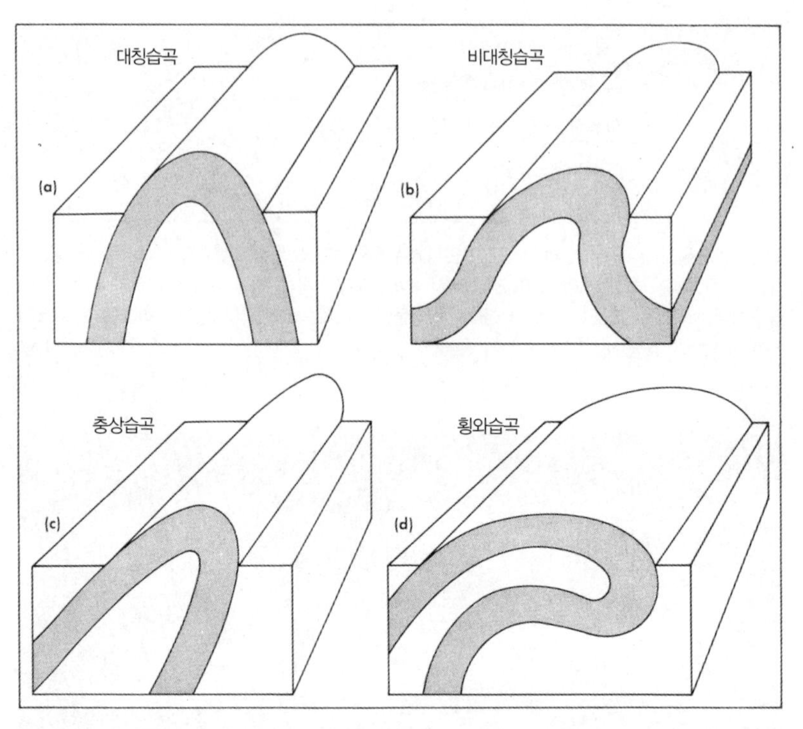

그림 3.24 습곡작용의 다양한 유형 및 정도를 개략적으로 나타낸 것(Putnam 1971, p. 392에서 인용)

해서도 나타날 수 있다(다음 절에서 설명). 이들 세 가지 과정은 모두 상호 관련되어 있으며, 주어진 상황에서 각각의 상대적인 영향력을 식별하기 어려운 경우가 많이 있다.

습곡산맥

습곡작용은 암석층이 크게 단열되거나 부서지지 않고 암석층을 파(wave)와 같은 일련의 골과 마루로 압축시킨다. 암석층의 이러한 소성변형은 수천 년 또는 수백만 년에 걸쳐 서서히 일어난다. 변형력이 약하게 압축하는 경우, 향사(syncline)(골)와 배사(anticline)(마루)의 진폭과 간격은 잔잔하게 물결치는 바다와 유사하다.[59] 그러나 극도의 압력을 받은 암석층은 가장 세찬 순간에 결정화된 거친 바다의 모습과 비슷한 형태를 취할 수 있다(그림 3.23). 이는 수많은 방법으로 지층이 돌출되고 뒤집히고 뒤얽혀 있는 대부분의 복잡한 산에서와 같다(그림 3.24).

주요 조산대[60]는 습곡산맥으로, 다양한 방법으로 변경되고 변형된 해양 퇴적물(지향사)의 두꺼운 집적으로 이루어져 있다. 이것은 일반적으로 육지 지각의 특정 부분을 수축시키는 대규모 압축력에 기인한다고 생각된다. 그 결과 변형된 암석이 산더미처럼 집적되면서 지층은 두껍게 쌓이게 된다. 그러나 유사한 영향은 국지적인 과정에서 발생할 수 있다. 예를 들어, 어떤 지역이 위쪽으로 돔이 되어 있는 경우, 돔 양쪽에 있는 지층은 중력 활강작용을 통해 그 자체의 무게로 아래로 미끌어질 수 있다(그림 3.25). 다음 두 과정을 모두 뒷받침하는 증거가 있다. 강하게 변성된 암석은 습곡작용이 지구 내부의 상당히 깊은 곳에서 큰 열과 압력을 받아 일어났음을 나타낸다. 변성이 거의 없거나 전혀 없는 암석은 습곡작용이 지표면의 정상 기온에서 일어났으며, 중력활강작용 때문일 수 있음을 암시한다.

중력활강작용은 이전에 생각했던 것보다 산의 습곡작용에서 훨씬 더 중요한 것으로 밝혀지고 있다. 암석의 가장 강렬한 변성작용이 (대개 화강암질 석핵의 저반으로 점유된) 산맥의 중심축 부근에서 일어나지만 가장 복잡

59) 지층의 습곡은 일반적으로 배사와 향사라는 두 가지 구조를 가진다. 배사는 지층이 위로 볼록하게 솟아올라 간 형태로 휘어진 경우이고, 향사는 반대로 지층이 아래로 움푹 들어가게 휘어진 경우를 말한다. 이때 이러한 구조를 판단하는 기준은 지형이 아니라 습곡을 이루고 있는 지층들의 휘어진 모양이다.

60) 과거에 조산운동이 활발했던 때나 현재에도 그 가능성이 큰 지역을 말한다. 보통 띠 모양(帶狀)으로 나타나며 화산대이다. 지진대와 일치하여 매우 지각이 불안정한 지역을 말한다.

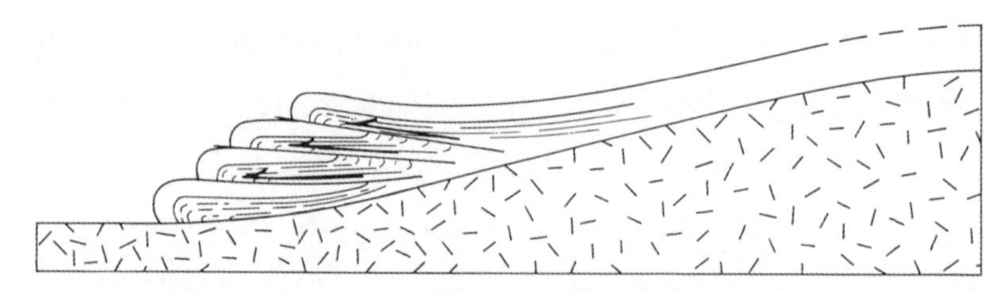

그림 3.25 중력활강작용의 그래픽 표현. 암반은 내리막 사면에서 천천히 미끄러지며, 암반의 자체 무게로 변형되어 국지적인 습곡작용과 단층작용을 일으킨다.

한 습곡작용은 산맥의 주변부 주위에서 일어난다는 사실이 증거이다. 거대한 암괴가 내리막사면을 따라 중력활강작용을 통해 운반됨에 따라, 중앙 지역은 일반적으로 감소한 무게를 보충하기 위해 융기하게 된다. 이러한 일이 일어나면 중앙의 석핵은 기복이 가장 높은 지점에 도달하게 된다. 왜냐하면 이 중앙 지역이 더 크게 융기되며, 동시에 석핵을 구성하는 결정질암[61]이 침식에 대한 내성이 한층 더 강하기 때문이다. 예를 들어, 북아메리카에서 가장 높은 매킨리산은 알래스카산맥의 아래에 가로놓인 저반의 화강암질 석핵에서 분리되어 생겨났다. 또한 중력활강작용은 충상단층에서 유년기 암석 위로 노년기 지층의 변위를 설명할 수 있다. 그림 3.26은 일련의 거대한 육지 지괴를 보여주고 있는데, 이들 지괴는 완만한 경사를 미끄러져 내려와 유년기 암석 위에 부정합으로 놓여 있다. 충상단층 잔유물의 예로 언급된 치프산은 실제로 중력활강작용에 의해 형성되었을 수도 있다. 중력활강작용으로 인한 가장 유명한 변위의 사례는 지중해에 있는 지브롤터의 바위(Rock of Gibraltar)이다. 이 바위는 유년기 퇴적암 위에 가

61) 심성암과 같이 비교적 큰 결정들로 구성된 암석. 또는 유리질 물질을 포함하지 않은 화성암 또는 변성암을 가리키며, 조립질 결정들로 구성된 석회암에도 사용한다.

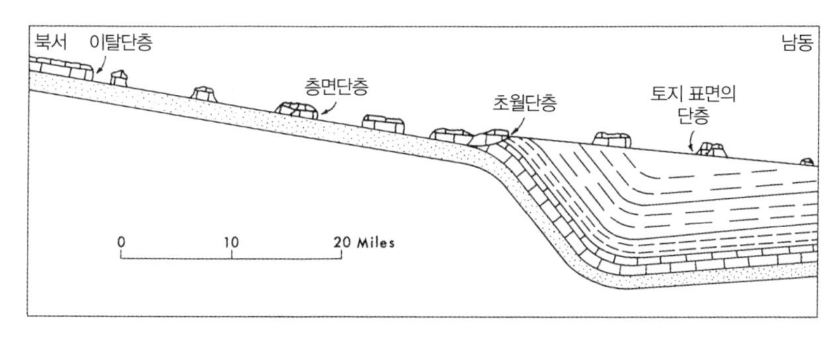

그림 3.26 옐로스톤 국립공원 부근 와이오밍주 북서부에 위치한 하트산의 분리단층. 가로 8km에 이르는 거대한 지괴가 왼쪽 상단의 지층으로부터 떨어져 나와 완만한 경사면을 미끄러져 내려갔고, 그 결과 노년기 지층이 이제 유년기 암석 표면 위에 얹힌 것으로 보인다.(출처: Pierce 1957, and Garner 1974, p. 194)

로놓인 노년기 석회암과 혈암으로 이루어져 있다. 이 거대한 단일 암체는 동쪽에서 현재의 위치로 측면으로 이동한 커다란 지괴가 침식작용으로 깎여 생겨난 것으로 보인다(Garner 1974, p. 194).

습곡산맥과 관련된 가장 화려하고 복잡한 특징은 ('테이블보'를 뜻하는 프랑스어에서 유래한) 나페(nappe)[62]이다. 나페는 거대한 슬래브 모양의 암석 지괴로 (몇몇 경우 최대 100km까지) 상당한 거리를 두고 다른 암석층 안으로 또는 암석층 위로 돌출된 구근 모양의 융기부이다. 충상단층과 밀접하게 연관된 나페는 대개 역전습곡작용과 횡와습곡작용[63]으로 발생한다. 여기서 배사의 축은 매우 비대칭적이며 종종 일정한 거리를 두고 인접

62) 내부구조나 기원과 관계없이 원래의 위치로부터 멀리 횡적으로 이동해 덮는 암상 형태의 암체를 말한다. 성인(成因)으로는 충상단층, 횡와습곡 등이 알려졌으며, 데케(Decke)라고도 한다. 대개 개석을 받아 근원부와 단절되어 있는 것이 보통이며, 개석 정도가 심하여 횡와습곡의 지층이 부분적으로 남아 형성된 고립 산봉우리는 클리페(Klippe)라고 부른다.

63) 습곡축이 거의 수평으로 누운 형태의 습곡이다. 횡와습곡은 지층이 거의 수평으로 놓여 있는 것처럼 보이지만 한쪽 날개의 지층은 역전된 상태이다.

한 지층 위로 비스듬히 밀려 간다(그림 3.24). 대부분의 주요 산맥에서 발견되는 나페는 조산운동에 필수적인 부분이다. 알프스산맥의 거대구조(suprastructure) 전체는 현재의 이탈리아 부근 발생지에서 북서쪽으로 이동한 일련의 거대한 중첩된 나페가 지배적이다. 왜냐하면 아프리카가 유럽과 충돌하면서 그 사이에 있던 과거 바다의 퇴적물에서 알프스산맥이 생겨났기 때문이다(그림 3.27). 수백만 년 동안의 침식으로 수많은 변위된 암상이 완전히 제거되었고, 오직 다른 암석판의 잔유물만이 남아 있다. 스위스의 유명한 마터호른은 이들 나페 중 하나의 잔유물이다. 이는 새로운 암석 위에 가로놓인 오래되고 내성이 강한 암석들로 구성되어 있다(Bailey 1935, p. 115).

오늘날 알프스산맥은 과거 한층 더 강건했던 산체(mountain body)의 잔유물일 뿐이다. 원형에 대한 이론적 재구성은 복잡성[64] 너머의 문제이며, 나페 형성에 대한 서로 다른 해석에서 여러 사상의 학파가 생겨났다. 초기 연구자들은 관련된 거대한 수평 변위를 합리화하는 데 어려움을 겪었다. 1841년 스위스 글라루스(Glarus) 부근에서 실시된 연구에 따르면 50km 이상 떨어진 산봉우리가 계곡보다 더 오래된 암석으로 이루어져 있는 것이 밝혀졌다. 이러한 변칙적인 상황에 대한 원래의 설명은 오래된 암석이 반대 방향에서 오는 두 개의 횡와습곡에 의해 현재의 위치로 운반되었다는 것이다(그림 3.28a). 이 비교적 신중한 추측조차도 그 당시에는 너무나 혁신적이어서 저자는 연구 결과를 출판하지 않았다. "만약 내가 논문을 발표하

64) 단순성(simplicity)과 대비되는 개념으로, 복잡하게 보이는 것을 단순한 요소로 나누어 지배할 수 없는 성질이다. 즉 결과의 원인을 분석할 때, 원인이 상호작용하며 얽혀 정확한 원인 분석이 힘들다. 만약 원인을 모두 분석하여도, 정확히 처음의 결과와 같은 결과를 재현할 수 없다. 이는 복잡성의 큰 특징 중 하나이다.

면 아무도 나를 믿지 않을 것이다. 오히려 그들은 나를 정신병원에 입원시킬 것이다"(Vanderlinth 1841; Holmes 1965, p. 1162에서 인용). 1884년에 이 지역 전체에 대한 하나의 거대한 충상단층을 가정했다(그림 3.28b). 논란은 계속되고 있지만, 이것은 결국 더 널리 받아들이는 견해가 되었다.

산악구조에 대한 지질학적 해석은 암석층의 치밀한 연구 및 지도 제작뿐만 아니라, 조사 중인 경관에 대한 상상에 걸맞은 구상을 가지고 한층 더 큰 그림을 볼 수 있는 능력도 필요로 하는 것을 알 수 있다. 이러한 구

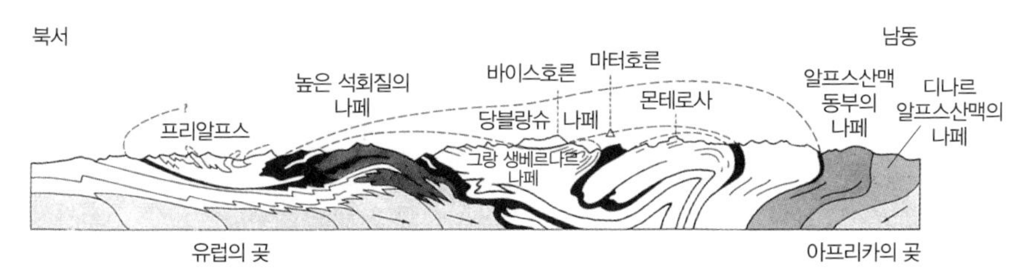

그림 3.27 알프스산맥이 가로누운 거대한 습곡과 나페로 형성되었다는 이론에 기초한 알프스산맥 동부의 일반적인 횡단면도. 습곡과 나페는 아프리카와 유럽의 폐쇄(충돌)로 과거 지중해 지향사에서 북쪽으로 밀려간 것이다.(출처: Holmes 1965, p. 1151)

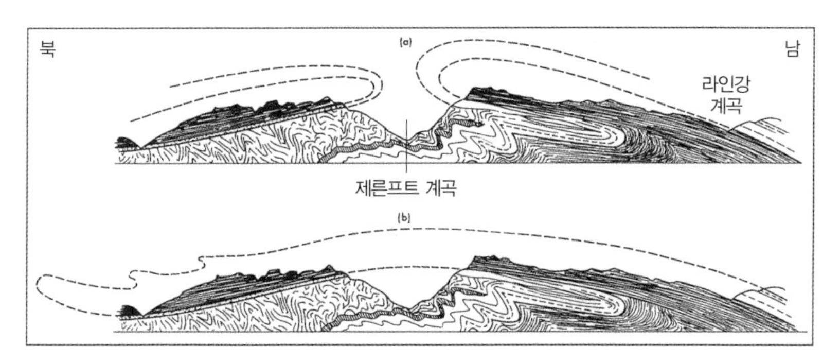

그림 3.28 스위스 글라루스주 부근의 알프스산맥에서 유년기 지층 위쪽이 노년기 지층으로 대체되는 메커니즘에 대한 두 가지 해석. 하나의 거대한 충상단층 암상 또는 나페에 대한 아래의 그림은 일반적으로 허용되는 견해이다. 단면의 길이는 40km이다.(출처: Holmes 1965, p. 1163)

상은 알려진 산의 가장 큰 부분에까지 이른다. 이러한 자질의 중요성은 산의 기원에 관한 생각의 진보에서 볼 수 있다. 판구조론은 인간의 독창성의 환상적이고 화려한 절정이다. 여전히 많은 것을 배워야 하지만, 이 이론은 대부분의 관찰 결과와 일치하는 논리적이고 수용 가능한 기본 체계를 제공했다. 이것은 사실상 지구과학에 혁명을 일으킨 지식의 비약적인 발전이다. 이 책의 주된 관심사, 즉 오늘날 산악경관을 특징짓는 여러 과정으로 넘어가면서 이러한 조사를 통해 얻은 산의 기원에 대한 관점은 유지되어야 한다.

제4장

산악기후

우주의 광대무변한 추위는 밤하늘을 눈부시게 비추는
고산툰드라의 빛나는 에너지를 고갈시키고
동쪽에서 비춰 오는 태양 광선이 투명한 하늘을 뚫고 들어오면서
갑작스럽고 강렬한 눈사태로 동이 튼다.
새벽의 불연속성은 극적이다.
지표면의 형상과 형태는 갑작스러운 빛과 열의 자극을 받는다.
모든 것은 분명히 살아 있고 생기가 넘친다.
위상 속에서 그리고 위상을 벗어나, 앞서거니 뒤서거니 하면서
햇빛이 구석구석 스며들고 생명은 새로워진다.

- 데이비드 게이츠와 로버트 얀크(David M. Gates and Robert Janke),
『고산툰드라의 에너지 환경(*The Energy Environment of the Alpine Tundra*)』(1966)

기후는 자연환경을 확립하는 근본적인 인자이며, 모든 물리적, 화학적, 생물학적 과정이 작용하는 무대를 꾸며준다. 이것은 특히 지구의 주변부, 즉 사막과 툰드라에서 명백하다. 온화한 조건에서는 기후의 영향이 종종 소리 내지 않거나 혼합되는 경우가 많으므로 자극과 반응 사이의 관계를 구분하기 어렵지만, 극단의 조건에서는 이 관계가 매우 명백해진다. 극단의 상태는 높은 산속의 수많은 지역에서 표준이 된다. 이러한 이유로, 기후의 과정과 특징에 대한 기본적인 지식은 산악환경을 이해하는 데 없어서는 안 된다. 산악기후는 시간과 공간을 통해 끊임없이 변화하는 무수한 개별적인 부분들로 이루어져 있다. 시스템 내의 다양한 지형과 에너지 플럭스의 매우 가변적인 본질로 인해 짧은 거리 내에서도 환경의 차이가 크게 발생한다. 산에 있는 동안, 여러분은 바위 뒤에서 바람을 피하려고 한 적이 있는가? 만약 그렇다면, 좁은 지역 안에서 일어날 수 있는 어떤 차이

를 경험해본 적이 있을 것이다. 어느 종의 분포에서 그 주변부 부근의 이러한 차이가 삶과 죽음을 결정할 수 있다. 따라서 식물과 동물은 미소서식지를 이용하여 가장 높은 고도에 도달한다. 또한 큰 변동은 짧은 기간 내에도 발생한다. 태양이 비추고 있으면, 꽤 따뜻할 수 있고, 심지어 겨울에도 그렇다. 하지만 지나가는 구름이 태양을 가리면 기온은 급격히 떨어진다. 그러므로 태양이 비추는 지역에서는 그늘진 곳보다 훨씬 더 크고 빈번하게 온도 차이가 나타난다. 물론 이것은 어떤 환경에서도 마찬가지이지만, 고산의 희박한 공기가 열을 잘 저장하지 못하기 때문에 산에서는 그 차이가 훨씬 더 크다.

더 일반적인 용어로, 사면의 기후는 산릉이나 계곡의 기후와 매우 다를 수 있다. 이들 기본적인 차이가 설전[1]의 존재, 식생, 토양과 함께 사면의 방향, 간격, 기울기 등으로 만들어지는 무수히 다양한 조합으로 인해 심화되는 경우 산에서의 기후 패턴의 복잡성은 실로 압도적이다. 그럼에도 예측 가능한 패턴과 특성이 이질적인 시스템 내에서 발견된다. 예를 들어, 기온은 보통 고도에 따라 낮아지는 반면에 강수는 고도에 따라 증가한다. 산에서는 바람이 강하게 불고, 공기는 희박하고 맑으며, 태양 광선은 더욱 강렬하다. 또한 산은 인접한 지역의 기후에 중요한 영향을 미친다. 산의 영향은 수백에서 수천 킬로미터에 걸쳐 나타날 수 있으며, 만약 이곳에 산이 없다면 주변 지역을 더 따뜻하거나 더 춥게, 또는 더 습하거나 더 건조하게 만들 수 있다. 수분의 원천 및 탁월풍의 방향과 관련하여 정확한

1) 주위보다 융설이 늦어 사면에 고립된 잔설구역을 말한다. 사면상의 요지나 산릉의 풍하사면 등에는 바람에 날려 쌓인 두꺼운 퇴설이 생겨, 융설기에 들어서도 녹지 않고 남아 있기 때문에 설전의 눈은 융해·동결을 반복하여 변질되어 밀도가 높은 권곡이 된다. 사계절을 통해 녹지 않는 것은 만년설 또는 만년설전이라고 한다.

산악 효과는 산의 위치, 크기, 방향에 따라 달라진다. 2,400km 길이의 자연 장벽인 히말라야산맥은 열대기후가 인도와 동남아시아에서는 세계 어느 곳보다 더 멀리 북쪽으로 확장할 수 있게 해준다. 아삼(Assam)의 히말라야산맥 기슭 근처에 있는 체라푼지(Cherrapunji)에서는 세계에서 가장 심한 집중호우가 발생한다. 이 유명한 기상 관측소에서는 연간 10,871mm의 비가 내린다. 이곳에서 단 하루 동안 내린 비의 기록은 1,041mm이며, 이는 시카고나 런던에서 1년 동안 내린 강우량에 해당한다(Kendrew 1961, p. 173)! 그러나 히말라야산맥의 북쪽에는 광대한 사막이 있고 위도에 비해 기온이 비정상적으로 낮다. 남쪽과 북쪽 환경의 이러한 대비는 거의 전적으로 산맥의 존재에 기인하는데, 산맥의 긴 동서 길이와 높다란 고도가 중앙아시아로 따뜻한 공기가 유입되는 것을 막는 것과 마찬가지로 찬 공기가 인도로 유입하는 주요 길목을 확실히 차단한다. 힌두교도들이 히말라야산맥의 위대한 신 시바에게 경의를 표하는 것은 놀라운 일이 아니다!

주요 기후 인자

산악기후는 주변의 지역 기후의 체계 내에서 발생하고, 위도, 고도, 대륙도를 포함한 동일한 요인들에 의해, 그리고 해류, 탁월풍향, 반영구적인 고기압 세포와 저기압 세포의 위치와 같은 지역의 여러 상황에 의해 조절된다. 우리가 본 것처럼, 산 자체가 장벽 역할을 하는 것으로 지역 기후에 영향을 미친다. 우리의 주된 관심사는 산의 날씨와 기후에 대한 이들 다소 독립적인 인자의 중요성에 있다.

위도

적도에서 북쪽이나 남쪽으로의 거리는 태양 광선이 지구에 입사하는 각도와 낮의 길이를 좌우한다. 열대지방에서는 한낮에 태양이 항상 머리 위에 높이 있고 낮과 밤의 길이는 일 년 내내 거의 같다. 결과적으로 겨울이나 여름은 없다. 한 날은 구름양의 크기에서만 다른 날과 다르다. "밤은 열대지방의 겨울이다"라는 옛 속담이 있다. 그러나 고위도로 갈수록 일 년 중의 과정에서 태양의 높이는 변하고, 계절에 따라 낮과 밤이 길어지거나 짧아진다(그림 4.1). 북반구의 하지(6월 21일)에 적도의 케냐산에서는 낮의 길이가 12시간 7분이다. 히말라야산맥의 에베레스트산(위도 28°)에서는 낮의 길이가 13시간 53분이고, 스위스 알프스산맥의 마터호른(위도 41°)에서

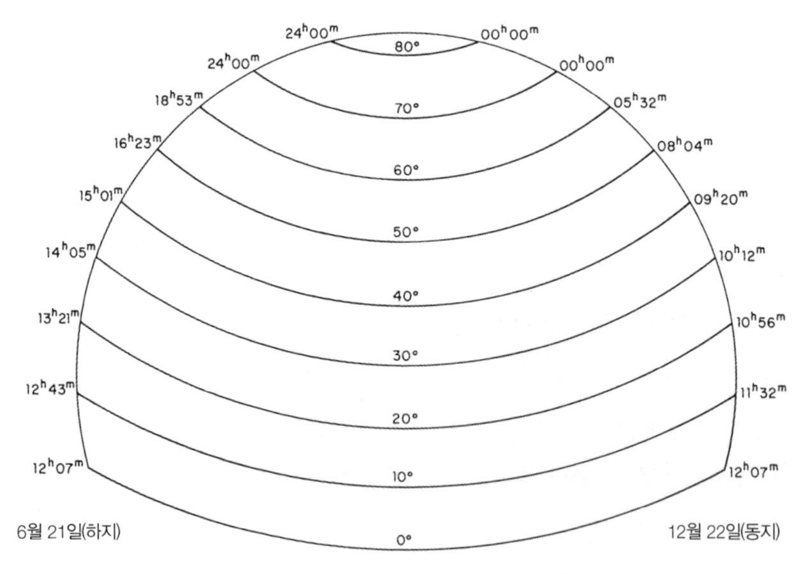

그림 4.1 북반구의 하지와 동지에 서로 다른 위도에서의 낮의 길이(출처: Rumney 1968, p. 90)

는 낮의 길이가 15시간 45분이다. 그리고 알래스카주의 매킨리산(위도 63°)에서는 낮의 길이가 20시간 19분이다(List 1958, pp. 507~511). 물론 동지에는 어느 주어진 위치에서의 낮과 밤의 길이가 뒤바뀌게 된다. 따라서 태양에너지의 분포는 시공간적으로 크게 변화한다. 극지방에서는 극한의 상황으로 6개월 동안 계속되는 낮이, 6개월 동안 계속되는 밤에 뒤이어 나타난다.

고위도 지방에서는 적은 크기의 열에너지가 도달하지만, 중위도 지방에서는 여름에 열대지방보다 더 높은 온도를 경험하는 경우가 많다. 이것은 적당한 태양의 높이와 길어진 낮의 길이 때문이다. 게다가 중위도의 산에서는 대기가 더 희박하므로, 그리고 태양 광선이 평평한 지표면보다 더 큰 입사각으로 태양을 향한 사면에 도달하기 때문에 저지대보다 훨씬 더 강한 태양빛의 강도를 경험할 수 있다. 중위도에서 태양을 향해 20° 기울어진 지표면은 겨울에 평평한 지표면보다 약 2배 더 많은 복사에너지를 받는다. 태양을 향한 사면의 기울기와 방향은 매우 중요하며 부분적으로 위도적 효과를 보상할 수 있다는 것을 알 수 있다.

전 지구적인 기압계의 기본 패턴은 위도의 역할을 반영한다. 이들 기압계는 적도 저기압(위도 0°~20°), 아열대 고기압(위도 20°~40°), 아한대 저기압(위도 40°~70°), 극고기압(위도 70°~90°)으로 알려져 있다. 적도 저기압과 아한대 저기압은 상대적으로 강수가 많은 지대인 반면에, 아열대 고기압과 극고기압 지역은 강수가 적은 지역이다. 따라서 전 지구적인 기압 지역에서 산의 분포는 기후에 큰 영향을 미친다. 동아프리카 킬리만자로산, 보르네오의 키나발루(Kinabalu)산, 에콰도르의 코토팍시(Cotopaxi)산과 같은 적도 부근의 산에서는 적도 저기압의 영향을 받아 거의 매일 강수가 있다. 이와는 대조적으로 위도 30°에 위치한 산에서는 상당히 건조한 날씨를 경험할 수 있다. 예를 들어, 히말라야산맥 북부와 티베트 고지대뿐만 아니라 세계에서 가장 건조한 높은 산악지역인 안데스산맥의 푸나 데 아타카마(Puna de Atacama)가 있다(Troll 1968, p. 17). 또한 북아프리카의 아틀라스산맥과 미국 남서부와 멕시코 북부의 산맥에서도 건조한 날씨를 보인다. 그러나 더 멀리 극지를 향하여 위치한 알프스산맥, 로키산맥, 안데스산맥 남부, 뉴질랜드의 알프스산맥 남부에서는, 특히 바다에서 불어오는 탁월풍과 마주하고 있는 서사면에서는 그만큼 더 많은 강수가 내린다.

고도

산악기후학의 기본은 고도가 높아지면서 대기에서 일어나는 변화이며, 특히 기온, 대기 밀도, 수증기, 이산화탄소, 불순물 등의 감소가 대표적이다. 태양은 궁극적인 에너지원이지만, 대기를 직접적으로 가열하지는 않는다. 지구는 태양에서 나오는 단파 에너지를 흡수하여 장파 에너지로 전환하며, 그래서 지구 자체는 복사체가 된다. 그러므로 대기는 태양이 아니라 지구에 의해서 직접 가열된다. 이것은 가장 높은 온도가 보통 지표면에 인접하여 나타나며, 지표면에서 멀어지면 온도가 낮아지는 이유이다. 산은 지구의 일부분이기는 하지만, 높이가 높아지면 지면의 면적이 작아지기 때문에 주변 대기의 온도를 조절할 수 있는 능력이 떨어진다. 산의 봉우리는 대양도[2]와 유사하다. 섬이 작을수록, 그리고 커다란 육괴에서 멀어질수록 이곳의 기후는 주변 바다와 같은 기후가 될 것이다. 대조적으로 섬, 즉 산악지역이 클수록 산악기후를 더 많이 변화시킨다. 이러한 산괴효과는 국지

2) 대륙에서 멀리 떨어져 대양에 있는 섬을 말한다.

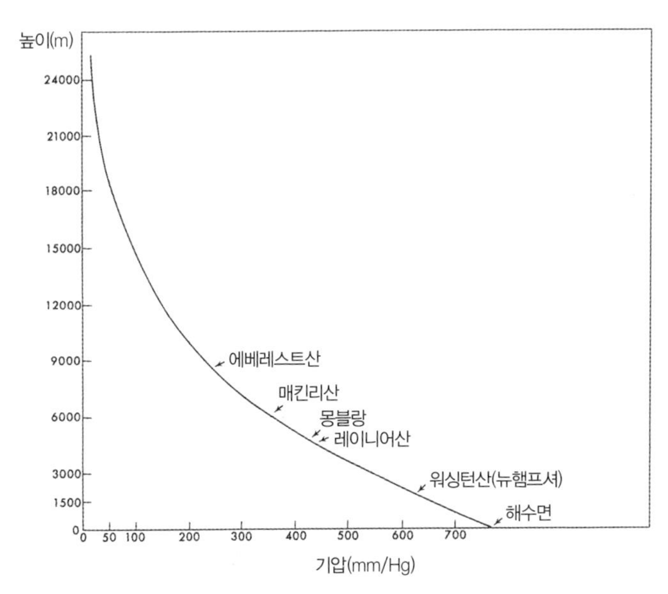

그림 4.2 고도에 따른 기압의 감소를 나타내는 일반적인 단면도(여러 출처에서 인용)

기후[3]에서 중요 인자이다(이 책 164~168쪽 참조).

대기의 밀도와 조성은 대기가 열을 유지하는 능력을 조절한다. 해수면(표준 대기압)에서 대기의 무게 또는 밀도는 일반적으로 수은 기둥 높이 760mm로 표현된다. 지표면 근처에서는 고도가 300m 증가할 때마다 기압이 약 30mmHg의 비율로 하강한다. 하지만 5,000m 이상에서는 기압이 기하급수적으로 하강하기 시작한다. 따라서 대기의 무게는 고도 5,500m에서 절반이 되고, 기압은 다음 6,000m에서 다시 절반이 된다(그림 4.2).

대기가 열을 저장하는 능력은 공기 분자 구조의 함수이다. 높은 고도에

3) 기후 현상은 규모에 따라 대·중·소기후 등으로 나뉘는데, 국지기후는 그중 중기후와 소기후의 중간 규모이다. 1~10km 규모이며 도시, 교외, 분지 기후 등이 국지기후에 해당한다.

서는 분자가 서로 멀리 떨어져 있기에 어느 주어진 공기덩이에서 열을 받고 저장하는 분자의 수가 더 적다. 마찬가지로 대기의 조성은 고도에 따라 빠르게 변화하여 수증기, 이산화탄소, 부유 미립자 등이 감소한다(표 4.1과 4.2). 대기가 열을 저장하는 능력을 결정하는 데 중요한 이들 성분은 모두 대기의 하부에 집중되어 있다. 수증기는 열을 흡수하는 주요 성분으로 대기의 수증기 절반은 높이 1,800m 아래에 분포해 있다. 수증기는 이 높이 위에서는 빠르게 감소하여 1만 2,000m 이상의 높이에서는 거의 감지되지 않는다.

열저장소로서 수증기의 중요성은 사막 지역과 습한 지역에서 기온의 일교차를 비교해보면 알 수 있다. 두 지역 모두 낮에는 똑같이 가열될 수 있지만, 열에너지를 흡수하고 저장할 수 있는 수증기가 적은 사막 지역은 습한 지역보다 밤에 훨씬 더 많이 냉각된다. 높은 고도의 희박하고 맑은 공기는 열을 저장할 수 없기에 산악환경의 반응은 사막과 비슷하지만 훨씬 더 두드러진다. 산에서는 따뜻한 기온이 주변 공기가 아닌 태양에 거의 전적으로 의존한다(하지만 어떤 산은 강수 과정에서 상당한 열을 받는다). 태양 광선은 높은 고도의 희박한 대기를 무시해도 될 정도로 가열하면서 통과한다. 결과적으로, 1,800m 높이 자유대기의 온도는 낮과 밤 사이에 거의 변하지 않지만, 산봉우리 바로 옆에서는 태양 광선이 차단되고 흡수된다. 토양 표면은 상당히 따뜻할 수 있지만 가열된 공기의 덮개는 보통 수 미터 두께에 불과하며 급격한 기온경도를 나타낸다.

이론적으로, 어느 주어진 위도상의 모든 장소는 동일한 일조량을 받는다. 물론 실제로는 구름이 간섭한다. 구름양의 크기는 바다로부터의 거리, 탁월풍의 방향, 지배적인 기압계, 고도에 의해 조절된다. 강수는 보통 고도에 따라 증가하지만, 특정 지점까지만 증가한다. 강수는 일반적으로 구름이 먼저 형성되고 수분이 가장 많은 중간 사면에서 가장 많다. 높은 고도에서 강수는 종종 감소한다. 그러므로 높은 사면에 햇빛이 드는 동안 낮은 사면은 구름에 싸일 수 있다. 예를 들어, 알프스산맥의 경우에 산맥의 외부에서는 높은 고도의 산맥 내부보다 강수량이 많고 일조량은 적다. 중앙아시아 티엔산맥과 파미르산맥의 목동은 전통적으로 높은 고도에서의 적은 강설량 및 햇볕이 잘 드는 조건을 이용하기 위해 여름보다 겨울에 높은 곳으로 양 떼를 몰고 다닌다. 높은 산에서는 가능 일조(possible sunshine)와 관련하여 또 다른 이점이 있다. 사실상 산에서는 지평선이 더 낮아진다. 태양은 이른 아침과 늦은 저녁에 주변 저지대보다 산봉우리를 비춘다.

대륙도

육지와 물의 관계는 지역의 기후에 큰 영향을 미친다. 일반적으로 물이 많은 지역일수록 기후는 더 온화하다. 극단적인 사례로 작은 대양도를 들 수 있는데, 이 섬의 기후는 근본적으로 주변 바다의 기후를 따른다. 또 다른 극단은 바다에서 멀리 떨어진 유라시아와 같은 거대한 육괴의 중앙에 위치한다. 물은 육지보다 더 느리게 가열되고 냉각되기 때문에, 낮과 밤 그리고 겨울과 여름 사이의 기온교차는 대륙 지역보다 해양 지역에서 더 작다.

동일한 원리가 고산 경관에도 적용되지만, 산의 장벽 효과로 강화된다. 우리는 이미 인도와 중국 사이의 히말라야산맥에서 이러한 효과를 주목했다. 미국의 태평양 연안 북서부 지방의 캐스케이드산맥은 또 다른 좋은 예를 제공한다. 이 산맥은 태평양에서 불어오는 탁월한 편서풍에 수직으로 맞서는 방향인 남-북으로 뻗어 있다. 그 결과, 오리건주 서부와 워싱턴주는 온화한 기온, 구름양, 지속적인 겨울 강수로 특징지어지는 해양성 기후가 나타나고 있다. 그러나 캐스케이드산맥의 동쪽에서는 무더운 여름 및 최저 강수의 추운 겨울로 특징지어지는 대륙성 기후가 나타난다. 캐스케이드산맥을 사이에 두고 85km도 떨어지지 않은 두 지역의 식생은 울창한 푸른 숲에서 메마른 토지의 관목과 풀로 바뀐다(Price 1971a). 이러한 장관을 횡단하는 것은 짧은 수평 거리 내에서 일어날 수 있는 기후의 엄청난 차이를 웅변적으로 보여준다.

산의 존재는 오리건주 서부와 워싱턴주의 강수를 증가시키고, 그 결과 동쪽에 내리는 강수는 감소한다. 게다가 캐스케이드산맥은 한랭한 대륙기단이 태평양 쪽으로 유입되는 것을 막는다. 동시에, 산맥이 태평양의 온화한 공기를 차단하는 것은 대륙성 기후가 다른 경우보다 바다에 훨씬 더 가깝게 확장되도록 한다(Church and Stephens 1941). 산이 대륙도를 두드러지게 한다는 의미는 해양과 탁월풍에 대한 산맥의 방향에 대륙도가 종속된다는 사실이다. 서유럽은 미국의 태평양 연안 북서부 지방과 비슷한 기후를 보이고 있는데, 동-서 방향의 유럽 산맥은 해양성 기후가 내륙으로 멀리 확장될 수 있도록 한다.

대륙도가 산악기후에 미치는 영향은 일반적으로 기후에 미치는 영향과 매우 비슷하다. 대륙 내부의 산에서는 해안에 위치한 산보다 많은 일조, 적은 구름양, 기온의 큰 극값, 적은 강수가 나타난다. 이것은 한층 더 혹독한 환경을 만드는 것처럼 보이지만, 특별한 상황이 있을 수도 있다. 대륙 지역에 추가된 일조는 낮은 주변 온도를 보상하는 경향이 있는 반면에, 해안산맥의 많은 구름양과 강설은 이들 지역의 적당한 온도로 나타나는 특정 유기체의 환경을 더 혹독하게 만드는 경향이 있다. 일반적으로 나무가 해안의 산보다 대륙의 산에서 더 높은 고도까지 자란다는 사실은, 투박하지만 이들 보상적인 환경이 지역의 산악기후와 생태계에 얼마나 중요한지를 보여주는 좋은 증거이다(이 책 535~542쪽 참조). 또한 사람들은 높은 산의 사면에서의 전형적인 밝은 일조가 그곳 주민들이 고산 환경의 낮은 기온을 감내할 수 있게 하는 것을 발견했다. 예를 들어 알프스산맥의 겨울 동안, 주변 저지대에 구름이 끼고 비가 내리며 낮은 계곡에 안개가 끼어도 산비탈과 높은 계곡은 눈부신 햇빛이 비추게 될 것이다. 이러한 이유로 알프스산맥의 숙박시설과 관광시설은 일반적으로 사면의 높은 곳과 계곡의 높은 곳에 위치해 있다. 또한 건강 휴양지와 요양소는 높은 산맥의 강렬한 일조와 맑고 건조한 공기를 이용한다(Hill 1924).

장벽 효과

산이 어떻게 장벽 역할을 하는지에 대한 몇 가지 사례는 이미 제시되었다. 히말라야산맥과 캐스케이드산맥은 모두 뛰어난 기후경계[4]로, 풍상측과 풍하측에 상이한 조건을 만들어낸다. 모든 산은 크기, 모양, 방향, 상대적 위치에 따라 크거나 작은 규모의 장벽으로 작용한다. 특히 산의 장벽 효과는 (1) 차단(damming), (2) 편향, (3) 저지(blocking), (4) 상층대기의 교란, (5) 강제 상승, (6) 강제 하강 등과 같은 부제목으로 분류할 수 있다.

4) 지형의 영향을 받아서 서로 다른 기후를 나타내는 지역의 경계를 말한다. 높은 산맥 등에 의해 성질이 서로 다른 기단이 차단될 때에는 기단의 혼합이 잘 이루어지지 않으므로 기후의 불연속성이 발생하여 뚜렷한 기후경계가 형성된다. 예를 들면, 겨울철 북서계절풍이 강하게 불 때 태백산맥의 영향으로 영서 산간지방은 흐리고 대설이 오기 쉬우나 영동지방은 맑은 날이 계속되는데, 이때 태백산맥이 기후경계가 된다.

차단

안정적인 공기의 차단은 기단[5]이 가로질러 지나갈 수 없을 만큼 산맥이 충분히 높을 때 이루어진다. 이 경우, 급격한 기압경도가 산맥의 풍상측과 풍하측 사이에 발생할 수 있다. 차단 효과는 기단의 깊이 및 가장 낮은 계곡이나 고개의 높이에 따라 달라진다. 바닥에 붙은 얕은 기단은 효과적으로 차단할 수 있지만, 깊은 기단은 더 높은 협곡과 횡곡[6]을 통해 반대쪽으로 흐를 가능성이 있다. 물론 해수면 높이의 계곡은 얕은 기단조차 산악 장벽을 통과할 수 있게 해준다. 예를 들어, 캐스케이드산맥에는 브리티시 컬럼비아주 프레이저강(Fraser River) 계곡과, 워싱턴주와 오리건주 사이의 컬럼비아강 협곡이라는 두 저지 계곡이 산맥을 횡단하는데, 이들은 극단적인 날씨 조건의 중심지이다. 그 이유는 두 계곡이 산맥의 동쪽과 서쪽에서 발달하는 상이한 압력 조건에 대한 방출밸브의 역할을 하기 때문이다(Lawrence 1939; Lynott 1966).

편향

기단이 산맥으로 인해 차단되면, 바람은 보통 산맥에 의해 편향된다. 겨울에 캐나다에서 미국 중부를 가로질러 내려오는 한대성 대륙기단은 로키산맥에 의해 남쪽과 동쪽으로 흘러간다. 결과적으로 그레이트플레인스에서는 그레이트베이슨보다 더 혹독한 겨울 날씨를 체험한다(Church and

5) 넓은 대륙의 상공이나 대양의 상공에 존재하는 거의 균일한 성질을 나타내는 큰 공기덩어리를 말한다. 기단의 생성조건은 대개 일정 지표면을 가진 광대한 지역과 정체성 고기압역이 자리잡은 곳에 대기가 장시간 정체함으로써 지표면과 대기 사이에 온도와 습도가 평형상태에 도달하면서 기단이 생성된다.

6) 산맥의 주방향과 거의 직각으로 횡단하는 골짜기를 말한다. 산지를 횡단하는 단층이나 선행곡, 표생곡 등에 의해 형성되며 깊은 협곡을 이룬다.

Stephens 1941; Baker 1944). 마찬가지로 찬 공기가 남쪽으로 전진함에 따라 시에라마드레오리엔탈(Sierra Madre Oriental)산맥은 이 공기가 멕시코 내륙으로 들어가는 것을 막는다. 또한 여름에 멕시코의 동부 해안도 편향의 훌륭한 예를 제공한다. 멕시코만을 가로질러 불어오는 북동 무역풍은 산맥을 넘을 수 없고 남쪽으로 편향되어 테우안테펙 지협[7]으로 흐른다. 이곳에서 무역풍은 북풍으로 특이한 왕바람(violent wind)[8]이 된다(Hurd 1929).

저지

고기압 지역은 폭풍의 통과를 막는다. 로키산맥과 히말라야산맥 같은 거대한 산맥은 폭풍을 막는 데 매우 효율적이다. 산은 종종 고기압 시스템의 중심이기 때문에(산은 한랭한 공기의 중심이기 때문에), 폭풍은 산을 우회한다. 제트류는 분리되어 산 주위를 흐를 수도 있다. 그리고 산맥의 풍하측에서 다시 합류하는데, 이곳에서 종종 격렬해지고 폭풍을 일으킨다(Reiter 1963, pp. 379~391). 북아메리카에서 '콜로라도 저기압' 또는 '앨버타 저기압'으로 알려진 이들 폭풍은 봄에 가장 빈번하고 최대로 강렬하며, 때때로 그레이트플레인스와 프레리 지방에 심한 블리자드(blizzard)[9]를 일으킨다. 또한 미국 중서부에서 형성되는 토네이도와 격렬한 스콜선(squall線)은 로키산맥의 풍하에 이르는 합류지대에서 발달하는 기단의 큰 대조에서 비롯된다(McClain 1958; Henz 1972).

7) 대륙과 같은 넓은 두 육지 사이를 연결하는 좁고 잘록한 땅을 이른다. 남북 아메리카를 연결하는 파나마 지협, 유라시아와 아프리카를 연결하는 수에즈 지협 등이 그 대표적인 것이다.
8) 보퍼트(Beaufort) 풍력 계급표의 풍력 계급 11의 바람이며, 10m 높이에서 풍속은 28.5~32.6m/s이다.
9) 강한 눈보라를 동반하는 매우 차가운 강풍(북미의 경우 풍속 14m/sec 이상)을 말한다.

산은 제트류의 위치와 강도에 추가적인 영향을 미친다. 점점 더 많은 것들이 발견되면서 어떤 특정한 장소와 시간에 경험하는 날씨의 종류에 산이 매우 중요한 영향을 미치는 것이 입증되고 있다. 히말라야산맥에 의한 제트류의 분리는 이 지역의 장벽 효과를 강화시키는 효과가 있으며 한층 더 강력한 기후경계를 만들어낸다. 게다가 히말라야산맥의 존재는 초여름에 제트류의 방향을 역전시킨다. 티베트 고지대는 따뜻한 계절에 '열기관(heat engine)'으로 작용하고, 고지대 남동쪽 모퉁이는 열을 대기중으로 운반하는 거대한 굴뚝 역할을 한다. 이는 봄에 히말라야산맥 위의 상층대기를 점진적으로 온난하게 만들어 아열대 서풍 제트류를 약화시키고 마침내 사라지게 한다. 그런 다음 이것은 여름 동안 열대 동풍 제트류로 대체된다. 따라서 히말라야산맥은 상층대기의 복잡한 상호작용 및 인도 몬순의 발달과 밀접하게 연결되어 있다(Flohn 1968; Hahn and Manabe 1975).

상층대기의 요란

산은 저지 효과와 더불어 상층대기의 순환에 여러 다른 섭동(perturbation)을 일으킨다. 이는 다양한 규모로 발생한다. 국지적으로는 산맥에 바로 인접하여 바람이 불고, 중규모로는 대기에서 큰 파를 일으키며, 전지구적으로는 큰 산맥이 실제로 행성파[10)]의 운동(Bolin 1950; Gambo 1956; Kasahara 1967)과 전체 순환의 이동 운동량(White 1949)에 영향을 미친다. (단순히 언급하는 것 이상으로, 이것은 이 책의 관심사를 넘어서는 범위이기 때

10) 중위도의 상층 편서풍대 중간에 파장이 길고, 진폭이 큰 파동을 말한다. 행성의 반지름에 필적할 정도의 6,000km 이상의 파장을 가지며, 지구를 둘러싸는 파수 1~5 정도의 파동이다. 북반구의 경우, 행성파의 북쪽으로 연장된 부분은 한대기단으로 이루어진 기압골을 형성한다.

문에 여기서는 다루지 않을 것이다.) 산에 의한 대기의 요란은 일반적으로 배의 항적에서 발견되는 것과 매우 유사한 파의 패턴을 만들어낸다. 이로 인해 항공기 조종사들이 우려하는 일종의 청천난류가 발생할 수 있다(Alaka 1958; Colson 1963). 또한 요란은 단순히 전 세계에 걸쳐서 산과 연관된 것으로, 아름다운 렌즈(정립파)구름을 만드는 풍하파(lee wave)[11]를 일으킬 수 있다(Scor 1961)(그림 4.40). 위성사진의 신기술은 산의 풍하에서 나타나는 대규모 파를 연구하는 데 큰 도움이 되었다(그림 4.42). 강수가 적은 지역이 애리조나주의 샌프란시스코산맥을 최대 16km까지 바로 둘러싸고 있어서 그 지역에서 멀어질수록 강수는 증가한다. 강수가 적은 고리 모양의 구역은 공기가 산을 통과하면서 생기는 파의 골과 일치하고, 강수가 많은 곳은 마루와 일치하는 것으로 생각된다(Fujita 1967). 로키산맥의 풍하에도 비슷한 상황이 존재한다. 풍하에 바로 인접한 지역은 구름이 없는 경우가 많고 강수가 적은 반면에, 동쪽의 먼 지역은 흐리고 습하다. 이러한 패턴은 중간 규모의 파에 해당하여, 골은 산맥의 풍하에 가까이 위치하고 마루는 미국 동부에 걸쳐 위치한다(Reiter et al. 1965; Dirks et al. 1967).

마찰로 일어나는 대기 순환의 변경에 대한 매우 흥미로운 결과는 지형과 토네이도 발생 사이의 관계이다. 토네이도가 저지대에서보다 산에서 낮은 빈도로 나타난다는 것은 오래전부터 알려져왔다. 위스콘신주와 아칸소주에서 발생한 토네이도를 조사한 결과, '분로 지대(shunt zone)'로 인해 분리된 '토네이도 샛길(tornado alley)'의 존재가 밝혀졌다(Asp 1956; Gallimore

11) 산의 풍하(lee side)에서 발생하는 대기의 파동으로 일종의 정체-내부중력파(stationary internal gravity wave)를 말한다. 풍하파의 파장은 대기의 안정도, 바람의 세기 및 연직시어, 산악의 크기 등에 의해 결정된다. 풍하파의 상승운동이 있는 곳에서는 종종 구름이 관측된다.

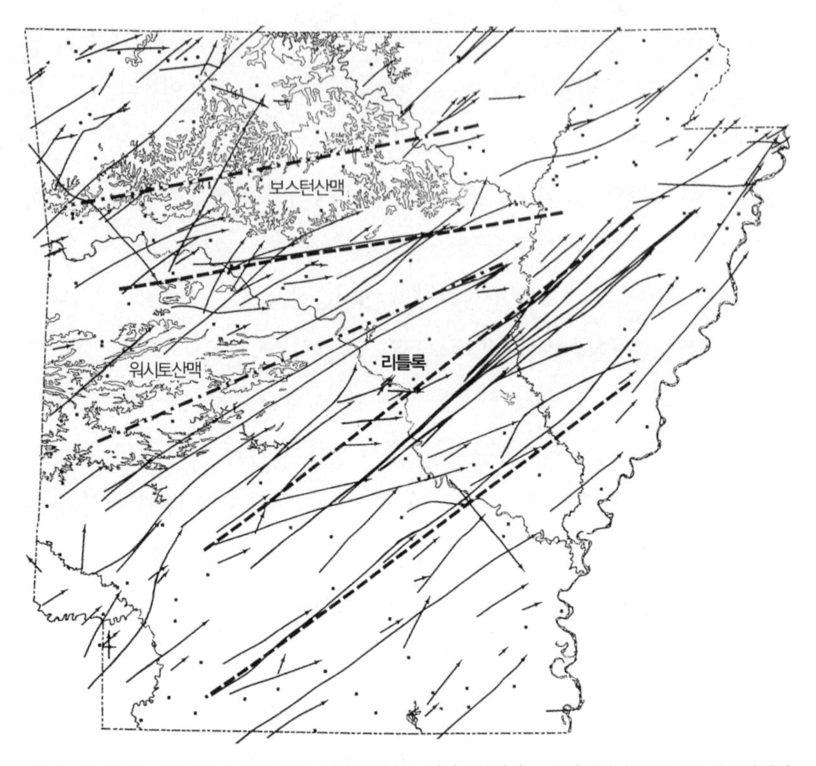

그림 4.3 1879~1955년 아칸소주의 토네이도 경로. 워시토산맥과 보스턴산맥이 등고선으로 표시되어 있다. 화살표는 개별 토네이도 이동의 방향과 거리를 나타낸다. 점은 경로를 너무 짧게 표시하여 그 경로를 추적할 수 없다. 굵은 파선은 가장 많이 발생하는 지역, 즉 '토네이도 샛길'을 나타내고, 굵은 쇄선은 드물게 발생하는 지역, 즉 '분로 지대'를 나타낸다.(출처: Asp 1956, p. 144, and Lettau 1967, p. 5)

and Lettau 1970). 아칸소주에서 토네이도가 발생하는 주요 지역은 해안 평원과 아칸소강 계곡(Arkansas River Valley)이지만, 분로 지대는 오자크산맥과 워시토(Ouachita)산맥에 있다(그림 4.3). 이들 낮은 산맥은 아마도 진행 중인 토네이도 이동 방향에 영향을 미치지 않을 테지만, 이들 산맥이 경계층의 지표면 거칠기와 혼탁도를 생성함으로써 토네이도의 개시에 매우 실질적인 영향을 미치고 있는 것으로 보인다(Lettau 1967, p.4).

강제 상승

습윤 공기가 산맥에 수직으로 불어오면, 공기는 강제로 상승하게 되고, 그렇게 되면 공기는 냉각된다. 결국 이슬점에 도달하고, 응결이 일어나며(구름), 강수가 결과로 나타난다(이 책 192쪽 참조). 세계에서 가장 비가 많이 내리는 곳 중 일부는 비교적 따뜻한 바다에서 불어오는 바람의 경로에 있는 산비탈이다. 사례는 수없이 많이 있으며 모든 대륙에서 볼 수 있지만, 하와이 제도의 산악지대가 하나의 예증이 될 것이다. 하와이 주변의 바다에서는 매년 평균 약 650mm의 강수가 내리는 반면에, 섬에서는 평균 1,800mm의 강수가 내린다. 이것은 주로 산이 존재하기 때문인데, 그중 많은 산에서는 매년 6,000mm 이상이 내린다. 하와이 카우아이(Kauai)[12] 와이알레알레(Waialeale)산에서는 연평균 강우가 1만 2,344mm, 즉 12.3m에 이른다! 이는 세계 최고의 연평균 강수 기록이다(Blumenstock and Price 1967). 미국 대륙에서 강수가 가장 많이 발생하는 곳은 워싱턴주 올림픽산맥의 서쪽인데, 이곳에서는 매년 평균 3,800mm 이상의 강수가 내린다(Phillips 1972).

공기가 상승할 수밖에 없는 산의 풍상측에서는 많은 강수가 발생할 수 있지만, 풍하측에서는 공기의 치올림이 더 이상 나타나지 않으며 수분의 많은 부분이 이미 제거되었기 때문에 강수량이 상당히 적다. 카우아이 와이알레알레산의 풍하에서는 하날레이 터널(Hanalei Tunnel)까지 4km 구간을 따라 1.6km마다 3,000mm의 크기로 강수가 감소한다. 이곳에서는 여전히 총 5,080mm의 강수가 내리지만, 그 증감율은 극단적이다(Blumenstock and Price 1967). 올림픽산맥의 경우, 풍상측에서는 3,800mm

12) 하와이주 오하우(Oahu)섬 북서부에 있는 화산섬이다.

에 달하던 강수가 불과 48km 떨어진 풍하측 소도시 세킴(Sequim)에서는 430mm 이하로 감소한다(Phillips 1972). 이 두 풍하 지역은 모두 해안 가까이 있기 때문에 여전히 구름이 많이 낀다. 한층 더 대륙적인 조건에서는 강수가 감소함에 따라, 특히 공기가 풍하측으로 강제 하강하는 곳에서는 일조가 그에 상응하는 크기로 증가할 것이다.

강제 하강

기압 조건에 따라 산악 장벽을 통과한 공기는 고도가 유지될 것인지, 아니면 강제로 하강하게 될 것인지 여부가 결정된다. 공기가 강제로 하강하면 압축(단열가열)에 의해 가열되어 맑고 건조한 날씨가 된다. 이것은 산의 풍하에서 나타나는 특징적인 현상으로 그 유명한 푄(foehn) 현상이나 치누크 바람을 일으킨다(이 책 230~237쪽 참조). 여기서 중요한 점은 공기의 하강은 장벽 효과에 의해 유도되어 맑고 건조한 상태를 초래한다는 것이다. 이러한 상태는 일조가 다른 어느 경우보다 훨씬 더 많이 그리고 높은 빈도로 지면에 도달하도록 한다. 이것은 산맥의 풍하에서, 예를 들어 이탈리아의 포 계곡(Po Valley)에 '기후 오아시스'를 생성할 수 있다(Thams 1961).

주요 기후 요소

지금까지의 논의는 다소 독립적인 여러 기후 인자에 속하는 위도, 고도, 대륙도 그리고 산의 장벽 효과에 대해 다루었다. 이들 요인은 해류, 기압 조건, 탁월풍과 함께 일조, 온도, 습도, 강수 및 국지풍의 분포를 조절한다. 햇빛, 온도, 강수량과 같은 기후 요소는 본질적으로 종속 변수이며, 이는 주요 기후 인자를 반영한다. 이들 기후 인자는 복잡한 방식으로 상호작용하여 서로 다른 지역에서 경험하는 매일의 기상 조건을 만들어낸다.

태양복사

태양은 높은 산에서 주요 기후 인자이다. 태양의 영향은 고도에 따라 더욱 크게 증대되고 뚜렷해진다. 에너지 흐름의 측면에서, 자극과 반응 사이의 시간 지연은 크게 압축된다. 높은 산에서 태양의 영향이 나타나는 것은 마치 강력한 돋보기를 이용해 낮은 높이에서 태양의 영향을 보는 것과 같다. 고산 환경에서는 아마도 지구상에서 가장 극단적이고 가변적인 복사기후가 나타나고 있을 것이다. 대기가 희박하고 맑을 경우에는 매우 높은 태양 강도를 허용하고, 산악경관은 서로 다른 방향에서 다양한 지표면을 제공한다. 지면에 접한 대기는 태양 직사광선의 영향으로 매우 빠르게 가열될 수 있지만, 태양 광선이 차단되면 그만큼 빠르게 냉각되기도 한다. 따라서 태양이 매일 그리고 계절에 따라 하늘을 운행하는 가운데 산에서는 끊임없이 변화하는 양지와 음지의 패턴, 즉 생태계에서 끊임없이 변화하는 에너지 플럭스의 패턴이 나타난다. 고려해야 할 주요 요인은 지표면이 받는 햇빛의 양, 태양 광선의 성질이나 종류, 이러한 에너지에 미치는 사면의 영향 등이다.

태양복사의 크기

대기 중 태양복사의 수직 분포에서 가장 두드러진 측면은 낮은 높이에서 단파장 에너지(자외선 복사)가 빠르게 감소한다는 점이다. 이러한 감소는 대기의 밀도가 증가하고 수증기, 이산화탄소, 미세먼지의 양이 크게 증

표 4.1 높이에 따른 대기 중 부유하는 미립자의 평균 밀도(Landsberg 1962, p. 114)

높이 (m)	입자의 수(cm^3)
0~500	25,000
500~1,000	12,000
1,000~2,000	2,000
2,000~3,000	800
3,000~4,000	350
4,000~5,000	170
5,000~6,000	80

표 4.2 중위도에서 높이에 따른 대기의 평균 수증기 함량(Landsberg 1962, p. 110)

높이(m)	부피(%)
0	1.30
500	1.16
1,000	1.01
1,500	0.81
2,000	0.69
2,500	0.61
3,000	0.49
3,500	0.41
4,000	0.37
5,000	0.27
6,000	0.15
7,000	0.09
8,000	0.05

가한 것에서 비롯한다(표 4.1과 4.2). 대기는 필터 역할을 하여 일부 파장의 강도를 줄이고 다른 파장의 강도를 전체적으로 걸러낸다. 따라서 해수면 높이에 도달하는 태양복사 에너지의 크기는 대기권의 바깥쪽에 도달하는 에너지 크기의 약 절반에 불과하다(그림 4.4). 높은 산은 짙게 드리운 하층 대기를 뚫고 돌출되어 있기 때문에 훨씬 더 높은 수준의 태양복사뿐만 아니라 우주 감마선 복사가 도달할 가능성이 있다(Solon et al. 1960).

생명체 유지에 매우 필요한 과정으로 태양에너지를 차단하는 일은 가장

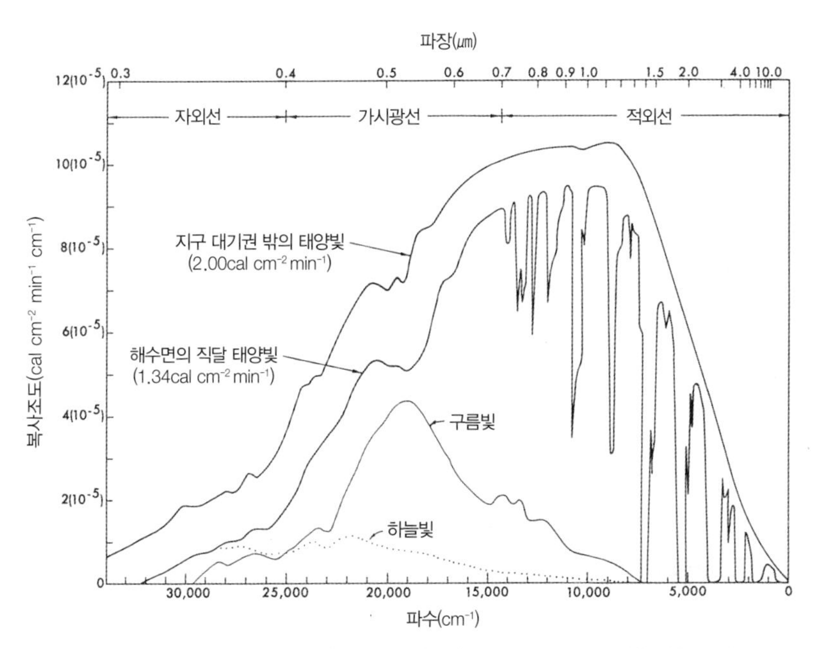

그림 4.4 대기권 바깥 및 해수면 높이에서의 직달 태양복사의 스펙트럼 분포. 이것은 맑은 날 태양이 바로 머리 위에 있는 경우의 추정치이다. 또한 구름빛과 하늘빛의 '스펙트럼 분포'도 보인다. 이 그래프는 파장의 역수이며 빛 주파수에 정비례하는 cm^{-1} 단위의 파수 척도로 표시된다. 이는 전체 스펙트럼을 표시할 수 있게 한다(파장 그래프는 가시광선과 적외선을 함께 나타내는 데 어려움이 있다). 상부 곡선 아래의 총면적은 태양상수 $2.0cm^{-2}$ min^{-1}이다.(출처: Gates and Janke 1966, p. 42)

먼저 대기의 성층권에서 일어나는데, 여기서 태양의 유해한 광선 대부분을 오존층이 흡수한다. 만약 대기에 오존이 없다면 지구상의 생명체는 존재할 수 없었을 가능성이 크다. 단파 에너지는 공기, 물, 먼지의 작은 분자와 부딪칠 때 산란으로 인해 더욱 감소한다. 산란은 차폐 입자(obscuring particle)의 지름이 파장 길이보다 작을 때 발생하는 선택적 과정이다. 산란은 주로 파란색 빛의 파장에 영향을 미친다. 즉 완전한 산란이 발생하는 경우 하늘은 한층 더 진한 파란색이 되는 것을 알 수 있다. 여러분은 높은 산에서의 하늘이 낮은 높이에서 보는 것보다 훨씬 더 파랗게, 즉 한층 더 짙은 파란색으로 보이는 것을 알아차린 적이 있을 것이다. 이는 단파 에너지가 높은 고도에 더 많기 때문이며, 또한 산란이 입사복사에 영향을 미치는 대기의 주요 과정이기 때문이다. 낮은 고도에서 반사는 복사가 되돌아가는 주요 과정이다. 반사는 물 분자와 혼합물이 더 크게 차폐하는 작용으로 인해 생기는 비선택적 과정이다. 반사는 모든 파장에 영향을 미치기 때문에 색의 어떤 변화도 일어나지 않는다. 물론 구름은 어느 주어진 위도에서 태양 에너지가 가변적으로 도달하는 것을 제어하는 가장 중요한 단일 요인이다.

태양복사에 대한 대기의 필터링 작용으로 햇빛이 통과해야 하는 대기가 많을수록 태양복사의 감쇠는 더 커진다. 따라서 태양이 바로 머리 위에 있을 때(90°) 태양복사는 가장 강렬하고 태양 광선은 가장 작은 면적에 집중된다. 태양이 지평선 위로 단지 4°에 있는 경우, 태양 광선은 태양이 바로 머리 위에 있을 때보다 12배 이상 두꺼운 대기를 통과해야 한다. 일출과 일몰 때 눈부심 없이 오렌지색의 태양을 직접 바라볼 수 있는 이유가 여기에 있다. 또한 이는 태양 광선이 산에서 훨씬 더 강렬한 이유도 설명해준다. 즉 태양 광선이 통과해야 할 대기는 적으며, 또한 가장 효과적으로 필

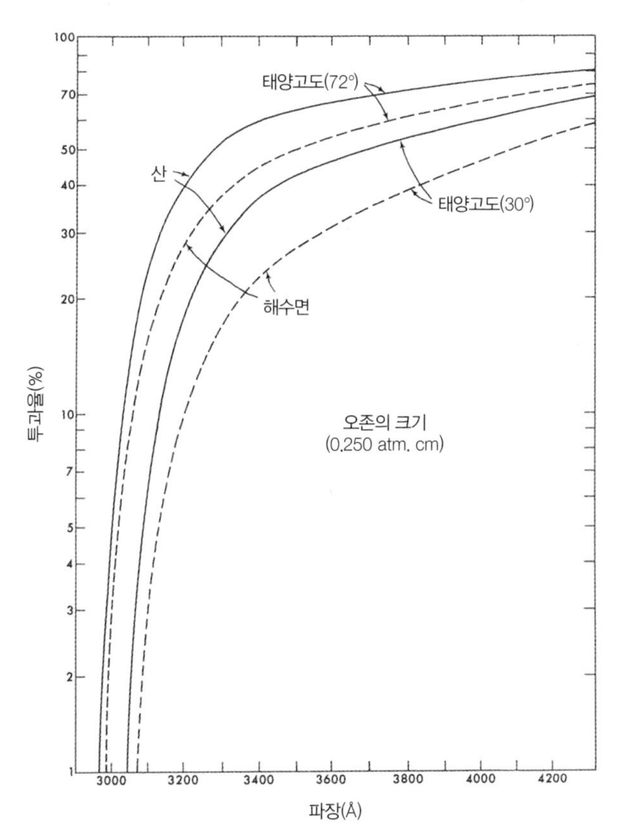

그림 4.5 하지와 동지에 위도 40°의 해수면과 4,200m 높이에서의 대기의 스펙트럼 투과율. 여기서 보이는 감쇠는 맑은 하늘의 경우이며, 전적으로 오존 흡수에 기인한다. 먼지, 수증기 및 기타 혼합물의 영향이 포함되면 높은 고도와 낮은 고도 사이의 투과율 차이가 훨씬 더 커진다.(출처: Gates and Janke 1966, p. 45)

터링 작용을 하는 대기의 하부보다 위에 산이 있기 때문이다(그림 4.5).

표 4.3은 오스트리아 알프스산맥의 서로 다른 높이에서 측정되는 일일 전천복사의 수치를 나타낸다. 태양 강도는 모든 조건에서 고도에 따라 증가하지만, 높은 관측소와 낮은 관측소 사이의 가장 큰 차이는 하늘이 흐릴 때 발생한다. 즉 하늘이 맑은 여름에는 200m 높이에서보다 3,000m 높

이에서 21% 더 많은 복사가 측정되지만, 하늘이 흐릴 때는 3,000m 높이에서 160% 더 많은 복사가 측정된다. 흐린 하늘이 단파 에너지를 차단하는 데 훨씬 더 효율적이기 때문에, 낮은 높이에서는 복사가 적게 도달한다 (Geiger 1965, p.443).

태양상수는 태양 광선에 수직인 지표면 위의 대기 바깥에서 태양으로부터 받은 복사에너지의 총량을 평균한 것으로 정의된다(그림 4.4). 이는

표 4.3 오스트리아 알프스산맥의 서로 다른 높이에서 수평 지표면이 받는 일평균 전천복사의 총량(cal. cm^{-2} d^{-1}) (데이터는 직달 태양복사뿐만 아니라 확산 에너지와 반사 에너지를 포함한다)(Geiger 1965, p. 444)

높이(m)	맑음		흐림	
	6월	12월	6월	12월
200	691	130	155	30
400	708	136	168	32
600	723	141	180	34
800	735	146	192	36
1,000	747	150	205	38
1,200	759	154	220	40
1,400	771	157	236	43
1,600	782	160	253	47
1,800	791	163	272	50
2,000	799	166	293	54
2,200	807	168	314	58
2,400	814	169	336	62
2,600	821	170	358	66
2,800	828	171	380	70
3,000	834	171	403	75

1분 동안 1cm²의 단위 면적에서 약 2칼로리(2.0cal. cm^{-2} min^{-1})이다. 정오에 하늘이 맑고 투명한 경우 산에서는 태양으로부터 나오는 전체 칼로리 플럭스가 태양상수와 거의 같을 것이다. 옹스트롬과 드러먼드(Angstrom and Drummond, 1966, p. 801)는 높은 산의 이론적인 상한계를 1.85cal. cm^{-2} min^{-1}로 계산했지만, 여러 조사에서는 태양상수와 비슷하거나 심지어 태양상수보다 약간 더 큰 측정값이 관측되었다(Turner 1958a; Gates and Janke 1966; Bishop et al. 1966; Terjung et al. 1969a, b; Marcus and Brazel 1974). 가장 큰 값이 관측된 조건은 하늘이 맑고 투명하며 종종 적운이 산재해 있는 경우이다. 이러한 조건에서 지표면에는 태양의 직달복사가 도달할 뿐만 아니라 구름에서 반사된 복사도 도달한다. 터너(Turner, 1958a)는 알프스산맥에서 2.25cal. $cm^{-2}min^{-1}$만큼이나 큰 순간치를 측정했다. 이것은 태양상수의 112%이다! 만약 떠다니는 구름이 있다면, 태양은 여러 시간 동안 차단될 것이고, 이는 지표면에 도달하는 일조량에 큰 변동을 일으킬 수 있다. 알프스산맥에서는 태양상수의 값이 1분 동안 최대 7배, 11분 동안 최대 15배가 넘는 전천복사의 변화가 관측되었는데, 이는 높은 산에서 짧은 시간 동안 일어날 수 있는 엄청난 변화를 보여주는 사례이다(Turner 1958b; Geiger 1965, p. 443에서 인용).

태양복사의 성질

높은 고도에 도달하는 상대적으로 더 많은 양의 단파장은 생명체 또는 생물학적인 과정에 특별한 의미를 갖는다. 안데스산맥의 옛 속담에는 "*Solo los gringos y los burros caminan en el sol*(오직 외국인과 당나귀만이 햇빛 속을 걷는다)"이라는 말이 있다. 이 말은 안데스인들이 높은 고도에서 태양의 영향에 주목한 것을 의미한다(Prohaska 1970). 자외선은 툰드라 식물의 성장 지연(Lockart and Franzgrote 1961)에서부터 인간의 암 발생(Blum 1959)에 이르기까지 수많은 해로운 결과로 인용되고 있다.

식물에 미치는 유해한 영향 중 일부는 의문스럽다(Caldwell 1968). 하지만 산에서 더 많은 양의 자외선이 이미 극한의 환경에 추가적인 스트레스를 유발한다는 것에는 의심할 여지가 없다. 자외 스펙트럼의 태양 에너지는 주로 산속 거주자들의 짙게 그을린 피부뿐만 아니라 피부를 너무 많이 그리고 너무 빨리 노출시키는 신참자들의 고통스러운 일광화상의 원인이 된다. 피부가 햇볕에 타도록 만드는 파장은 주로 2,800Å에서 3,200Å 사이이지만, 피부를 그을리게 하는 것은 3,000Å에서 4,000Å 사이의 파장이다. 3,200Å 이하의 파장은 피부암을 유발하는 것으로 알려져 있다.

고산 환경에서는 낮은 곳보다 훨씬 더 많은 자외선 에너지가 도달한다. 만약 3,200Å보다 짧은 파장만 고려한다면, 하지에 고산지역에서는 해수면보다 50% 더 많은 자외선이 측정된다(그림 4.6). 동지에 태양이 하늘에 낮게 떠 있고 따라서 밀도가 높은 대기를 통과할 때에도 고산지역에서는 해수면보다 120% 더 많은 자외선 에너지가 기록된다(Gates and Janke 1966, p. 47).

콜드웰(Caldwell, 1968, pp. 250~252)은 이들 자외선 추정치가 너무나 높다고 생각한다. 그는 해수면에서 3,650m까지 단지 4~50% 증가하는 것을 발견했다. 콜로라도주 로키산맥에서의 조사에 따르면 태양 직사광선의 자외선은 고도에 따라 증가하는 반면에, 하늘 자외선은 희박해진 대기의 줄어든 산란으로 인해 감소한다. 최종 결과는 높이에 따라 자외선이 단지 중간 정도로 증가했다는 것이다. 콜드웰의 연구는 구름 한 점 없는 여름날 1,670m에서 4,350m 사이의 높이에서 자외선이 26% 증가한 것을 보여준다. 또한 그는 수많은 높은 산악지역에서는 증가한 구름양 때문에 저지대

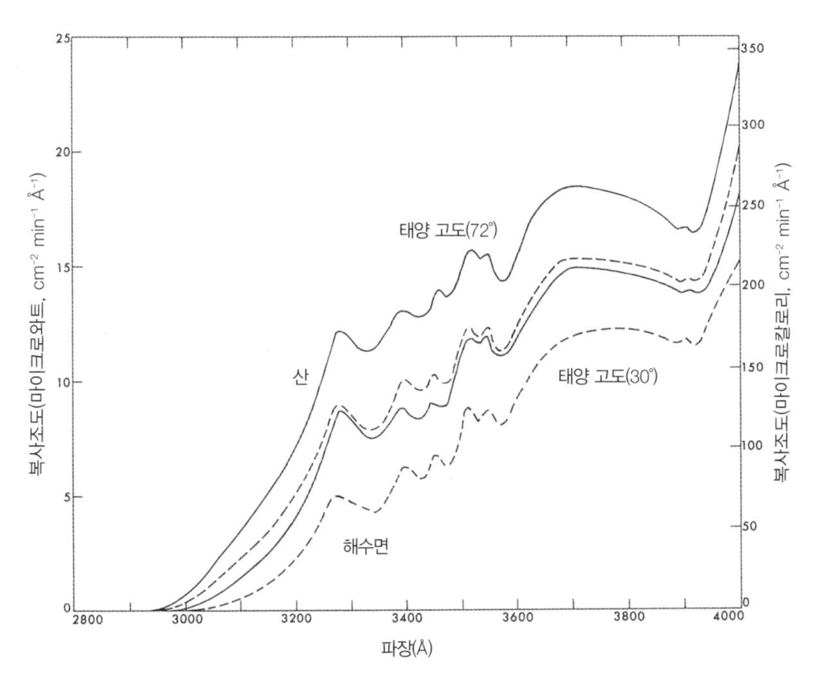

그림 4.6 해수면 및 3,650m 높이의 수평적인 지표면에서 전천복사(직달 및 확산)의 스펙트럼 분포. 이것은 곡선 아래 면적의 함수로 측정된 단파자외복사이다. 하지와 동지에 북위 40°에서 관찰되는 추정치이다. 고산 환경(실선)은 해수면 높이의 지표면보다 훨씬 더 많은 자외선 에너지를 받는다.(출처: Gates and Janke 1966, p. 47)

지역보다 전체태양복사가 더 많이 나타나지 않는다고 믿는다. 물론 이것은 산악지역 및 1년 중의 시기에 따라 다르다. 그럼에도 산에서는 일반적으로 구름양이 더 많으며 지나가는 폭풍의 영향을 저지대보다 더 많이 받는다는 것을 의심할 여지가 없다. 이러한 발견들 사이의 모순은 산악기후의 큰 변동성을 가리키며, 또한 산악기후에 대해 배울 것이 여전히 많이 있다는 사실도 가리킨다.

태양복사에 미치는 사면의 영향

산악경관에서 태양의 역할은 교향곡과 같다. 시, 일, 계절이 서로 뒤따라가면서, 태양이 어떤 사면에서는 점점 더 강하게(crescendo) 모든 힘을 다해 작열하는 반면에, 다른 사면에서는 점점 더 약하게(diminuendo) 희미해진다. 산악지역 못지않게 악보도 많아 멜로디는 끊임없고 변화무쌍하지만, 주제는 그대로이다. 이것은 경사각과 사면 방향에 대한 연구이다.

태양 광선이 지표면에 수직으로 가까워질수록 그 강도는 더 세진다. 태양이 지표면을 오래 비출수록, 지표면이 받는 에너지는 더 많아진다. 산에서는 모든 사면이 햇빛을 받을 수 있는 다른 가능성을 가지고 있다. 이 크기는 다음과 같은 사실을 알고 있다면 측정할 수 있다. 즉 위도, 1년 중의 시기(태양의 높이), 하루 중의 시간, 경사각 및 사면 방향 등이다.(Garnier and Ohmura 1968, 1970; Swift 1976). 하지만 이와 연관된 수많은 문제가 있는데, 원하는 정보의 종류, 즉 지점 측정, 일별 또는 월별 총량, 혹은 단순히 특정 사면에서의 일조시간 등에 따라 좌우된다는 것이다(Geiger 1965, p. 369; 1969, p. 105). 사면에서의 태양복사의 기본적인 특성은 그림 4.7에 나타나 있다. 매우 유용한 이 도표는 일 년 중 네 번에 걸쳐 네 개의 사면 방향에서 동일한 위도에 대한 상황을 보여준다. 이들 조건을 조합한 다른 도표들도 만들 수 있지만, 구름이나 확산하늘복사, 또는 태양 광선에 대한 상이한 사면의 수용성 등이 미치는 영향은 여전히 포함하지 않을 것이다. 또한 이 도표는 다른 산릉이나 산봉우리의 존재로 인해 야기되는 그림자 기후를 나타내지 않는다.

그림 4.7의 아래쪽 그림 세 개는 남사면을 나타낸다. 춘추분 동안 낮과 밤은 동일하므로 에너지의 분포도 동일하다. 동지에 태양은 모든 기울기의 남사면을 동시에 비추지만, 하지에 태양은 더 멀리 북동쪽에서 일출한

다. 따라서 일정 시간이 지난 후에 남사면을 비출 수 있다. 이러한 시간 차이는 사면의 기울기에 따라 증가한다. 예를 들어, 30° 남사면은 대략 오전 5시에 태양이 비추기 시작하며 대략 오후 6시 30분에 그림자 속으로 들어

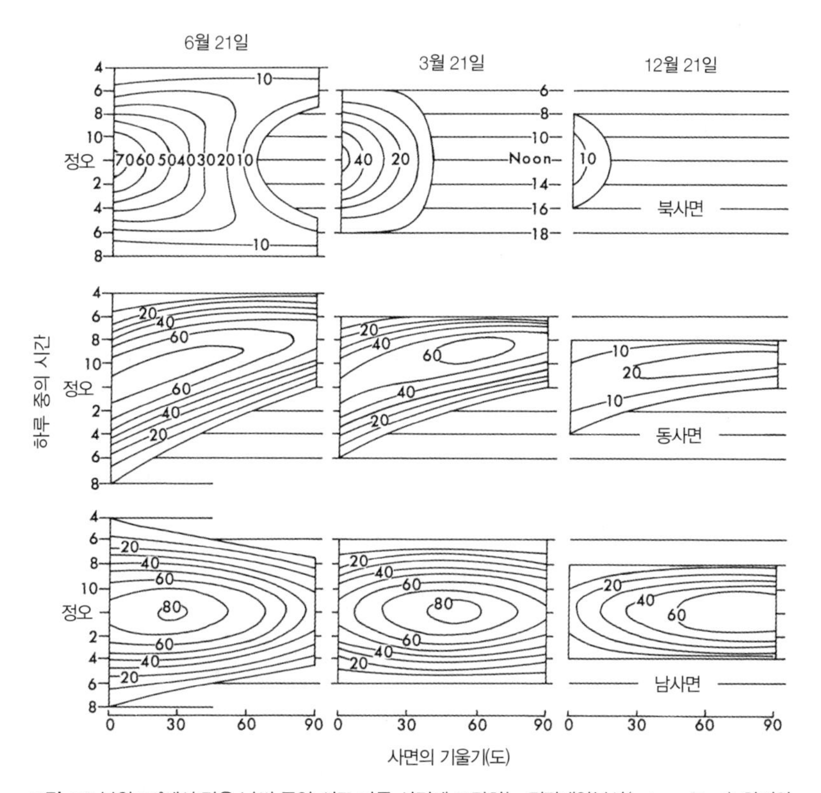

그림 4.7 북위 50°에서 맑은 날씨 동안 서로 다른 사면에 도달하는 직달태양복사(cal. cm^{-2} hr^{-1}). 하지와 동지 및 춘분과 추분(춘분은 추분의 거울상이다)일 때 북사면, 남사면, 동사면(서사면은 동사면의 거울상이다)의 3개 사면을 볼 수 있다. 각 그림의 왼쪽은 수평의 지표면(기울기 0°)에서의 태양 에너지의 분포를 보여주며, 따라서 동일한 세로축의 3개 그림에 대해서도 동일하다. 각 그림의 오른쪽은 수직의 벽(기울기 90°)을 나타낸다. 각 그림의 상단은 일출을, 하단은 일몰을 나타낸다. 그림에서 볼 수 있듯이, 남사면과 북사면은 에너지가 대칭 분포를 나타내는 반면에, 동사면과 서사면은 비대칭 분포를 보인다. 따라서 하지에 동사면에서는 태양이 오전 약 4시에 수직의 절벽을 비추기 시작하고, 가장 높은 강도는 오전 8시에 일어난다. 정오에 절벽이 그림자로 변한다. 서쪽을 향한 벽에 대해서는 상반되게 나타난다. 즉 정오가 지나자마자 이 벽은 정오 직후에 태양의 직사광선을 받기 시작할 것이다.(출처: Geiger 1965, p. 374)

간다. 반면에 60° 남사면은 (1시간 30분 늦게) 오전 6시 30분경에 태양이 비추기 시작하고 (1시간 일찍) 오후 5시 30분경에 해가 질 것이다. 여름에 북사면(맨 위의 그림 3개)에서는 태양이 동시에 최대 60°까지의 사면을 비춘다. 하지만 60° 이상의 사면에서는 태양이 정오에 비출 수 없기 때문에, 오른쪽의 '목(neck)'과 같은 연결부가 절단된다. 이 위도의 가파른 북사면은 이른 아침과 늦은 저녁에만 태양이 비출 것이다. 동지에는 기울기 15° 이하의 북사면에서만 태양이 비출 수 있다.

대부분의 산비탈에서는 평평한 지표면보다 일조 시간이 더 적지만, 태양을 마주한 사면에는 평평한 지표면보다 더 많은 에너지가 도달할 수 있다(이것은 특히 고위도에서도 마찬가지이다). 일반적으로 열대지방의 평평한 지표면에서는 사면보다 태양 강도가 더 높게 나타나는데, 이는 태양이 항상 하늘에 높이 있기 때문이다. 햇빛이 비추는 기간이나 강도가 어떻든 간에 이 영향은 일반적으로 국지적인 생태계에서 뚜렷하게 나타난다. 북반구에서는 남사면이 북사면보다 온난하고 건조하며, 습한 조건에서는 생명체에게 더 유리하다. 수목한계선도 남사면에서 더 높고, 식물과 동물의 수도 더 많고 다양하다. 사람 역시 양지 바른 사면을 이용한다. 알프스산맥의 동-서 계곡에는 대부분의 취락이 남사면에 위치해 있다. 한겨울 정오에 그림자 지역에서는 주택이 거의 발견되지 않지만, 그림자 선 바로 앞에서는 주택을 볼 수 있다(Garnett 1935, 1937)(그림 4.8). 봄에 북사면에서는 여전히 눈이 많이 쌓여 있을 수 있지만 남사면은 깨끗하다. 그 결과, 북사면은 전통적으로 숲으로 남겨져 있는 반면에, 남사면은 목초지로 사용된다(그림 4.9). 계곡의 양지바른 쪽과 그늘진 쪽 간의 환경적 차이가 너무나 크다 보니 알프스산맥 각각의 산에는 이들 사면에 대한 특별한 용어가 제각각의 언어나 방언으로 있다(Peattie 1936, p. 88). 가장 자주 사용되는 것은

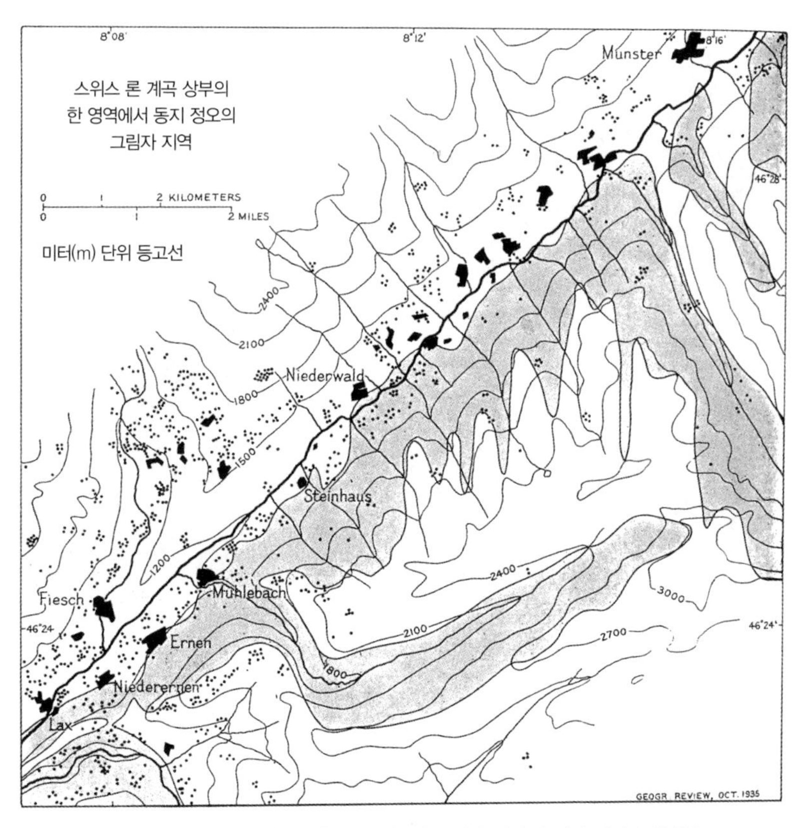

그림 4.8 스위스 론 계곡 상부에서의 겨울 동안 정오의 그림자 지역 및 이와 관련된 취락(출처: Garnett 1935, p. 602)

프랑스어 adret(양지바른)와 ubac(그늘진)이다.

또한 동사면과 서사면도 태양 광선의 영향을 다르게 받는다. 밤에는 습도가 높고 이슬이나 서리가 형성되기 때문에 토양 표면과 식생 표면은 아침에 습기가 자주 찬다. 동사면에서는 태양 에너지가 이 수분을 증발시켜야만 사면이 눈에 띄게 가열될 수 있다. 그러나 해가 서사면에 도달할 무렵에는 이미 수분이 증발하여 태양 에너지가 사면을 더욱 효과적으로 가열

그림 4.9 스위스 다보스 부근의 동-서 계곡의 사진. 양지바른 쪽(남향)에는 취락과 빈터가 보이지만 그늘진 쪽(북향)은 숲으로 남아 있다.(저자)

한다. 그러므로 가장 건조하고 온난한 사면은 엄밀히 남사면이라기보다는 오히려 남서사면이다(Blumer 1910).

계절에 따라, 그리고 하루의 시간에 따라 변하는 구름양은 사면에 도달하는 태양 에너지의 크기에 큰 차이를 야기할 수 있다. 폭풍우가 몰아칠 때는 산 전체가 구름에 싸여 있을 수 있다. 비교적 맑은 날씨에도 산에는 여전히 국지적으로 구름이 있을 수 있다. 겨울에 중간 사면이나 계곡에서는 층운과 안개가 생기는 것이 특징이지만, 이들은 모두 종종 한낮에 가열되어 제거된다. 여름에는 아침에 대체로 맑지만, 오후 중반에는 대류 구름(적운)이 산 위에 형성된다. 따라서 대류 구름으로 인해 햇빛이 동사면을 더 많이 비추는 반면에, 위에서 설명한 바와 같이 층운은 햇볕이 서사면을

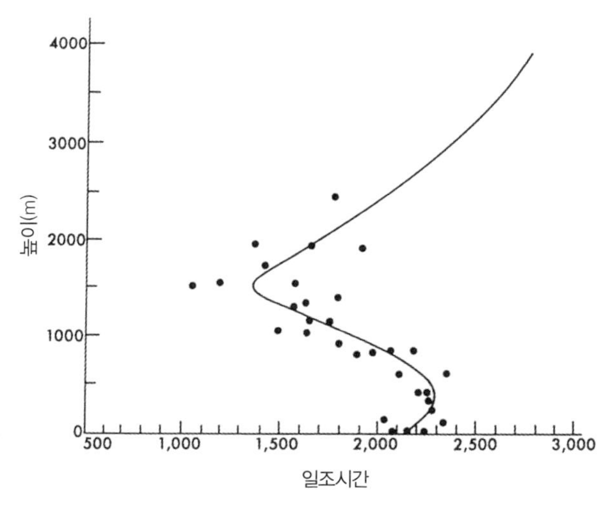

그림 4.10 일본의 산맥에서 연간 총일조시간과 고도 사이의 관계. 약 1,500m에서의 일조시간 감소는 이 높이에 구름과 안개가 더 많이 존재하기 때문에 나타난다.(출처: Yoshino 1975, p. 185)

더 강하게 비추도록 만든다. 산재하는 대류 구름이 층운만큼 효과적으로 태양을 차단하지 않지만, 다른 한편으로 층운은 높은 사면에 영향을 주지 않는 반면에 적운은 영향을 미친다. 정확한 조건은 지역에 따라 다르지만, 국지적인 구름은 종종 산에 도달하는 태양 에너지의 양에 현저하게 영향을 미치는 것이 분명하다(그림 4.10).

마지막으로 고려해야 할 주요 요인은 입사태양복사에 미치는 지표면 자체의 영향이다. 이는 국지적인 에너지 수지[13]에서 주요 고려 사항이다(Miller 1965, 1977). 이는 지피식물[14]과 지형 환경이라는 두 가지 요인의 영

13) 어떤 물체가 외부로부터 받은 에너지와 잃은 에너지가 균형을 이루는 것으로, 에너지의 유입과 배출을 평가하는 것이다.

향에서 볼 수 있을 것이다. 설원,[15] 빙하, 밝은색의 암석은 반사율(알베도)이 높기 때문에 입사하는 단파 에너지의 상당 부분이 손실된다. 눈이 계곡이나 오목한 사면에 있는 경우, 반사된 에너지는 사면에서 사면으로 위쪽으로 이동하면서 상부 사면의 에너지 수지가 증가할 수 있다. 이 반대는 산의 능선이나 볼록한 사면에서 일어나는데, 에너지는 다시 우주로 반사된다. 결과적으로, 계곡과 함몰지는 열이 축적되는 지역이며 일반적으로 산릉과 볼록한 사면보다 더 큰 기온의 극값이 나타난다. 반사된 태양광선의 경로에 있는 어두운 색상의 지세는 더 많은 양의 에너지를 흡수한다. 우리는 스키를 타는 동안 이런 과정을 직접 체험했을지도 모른다. 여러분의 몸에 도달하는 추가적인 단파 에너지 때문에 나지의 토지보다 눈 덮인 지표면 위에서 더 빨리 햇볕에 그을릴 가능성이 있다. 반사된 에너지는 높은 산의 나무에게 중요한 열원이다. 눈은 일반적으로 나무 주위에서 더 빨리 녹는다. 왜냐하면 증가된 열이 장파의 열에너지로 인접한 지표면으로 전달되기 때문이다. 더 큰 규모로 볼 때, 숲의 존재는 눈 덮인 지역의 열수지[16]를 크게 증가시킨다. 태양으로부터 나오는 단파 에너지는 침엽수 임관(forest canopy)[17]을 통과할 수 있지만, 그중 극히 적은 양이 다시 우

14) 맨땅을 덮는 왜성(矮性) 식물, 또는 이끼·양치류 따위와 같이 지면을 뒤덮는 식물이나 관목을 말한다.

15) 산간지대나 고지대의 만년설 지역을 말한다.

16) 태양의 복사열이 지면으로 받아들여지는 형태와 양, 그리고 다시 대기로 방출되는 형태와 양의 관계를 말한다. 100%의 태양열이 태양으로부터 방출되면 지면은 47%의 열을 받는데, 대기 중으로 방출되는 열도 47%가 되어 열수지는 0이 된다. 대기권 역시 열수지는 0이 된다. 이렇게 대기권이나 지면의 열수지가 균형을 이루기 때문에 전 지구 평균기온은 항상 일정한 온도를 유지할 수 있게 된다. 그러나 위도에 따라서는 균형이 이루어지지 않는 곳이 있는데 남·북위 20° 부근에서는 겨울철에 열부족 현상이 나타나고, 남·북위 30~35° 지역에서는 여름철 열과잉 현상이 나타난다.

주로 빠져나갈 수 있다. 흡수된 에너지는 나뭇잎을 가열하여 개방된 지역보다 온도를 더 증가시킨다. 이로 인해 지역적으로 눈쌓임(snowpack)의 융해 속도가 빨라진다(Miller 1959).

온도

높이에 따른 기온 하강은 산악기후의 가장 두드러지고 근본적인 특징 중 하나이다. 운 좋게도 산 부근에 사는 사람들은 산에서 시간을 보내거나 멀리서 눈 덮인 산봉우리를 보면서 이 사실을 끊임없이 떠올리게 된다. 그럼에도 산에는 온도의 본질에 대해 매우 미묘하고 잘 이해되지 않는 특징이 많이 있다. 알렉산더 폰 훔볼트(Alexander Von Humboldt)는 기온이 열대지방의 기후와 식생의 고도에 따른 대상 분포에 미치는 영향에 너무나 큰 충격을 받았기 때문에, 고온대, 온대, 한랭대에 대하여 각각 티에라 칼리엔테(tierra caliente), 티에라 템플라다(tierra templada), 티에라 프리아(tierra fria)라는 용어를 제안했다.

오늘날 열대지방에서 흔히 볼 수 있는 이들 용어는 이 지역에서 여전히 유효하다. 하지만 동일한 기본적인 종류의 온도 조건이 적도에서 극까지 지대(地帶)를 따라 일어난다는 잘못된 가정에서 다른 사람들이 이들 용어를 더 고위도로 확장시킨 것은 적절하지 않았다, 이 간단한 접근 방식은 몇몇 최신 교과서에서 여전히 사용되고 있다.

17) 수림위층의 모양이다. 수령에 따라 층하가 생기며 수관에 따라 모양이 달라진다. 너무 우거지면 밑에 있는 나무가 자라지 못하므로 간벌을 해야 한다.

연직기온경도

높이에 따른 온도의 변화를 기온감률 또는 연직기온경도라고 한다. 기온감률은 수많은 인자에 따라 달라진다. 1787년 몽블랑을 등반한 드 소쉬르[18]는 서로 다른 높이에서 온도를 측정한 최초의 사람 중 한 명이었다. 그 이후 전 세계의 산에서 온도 측정을 했는데, 거의 모든 온도 측정치가 서로 달랐다. 그럼에도 풍선, 라디오존데 및 항공기를 이용해 자유대기에서 측정한 온도뿐만 아니라 서로 다른 높이의 온도를 평균함으로써 평균기온감률을 300m마다 1°C에서 2°C까지의 범위로 설정했다. 그러나 대규모 일반화의 목적과는 별도로, 평균기온감률은 산에서 거의 쓸모가 없다. 고도와 온도 사이에는 일정한 관계가 없다. 대신 기온감률은 변화하는 조건에 따라 계속해서 달라진다. 예를 들어, 연직기온경도가 일반적으로 밤보다 낮에 더 크고, 겨울보다 여름에 더 크다. 기온경도는 흐린 조건보다 맑은 조건에서 더 크고, 그늘진 사면보다 햇볕에 노출된 사면에서 더 크며, 해안의 산보다 대륙의 산에서 더 크다(Peattie 1936; Dickson 1959; Tanner 1963; Yoshino 1964a, 1975; Coulter 1967; Marcus 1969). 또한 자유대기의 온도와 산비탈에서 측정한 온도 사이에는 차이가 있다(후자는 평균온도가 더 낮은 경향이 있다). 물론 산봉우리가 높고 고립될수록 이곳의 온도는 자유대기의 온도와 더욱더 비슷하게 될 것이다(Schell 1934, 1935; Eide 1945; Samson 1965).

표 4.4는 알프스산맥에서 변화하는 높이에 따른 기온의 평균 하강에 대

18) 드 소쉬르(Horace Benedict de Saussure, 1740~1799)는 스위스의 자연과학자이자 등산가로, 인간의 머리카락이 상대습도에 따라 늘었다 줄었다 하는 성질을 이용하여 처음으로 모발자기습도계를 만들었다.

표 4.4 알프스 동부에서의 높이에 따른 기온의 상황(출처: Geiger 1965, p. 444)

높이(m)	평균 기온(℃)				연간 무상 일수	연간 서리 교대 일수	연간 연속 서리 일수
	1월	7월	연	연교차			
200	-1.4	19.5	9.0	20.9	272	67	26
400	-2.5	18.3	8.0	20.8	267	97	1
600	-3.5	17.1	7.1	20.6	250	78	37
800	-3.9	16.0	6.4	19.9	234	91	40
1,000	-3.9	14.8	5.7	18.7	226	86	53
1,200	-3.9	13.6	4.9	17.5	218	84	63
1,400	-4.1	12.4	4.0	16.5	211	81	73
1,600	-4.9	11.2	2.8	16.1	203	78	84
1,800	-6.1	9.9	1.6	16.0	190	76	99
2,000	-7.1	8.7	0.4	15.8	178	73	114
2,200	-8.2	7.2	-0.8	15.4	163	71	131
2,400	-9.2	5.9	-2.0	15.1	146	68	151
2,600	-10.3	4.6	-3.3	14.9	125	66	174
2,800	-11.3	3.2	-4.5	14.5	101	64	200
3,000	-12.4	1.8	-5.7	14.2	71	62	232

한 수치를 나타내며, 그림 4.11은 미국 애팔래치아산맥 남부의 고도에 따른 기온 변화를 보여준다. 표시된 기온은 평균치이며, 관측소 사이 내삽도 일부 있다. 따라서 높이에 따른 실제 기온 하강은 훨씬 더 다양하다. 양지바른 사면에 위치한 관측소는 그늘진 사면의 관측소와 서로 다른 온도 체계를 나타내게 될 것이다. 경사면이 눈에 덮여 있는지, 습하거나 건조한지, 나지이거나 식생이 있는지 여부와 관계없이 경사면의 본질과 마찬가지로 바람과 구름의 배치는 똑같이 중요하다. 볼록한 사면은 오목한 사면과 상

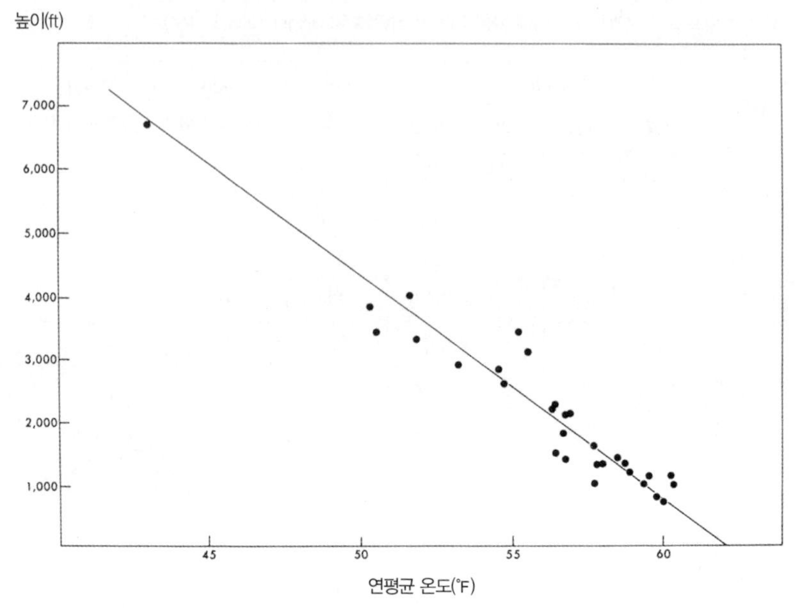

그림 4.11 애팔래치아산맥 남부의 고도에 따른 연평균 기온. 점은 테네시주와 노스캐롤라이나주에 있는 미국 기상청의 1등급 관측소를 나타낸다. 기온은 1921~1950년의 기간 동안 계산되었다.(Dickson 1959, p. 353에서 인용)

이한 열 유지의 특성을 나타내고 있다. 높은 계곡은 동일한 높이의 노출된 산릉보다 낮에 더 가열될 것이다(그리고 밤에 더 냉각될 것이다). 그럼에도 대략적인 평균치는 극치 및 개개의 차이를 평탄하게 만들 것이고, 일반적으로 높이의 증가에 따른 기온의 안정적이고 점진적인 하강을 보여준다.

산괴효과

커다란 산악 시스템은 산 주변에 고유의 기후를 만들어낸다(Ekhart 1948). 어느 주어진 높이에서 지표면의 면적이나 육괴가 클수록 산악지역이 그 자체의 산악환경에 미치는 영향은 더 커질 것이다. 산은 태양복사

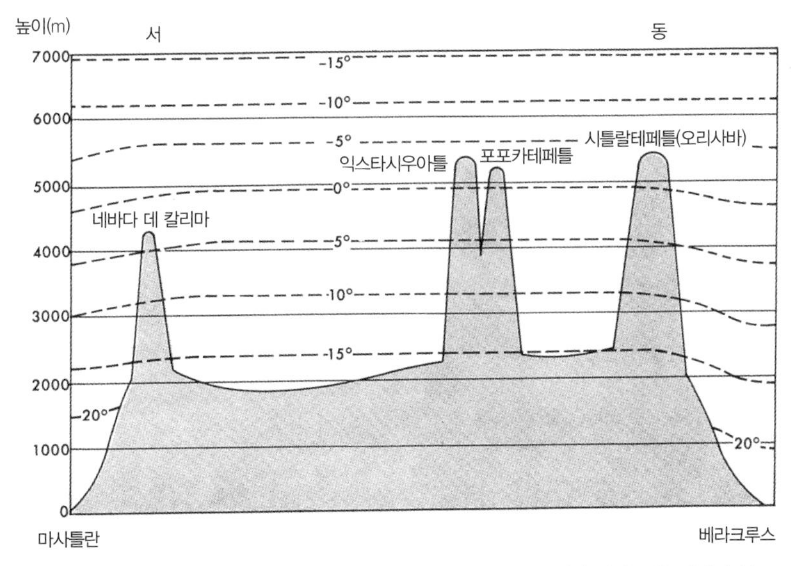

그림 4.12 마사틀란에서 베라크루스까지 멕시코 메세타 고원의 횡단면에서 연평균 온도(℃)의 분포. 고원에서 3,000m 높이의 온도는 상승한 육괴의 가열로 인해 해안 관측소보다 약 3℃ 더 높다. (Hastenrath 1968, p. 123에서 인용)

를 흡수하여 장파의 열에너지로 변환하는 곳으로, 이로 인해 자유대기와 비슷한 고도에서 발견되는 것보다 훨씬 더 높은 온도가 나타난다. 그 결과 산은 고도가 높은 열섬의 역할을 한다(Gutman and Schwerdtfeger 1965; Flohn 1968). 따라서 산괴가 클수록, 이곳의 기후는 어느 주어진 높이의 자유대기와 더 많이 달라질 것이다. 이것은 동일한 고도의 고립된 산봉우리보다 더 높은 고도의 농업이 가능한 일부 고원에서 특히 분명한 것을 알 수 있다. 히말라야산맥 4,000m 높이의 폭넓은 일반적인 평지에서는 여름에 거의 동결되지 않는 반면에, 5,000m 높이의 고립된 산봉우리에서는 좀처럼 융해되지 않는다(Peattie 1936, p. 18).

높은 고도의 대규모 지괴의 가열 효과에 대한 좋은 사례는 멕시코의 메세타(Meseta) 고원이다(그림 4.12). 라디오존데 데이터는 태평양과 걸프 해안의 거의 6,000m 높이 상공에서보다 고원의 자유대기에서 온도가 더 높다는 것을 나타낸다. 3,000m 높이 중앙 고원에서의 연평균 온도는 해안 관측소보다 약 3℃ 더 따뜻하다(Hastenrath 1968, pp. 122~123). 이것은 주로 높은 고도에 노출된 커다란 육괴에 대한 태양의 가열 효과에 기인한다.

산괴와 열평형[19] 사이의 관계를 확립하기 위해서는 대륙도, 위도, 구름양의 크기, 바람, 강수, 지표면 조건 등을 모두 고려해야 한다. 여름 동안 지속적인 구름양은 커다란 산괴가 상당한 온난화를 보이는 것을 막을 수 있다. 또한 두꺼운 적설의 존재는 지표면의 반사율과 눈을 녹이는 데 필요한 초기 열량 때문에 봄에 산악지역의 온난화를 지연시킬 수 있다. 캘리포니아주의 높은 시에라네바다산맥은 이곳에 매우 많은 눈이 내림에도 불구하고 다른 산악지역과 비교했을 때 상대적으로 따뜻하다(Miller 1955, pp. 16~20). 이것은 부분적으로 늦여름에 이 지역의 극도로 맑은 하늘이 태양 에너지를 최대로 받을 수 있게 해주기 때문이다. 일반적으로, 대규모 산괴가 기후에 미치는 영향은 증가하는 대륙도의 영향과 다소 유사하다. 기온의 교차는 작은 산보다 더 크다. 즉 겨울은 더 춥고 여름은 더 무덥지만, 이들 기온의 평균은 일반적으로 동일한 고도의 자유대기보다 더 높을 것이다. 특별히 효과적으로 성장을 촉진하는 기후는 높은 토양 온도 때문에 자유대기에서보다 토양 표면에서 더 유리하다. 이것은 특히 일조 비율이 높을 때 그렇다(Peattie 1931; Yoshino 1975).

일반적으로 산괴가 클수록 식생은 더 높은 곳에서 자란다. 이것의 가장

19) 대기권과 지표면 사이에서 열수지상 균형을 이루는 현상을 말하며, 기본적으로 지면이 받는 태양열의 양과 대기층으로 방출되는 지면열의 양이 같다고 보는 것이다.

놀라운 예는 식물이 절대 최고 고도에 도달하는 히말라야산맥에서 발견된다(Zimmermann 1953; Webster 1961). 알프스산맥(산괴massenerhebung의 영향이 처음 관측된 곳)에서는 수목한계선이 주변의 산맥에서보다 커다란 괴상의 중앙 지역에서 더 높다(Imhof 1900, Peattie 1936, p. 18에서 인용). 한층 더 국지적인 수준에서 산괴가 식생 발달에 미치는 영향은 오리건주 캐스케이드산맥에서 관찰할 수 있다. 오리건주 남부의 맥러플린(McLoughlin) 산을 제외하고, 스리 시스터스 야생보호구역(Three Sisters Wilderness Area)에 수목한계선이 가장 높은 고산 식생이 가장 잘 발달하는데, 세 개의 산봉우리가 합쳐져 1,800m 이상의 비교적 큰 육괴를 형성한다(Price 1978). 북쪽으로 수 킬로미터 떨어진 후드산과 워싱턴산의 높지만 덜 거대한 산봉우리에서는 수목한계선이 150~300m 더 낮고 고산 식생은 훨씬 더 황폐하다. 식생의 발달은 물론 기후보다 더 많은 것들이 연관되어 있는데, 이는 식물의 적응이나 종의 다양성이 유전자 풀(gene pool)의 크기 및 다른 여러 요인과 관련이 있기 때문이다(Van Steenis 1961). 그럼에도 식생은 환경조건의 유용한 지표이며, 대부분의 산악지역에서 식생의 발달과 산괴 사이에서 양의 상관관계를 관찰할 수 있다(이 책 516~518쪽 참조).

산괴효과의 흥미로운 실제적인 결과는 기본적으로 열대 식물인 벼가 열대지방보다 아열대지방의 더 높은 고도에서 자랄 수 있다는 사실이다. 히말라야산맥의 내부 높은 계곡에서는 벼 재배가 최대 2,500m 높이에서도 가능하지만(그림 4.13), 습한 열대지방에서는 단지 1,500m가 재배의 한계 고도이다. 열대지방의 낮은 한계는 낮은 구름층에 기인하는 반면에, 히말라야산맥의 높은 고도는 산괴가 더 크고 구름양이 감소했기 때문이다. 이러한 조건은 달리 예상된 것보다 더 많아진 가능 일조(possible sunshine)와 높아진 온도, 그리고 길어진 생육기간을 허용한다. 일반적으로 벼 재배의

그림 4.13 히말라야산맥의 급경사면에 위치한 벼 재배 상한계 부근의 계단식 논. 대부분이 건조한 계단식 경지이다. 왼쪽 아래에 있는 계단식 경지에 사면의 샘이 공급되고 습식 벼를 재배하는 데 사용된다. 사면의 윗부분에 있는 건조한 계단식 경지 사이에 마을이 있다. 오른쪽으로 다소 완만한 계단식 경지는 분명히 버려진 이전의 계단식 경작지로 보인다.(Harold Uhlig, University of Giessen)

상한계는 생육기간에 서리의 한계와 밀접한 관련이 있다. 히말라야산맥의 가장 높은 고도에서, 벼의 모종은 실내에서 싹을 틔운 다음 이식되어 재배되는데, 이 고도에서는 생산을 완료하는 데 8개월이 걸리지만 생육기간은 단지 7개월에 불과하기 때문이다(Uhlig 1978).

기온역전

기온역전은 두드러진 기복이 있는 경관 어디서나 볼 수 있으며, 산속이나 산 주변에서 시간을 보낸 사람이라면 누구나 이 현상을 경험했을 것이 분명하다. 기온역전은 높이에 따른 기온의 하강이라는 일반적인 규칙에 대한 예외이다. 기온이 역전되는 동안 계곡에서 가장 낮은 기온이 나타나고 산비탈을 따라 위로 갈수록 기온은 높아진다. 하지만 결국 기온이 다시 내려가기 시작하고, 그 결과 중간지대인 온난대(thermal belt)[20]에서는 야간에 곡상[21]이나 상부 사면보다 온도가 더 높다.

차가운 공기는 따뜻한 공기보다 무겁기 때문에, 밤에 사면이 냉각되면서 차가워진 공기는 아래로 이동하기 시작하며, 아래쪽으로 흘러가 계곡의 따뜻한 공기를 대신하게 된다. 기온역전은 바람이 없고 맑은 날에 가장 잘 발달하는데, 이곳에서는 온도를 혼합하고 균일하게 만들 바람이 없으며 투명한 하늘이 지표면의 열을 빠르게 복사하여 우주로 빠져 나가도록 만든다(Blackadar 1957). 결과적으로 지표면은 그 위의 공기보다 더 차

20) 분지를 둘러싸는 산사면이나 평야지대의 고립구릉 등의 산허리에서 기온이 높은 부분을 말한다. 기온의 역전면이 산허리와 교차하는 부분에 나타나며, 특히 일최저기온이 분지의 낮은 곳이나 평야지대에 비해 5~10℃나 높고, 높이는 낮은 곳으로부터 100~300m이다.

21) 곡저가 평탄해진 부분을 말한다. 측방침식 등에 의해 형성되며, 기반의 침식면 위를 덮은 얇은 퇴적물로 이루어진 곡상평탄면, 하천의 운반력이 약해져 비교적 두터운 퇴적물로 메워진 매적곡 등에서 볼 수 있다. 또한 곡빙하가 소실된 뒤에도 곡상이 형성된다.

가워지고, 지면 부근의 공기는 냉각되어 활강하여 흐른다. 사면과 계곡 사이의 온도가 평형상태에 도달할 때까지 계곡에는 차가운 공기가 계속 모이게 될 것이다. 계곡이 에워싸여 있으면 상대적으로 정체된 차가운 공기가 모여들 수 있지만, 계곡이 훤히 트여 있으면 공기가 더 낮은 곳으로 지속적으로 이동하는 양상이 나타날 수 있다. 역전의 깊이는 국지적인 지형의 특성과 일반적인 기상 조건에 따라 달라지지만, 일반적으로 깊이가 300~600m를 넘지 않는다.

차가운 공기의 활강 흐름은 물의 흐름과 유사하다. 왜냐하면 이 흐름은 저항이 가장 적은 경로를 따르고 항상 평형상태로 이끌리기 때문이다. 그러나 물은 공기보다 800배나 더 밀도가 높다. 10°C의 온도 차이에도 불구하고 차가운 공기의 밀도는 따뜻한 공기보다 단지 4% 더 높을 뿐이다. 따라서 중력에 의한 물의 빠른 흐름과는 달리, 차가운 공기가 따뜻한 공기를 대체하는 것은 비교적 느린 과정이다(Geiger 1969, p. 122). 넓고 완만한 사면에서는 일반적으로 밤에 차가운 공기가 아래로 이동하는 것을 (연기가 자욱한 캠프파이어의 내리막사면 쪽에 앉아 있지 않은 한) 쉽게 알아차릴 수 없다. 완만한 사면에서 차가운 공기의 이동은 식생, 지형, 측면 계곡으로부터의 유입, 또는 심지어 인공 울타리 등과 같은 장애물에 의해 지연되거나 일시적으로 차단될 수 있다(Hough 1945; Suzuki 1965; Bergen 1969). 독일의 포도주 생산지역에서는 포도원 위에 자주 산울타리를 둘러 세워 오르막 사면에서 내려오는 차가운 공기가 비껴가게 한다(Geiger 1969, p. 123). 가파른 지형에서 배기[22]는 매우 인상적이며, 특히 폭이 좁은 계곡을 따라 흘러내려갈 때 쉽게 차단되지 않을 수 있다(Hales 1933; A. H. Thompson

22) 중력으로 인해 만들어지는 비교적 차가운 공기의 내리바람의 일반적인 용어이다.

1967). 어떤 지형적인 조건이나 식생의 조건에서는 맥동류(pulsating flow)가 형성될 수 있다. 즉 차가운 공기가 장애물 뒤에 쌓여 산발적인 '눈사태'로 분출된다(Scaétta 1935; Geiger 1969, p. 122).

그림 4.14는 빈(Vienna)에서 남서쪽으로 약 100km 떨어진 오스트리아 알프스산맥의 고도 1,270m에 위치한 작은 밀폐된 분지인 게스테트네랄름(Gstettneralm)의 기온역전 현상을 보여주고 있다. 이 계곡에서는 현지의 지형적 상황과 차가운 공기가 '통합(pooling)'되는 것으로 인해 유럽에서 가장 낮은 기온이 일부 나타나고 있으며, 심지어 높은 산봉우리보다 기온이 더 낮다(Schmidt 1934, p. 348). 게스테트네랄름에서 기록된 최저 온도는 -51°C이지만, 3,100m 높이의 손블릭(Sonnblick)에서 기록된 최저 온도는

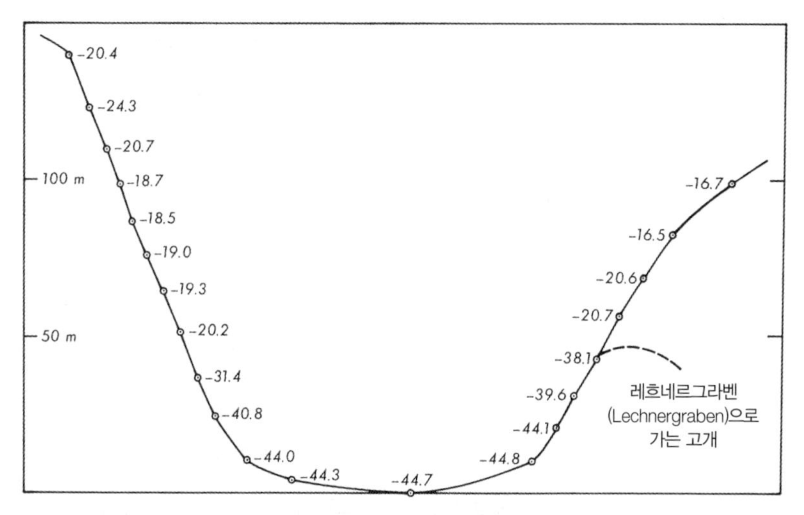

그림 4.14 오스트리아 알프스산맥의 밀폐된 분지 게스테트네랄름에서 초봄의 기온역전을 보여주는 횡단면도. 곡상의 고도는 1,270m이다. 곡상 위의 높이에 따른 온도(°C) 증가, 특히 고개 바로 위의 빠른 온도 상승에 주목하라. 이것은 이 지점에서 더 낮은 계곡으로 유입되는 차가운 공기의 결과이다.(출처: Schmidt 1934, p. 347)

-32.6℃이다.

예상할 수 있듯이, 뚜렷한 식생 패턴은 이러한 극한의 온도와 관련되어 있다. 일반적으로 곡저(valley bottom)는 숲으로 덮여 있고 높은 사면에서는 나무의 성장이 방해받게 되며, 결국 높은 곳의 관목과 풀로 대체되지만, 이곳 게스테트네랄름 분지에서는 정반대의 현상이 일어난다. 곡상은 풀과 관목 및 왜소한 나무로 덮여 있는 반면에, 높은 곳에서는 키 큰 나무들이 나타난다. 식생의 역위는 기온역전과 일치한다(Schmidt 1934, p. 349). 비슷한 식생 패턴이 네바다주의 건조한 산맥에서 발견되었는데, 곡상에는 산쑥(sagebrush)이, 높은 곳에는 피뇬(pinyon)과 노간주나무의 소림지가 우점한다. 더 높은 곳에서는 여전히 나무들이 다시 사라진다(Billings 1954). 피뇬-노간주나무 지대, 즉 온난대(thermal belt)는 밤에 곡상의 낮은 기온과 사면의 더 높은 곳에서 발생하는 낮은 기온 사이에 끼어 있다.

인간은 수 세기 동안 서리에 취약한 작물, 특별히 포도나 과수와 같은 작물 재배에 온난대를 이용해오고 있다. 노스캐롤라이나주의 애팔래치아 산맥 남부에서는 기온역전의 효과가 과수원의 분포로 아름답게 나타난다(Cox 1920, 1923; Dickson 1959; Dunbar 1966). 겨울 동안 계곡은 종종 동면 식생으로 갈색이 되고, 1,350m 높이의 산꼭대기는 눈으로 하얗게 될 수 있다. 이 사이에 온난대를 표시하는 녹색 띠가 있다. 서리는 계곡에서 흔히 볼 수 있지만, 온난대에서는 서리로 인한 위험 없이 수년 동안 자라온 것으로 보이는 추위에 취약한 이사벨라 포도를 재배한다(Peattie 1936, p. 23). 비슷한 상황이 후드산 북쪽의 오리건주 후드강 계곡에도 존재한다. 체리는 이 계곡의 강과 상부 사면 사이에 뚜렷하게 구분된 사면의 온난대에서 자란다. 수요가 늘면서 주변 지역에 더 많은 과일나무를 심고 있지만 서리의 위험이 훨씬 더 크기 때문에 성공 여부는 미지수이다.

기온교차

낮과 밤, 그리고 겨울과 여름 사이의 온도 차이는 일반적으로 높이에 따라 감소한다(그림 4.15). 이는 열원으로부터 상대적으로 더 먼 거리, 즉 지구 표면의 폭넓은 수준 때문이다. 바다의 섬에 대한 대양의 지배적인 영향력을 비유한 것처럼, 산이 높고 고립되어 있을수록 산의 온도는 주변 자유대기의 온도를 더 많이 반영할 것이다. 산의 온도는 대체로 일조에 대한 반응이다. 그러나 자유대기는 태양의 가열 효과에 기본적으로 반응하지 않는다. 특히 더 높은 고도의 자유대기는 더욱 그러하다. 산에서는 지표면이 가열되지만 주변 공기의 기온경도는 크다. 그 결과 산을 에워싸고 있는 것은 오직 얇은 경계층이나 조개 껍데기 모양의 열적 덮개뿐이며, 이들의 정확한 두께는 다양한 요인(예: 일조 강도, 산괴, 습도, 풍속, 지표면 조건, 지형적 환경)에 따라 결정된다.

주변 온도는 일반적으로 1.5m 높이의 표준 백엽상에서 측정된다. 이런 측정은 일반적으로 높이에 따라 온도가 점진적으로 하강하고 기온교차[23]가 작아지는 것을 나타낸다(표 4.4; 그림 4.11, 4.15). 그러나 1.5m 높이의 온도 조건과 토양 표면 바로 위의 온도 조건 사이에는 큰 차이가 있다. 역설적으로, 높은 고도에서는 태양의 강도가 더 크기 때문에 고산지역의 토양 표면은 낮은 높이의 토양 표면보다 더 높은 온도(따라서 더 큰 기온교차)를 경험할 수 있다. (이 문구는 태양 광선에 적절히 노출되는 배수가 잘되는 지표면에 대해서만 유효하다.) 알프스산맥 수목한계선 부근의 2,070m 높이에서 기울기가 35°인 남서 사면의 어두운 부식토[24] 표면에서는 최대 80°C의

23) 하루 온도 중 최고온도와 최저온도의 차이를 말한다.

24) 넓은 의미로는 토양 유기물을 총칭하는 용어로 사용되지만 좁은 의미로는 토양 유기물 중

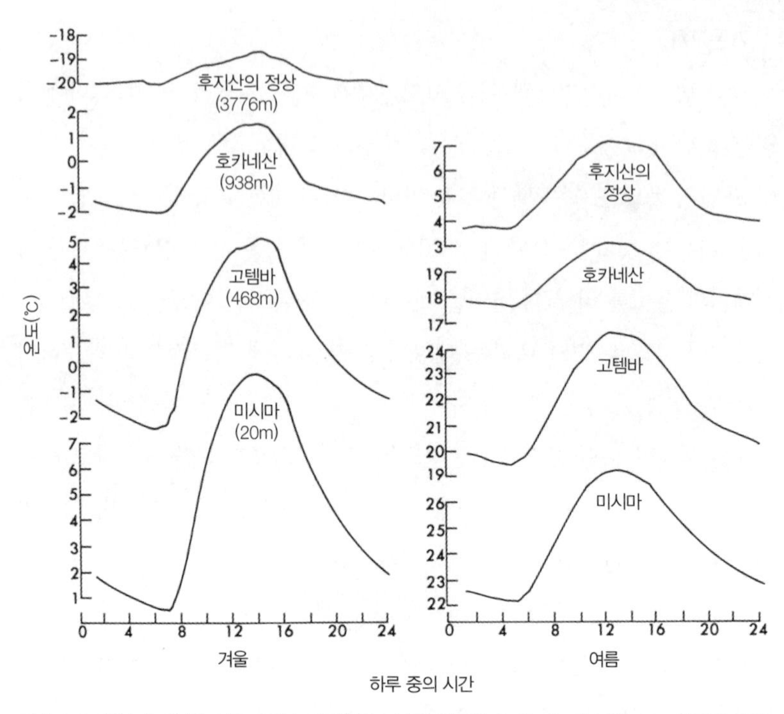

그림 4.15 일본 후지산의 서로 다른 높이에서의 기온의 일교차. 높은 고도와 낮은 고도 사이의 차이는 여름(오른쪽)보다 겨울철(왼쪽)에 훨씬 더 현저하다.(출처: Yoshino 1975, p. 193)

온도가 측정되었다(Turner 1958b; Geiger 1965, p.446에서 인용). 이것은 뜨거운 사막에서 기록된 최고 기온과 견줄 만하다! 동시에 2m 높이의 공기 온도는 50℃나 차이 나는 30℃에 불과했다. 이러한 높은 지표면 온도는 간헐적으로 그리고 이상적인 조건에서만 발생할 수 있지만, 온도는 다소 덜 극단적인 것이 특징이다. 그리고 높은 지표면 온도는 지표면과 그 위에 있는

∴ 특히 암색 비정질 콜로이드상 고분자 물질군을 의미한다. 토양이 형성되어 있는 입지조건에서 동식물 유체가 미생물의 분해에 대해 안정되어 있기 때문에 잔유 집적된 유기물이다.

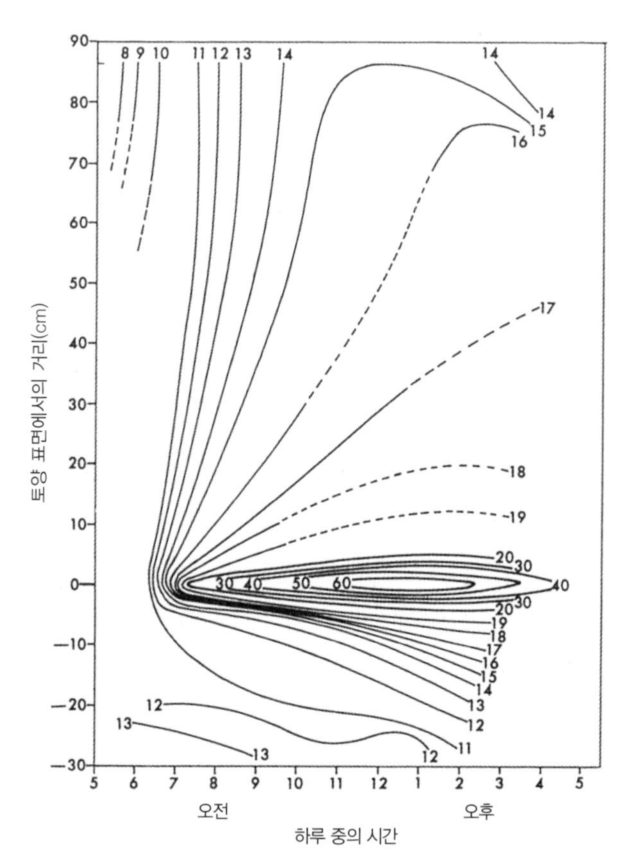

그림 4.16 캘리포니아주의 화이트산 3,580m 높이의 배수가 잘되는 고산툰드라 지표면의 맑은 날 토양과 공기의 온도(℃) 수직 단면도. 토양 표면의 바로 위와 그 아래에서 발생하는 엄청난 온도경도에 주목하라. 25~30cm 깊이에서의 다소 높은 온도는 전날의 가열에 따른 결과이며, 현재의 표면 조건과 그 국면이 다르다.(출처: Terjung et al. 1969a, p. 256)

공기 사이에 아마도 엄청난 차이가 존재할지도 모른다는 것을 보여준다(그림 4.16). 고산툰드라의 토양 표면은 거의 항상 그 위의 공기보다 낮 동안 더 따뜻할 것이다. 비록 낮보다 밤에 그 차이가 훨씬 덜하지만 밤에는 더 추워질 수도 있다. 고산 식생 대부분의 느린 성장은 이러한 따뜻한 지표면 조건을 이용하기 위한 적응으로도 볼 수 있다. 실제로 몇몇 연구 결과는 툰드라 식물이 낮은 온도보다 높은 온도로 인해 더 고통받을 수 있다는 것을 보여주었다(Dahl 1951; Mooney and Billings 1961).

기온교차는 고도에 따라 달라질 뿐만 아니라 위도 기준으로도 다양하다. 기온의 일교차와 연교차의 대조는 열대기후와 중위도 기후 또는 한대기후를 구별하는 가장 중요한 특성 중 하나이다. 열대의 높은 산과 한대기후의 연평균 기온은 비슷하다. 5,850m 높이의 페루 엘 미스티에서의 연평균 기온은 -8℃이며, 이는 수많은 극지 관측소에 버금가는 것이다. 하지만 온도 체계[25]에는 엄청난 차이가 있기 때문에 이러한 수치만 사용하는 것은 대단히 큰 오해의 소지가 있다. 열대의 산에서는 낮과 밤 사이의 기온교차가 다른 어떤 산악지역에서보다 비교적 더 크다. 이는 열대지방에서의 강한 태양빛의 가열효과에 기인한 결과이다. 반면에, 월별 온도 변화나 겨울과 여름 사이의 온도 변화는 매우 작다. 이는 중위도의 산이나 극지의 산과는 크게 대조를 이룬다. 이들 산에서는 위도에 따라 일교차가 더 감소하지만 큰 계절적 경도는 점점 더 지배적으로 나타난다. 이들 온도 체계 사이의 차이에 대한 지식은 각 위도에서 작용하는 물리적이고 생물학적인 과정의 본질과 의미를 이해하는 데 필수적이다.

그림 4.17a는 대륙도가 높은 아한대 관측소인 시베리아 이르쿠츠크(Irkutsk)의 온도 특성을 나타내고 있다. 이러한 온도 체계의 가장 두드러진 특징은 뚜렷한 계절성이다. 일교차는 5℃에 불과하지만, 연교차는 60℃ 이상이다. 이는 10월부터 5월까지 지속되는 겨울 동안 기온이 항상 어는점 이하로 내려가는 반면에, 여름에는 꾸준히 영상의 기온을 보인다는 것을

25) 지역을 대표하는 기후 특성을 말한다.

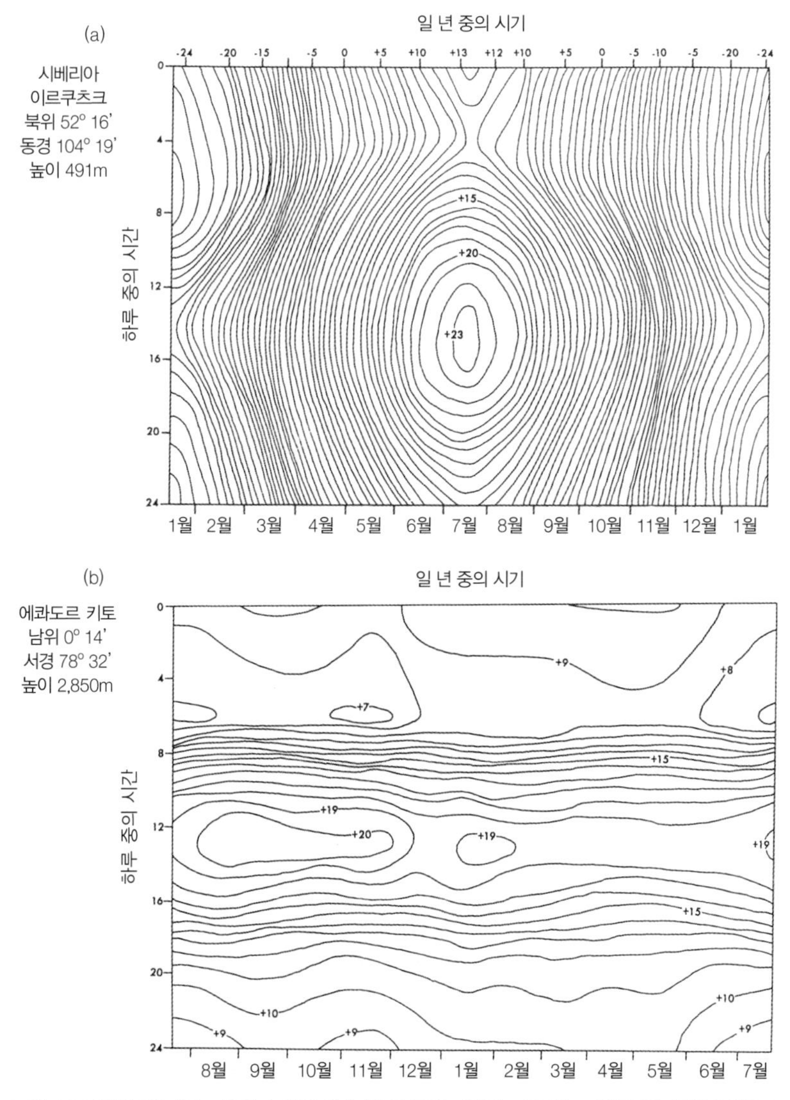

그림 4.17 아북극의 대륙 기후와 고산의 열대기후의 일별, 계절별 기온 분포. 등온선의 상반된 방향은 이들 두 대조적인 환경에서 기온의 일교차와 계절 교차의 근본적인 차이를 반영한다. 아북극의 대륙 관측소(a)는 기온의 일교차(수직으로 읽음)는 작지만 기온의 연교차(수평으로 읽음)는 크게 나타난다. 이에 반해 높은 고도의 열대 관측소(b)에서는 기온의 연교차보다 기온의 일교차가 훨씬 더 크게 관찰된다.(Troll 1958a, p. 11에서 인용)

의미한다. 그래서 유기체가 스트레스를 받는 기간은 하나의 확장된 시간 블록, 즉 겨울에 집중된다. 이 위도의 고산 관측소에서는 상대적으로 더 긴 영하의 온도 기간과 더 짧은 영상의 온도 기간을 제외하고 본질적으로 동일한 온도 체계가 나타날 것이다. 극지 쪽의 더 많은 관측소에서는 기온의 일교차가 훨씬 더 작게 나타날 것이다(Troll 1968, p. 19).

이러한 온도 체계는 열대 산의 온도 체계와 큰 대조를 이룬다. 그림 4.17b는 적도에 위치한 2,850m 높이의 에콰도르 키토(Quito)의 기온 특성을 나타낸다. 그래프의 등온선은 대체로 수평 방향이며, 겨울과 여름 사이에 거의 변화가 없지만 낮과 밤의 뚜렷한 대조를 나타낸다. 평균 연교차는 1℃ 미만인 반면에, 평균 일교차는 약 11℃이다. 이것은 "밤은 열대지방의 겨울이다"라는 말을 아름답게 보여준다. 밤은 실제로 습한 열대지방에서 경험할 수 있는 유일한 겨울이다. 이는 특히 관측소가 동결이 일어날 정도로 충분히 높은 곳에 있는 경우에 해당한다.

서리의 하한계는 주로 위도, 산괴, 대륙도, 현지의 지형적 상황 등에 따라 결정된다. 적도의 안데스산맥에서는 약 3,000m 높이에서 서리가 나타난다. 이 높이는 위도에 따라 낮아진다. 서리가 저지대에 내리기 시작하는 지점은 보통 열대지방의 외부 한계로 간주된다. 북아메리카에서 결빙선(frostline)[26)]은 바하칼리포르니아(Baja California)의 중부를 지나 리오그란데강의 하구까지 동쪽으로 이동하지만, 매년 크게 변한다. 열대의 산에서는 결빙선이 훨씬 더 뚜렷하게 묘사되어 있다. 에콰도르 키토의 높이 2,850m에서는 사실상 서리가 알려져 있지 않다. 식생은 계속해서 꽃을 피우는 열대 상록 식물로 이루어져 있다. 농부는 일 년 내내 농작물을 심고 수

26) 물 분자가 기체(수증기)나 액체(물)의 형태에서 고체(얼음)로 바뀌는 지점을 나타낸다.

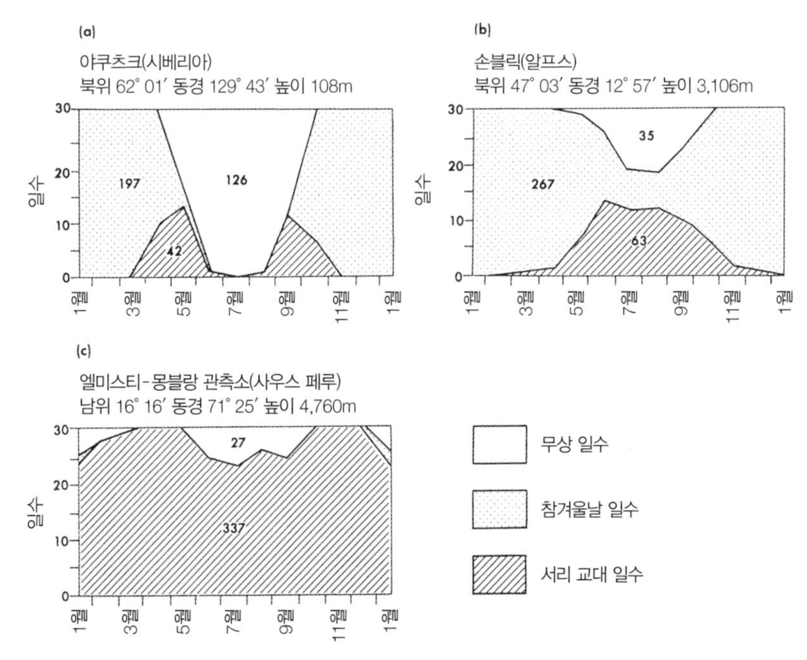

그림 4.18 서로 다른 위도와 고도에서의 동결융해 체계. 무상 일수는 동결작용이 일어나지 않는 날의 수를 나타내며, 참겨울날[27] 일수는 기온이 계속해서 어는점 이하로 내려간 날의 수이다. 그리고 서리 교대 일수는 동결작용과 융해작용 모두가 일어나는 날의 수이다. 이들 중 가장 큰 수가 열대의 산에서 발생한다는 점에 주목하라.(Troll 1958a, pp. 12~13에서 인용)

확한다. 그러나 고도 3,500m에서는 서리가 제한적 요인이 된다(Troll 1968, pp. 19~23). 페루 남부 엘미스티 화산의 4,700m 높이에서는 연중 거의 매일 동결되고 융해된다.

이들 상이한 동결융해 체계 사이의 근본적인 관계는 그림 4.18에 나타

27) 일 최고 기온이 0℃ 미만인 날을 말한다. 얼음이나 서리가 하루 종일 녹지 않는 추운 날을 나타내는 지표이다.

나 있다. 선택된 각 장소의 연평균 기온은 -8℃에서 -2℃로 비슷하지만, 일교차와 연교차는 확연히 다르다. 시베리아 야쿠츠크는 여름에 126일의 무상 일수 기간으로 계절성이 강하지만, 겨울에는 197일 동안 기온이 영하에 머물고 있다. 동결작용과 융해작용은 봄과 가을에 42일 동안 교대로 일어난다. 알프스산맥의 손블릭에서는 겨울이 훨씬 길며(276일) 매우 짧은 여름 동안 언제든지 동결되고 융해될 수 있다. 그러나 엘미스티산에서는 일 년 내내 거의 매일 작용하는 동결융해 체계가 지배적으로 나타나고 있다. 이런 유형의 날씨는 '사철이 봄'으로 특징지어진다. 태양이 매일 아침에 밤의 서리를 녹이고 낮은 꽤 쾌적하다. 12시간의 낮은 봄의 느낌을 더한다(McVean 1968, p. 378). 이들 서로 다른 시스템은 식물과 동물의 생존뿐만 아니라 경관 발달이 크게 대조를 이루는 체계를 제공한다는 것을 알 수 있다.

습도와 증발

수증기는 대기의 5% 이하를 구성하지만 날씨 및 기후와 관련하여 단연코 가장 중요한 단일 요소이다. 이것은 시공간적으로 매우 가변적이다. 수증기는 폭풍우에 에너지를 공급하며, 많은 수증기는 강수를 생성할 수 있는 대기의 잠재력을 나타내는 지표이다. 수증기는 태양으로부터 적외선 에너지를 흡수하여 지구에 도달하는 단파 에너지의 크기를 감소시킨다. 또한 수증기는 기온극값에서 완충재 역할을 한다. 그리고 수증기는 화학적인 반응 속도와 대기의 건조능(drying power)을 조절하기 때문에 생물학적으로도 중요하다.

고도가 높아질수록 대기의 수분 함량은 급격히 감소한다. 따라서 2,000m 높이에서의 대기 수분 함량은 해수면의 약 50%에 불과하고, 5,000m에서

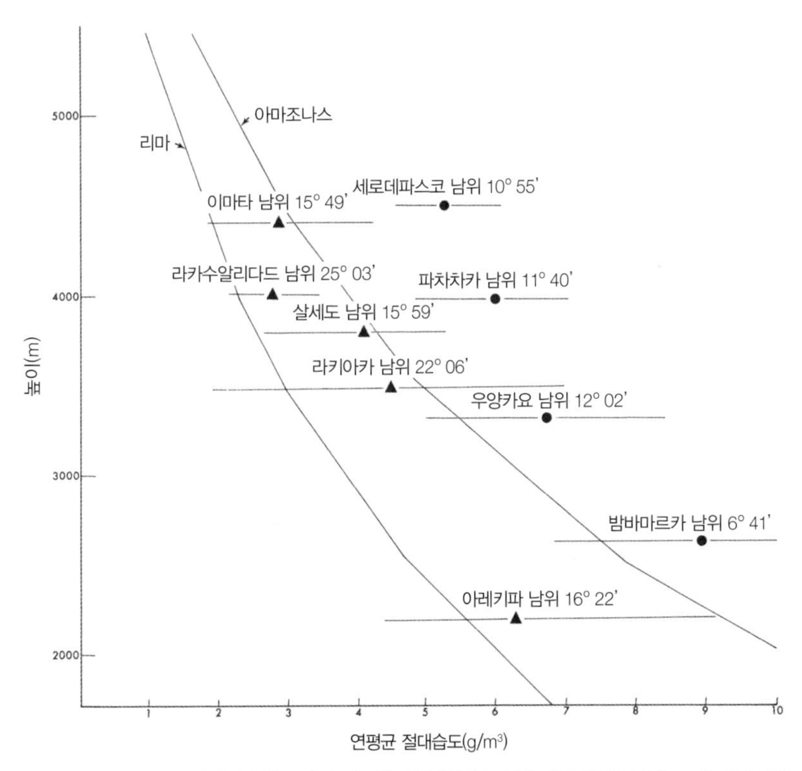

그림 4.19 열대 안데스산맥의 습한 동쪽과 건조한 서쪽에서의 높이에 따른 연평균 절대습도(단위 부피당 수증기 질량, g/m³). 삼각형은 서쪽과 고원의 관측소들을 나타내고, 원은 동쪽의 관측소들을 나타낸다. 수평선은 월평균 절대습도의 연교차 측정치를 나타낸다. 극값은 대체로 우기와 건기를 반영한다. 단면도는 알프스산맥의 관측보고에서 획득한 경험식에 근거한 리마와 아마조나스의 초깃값에 따라 높이의 함수로 계산된 것이다. 열대 관측소 자료는 높이에 따른 수증기 밀도의 감소가 중위도 지방에서보다 덜 두드러진 것을 나타낸다.(Prohaska 1970, p. 3에서 인용)

는 25% 미만이며, 8,000m에서는 해수면의 1% 미만이다(표 4.2). 그러나 이러한 체계 내에서 수분의 존재는 매우 가변적이다. 이는 겨울과 여름 사이, 낮과 밤 사이, 또는 지나가는 구름의 포화 공기가 산봉우리를 뒤덮을 때처럼 불과 수 분 이내 등과 같이 시간적인 기준에도 해당한다. 또한 고위도와 저위도, 해양과 대륙, 산맥의 풍상측과 풍하측, 또는 북사면과 남사면 등과 같이 공간적인 기준에도 해당한다. 고도에 따른 일반적인 수증기 함량의 감소 및 발생하는 수증기 변동은 열대의 안데스산맥 동쪽과 서쪽을 통해 알 수 있다(그림 4.19). 이들 두 환경 사이에서 절대습도의 차이는 일목요연하지만, 이 차이는 높이에 따라 감소하고 아마도 산맥의 상공에서는 모두 사라질 것이다. 서쪽의 이마타, 살세도, 아레키파에서는 수증기 함량이 동쪽에 있는 관측소(세로데파스코, 파차차카, 우양카요, 밤바마르카)의 절반 정도에 불과하다. 아레키파의 수증기 함량과 비슷한 수치가 동쪽(예: 파차차카)에서는 2,000m 더 높은 고도에서 나타난다. 그러나 습윤한 계절 동안, 아레키파의 절대습도는 건조기에 비해 2~3배 더 높을 수 있다. 이는 최대 3,000m의 높이 차이에 해당한다.

고도에 따라 강수가 증가하는 것은 잘 알려져 있기 때문에 고도에 따른 수증기의 감소는 설명하기가 다소 어려워 보일 수 있다. 그러나 이 두 현상은 직접적인 관련이 없다. 강수는 낮은 높이의 (수분 함량이 더 많은) 공기가 낮은 온도 영역으로 강제 상승되기 때문에 발생한다. 강수가 증가하면 산에서는 적어도 한 해의 일부 시기와 특정 높이까지 한층 더 습한 환경이 조성되지만, 결국 건조도가 증가하는 조짐이 나타난다(그렇지만 이것은 낮은 절대습도만큼이나 낮은 기압, 강한 바람, 배수가 양호한 투과성 토양, 강렬한 햇빛 때문에 발생할 수 있다).

높은 고도의 한층 더 심한 건조도는 식물과 동물에서 명백하게 나타나는데, 이들 수많은 동식물은 사막과 관련이 있거나 건조한 환경에 적응해 살고 있다. 코르크나무의 두꺼운 껍질과 밀랍 같은 잎은 고산식물에서 흔히 볼 수 있다. 야생양과 산양 및 이들의 사촌인 라마, 과나코, 알파카, 샤무아, 아이벡스(ibex)는 모두 적은 수분만으로도 오랫동안 살아갈 수 있다.

높은 경관에서는 지형학적으로 풍성[28] 과정이 충적 과정보다 상대적으로 더 중요하고, 수분의 낮은 가용성은 토양 발달에 반영된다. 표면에 염분 집적과 건조 균열이 나타나는 경우가 많다. 에베레스트산의 등반가들이 보고한 생리적 스트레스 중 하나는 목의 건조함과 일반적인 탈수이다. 강렬한 햇빛과 맑고 건조한 공기를 활용하기 위해 고산지역에 건립된 요양 시설은 앞서 언급한 바 있다(Hill 1924). 자연 건조한 고기는 엥가딘 고지의 향토 요리이며, 페미컨[29]과 육포는 모두 북아메리카 서부의 산맥에서 중요했다. 안데스산맥의 주민들에게는 예로부터 전해오는 3,000m 이상의 매우 건조한 공기에서 말린 감자(추뇨 chuño)를 생산하기 위한 특별한 방법이 있다. 높은 고도의 영구 취락은 명백히 이러한 식품 저장 기술의 발달에 달려 있다(Troll 1968, p. 32). 죽은 사람들을 미라화하는 풍습은 안데스산맥과 캅카스산맥에서 행해졌다.

고도가 높아질수록 절대습도가 낮아져 건조해지는 경향은 높이에 따라 증발속도가 더 빨라지는 것을 나타낸다. 하지만 이것은 사실이 아닐 수도 있다. 몇몇 초기 연구는 높이에 따라 증발이 증가하는 것을 나타내지만, 이들은 대부분 경험적이거나 단기간의 관찰에 기초한 것이었다(Hann 1903; Church 1934, Matthes 1934; Peattie 1936). 예를 들어 마테스(Mattes, 1934)는 캘리포니아주 시에라네바다산맥 3,600m 이상 높이의 설원에서 옴폭 들어간 지표면(선컵sun cup[30])의 개발을 논의하면서, 이 높이에서는 융해

28) 바람의 작용 또는 그 효과에 해당하는 사항을 말한다.
29) 말린 쇠고기에 지방과 과일을 섞어 굳힌 인디언의 휴대 식품이다.
30) 고지대에 쌓인 눈이 증발하면서 컵 모양으로 파인 자국을 말한다. 만년설의 표면에 작게는 2~3cm, 크게는 60~70cm 또는 그 이상의 여러 가지 크기와 형태로 패여 있는 구덩이다. 태양의 복사열에 의해 생긴다 하여 선컵(sun cup)이라고 한다.

작용이 일어나지 않기 때문에 소모[31](눈과 얼음이 점점 줄어드는 결합된 과정)가 전적으로 증발에 의해 발생한다고 기술하고 있다. 비슷한 결과가 캘리포니아주 화이트산맥의 고산지대에 대한 최근의 연구에서도 보고되었다(Beatty 1975). 그러나 동일한 지역에서의 다른 연구에 따르면 증발은 전체 소모의 10%를 초과하지 않는 것으로 나타났다(Kehrlein et al. 1953). 이들 관측치 중 어떤 연구결과를 더 일반적인 것으로 받아들이든 간에, 이들 특정 고산지역은 만약 유일무이하지 않다면 예외적으로 건조한 환경으로 높은 태양 강도, 강한 바람, 지속적인 영하의 기온이 나타난다는 점에 유의해야 한다. 다른 지역의 설원과 빙하에 대한 수많은 조사 대부분은 전체 소모에서 증발이 비교적 중요하지 않은 것을 보여주는 경향이 있다. 어떤 경우에는 증발이 열을 빼앗기 때문에 증발은 실제로 소모를 방해할 수 있다(Howell 1953; Martinelli 1960; Hoinkes and Rudolph 1962; Platt 1966). 또한 미국 서부의 서로 다른 고도에서 측량접시(measurement pans)와 호수의 증발에 대한 장기간 연구는 증발이 높이에 따라 감소하는 것을 보여주고 있다(Shreve 1915; Blaney 1958; Longacre and Blaney 1962; Peck and Pfankuch 1963)(그림 4.20).

자연환경에서 증발 및 증발을 조절하는 인자들은 대단히 복잡하게 얽혀 있다(Horton 1934; Montieth 1965; Gale 1972; Miller 1977). 증발속도는 온도, 태양 강도, 기압, 이용 가능한 물의 양, 공기의 포화도, 그리고 바람에 따라 달라진다. 증발속도를 측정하는 데 문제가 되는 것 중 하나는 수분의 가용성이다. 호수나 증발접시[32]에서 이용 가능한 수분이 모든 실용적인

31) 빙하에서 질량에 의해 설빙이 없어지는 것을 말한다. 얼음이 녹아 물로 흘러내려 없어진다. 공기가 건조한 경우에는 직접 수증기로 변해서 없어지는 경우도 많다.

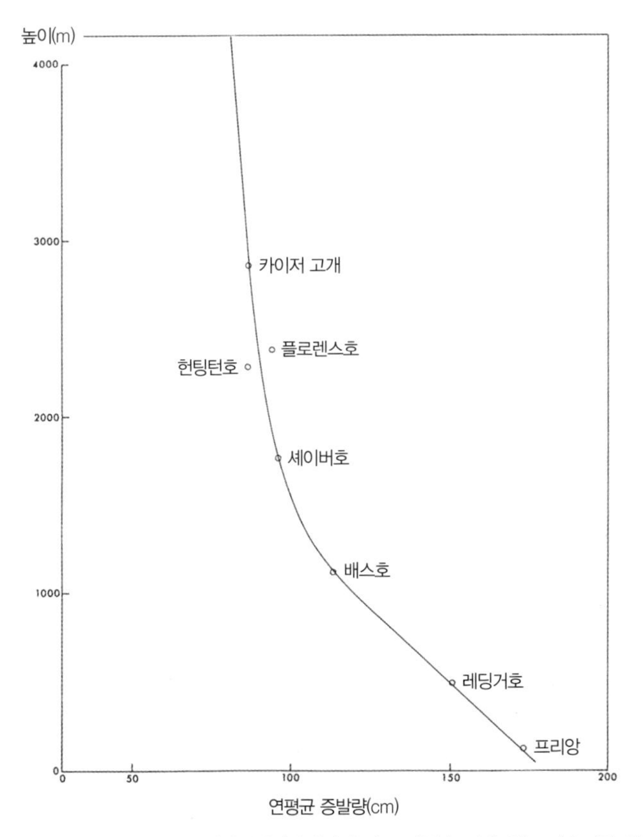

그림 4.20 캘리포니아주 중부의 시에라네바다산맥에서 서로 다른 높이에 있는 저수지의 연평균 증발량(출처: Longacre and Blaney 1962, p. 42)

목적에서는 무제한이지만, 이것은 높은 산의 지표면 대부분에는 해당하지 않는다. 강우량은 일반적으로 다공성 토양을 통한 배수나 급경사면의

32) 가장 일반적인 방법으로 가능증발산을 직접적으로 측정하는 데 사용하는 것으로, 증발량을 측정하기 위하여 지름 20cm, 깊이 10cm(소형) 또는 지름 120cm, 깊이 25cm(대형)의 원통형 용기를 말한다.

유출에 의해 지표면으로 소실된다. 그 결과, 증발접시에서 측정된 비율이 얼마나 크든 간에 증발에 이용할 수 있는 수분이 지표면에 거의 없는 경우가 많다. 이러한 이유로 증발의 결정, 즉 식물과 토양 표면 모두에서 대기로의 물 손실은 점점 더 매력적인 접근법이 되고 있다(Thornthwaite and Mather 1951; Tanner and Fuchs 1968; Rao et al. 1975). 불행히도 고산 환경에서 증발산량에 대한 측정은 거의 이루어지지 않았다(Terjung et al. 1969a; Le Drew 1975).

고도에 따른 증발의 감소를 제어하는 가장 중요한 단 하나의 요인은 증발 표면의 온도와 수면 바로 위에 있는 공기의 온도이다. 높은 고도에서 태양에 노출된 토양 표면이 예외적으로 높은 온도에 도달할 수 있는 것은 사실이지만, 이것은 매우 가변적인 조건이다. 태양 강도가 높고 토양 온도가 높은 최고기에는 증발 가능성이 상당히 높으며, 바람이 불 때는 특히 더 높을 수 있다. 그러나 일반적으로 높은 고도의 낮은 기온은 감소하는 수증기 함량과 하강하는 기압을 보충하기에 충분하므로 수증기압 경도는 마찬가지로 감소한다. 바꾸어 말하면, 상대습도(어느 온도에서 대기가 보유할 수 있는 최대 수증기량에 대한 실제 수증기량의 비율)는 온도가 내려갈수록 증가하며, 증발속도를 실제로 결정하는 것은 바로 상대습도이다. 이는 사하라 사막의 대기 중 수증기 함량이 여름의 맑은 날씨 동안 로키산맥 상공의 수증기 함량보다 2~3배 더 많다는 놀라운 사실에서 잘 드러난다. 그러나 사하라 사막의 기온이 더 높기 때문에, 상대습도는 로키산맥의 40~60%에 비해 보통 20~30%를 넘지 않는다. 결과적으로, 사하라 사막에서는 실제 수증기가 더 많이 있음에도 불구하고 증발속도는 로키산맥의 경우를 훨씬 능가한다.

온도와 상대습도는 반비례 관계이다. 이것은 낮과 밤 동안 그리고 다양

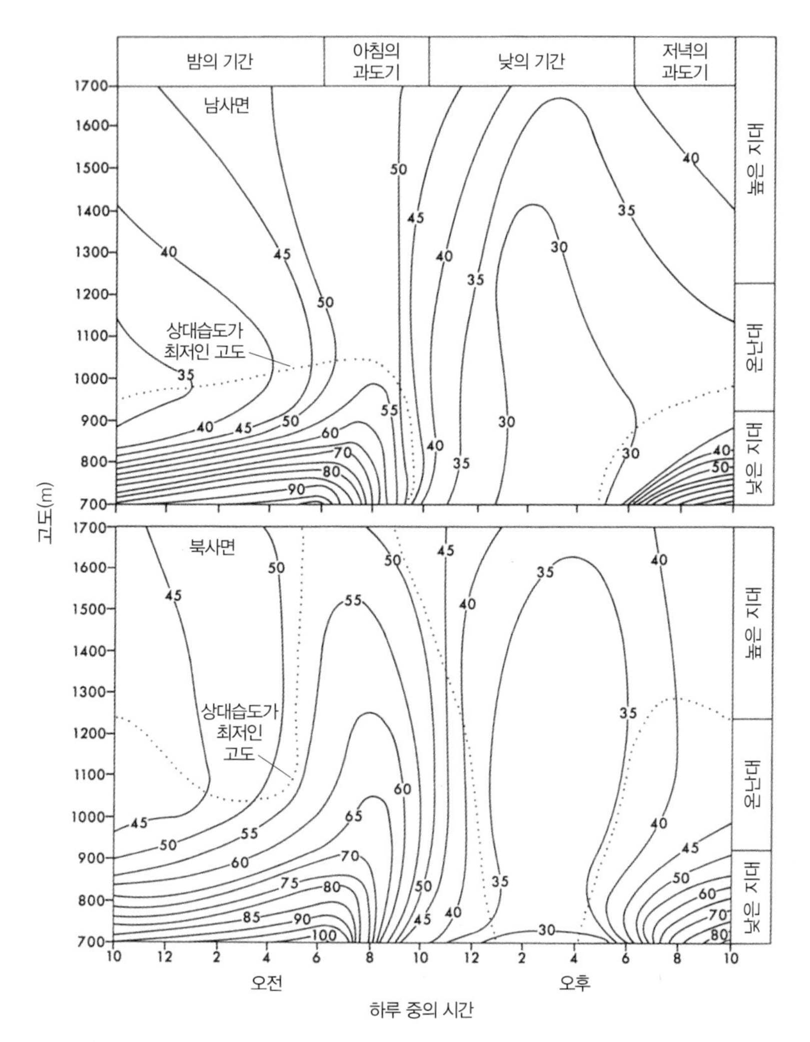

그림 4.21 아이다호주 북부 산맥의 숲이 우거진 북사면과 남사면에서 8월 동안 고도에 따른 상대습도의 변화에 대한 도식적 표현. 점선은 24시간의 주기 동안 서로 다른 시간에 상대습도가 최저인 고도를 나타낸다. 최고 상대습도와 최저 상대습도 모두 곡저에서 발생하며, 여기서 또한 최고 기온극값도 발견되는 점에 주목하라.(Hayes 1941, p. 17에서 인용)

한 노출 사면의 산을 비교해보면 알 수 있다(그림 4.21). 가장 큰 차이는 북반구의 남사면에서 발생한다. 높은 기온이 우세한 낮 동안에는 상대습도가 곡상에서 가장 낮지만, 높이에 따른 상대습도의 차이는 거의 없다. 밤에는 계곡에서 발달하는 기온역전 때문에 기온이 낮아지고 상대습도가 높아져 상당한 대조를 이루게 된다. 가장 낮은 상대습도는 기온역전 바로 위에서, 즉 온도가 더 높은 온난대에서 발생한다(Hayes 1941). 두 사면 사이의 상대습도 차이는 높이에 따라 점차 감소한다.

또한 국지풍 순환은 수증기 함량에 크게 영향을 미칠 수 있다. 하강하는 공기는 건조한 공기를 위에서 가져오는 반면에, 상승하는 공기는 습한 공기를 아래에서 위로 운반한다. 밤에는 차가워진 공기가 배기를 통해 내려가는 경향이 있지만 낮에는 사면이 따뜻해지고 공기가 상승한다. 이러한 조건에서는 기온과 상대습도의 정상적인 반비례 관계가 무시될 수 있다. 밤에는 산 정상의 공기가 서늘하지만 하강하는 공기의 움직임은 상대습도를 낮춘다. 하지만 낮 동안에 기온이 상승하고 상대습도가 보통 낮아질 때 곡풍이 산비탈을 따라 습한 공기를 위로 운반하기 때문에 실제로 상대습도는 높아질 수 있다. 이것은 종종 오후에 구름과 강수를 초래한다(Schell 1934).

강수

고도에 따른 강수의 증가는 잘 알려져 있다. 관련된 지형이 작은 언덕에 불과할지라도, 이것은 세계의 모든 나라에서 입증된다. 수많은 지역에서 동일한 강수를 선으로 나타낸 등강수량선도(isohyetal map)[33]는 등고선으로 이루어진 지형도와 매우 유사한 것으로 보일 것이다. 물론 강수 지도의 기초가 되는 대부분의 자료는 불충분하므로 특히 기복이 심한 지역에서는 상당한 내삽이 필요할 수 있다(Peck and Brown 1962). 산속이나 주변의 다른 자연현상들과 마찬가지로 강수의 큰 변화는 가까운 지역 안에서 일어난다. 한쪽 사면은 지나치게 습한 반면에, 다른 사면은 상대적으로 건조할 수 있다. 이런 점에서 '습한 홀(wet hole)'과 '건조한 홀(dry hole)'이라는 용어가 자주 사용된다. 와이오밍주의 잭슨홀(Jackson Hole)은 그랑 테턴산의 기저부에 있는 보호 구역에 위치해 있다. 이 산맥은 강수량이 1,400mm나 되지만, 불과 16km 떨어진 잭슨홀의 강수량은 380mm이다.

강수가 항상 지형과 일치하는 것은 아니다. 경우에 따라 최대강수는 산기슭에서 또는 산비탈보다 앞에서 나타날 수 있다(Reinelt 1968). 일부 지역과 특정 조건에서는 강우가 인근의 산맥보다 계곡에 더 많이 내릴 수 있다. 높은 고산지역에서는 강수가 어떤 높이를 넘어서는 실제로 감소할 수 있으며, 낮은 사면보다 산봉우리에서 강수가 더 적게 내리는 경우도 있다. 지형의 고도, 방향, 배치에 따른 서로 다른 높이에서의 풍향, 온도, 수분함량, 기단의 깊이와 상대적 안정도는 모두 강수의 위치와 강수량을 결정하는 데 기여하는 요인이다.

고도에 따라 강수가 증가하는 가장 근본적인 이유는 지형이 공기의 이동을 방해하고 공기의 상승을 유발하기 때문이다. 이것은 산악 효과[34]로 알려진 복잡한 과정의 일부분이다. 산악(orographic)이라는 용어는 '산'과 '기술하다'를 뜻하는 그리스어 'oros'와 'graphein'에서 유래한다. 공기의 강제상승은 산맥의 방향이 탁월풍에 수직으로 향해 있을 때 가장 효과적이다.

33) 강수량이 같은 지점을 이은 선을 등강수량선이라고 하고, 이것을 그림으로 나타낸 것을 등강수량선도라고 한다. 강우량은 지형의 영향을 많이 받기 때문에 이를 주의하여 도시해야 한다.
34) 기상요소의 변화가 평지와는 다르게 나타나는데, 지형이 기상에 미치는 영향을 말하며, 특히 우리나라와 같은 지형에서는 농업과 관련하여 매우 중요하게 다루어야 할 분야이다.

사면이 더 가파르고 더 많이 노출될수록 공기는 더 빠르게 상승하도록 강제될 것이다. 공기가 산맥을 넘어가는 과정에서 위로 치올려지면 공기는 팽창하고 기온이 낮은 높은 고도의 대기와 접촉함으로써 냉각된다. 수분을 보유하는 공기의 능력은 주로 온도에 달려 있다. 즉 따뜻한 공기는 차가운 공기보다 훨씬 더 많은 수분을 보유할 수 있다. 대기 중의 기온, 기압, 흡습성 핵[35]의 존재는 수증기를 대기의 하층부에 집중시키는 경향이 있다. 이것은 구름 대부분이 9,000m 아래에서 발생하는 이유이며, 또한 이보다 더 높은 곳에서 발달하는 구름이 일반적으로 얇고 얼음 입자로 이루어져 있으며 강수가 거의 또는 전혀 나타나지 않는 이유이다.

공기가 수분을 최대한 많이 포함하고 있을 때(상대습도가 100%일 때) 포화 상태라고 한다. 응결은 포화된 공기에서 일어나는 일반적인 과정이며, 응결이 일어나는 온도를 이슬점이라고 한다. 지면의 응결 형태, 즉 안개, 서리, 이슬은 지표면과 접촉하는 공기의 냉각에 의해 발생하지만, 자유대기, 즉 구름의 응결은 상승하는 공기에 의해서만 발생할 수 있다. 그러므로 구름을 형성하고 강수를 만드는 실마리는 공기를 상승시키는 것이다. 공기의 상승은 여러 가지 방법 중 하나로 인해 발생할 수 있다. 구동력은 대류일 수 있다. 태양은 지구 표면을 따뜻하게 하고, 따뜻한 공기는 보통 아침 중반 무렵에 구름이 형성되기 시작할 때까지 상승한다. 이러한 구름은 상대적으로 온난하고 습한 공기가 아래로부터 공급되면서 상승하기 때문에 커다란 크기로 발달할 수 있으며, 결국 구름 내부의 수분 함량이 너

35) 흡습성은 수증기를 흡수하는 능력이 있거나 혹은 수증기를 흡수하여 물리적인 특성이 변하는 성질을 말한다. 흡습성 핵은 이런 능력을 가지고 있는 입자를 말한다. 이들 입자는 구름 씨앗으로 작용하여 구름의 입자로 커진다.

무 높아지면 강수로 배출된다. 대류성 강우는 습한 열대지방에서 가장 잘 나타나지만 모든 기후에서 발생한다. 또한 공기는 저기압성 폭풍우의 통과로 인해 상승하도록 강제될 수 있다. 즉 온난전선이나 한랭전선은 기계적으로 공기를 치올리고 냉각시킬 수 있다. 이것은 주로 중위도 지방에서 일어난다. 이들 두 과정 모두 산의 존재 없이 일어날 수 있지만, 산에 의해 그 효과가 크게 증가하거나 감소한다. 예를 들어, 지나가는 폭풍우는 평원지역에 일정량의 강수를 내릴 수 있지만, 폭풍우가 산맥에 도달했을 때 강수는 전형적으로 풍상측에서 몇 배나 더 증가하여 내리는 반면에, 풍하측에서는 일반적으로 현저히 감소하여 내린다.

세계 강수의 분포와 산의 위치를 비교해보면 산의 심오한 영향을 알 수 있다. 폭우가 쏟아지는 거의 모든 지역은 지형과 연관되어 있다. 일반적으로 2,500mm 이상이 내리는 열대지방 외부의 지역과 5,000mm 이상이 내리는 열대지방 내부의 지역은 산에 의해 영향을 받는 기후를 경험하고 있다. 아삼의 체라푼지, 하와이 와이알레알레산, 워싱턴주의 올림픽산맥은 일찍이 사례로 제시되었다. 또한 다른 많은 곳들을 추가할 수 있다. 즉 서아프리카의 카메룬산, 인도의 서해안을 따라 솟아 있는 고츠산맥, 스코틀랜드의 하일랜드, 자메이카의 블루마운틴스산맥, 유고슬라비아의 몬테네그로, 뉴질랜드의 서던 알프스산맥 등이다. 이 목록은 계속 이어질 수 있다. 또한 이 반대의 경우도 마찬가지인데, 이들 산맥 각각의 풍하에는 강수가 급격히 감소하는 비그늘이 있다. 고츠산맥 서부에서는 5,000mm 이상의 강수가 내리지만 풍하측인 데칸고원에서는 평균 강수량이 단지 380mm에 불과하다. 스코틀랜드 하일랜드의 풍상측 사면에서는 4,300mm가 넘게 내리지만, 머리만(Moray Firth) 주변의 저지대에서는 강수량이 600mm로 감소한다. 자메이카 북동쪽에 위치하며 무역풍을 마주하는 블루산맥에서는 5,600mm 이상의 강수가 내리는 반면에, 풍하에서 56km 떨어진 킹스턴에는 강수가 780mm밖에 내리지 않는다(Kendrew 1961, p. 516). 그러므로 산은 강수량을 증가시킬 뿐만 아니라 강수량을 감소시키는 반대의 효과를 가져온다. 산악기후학의 고전적인 질문 중 하나는 산의 존재가 지구상에 내리는 총강수량을 증가시키는지 아니면 감소시키는지의 여부이다. 대안은 평탄한 지표면으로, 단조로움을 배제하기 위해 해안선만을 포함시킨다. 모든 것을 감안할 때, 일반적으로 산은 강수를 증가시킨다고 생각되지만, 이 질문은 거의 철학적인 것이다(Bonacina 1945).

공기가 산비탈 위로 이동하여 구름과 강수를 만드는 것은 단순히 바람 때문일지도 모르지만, 대류 및 전선 활동과 관련이 있다. 상승하는 공기는 이슬점에 도달하여 응결이 발생할 때까지 300m마다 3.05℃의 비율(건조단열감율)로 냉각된다. 이후에 대기는 응결잠열의 방출로 약간 더 낮은 비율(습윤단열감율)로 냉각될 것이다. 공기가 치올려지자마자 상대습도가 높으면 포화 상태에 도달하는 데 약간의 냉각만 필요할 수 있지만, 상대습도가 낮으면 이슬점에 도달하지 않고 상당한 거리를 더 치올려지게 될 수 있다. 반대로 공기가 따뜻하면 이슬점에 도달하는 데 상당한 냉각이 필요한 경우가 많지만, 그 후에 엄청난 양의 강우가 내릴 수 있는 반면에, 차가운 공기는 보통 이슬점에 도달하는 데 약간의 냉각만이 필요하지만 강수는 훨씬 더 적게 내린다. 공기가 산맥을 넘어간 후에는 강수가 중단되고(또는 적어도 감소하고) 그런 다음 공기는 강제로 하강할 수 있다. 공기는 하강하면서 이제 압축되어 더 온난해진 공기로 이동하기 때문에 초기에 냉각되었던 것과 같은 비율, 즉 300m마다 3.05℃의 기온감률로 가열된다. 물론 이러한 조건은 강수에 도움이 되지 않는다.

산악 효과는 다음과 같은 몇 가지 뚜렷한 과정을 포함한다. 즉 (1) 강제 상승, (2) 폭풍우의 저지(또는 지연), (3) 방아쇠 효과, (4) 국지적인 대류, (5) 응결 과정이다.

강제 상승

강제 상승은 산에서 가장 중요한 강수 과정으로 보인다. 결국, 강우는 고도에 따라 증가하여 풍하의 사면보다 풍상에서 더 많이 내린다. 이 과정은 수분을 포함한 바람에 비스듬히 맞서 있는 캐스케이드산맥과 같은 해안의 산에서 가장 뚜렷하게 볼 수 있을 것이다. 물론 그 밖의 다른 과정들도 총강수에 기여하며, 이들 사이의 구분은 어렵다. 강제 상승으로 발생한 강우의 양과 분포를 엄격히 설명하기 위해서는 세 가지 서로 다른 관점에서 대기의 조건을 고려할 필요가 있다(Sawyer 1956; Sarker 1966). 첫 번째는 산맥을 가로지르는 기단의 특성, 즉 기단의 깊이, 안정도, 수분 함량, 풍속, 방향 등을 결정하는 대규모 종관(綜觀) 패턴이다. 두 번째는 구름의 미시적 물리학이다. 흡습성 핵의 존재 및 물방울의 크기와 온도는 강수가 비로 내릴지 또는 눈으로 내릴지 아니면 지상에 도달하기 전에 증발할지를 결정할 것이다. 그리고 세 번째, 가장 중요한 것은 산과 관련한 공기의 움직임이다. 바람이 산을 넘어 부는가, 아니면 산을 돌아 부는가? 이것은 각각의 높이에서 기단이 어느 정도의 깊이와 규모로 치올려지게 되는지를 결정할 것이다. 예를 들어, 공기가 모든 높이에서 동일한 크기로 치올려진다고 가정하는 것은 현실적이지 않다. 이들 문제에 대한 해결책은 대기물리학과 역학적 모델의 구성과 관련되어 있다(Myers 1962; Sarker 1966, 1967).

가장 간단한 시스템은 해안의 산악 시스템이다. 수분을 포함한 바람은 주로 바다에서 불어오고 낮은 높이에서 접근하기 때문에, 그 결과로 초래된 강수는 분명히 지형에 기인한 것이다. 산맥의 방향이 탁월풍과 평행하게 위치하며, 그리고/또는 전선계[36]가 치올림에 저항하는 지역에서도 강수가 예외적으로 발생할 수 있다. 예를 들어 캘리포니아주 남부의 샌타이네즈산맥과 샌가브리엘산맥보다 로스앤젤레스 해안 저지대에서 종종 강수가 더 많이 내리는 경우가 있다. 산악 조건이 강수에 영향을 미치는 것은 접근하는 기단이 불안정한 경우에만 증가한다. 강수는 전적으로 전선성 치올림에 기인하는데, 바람은 안정된 조건에서 단순히 (동-서 방향의) 산맥을 돌아서 흐르기 때문에, 유의미한 산악 치올림은 없다. 이러한 조건에서 산맥에서의 강수량은 저지대보다 적은 것으로 보인다. 그 이유는 얕은 구름의 발달은 높은 육지에 도달하기 전에 강수 입자가 떨어지는 깊이만큼이나 강수 입자가 구름 방울과의 충돌과 병합에 의해 성장하도록 허용하지 않기 때문이다.

이 상황은 내륙의 고도가 높은 지역에서는 훨씬 더 복잡해진다. 이곳에는 두 개 이상의 발원지역[37]이 있고 폭풍우가 대기의 다양한 높이에서 이 지역으로 들어간다. 이러한 상황은 유타주의 워새치(Wasatch)산맥에 존재한다(Williams and Peck 1962; Peck 1972a). 이 지역의 강수가 변동성이 매우 크다는 것은 오래전부터 알려져 왔다. 이 계곡에는 어떤 폭풍우나 계절의 시기에 산맥보다 더 많은 양의 강수가 내릴 수 있다(Clyde 1931). 그러나 수년 동안의 평균은 고도가 높아지면서 강수가 증가한다는 것을 보여준다(Price and Evans 1937; Lull and Ellison 1950). 계곡에 강수가 더 많은 것

36) 일반적으로 지상일기도에 표현되는 전선의 계열을 말하며, 저기압의 발달 단계에 따라 정체전선, 온난전선, 한랭전선, 폐색전선 등의 계열이 있다.

37) 기단의 발생지로서 주로 대륙과 대양이 이에 해당한다. 발원지역은 기단의 성질을 결정하는 역할을 한다. 기단이 발원지역에서 이동하는 경우 경로에 따라 원래의 성질이 없어지고 변질하게 되는데, 이를 기단변질이라고 한다.

은 특정 종관 상황, 특별히 상층일기도에서 '한랭 저기압'이 관측되는 상황과 분명히 관련이 있다. 이들은 500mb 기압도, 즉 약 5,500m 높이에서 닫힌 저기압으로 발생하며, 일반적인 한랭전선의 강수나 온난전선의 강수에서는 표시되지 않는 공기의 대규모 위쪽(연직) 이동과 관련이 있다. 이러한 조건에서 강수는 다른 폭풍우 유형에 비해 산의 치올림에 대한 종속성이 상대적으로 적은 상태에서 발생할 수 있다(Williams and Peck 1962).

폭풍의 저지 작용

산은 전선계의 자유로운 이동을 지연시키거나 방해함으로써 강수를 증가시킬 수 있다. 폭풍우는 종종 수일 내지 수 주 동안 지속되고 끊임없이 폭우를 만들어낸다. 이것은 높은 장벽의 산이 있는 중위도 지방에서 가장 잘 나타난다. 겨울 폭풍우는 캐스케이드산맥과 알래스카만에서 놀라운 지속성으로 오래 머무른 후에야 산을 넘거나 또 다른 온난전선으로 대체된다. 그레이트플레인스에서는 이동에 어떤 제한도 없으므로 비슷한 성격의 폭풍우가 훨씬 더 빠르게 이동한다. 알프스산맥을 둘러싼 국가들은 폭풍 차단과 관련하여 이상적인 위치에 있다. 스위스에는 때때로 여름 동안 계속되는 집중호우가 발생한다(Bonacina 1945). 알프스산맥과 아펜니노산맥 사이의 이탈리아 북부에 지속적으로 내리는 집중호우는 알프스산맥이 한 대기단을 차단하는 것으로 야기된 '풍하저기압'과 관련되어 있다(Grard and Mathevet 1972). 테니슨의 시 「데이지(The Daisy)」는 롬바르드의 전설적인 봄비와 겨울비를 연상시킨다.

> 우리가 롬바르드 평원을 횡단하였을 때
> 얼마나 지독한 비였는지 기억하라.

방아쇠 효과

지금까지 거의 언급하지 않았지만, 강수의 양에 영향을 미치는 한 가지 중요한 변수는 대기의 안정, 즉 연직 변위에 대한 저항이다. 이것은 주로 온도에 의해 조절된다. 산에서는 밤에 종종 그러하듯이 낮은 기온감률, 즉 300m마다 1.4℃ 미만이면 대기는 안정 상태이다. 낮에는 태양이 사면을 따뜻하게 하여 지표면의 공기가 가열되면 기온감률이 증가하고 공기는 상승하는 경향이 있어 오후 구름이 자주 생성된다. 기온감률이 300m마다 3.05℃의 건조단열감률을 초과할 경우 절대 불안정 상태가 된다. 이러한 조건에서는 심지어 지형에 의한 공기의 약한 치올림마저도 그 자체가 스스로 계속해서 치올려지도록 '방아쇠작용'을 하는 데 충분할 수 있다. 그런 다음 공기가 응축잠열의 방출을 통해 그 자체에 공급되기 시작하면, 상당한 강수를 생성할 것이다(Bergeron 1965; Thornthwaite 1961). 이러한 효과의 결과로 습한 불안정 기단의 경로에 있는 작은 언덕에서는 종종 의외로 매우 많은 강수가 내리지만, 산악지(orography)의 측면에서 언덕의 역할은 미미하다.

국지적인 대류

구름은 보통 낮에 산 위에 형성된다. 특별히 여름철 밤과 이른 아침은 맑지만, 아침 중반에는 구름이 형성되기 시작하고 종종 뇌우, 우박, 비로 절정에 이른다. 산은 주변의 저지대와 거의 동일한 기온으로 따뜻해질 수 있기 때문에 낮에 높은 열섬의 역할을 한다. 그 결과, 어느 주어진 고도에서의 공기는 계곡 위에서보다 산 위에서 훨씬 더 따뜻하다. 따라서 산봉우리 위의 기온감률은 주변의 자유대기보다 상당히 높으므로 활발하게 상승하는 공기를 초래한다. 글라이더 조종사들은 이 사실을 오랫동안 이용해왔다(Scorer 1952, 1955; Ludlam and Scorer 1953). 반면에, 항공기 조종사들은 산 위의 불안정한 공기와 관련된 난류를 피하기 위해 모든 노력을 기울인다(Reiter and Foltz 1967; Colson 1963, 1969).

아마도 가장 열심히 연구된 산지의 대류 현상은 애리조나주 산타카탈리나(Santa Catalina)산맥과 샌프란시스코에서 발견되는 현상일 것이다. 수많은 연구가 산 위의 대류 및 적운의 시작과 발달 과정을 추적해왔다(Braham and Draginis 1960; Orville 1965; Fujita 1967). 그림 4.22는 이른 아침부터 오전 중반까지 산타카탈리나산맥의 온도와 수분 함량의 변화를 보여준다. 남사면이 북사면보다 열대류가 상당히 더 활발하다는 점에 유의한다. 이 특별한 날에 구름의 기저부는 약 4,500m 높이에 있었으며, 그래서 태양은 차단되지 않고 계속해서 사면을 비추어 열대류를 일으킬 수 있었다(Braham and Draginis 1960, p. 2).

구름 기저부의 높이는 산에서의 대류 발달에 매우 중요한데, 일단 태양이 차단되면 태양 가열의 양(+)의 효과가 사라지기 때문이다. 구름 기저부의 높이는 캘리포니아주의 샌가브리엘산맥에서 볼 수 있듯이 강수의 분포에도 매우 중요하다(이 책 193~195쪽 참조). 명백하게, 구름의 기저부가 겨울에 보통 그런 것처럼 산봉우리 높이 아래에 있다면, 강제 상승이 일어날 때 구름의 성장 및 강수는 주로 풍상측에서 일어날 것이다. 그러나 여름에는 대류 구름의 기저부가 일반적으로 훨씬 더 높다.

산은 낮에 구름을 발생시키지만 밤에는 구름이 소산되도록 한다. 여름의 낮 동안, 구름은 전형적으로 산봉우리 위에 형성되어 뇌우를 발생시키고 국지적으로 호우를 내린다(Fuquay 1962; Baughman and Fuquay 1970). 이것은 콜로라도주 로키산맥의 기저부에서 일어나는 경우 그 과정이 상세히 알려져 있는데, 이곳에서 프런트산맥의 높은 산봉우리는 천둥과 우박

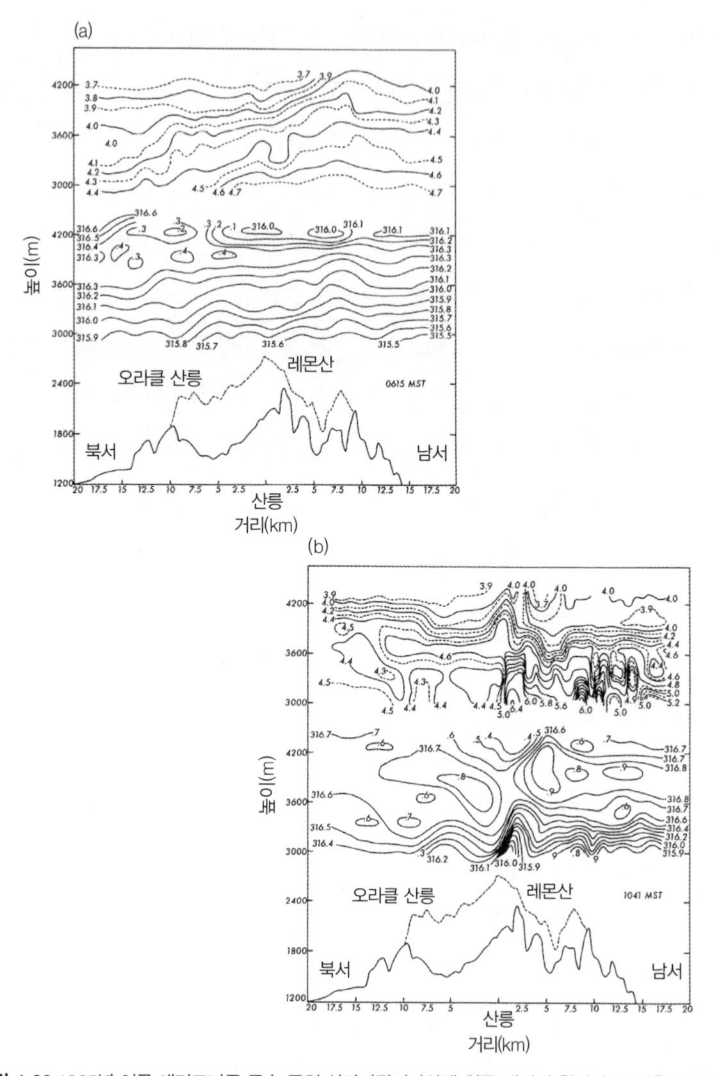

그림 4.22 1965년 여름 애리조나주 투손 근처 산타카탈리나산맥 위쪽 대기의 횡단면도. 계측기를 장착한 비행기가 이 산맥을 횡단하는 방식으로 측정했다. 단면도는 오전 6시 15분(a)에서 오전 10시 41분(b) 사이에 서로 다른 고도의 혼합비(습도 측정치) 변화(위)와 온도(°K) 변화(아래)를 보여준다. 해가 비추는 동안 상당한 온난화, 증가한 습도 및 증가한 대기의 불안정에 주목하라. 이는 특별히 산맥의 남쪽에서 현저하다. 이것은 대류성 치올림과 구름 형성, 그리고 산 위의 국지적인 강수로 이어진다.(출처: Braham and Draginis 1960, pp. 2~3)

이 시작될 때 "가열된 굴뚝 효과"를 가져온다(Harrison and Beckwith 1951; Beckwith 1957). 나는 덴버에서 샤이엔(Cheyenne)까지 운전하면서 이런 폭풍우를 경험한 적이 있다. 이른 오후 우박이 너무나 맹렬하게 쏟아져 우리는 차를 세워야 했다. 불과 몇 분 만에 도로는 온통 2~3cm 크기의 우박으로 뒤덮였다. 나는 우박과 뇌우가 흔한 중서부 지방에서 자랐지만, 당시 산악 우박의 강도에 필적할 만한 우박을 그전이나 그 후에 한 번도 경험해 본 적이 없다.

프런트산맥에서 시작된 구름과 뇌우는 종종 동쪽으로 흘러가 평원으로 이동하면서 계속해서 발달하고 국지적으로 매우 많은 강수를 생성한다. 애리조나주 플래그스태프 북부 샌프란시스코산맥에서의 한 연구에 따르면, 산지에서 떠내려온 이후에 구름의 부피는 10배 정도까지 크게 증대할 수 있다고 한다(Glass and Carlson 1963). 이 지역에서 관측된 구름의 대부분은 작은 적운으로 습한 상승 공기의 공급이 일단 제거되면 결국 소산되지만, 커다란 적란운은 산맥으로부터 독자적으로 스스로를 유지할 수 있었고 어느 정도 떨어진 곳에서는 폭풍우를 일으킬 수 있었다. 후지타(Fujita, 1967)는 이들 산을 둘러싸고 있는 지름 약 24km의 강수가 적은 고리형 구역과 함께 그 바깥에 강수가 많은 고리형 구역이 있다는 것을 발견했다. 강우가 낮에는 산맥에 내리지만, 밤에는 저지대에 내리는데, 산맥은 이때 상대적으로 한랭하기 때문이다. 산맥 위의 기류에 의해 생성된 파의 작용으로 인한 "후류 효과(wake effect)"는 안쪽에 강수가 적은 고리형 구역을 형성하는 일부 원인이 될 수 있다(Fujita 1967). 비슷한 현상이 로키산맥에 인접한 그레이트플레인스에서 일어나는데, 이곳에서는 이른 저녁에 뇌우 활동이 두 번째로 절정에 이른다(Bleeker and Andre 1951).

이러한 야간의 뇌우 발달에서 산의 역할을 완전히 이해할 수는 없지만,

몇 가지 흥미로운 추측을 해볼 수는 있다. 예를 들어, 어떤 사람들은 특정한 상황에서 산비탈의 가열이 증가하면 적거나 많지 않은 강수로 이어질 수 있다고 믿는다(Lettau 1967). 야간의 번개와 뇌우가 특징인 그레이트플레인스와 페루 안데스산맥 서쪽의 해안사막에서의 연구는 이들 번개와 뇌우가 국지적인 순환 시스템의 발달로 인해 야기될 수 있다는 것을 암시한다. 이 순환 시스템에서 공기는 밤에 산맥에서 아래로 그리고 멀리 이동하며 평원에서 수렴하여 그 결과로 야간에 뇌우를 일으킨다. 낮에는 반대의 상황이 일어난다. 공기는 산맥 상공의 높은 곳에서 멀리 이동하며 평원에서 발산한다. 이러한 순환 패턴은 열적으로 유도된 기압 경도, 표면 마찰, 코리올리 힘 사이의 복잡한 상호작용에서 비롯된다. 이러한 시스템이 얼마나 광범위하게 존재하는지 알 수 없으나, 이 순환 시스템이 존재하는 곳에서 사면의 가열 작용 강화는 건조도를 증가시킬 수 있다(Lettau 1967). 이것은 사막에 강수를 증가시키기 위한 어떤 정해진 권고사항과 관련하여 특히 흥미롭다. 이 제안은 해안사막의 넓은 지역을 아스팔트로 포장하여 "열적인 산(thermal mountain)"처럼 작용하게 만들고, 이로써 강우량을 증가시킨다는 것이다(Black and Tarmy 1963). 하지만 일반적인 과정뿐만 아니라 어떤 지역에 존재하는 특별한 조건을 모두 이해하는 데 매우 주의해야 한다. 해안사막에서 아스팔트의 사용은 개선하고자 노력하는 조건 바로 그 자체를 강화시킬 수 있다(Lettau 1967). 그러나 이것은 고립된 상황에 있으며 일반적인 규칙에 대해서는 예외적인 것이다. 낮에 산 위에서 열적 활동이 증가하면 일반적으로 국지적인 대류, 구름, 강수로 이어진다(Flohn 1974, pp.66~68).

산은 자연적으로 대기가 불안정한 장소이며, 따라서 인위적으로 강수를 유발하는 데 이상적인 지역이다. 이와 관련하여 이루어진 상당한 노력은 기술과 국지적인 대기 조건에 따라 다양한 성공을 거두었다(Mielke et al. 1970; Chappell et al. 1971; Hobbs and Radke 1973; Grant and Kahan 1974). 프로젝트의 대부분은 여름의 유출을 위해 눈쌓임을 증가시키는 것을 목표로 하고 있다. 이것은 바람직한 목표처럼 보이지만, 이러한 사업의 생태학적인 결과는 매우 광범위하다(Weisbecker 1974; Steinhoff and Ives 1976). 예를 들면 오리건주 포틀랜드의 포틀랜드 제너럴 일렉트릭 컴퍼니(Portland General Electric Company)는 1974/75년 겨울에 캐스케이드산맥 동쪽의 구름씨뿌리기에 참여하기 위해 영리회사를 유치했다. 목표는 두 개의 댐과 발전소가 있는 데슈츠(Deschutes)강 유역에 눈쌓임을 증가시키는 것이었다. 분명히 상당한 성공을 이루었지만, 산맥의 기저부에 위치한 작은 소도시의 주민들이 갑자기 두드러지게 많은 눈 증가에 직면하면서 문제가 생겼다. 현지 주민들은 교통과 제설이라는 새로운 문제뿐만 아니라 다른 어려움도 맞닥뜨리게 되었다. 눈이 더 많이 내리는 것은 전력 회사에는 더 큰 이익이 발생하는 것을 의미하지만, 지역 주민들에게는 더 많은 비용이 드는 것을 의미하기도 했다. 법원에 이의를 제기하였고, 결국 이 프로젝트는 중단되었다. 이러한 프로그램의 긍정적인 효과는 반드시 부정적인 것과 균형을 이루어야 한다. 자연을 조종하려는 노력에서 인간의 행동이 자연계에 미치는 영향을 얼마나 적게 이해하고 있는지를 점점 더 깨닫게 된다. 이것은 특히 산악환경에 적용된다(Steinhoff and Ives 1976).

응결 과정

지면 근처에 안개나 구름이 있으면 수증기가 증가할 수 있다. 안개와 구름의 물방울은 보통 너무 작아서 부유하고 있으며, 심지어 바람이 약간만 불어도 고체의 물체와 부딪혀 응결될 때까지 대기 중에 떠다니게 될 것이다. 구름이나 안개 속을 지나갈 때 머리카락이나 눈썹에 물방울이 맺힌 적이 있다면 이러한 경험이 바로 그에 해당한다. 높은 사면에서는 구름과 접촉하는 경우가 많기 때문에 영하의 기온에서 안개비와 상고대가 형성되며, 산에 있는 수분의 상당한 양이 이 안개비와 상고대에 기인한다.

안개비 안개비(fog drip)는 온난하고 습한 공기가 있는 해양에 인접한 지역에서 가장 현저하다. 이 공기는 풍상의 사면을 가로질러 이동한다. 어떤 경우 안개비로 인한 수분의 생성량은 평균 강우의 수분 생성량을 초과할 수 있다(Nagel 1956). 안개비를 생성하는 구름의 잠재력은 주로 구름의 액체 함량, 구름의 작은 물방울 스펙트럼의 크기, 풍속에 따라 달라진다(Grunow 1960). 어느 특정한 장소에서 발생하는 안개비의 양은 마주치는 장애물의 특징 및 구름과 바람에 노출되는 정도에 따라 달라진다. 예를 들어 나무는 암석보다 더 많은 수분을 생성할 것이고, 침엽수는 활엽수보다 구름에서 나오는 수분을 '결합'하는 데 더 효율적이다. 키 큰 나무는 키 작은 나무보다 더 많은 수분을 생성하고, 최전방의 노출된 나무는 다른 나무로 둘러싸인 나무보다 더 많은 수분을 생성한다. 안개의 아주 작은 물방울은 잎과 나뭇가지에 의해 차단되며 병합 과정을 통해 성장하여 결국 이들 물방울이 충분히 무거워지면 지면으로 낙하한다. 이로 인해 토양의 수분이 증가하고 지하수면에 공급된다. 나무를 제거하면 물론 이러한 수분의 공급원 역시 없어진다.

수많은 열대의 산과 아열대의 산은 이른바 '운무림(cloud forest)'[38]을 유지하고 있는데, 이는 다량의 안개비에 의해 주로 조절된다. 멕시코 동부 해안을 따라 시에라마드레오리엔탈산맥의 1,300~2,400m 높이에 울창한

38) 수관이 항상 옅은 구름으로 덮여 있는 열대나 아열대 고산에서 볼 수 있는 숲을 말한다.

운무림이 형성된다. 이에 비해 해안의 저지대는 산 너머의 높은 내륙의 고원처럼 건조하다. 이들 두 건조 지역에서의 측정치가 보여주는 바와 같이, 안개비로 인해 유효수분[39]이 거의 증가하지 않는 반면에, 중간 사면과 상부 사면에서는 이 과정이 수분을 50% 이상 증가시킨다. 즉 1,900m 높이에 위치한 한 장소에서 강우 대비 증가는 103%였다. 이러한 운무림은 한때 훨씬 더 넓었지만, 인간에 의해 심하게 교란되었고 지금은 사라질 위기에 처해 있다(Vogelmann 1973).

또한 최대강수대[40]보다 높은 1,500~2,500m 높이의 하와이 마우나로아 북동사면에서의 안개비는 식물상[41]이 풍부한 숲에 주요한 생태학적 요인이다. 28주간의 연구에서 안개비는 1,500m 높이에서 638mm의 수분을, 그리고 2,500m 높이에서는 직접 강우[42]의 65%에 해당하는 293mm의 수분을 공급하는 것으로 밝혀졌다(Juvik and Perreira 1974; Juvik and Ekern 1978)(그림 4.23).

저위도에서 산비탈의 중부와 상부에서 안개비는 수분 체계의 분명한 주요 요인이다. 운무림과 안개비의 관계는 본질적으로 상호적이다. 나무는 이 지역에 추가적인 수분의 원인이 된다. 동시에, 나무는 살아남기 위해서 안개비가 필요하다. 이것은 특히 건조한 계절이 뚜렷하게 나타나는 지역에서 그러하며, 이때 안개비는 식물에게 유일한 수분 공급원이 된다. 중위도 지방에서는 안개비가 나무 성장에 덜 결정적이지만 그래도 여전히 중요할

39) 식물이 토양으로부터 흡수하여 이용하는 수분은 주로 포장용수량과 위조점 사이의 수분인데 이를 유효수분이라 한다.

40) 계절 또는 한 해와 같이 기간을 정한 지역의 범위 안에서 강수량이 가장 많은 지대를 말한다.

41) 특정의 한정된 지역에 분포하며 생육하는 식물의 모든 종류를 말하며 식물군이라고도 한다. 이 지역에 생육하는 식물종의 구성을 정성적으로 나타낸다.

42) 산림 내의 강수 현상에서 수관 등에 차단되지 않고 지면으로 직접 떨어지는 강우이다.

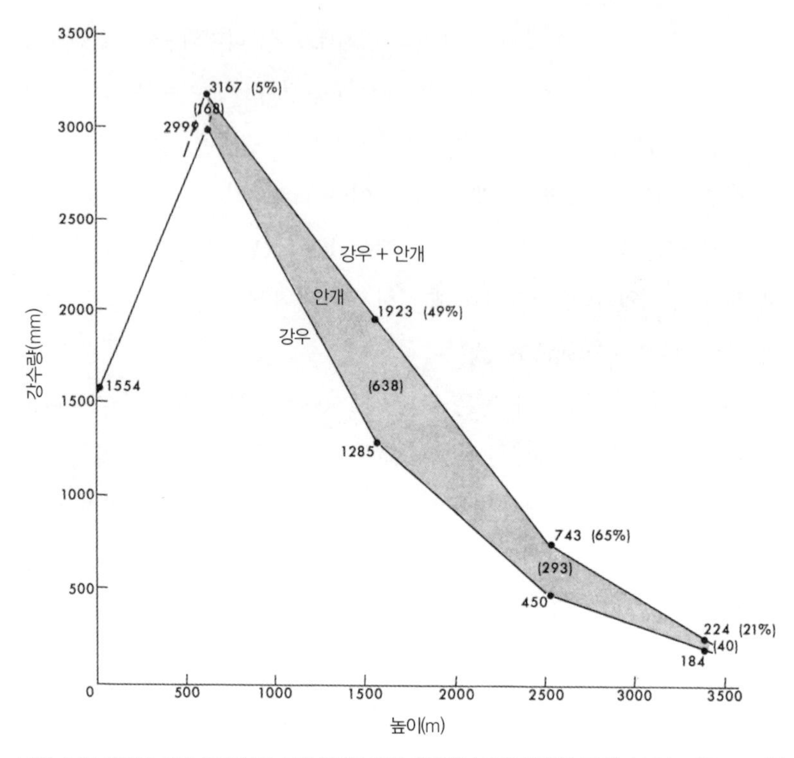

그림 4.23 하와이 마우나로아산의 숲이 우거진 북동 사면에서 28주의 연구 기간(1972년 10월~1973년 4월) 동안 안개비가 강수량에 기여한 정도. 숫자는 강수량을 mm로 나타낸다. 괄호 안의 숫자는 안개비를 나타낸다. 백분율은 각 관측소에서 안개비가 총강수량에 기여한 상대적인 크기이다.(출처: Juvik and Perreira 1974, p. 24)

수 있다(Grunow 1955; Costin and Wimbush 1961; Vogelmann et al. 1968). 이것은 중간 고도에 안개가 짙게 끼는 일본의 산에서 볼 수 있다(그림 4.24).

상고대 상고대(rime)는 과냉각된 구름 방울이 어는점 아래의 온도에서 고체의 장애물에 부딪혀 동결되면서 형성된다. 상고대는 물체가 바람을 맞는 쪽(풍상측)에 집적되는 경향이 있다. 풍속이 클수록 성장 속도는 빠르다(그림 4.25). 극단적인 경우에 평균 성장 속도는 시간당 2.5cm를 넘을 수

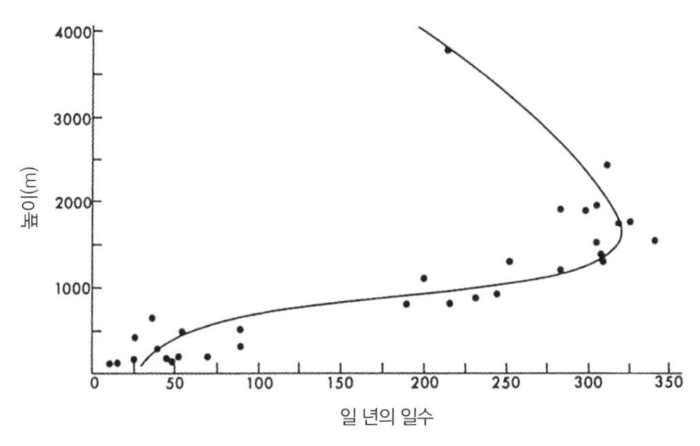

그림 4.24 일본의 산에서 안개 낀 날이나 흐린 날의 일수와 고도의 관계. (점은 다양한 고도에 있는 기상 관측소의 데이터를 나타낸다.) 가장 큰 구름의 고도는 1,500~2,000m이며, 이곳에서 구름은 특히 8월에 거의 매일 발달한다. 이들 구름은 각각의 높이에서 서늘한 해양 공기가 유입하여 발생한 것이다. 일본에서도 구름의 실제 최대 높이가 계절마다, 산맥마다 다르다.(출처: Yoshino 1975, p. 205)

도 있지만, 평균 성장 속도는 보통 시간당 1cm 미만이다. 상고대는 엄청난 크기에 이를 수 있으며, 그 무게로 인해 나뭇가지에 상당한 피해를 준다. 특히 눈이나 어는비[43]가 뒤이어 내리는 경우 더욱 그러하다. 숲의 연변과 수목한계선에 있는 나무는 이러한 과정으로 인해 종종 나뭇가지가 구부러지고 부러진다. 전력 케이블과 스키 리프트 또한 크게 영향을 받는다. 독일에서의 한 연구에 따르면 전력 케이블 1m마다 230g의 시간당 최대 성장이 측정되었다(Waibel 1955; Geiger 1965, p. 350에서 인용). 이렇게 추가된 무게로 야기된 스트레스는 지지 구조물이 제대로 설계되지 않은 경우 정전의 원인이 될 수 있다.

상고대 집적은 산악 기상 관측소 유지에 심각한 걸림돌이 되는데, 관측

43) 지표의 온도가 어는점 이하일 때 내리는 비이다.

그림 4.25 오리건주 후드산 남쪽의 2,380m 높이에 새로 건설된 파머 스키 리프트에 집적된 상고대. 이 무거운 상고대로 인해 이듬해 여름까지 리프트 공사가 중단되는 결과를 낳았다.(Bob McGown, December 1977)

기구가 상고대로 뒤덮여 정확한 측정이 극도로 어려워지기 때문이다. 어떤 기구는 가열되거나 보호물로 둘러싸여 있지만, 고산 환경을 정확하게 감시해야 하는 물류에서는 매우 큰 문제이다. 우연히 마주친 이들 문제는 뉴햄프셔주 워싱턴산에 있는 미국 기상청 관측소가 그 사례이다. 이곳은 상고대를 형성하는 안개가 잦으며 바람이 쉴 새 없이 분다. 이 산은 세계에서 가장 나쁜 날씨를 가진 산으로 지목되었다(Brooks 1940). 일 년의 약 87%인 300일 이상 안개가 낀다. 풍속은 평균 18m/sec이며, 장기간에 걸쳐 45m/sec의 바람이 빈번하게 나타나고 때로는 90m/sec 이상의 극값이 관측된다(Pagliuca 1937).

상고대의 수분 기여도에 관한 조사는 거의 이루어지지 않았다. 일반적으로 안개비보다 다소 적은 것으로 알려져 있지만 그럼에도 유의한 수준일 것이다. 워싱턴주 캐스케이드산맥 동부에서의 연구에 따르면 1,500m

표 4.5 노르웨이 할드(Haldde) 천문대 부근 상고대의 집적. 탈빅토펜(Talviktoppen)과 스토리 할드(Store Haldde)에서 더 많은 양을 나타내는 이유는 이들 높이에서의 빠른 풍속 및 구름의 잦은 발생에 기인한다.(Köhler 1937, in Landsberg 1962, p. 186)

관측소	높이	상고대(물 상당량)
할드고원	860m	35mm
할드 천문대	904m	70mm
탈빅토펜	989m	590mm
스토리 할드	1,141m	1,310mm

이상의 삼림지는 이러한 원천에서 연간 50~125mm의 수분을 추가로 공급받는다(Berndt and Fowler 1969). 노르웨이에서는 상당히 많은 양이 측정되었다(표 4.5). 상고대는 열대지방의 가장 높은 고도에서도 발생하지만 주로 중위도 및 극지의 산에서 발견된다. 안개비처럼, 상고대가 집적될 수 있는 넓은 표면적을 제공하는 숲으로 피복된 사면에서 가장 효과적이다. 매우 높은 고도에서, 그리고 총강수량이 적은 위도에서, 빙하와 설원의 상고대는 대기에서 취수되는 물의 주요 원천이 될 수 있다.

최대강수대

강수는 일반적으로 일정한 고도까지만 증가하고, 그 이후에는 감소하는 것으로 생각된다. 보통 가장 많은 양의 강수가 구름높이 바로 위에서 발생할 것이라는 주장인데, 이는 수분의 대부분이 이곳에 집중되어 있기 때문이다. 공기가 치올려지고 더욱이 냉각되면서 강수의 양은 결국 감소하게 될 것인데, 이는 수분의 상당 부분이 이미 낮은 사면에서 배출되었기 때문이다. 게다가 높은 고도에서 온도와 압력이 감소하면 수분을 보유하는 공기의 수용량은 감소한다. 3,000m에서의 수증기 함량은 해수면에서의 약

3분의 1에 불과하다. 공기는 저항이 최소인 경로를 찾기 때문에 일반적으로 높은 산봉우리 위로 넘어가기보다는 오히려 높은 산봉우리 주위를 돌아서 이동할 것이다. 따라서 강제 상승 또한 한몫을 한다.

최대강수대의 개념은 1세기 전에 열대의 산과 알프스산맥의 연구를 통해 개발되었다(Hann 1903). 다른 연구들은 이 개념 및 이것을 다른 분야에 적용하는 것을 확인하였다(Lee 1911; Henry 1919; Peattie 1936). 하지만 최근 수십 년 동안 이러한 구역의 존재는 논란이 되고 있다. 높은 산에서 활동적인 빙하를 유지하는 데 필요한 강수의 양에 대한 추정치뿐만 아니라 작은 고산 분수계에서의 비교적 많은 유출에 대한 관측치는 기후 관측소 데이터가 나타내는 것보다 특정 산악지역에서는 더 많은 강수가 필요한 것처럼 보인다(Court 1960; Anderson 1972; Slaymaker 1974). 현재, 상황은 논의할 여지가 있으며, 이 문제는 측정의 하나일 뿐이다. 높은 산에는 기상 관측소가 거의 없으며, 심지어 측정이 가능한 곳에서도 측정치의 신뢰성이 높지 않다. 한 저자가 말했듯이 "산악지역에서의 강수는 어떤 물리적 현상만큼이나 거의 측정할 수 없다"(Anderson 1972, p. 347). 이것은 특히 강풍이 부는 높은 고도에서 특히 그렇다. 놀랄 것도 없이, 수많은 연구가 바람이 우량계에 수집되는 물의 양에 큰 영향을 미친다는 것을 보여주었다(Court 1960; Brown and Peck 1962; Hovind 1965; Rodda 1971)(그림 4.26). 우량계에 차폐물 이용, 보호된 현장의 위치, 수평수위계 또는 경사수위계의 이용, 정교한 레이더 기술의 이용으로 이러한 문제를 완화하기 위해 상당한 노력을 기울여왔다(Storey and Wilm 1944; Harrold et al. 1972; Peck 1972b; Sevruk 1972).

눈을 측정하는 것은 훨씬 더 어렵다. 왜냐하면 바람은 내리는 눈을 불어 보낼 뿐만 아니라 땅에 내린 눈을 다시 퍼뜨리기 때문이다. 물의 등가

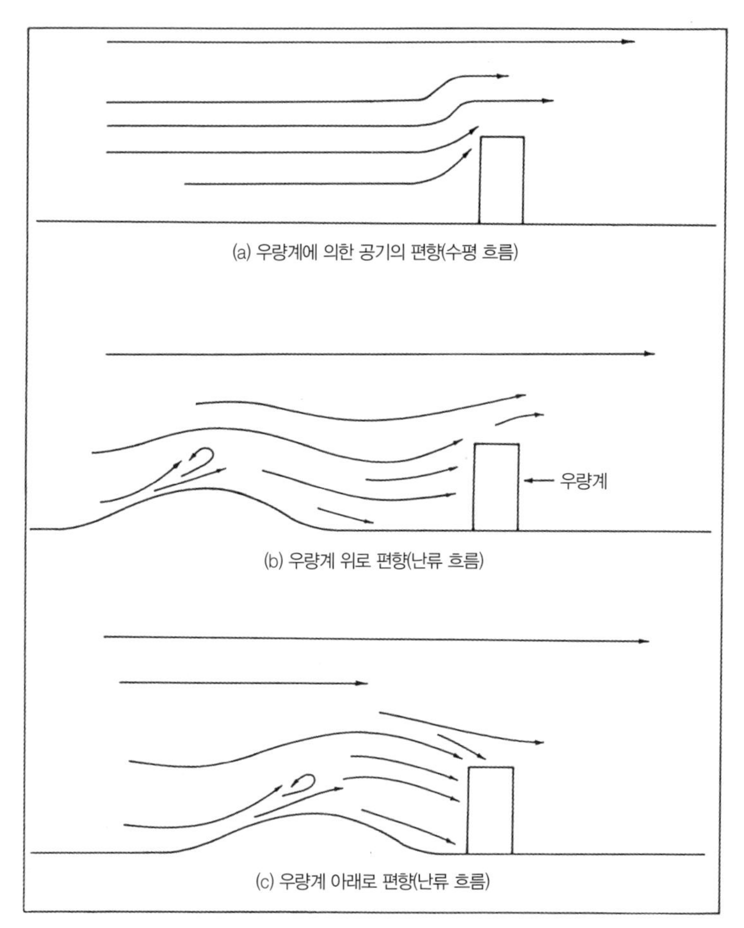

그림 4.26 지표면의 바람 흐름에 미치는 우량계의 영향. 첫 번째 경우 (a) 바람은 장애물을 우회하기 위해 더 멀리 이동해야 하므로 우량계 옆에서 풍속이 빨라지는 경향이 있을 수 있다. 아래 그림(b와 c)은 지표면 거칠기로 인한 난류가 우량계 틈새에서 상승 흐름이나 하강 흐름을 초래할 수 있음을 보여준다. 이는 주변 지형이나 풍향에 대한 우량계의 위치에 따라 달라진다.(Peck 1972b, p. 8에서 인용)

성 때문에 눈의 저장이나 융해의 문제뿐만 아니라 증발로 인한 손실의 문제도 있다. 하지만 가장 큰 문제는 적설량을 정확히 모니터링하는 것이다. 침엽수림에서는 작은 개간지를 이용하고 있으며, 수목한계선 위에서는 우량계를 둘러싸거나 보호하기 위해 눈막이 울타리를 점점 더 많이 사용하고 있다. 이것이 여전히 정확한 측정을 보장하지는 않지만, (비가 내리든 눈이 내리든 상관없이) 차폐된 우량계는 동일한 위치에 있는 차폐되지 않은 우량계보다 더 많은 양의 강수 기록을 나타낸다. 예를 들어, 콜로라도 대학교는 1952년부터 로키산맥의 프런트산맥에서 일련의 기상 관측소를 운영하고 있다(Marr 1967; Marr et al. 1968a, b). 1964년 우량기록계 주변에 눈막이 울타리를 설치했을 때 교목한계 위에 위치한 두 곳의 가장 높은 관측소에서는 측정되는 강수량이 갑자기 증가했다. 우량계를 차폐하기 전에는 연평균 강수량이 655mm이었는데, 눈막이 울타리를 설치한 후에는 각각 1,021mm와 771mm로 뛰어올랐다(Barry 1973, pp. 95~96). 이제 데이터는 고도의 증가에 따른 강수의 절대적인 증가를 보여준다(표 4.6). 알프스산맥에서 한층 더 신뢰할 수 있는 계기를 사용함으로써 적어도 3,000m 높이까지 유사한 결과가 나오는 것이 보인다(Flohn 1974, p. 56). 유콘 준주 세인트일라이어스산맥의 훨씬 더 높은 고도에서 눈이 쌓이는 것에 대한 연구는 적설이 최소한 2,000m 정도의 높이까지는 꾸준히 증가하지만, 3,000m 이상의 높이에서는 감소하는 것을 나타낸다(Murphy and Schamach 1966;

표 4.6 1965년부터 1970년까지 콜로라도 로키산맥에서 프런트산맥을 횡단하는 산릉의 4개 관측소에서 관측한 연평균 강수량(Barry 1973, p. 96)

관측소	높이(m)	강수량(mm)
폰데로사	2,195	579
슈가로프	2,591	578
코모	3,048	771
니워트 릿지	3,750	1,021

Keeler 1969; Marcus and Ragle 1970; Marcus 1974b).

산에서 강수 분석의 또 다른 문제는 수많은 기상 관측소가 계곡에 위치해 있다는 것이다. 이러한 데이터를 무비판적으로 사용하면 잘못된 결과를 초래할 수 있다. 탁월풍에 평행한 방향의 계곡에서는 산맥의 어느 쪽에서보다 더 자주 더 많은 강수가 내릴 수 있는 반면에, 탁월풍에 수직인 방향의 계곡에서는 '건조한 홀(dry hole)'일 수 있다. 게다가 계곡과 상부 사면 사이의 국지적인 순환 시스템으로 인해 계곡이 산릉보다 상당히 더 건조해질 수 있다(이 책 224쪽 참조). 예를 들어, 힌두쿠시산맥, 카라코람산맥, 히말라야산맥의 일부 지역에서는 수많은 계곡이 뚜렷하게 건조하다(Schweinfurth 1972; Troll 1972b). 이들 산맥은 커다란 빙하가 존재하는 인접한 산들과 뚜렷한 대조를 이룬다. 일부 빙하학자들은 연평균 강수량이 계곡에서는 100mm인 것에 비해 빙하 지역에서는 3,000mm 이상인 것으로 추정했다. 이들 수치는 높이에 따라 강수가 지속적으로 증가한다는 생각을 뒷받침하는 것으로 보인다(Flohn 1968, 1969a, 1970). 다른 한편으로 소모를 통한 손실이 비교적 적은 것으로 예상되기 때문에 그렇게 낮은 온도에서 빙하를 유지하는 데는 단지 적은 강수가 필요하다는 주장이 있다. 몇몇 연구는 히말라야산맥의 남사면을 따라 약 2,000m 높이가 최대강수대임을 보여준다(Dhar and Narayanan 1965; Dalrymple et al. 1970; Khurshid Alam 1972). 히말라야산맥의 높고 차폐된 내부 중심부는 확실히 가장 건조하다(Troll 1972c). 그러나 전체로서 산맥에 대한 강수의 정확한 관계는 논란이 해소되기 전에 한층 더 정확한 측정과 분석을 기다려야 한다.

특정 높이 이상에서는 강수가 감소함을 훨씬 더 잘 입증하고 있다. 강수는 가장 높은 산봉우리에 눈이나 상고대와 함께 주로 비로 내리며, 열대의 산에서는 바람이 중위도에서보다 상당히 더 적게 분다. 결과적으로 간단한 강우량 측정을 더 신뢰할 수 있다. 최대강수대는 위치에 따라 다르다. 열대의 안데스산맥과 중앙아메리카에서는 900~1,600m에 있다(Hastenrath 1967; Weischet 1969; Herrmann 1970). 기니만 부근 서아프리카 카메룬산의 낮은 사면에서는 연간 8,950mm의 강우가 내리지만 정상에서는 2,000mm 이하의 강우가 내린다. 최대강수대는 1,800m에 위치한다(Lefevre 1972). 동아프리카의 경우 케냐산과 킬리만자로산에서의 측정에 따르면 1500m 높이의 저산대[44] 삼림지대까지는 강수가 증가하고, 그 다음부터는 급격히 감소한다(그림 4.27). 최대강수대에서는 약 2,500mm가 내리지만 정상 지역에서는 500mm 이하로 떨어진다. 적은 강우, 높은 태양 강도, 다공성 토양의 영향은 고산대에 사막과 같은 모습을 제공하지만, 두 정상 지역은 모두 작은 빙하를 유지하고 있다(Hedberg 1964; Thompson 1966; Coe 1967). 수많은 열대의 산 정상에는 사막과 같은 조건이 존재한다(그림 4.28). 인도네시아의 여러 섬 및 실론(Ceylon)섬에서는 최대강수대가 900~1,400m로 폭넓으며(Domrés 1968; Weischet 1969), 반면에 하와이에서는 600~900m에 있다(Blumenstock and Price 1967; Juvik and Perreira 1974). 바이세트(Weischet, 1969)는 일반적으로 습한 열대지방의 최대강수대가 900~1,400m에서 나타난다고 주장한다. 이 높이 이상에서는 연간 강수량이 100m마다 약 100mm의 비율로 감소한다. 하지만 최대강수대 바로 위의 강수량 감소는 안개비의 존재로 인해 다소 상쇄되는데, 이곳이 빈번하게 흐린 지대이기 때문이다(그림 4.23).

강수량의 수직 분포는 열대의 산과 아열대의 산 사이의 또 다른 환경

44) 저산대는 식물 수직 분포대의 하나로, 대부분 구릉대와 아고산대의 중간에 위치하며, 대개 밤나무, 물참나무, 너도밤나무 등의 낙엽 활엽수로 이루어져 있다.

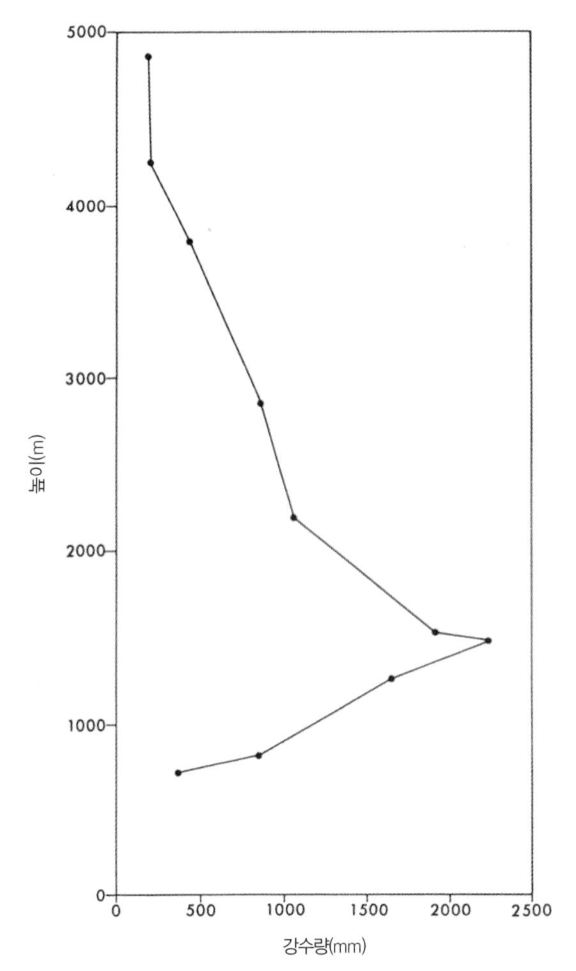

그림 4.27 1959~1967년 킬리만자로산의 남동사면에서의 연평균 강수량. 최대강수대는 약 1,500m에서 명확히 식별된다.(Flohn 1970, p. 254에서 인용)

적 차이를 보여준다. 열대지방에 최대강수대가 존재한다는 것은 잘 확립되어 있지만, 중위도 지방에서는 그러한 최대강수대의 존재가 점점 더 의문시되고 있다. 문제를 해결할 수 있는 측정치가 절대적으로 충분하지 않

그림 4.28 킬리만자로산의 4,400m에 위치한 '고산 사막'. 사진은 키보와 마웬지 사이의 산등성이에서 동쪽을 향해 찍은 것이다.(O. Hedberg, 1948, University of Uppsala)

지만, 빙하에 대한 물질균형[45] 연구, 산악 분수계의 유출, 관측기구 사용의 개선된 방법에서 나온 증거는 강수가 중위도 지방에서는 적어도 3,000~3,500m까지는 고도에 따라 계속해서 증가하고 있음을 나타낸다. 열대지방에서는 보통의 높이 이상에서 강수가 감소하는 것이 우세한 대류강우로 설명되는데, 이는 가장 많은 강수가 구름의 기저부 부근에서 발생한다는 것을 의미한다. 강제 상승이 중요한 곳은 높이가 다소 더 높아질 수 있지만, 수백 미터 이상 차이가 나지 않는다. 수많은 열대지역에서는 건조하고 안정적인 공기로 이루어진 상층대기의 역전이 구름이 깊게 발달하는 것을 제한하는 경향이 있다. 이것은 케냐산과 킬리만자로산뿐만 아니라 하와이의 마우나로아산과 마우나케아산에서도 마찬가지이다(Juvik and

45) 일정 체적 내에서 유입된 질량과 유출된 질량 사이에 이루어지는 균형을 말한다.

Perreira 1974).

중위도에서 높이에 따라 강수량이 계속 증가하는 것은 다소 설명하기 어렵다. 대기의 수증기 함량은 열대지방에서와 마찬가지로 고도가 높아질수록 감소한다. 그러나 중위도 산에서의 강수는 주로 대류보다는 강제 상승으로 발생한다. 산악 치올림은 바람이 강할수록 강해지고, 풍속은 중위도에서 현저하게 증가한다. 분명히 이러한 요인은 물 함량의 절대적인 감소를 보상하기에 충분하다. 수증기 수송은 약 700mb 높이, 즉 3,000m 높이의 편서풍에서 최대이다. 따라서 강수량은 최소한 이 높이까지는 계속 증가하는 것으로 가정한다(Havlik 1969). 그러나 열대의 산에서는 바람이 1,000m 이상에서 높이에 따라 감소하는 경향이 있기 때문에 대기의 수분 함량 감소는 더욱 현저하고 강수량도 이 지점을 지나 감소한다(Weischet 1969; Flohn 1974).

바람

산은 지구상에서 바람이 가장 많이 부는 곳 중 하나이다. 산은 높은 대기권으로 돌출해 있어 공기 이동을 지연시키는 마찰이 적다. 풍속은 높이에 따라 지속적으로 증가하지는 않지만, 기상용 관측기구(weather balloon)와 항공기에서 측정한 결과 중위도 지방에서는 바람이 제트류에서 절정에 이르며, 적어도 대류권계면까지 풍속은 지속적으로 증가하는 것으로 나타났다. 높이에 따라 풍속이 증가하는 유명한 사례는 파리의 에펠탑이다. 높이 305m 정상에서의 풍속은 기저부보다 평균 4배 이상 빠르다. 산에서도 비슷한 속도의 증가가 나타나지만, 어느 특정 현장의 조건은 매우 가변적이다. 풍속은 열대지방이나 극지방보다 중위도 지방에서, 대륙보다 해양에서, 여름보다 겨울에, 밤보다 낮에 더 빠르다. 그리고 물론 바람의 속도는 현지의 지형적 환경과 전체적인 종관적 조건에 따라 달라진다. 바람은 보통 탁월풍에 수직인 방향의 산에서, 풍하측보다 오히려 풍상측에서, 그리고 여러 다른 산봉우리로 둘러싸인 것보다 고립되고 가로막는 것이 없는 산봉우리에서 매우 빠르다. 정반대 상황은 계곡에서 나타날 수 있는데, 이는 탁월풍에 수직인 방향의 계곡은 보호되는 반면에, 탁월풍에 평행한 방향의 계곡에서는 채널링(channeling)[46]과 강화 작용으로 산봉우리보다 훨씬 더 빠른 속도의 바람이 발생할 수 있기 때문이다. 표 4.7에는 북반구의 몇몇 대표적인 산악 관측소에서의 겨울철 월평균 풍속이 나타나 있다.

산은 대기의 정상적인 바람 패턴을 크게 바꾼다. 산의 영향은 수평 거리와 수직 거리 모두에서 산의 높이 몇 배의 크기로 나타날 수 있다. 풍속이 산 가까이에서 더 빠른지, 아니면 자유대기에서 더 빠른지에 대한 질문은 오래전부터 문제가 되고 있다. 일반적으로 산 부근의 바람은 하천에서 물이 암석을 돌아 흐르는 것처럼 산봉우리를 돌아 이동하는 공기의 압축력과 강제력 때문에 더 빠른 것으로 알려졌다(Schell 1935, 1936; Conrad 1939). 그러나 최근 알프스산맥에서의 연구 결과에 따르면, 이들 산 정상의 풍속은 평균하여 자유대기 풍속의 약 절반에 불과하다(Wahl 1966, in Lettau 1967). 이들 두 가지 상황 모두 실제로 일어날 수 있다. 많은 것이 대기의

46) 채널링은 대기의 지배적인 흐름에서 그 일부가 강제적으로 분리되는 현상이다. 이는 대부분 좁은 지역에서 일정하고 강한 흐름으로 나타난다. 주로 나란한 지형 또는 지표면 위 구조물이 길게 뻗어 있을 때, 그 지형 또는 구조물과 평행한 방향으로 채널링에 의한 흐름이 형성된다. 채널링에 의한 흐름은 대체로 대기의 지배적인 흐름 방향을 따라 일정하게 형성되는 경향이 있으나, 지형 또는 구조물이 복잡한 지역에서는 대기의 지배적인 흐름에 대해 대각선 또는 수직 방향으로 형성되는 경우도 있다. 채널링 효과에 의한 흐름은 그렇지 않은 흐름에 비해 일반적으로 흐름의 속도가 빠르다.

표 4.7 선별된 산악 기상 관측소에서의 겨울철 월평균 풍속(감소하는 속도 순으로 나열함). **측정치는 교목한계 위에서 또는 나무가 없는 지역에서 관측된 것이지만, 풍속계는 지상의 다양한 높이에 설치되었다.**(출처: Judson 1965, p. 13)

위치	높이(m)	월평균 풍속(mph)					
		11월	12월	1월	2월	3월	4월
일본 후지산	3,776	42	42	47	37	43	34
미국 뉴햄프셔주의 워싱턴산	1,909	25	36	39	49	41	36
스위스 융프라우요흐	3,575	27	29	25	24	26	25
미국 콜로라도주의 니워트 릿지	3,749	21	25	26	24	22	21
프랑스 픽 뒤 미디	2,860	15	19	20	17	20	17
오스트리아 손블릭	3,106	22	16	18	15	18	15
미국 콜로라도주의 베르투 고개	3,621	15	15	17	17	16	17
미국 하와이 마우나로아	3,399	15	12	19	15	13	10

안정성 및 산의 크기와 배치에 달려 있다. 일반적으로 대기가 안정적일수록 압축은 더 커지는데, 그 이유는 대기가 그 이동 경로에서 치올림 작용에 저항하기 때문이며, 또한 지표면 부근의 풍속을 증가시키기 때문이다. 다른 한편으로는 만약 대기가 불안정하면, 공기는 산의 위쪽으로 강제되면서 저절로 상승하는 경향이 있으며, 결과적으로 이것은 높은 고도에서 풍속을 더 증가하도록 만들 것이다. 바람의 연직 속도 경도는 대체로 압축 효과와 마찰 효과 사이의 상호작용에 대한 함수이다. 압축은 지표면 부근에서 풍속을 증가시켜, 위쪽으로의 이동을 감소시키는 경향이 있는 반면에, 마찰은 지표면 부근에서 풍속을 감소시켜 위쪽으로의 이동을 증가시키는 경향이 있다(높이에 따른 정상적인 풍속 증가는 여기서 문제가 되지 않는다). 결과적으로 어느 주어진 산악지역에서의 풍속은 시간과 공간에 따라 매우 다른 분포를 나타낼 수 있다(Schell 1936).

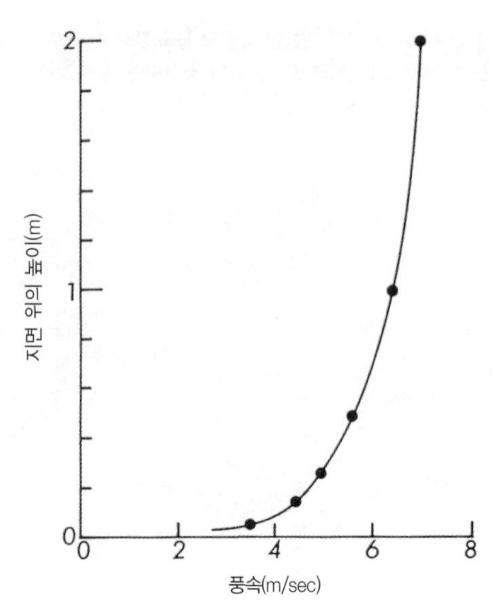

그림 4.29 툰드라 지표면 위 높이에 따른 풍속. 지면 위 높이에 따라 풍속이 어떻게 증가하는지 주목하라. 이것이 고산식물이 지면 가까이 붙어 있는 이유 중 하나이다.(출처: Warren-Wilson 1959, p. 416)

풍속의 가장 큰 경도(gradient)는 보통 지표면 바로 위에서 발생한다. 풍속은 지표면 수 미터 이내에서는 2~3배이지만 식생과 지표면 거칠기에 따라 절대속도에 큰 차이를 가져온다(그림 4.29). 수목한계선 바로 아래 울폐림[47]에서 1m 높이에서의 풍속은 수목한계선 바로 위의 개방된 툰드라에서 발생하는 풍속의 절반 이하이다. 고산 식생의 낮게 깔린 잎은 바람에 마찰항력을 크게 주지 않기 때문에 바람이 지면 가까이에서 상당히 빠른 속도에 도달할 수 있다. 그럼에도 지표면의 처음 수 센티미터 내에서는 큰

47) 임목이 생장하여 인접하는 수관이 상호 겹쳐 임관을 형성하고 있는 숲을 이른다. 울폐림이라고도 하는데, 여러 층의 임목과 하층식생이 지면을 높은 비율(40% 이상)로 덮고 있다.

경도가 있고, 대부분의 고산식물은 바람의 영향을 많이 피하고 있다.

상보적인 효과와 보강효과는 다음과 같이 작용한다. 키 큰 식생은 풍속을 줄이고 식물에게 바람의 영향을 덜 받는 환경을 제공하는 경향이 있는 반면에, 낮게 누운 고산 식생은 제동효과가 거의 없기 때문에 바람이 자유롭게 불어 환경의 주요 스트레스 요인이 된다. 이런 조건에서 미소서식지의 존재는 점점 더 중요해진다.

식생의 덩어리와 암석으로 인한 지표면 거칠기는 난류를 일으키고, 따라서 지표면 부근에서는 풍속의 큰 변동이 있다(그림 4.30). 이 그림에서 초본 다발식물체(grass tussock)[48]의 위로 높이 1m에서는 풍속이 390cm/sec이지만, 지면에 더 가까이 초본 다발식물체가 노출된 쪽에서는 풍속이 50cm/sec이고 풍하측에서는 10cm/sec이다(그림 4.30a). 침식된 토양의 둔덕에서도 유사한 조건이 존재하는데, 풍하에 많은 맴돌이[49] 작용과 역류가 있다는 점을 제외하고는 노출된 쪽에서 풍속이 더 빠르다. 식생이 토양 둔덕의 풍하에서만 존재하는 것은 이곳에서 풍속이 감소했기 때문이다(그림 4.30c). 암석을 가로질러 부는 바람은 비슷한 패턴을 따르는데, 작은 맴돌이는 함몰지 안에서 그리고 풍하에서 발달한다. 식생 뙈기(mat)는 풍속이 느린 함몰지 중앙을 차지한다(그림 4.30b).

바람은 분명히 극심한 환경적 스트레스이다. 수많은 경우에 바람은 생존을 제한하는 요인으로 작용한다. 산에서 가장 극단적일 수 있는 두 가지

48) 화본형 잎을 가진 벼과 또는 사초과에 속하는 일부 종에서 관찰되며, 뿌리에서 많은 줄기가 무리 지어 자라는 풀을 말한다. 다설 지역이나 주기적인 범람원에서 주로 관찰되는 독특한 생태 형질을 말한다.

49) 유체의 흐름에서 평균적인 흐름 방향을 벗어나 독립적으로 회전하는 흐름의 모양을 말한다. 일반적으로 맴돌이 또는 소용돌이로 불리며, 대기와 해양에서 빈번하게 나타난다.

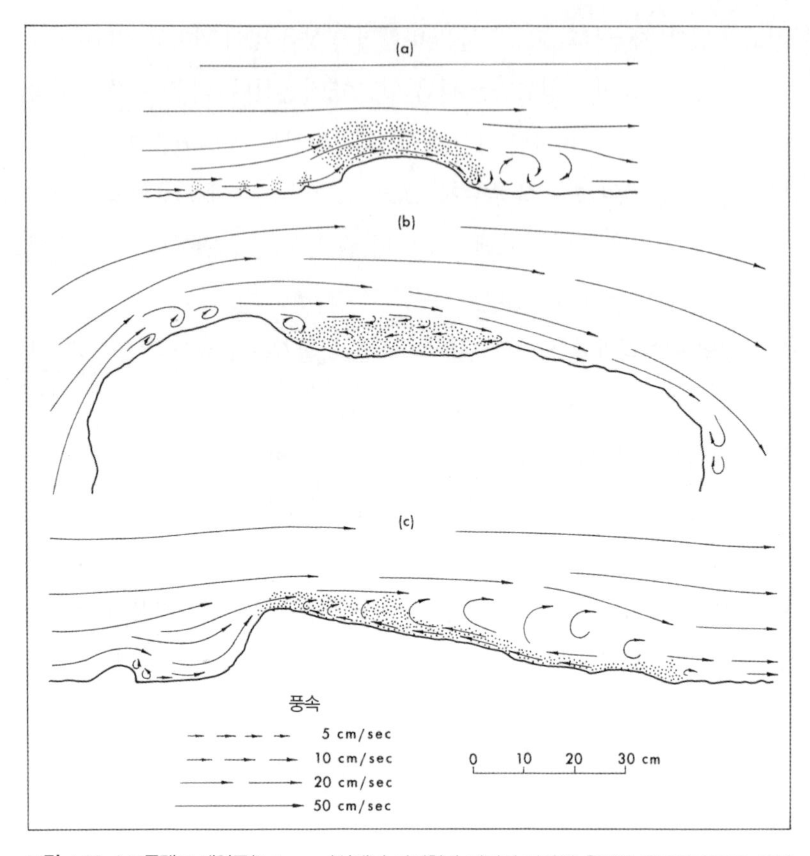

그림 4.30 스코틀랜드 케언곰(Cairngorm)산맥의 미지형과 관련된 바람의 움직임. 점묘된 영역은 식생을 상징한다. 수직 비율은 수평과 거의 같다. (a)벼과 식물의 다발식물체를 가로지르는 공기 이동. (b)식생으로 점거된 함몰지가 있는 암석 위의 공기 이동. (c)바람에 의해 침식된 둔덕. 작은 장애물의 풍하에 발달한 맴돌이에 주목하라. 풍속은 이들 지역에서 크게 감소하고 식생의 발달에 더 유리하다.(Warren-Wilson 1959, pp. 417~418에서 인용)

환경은 바람에 의해 야기된다. 식물의 성장기가 극도로 짧은 곳에 위치한 낮게 깔린 눈 둔덕과 강한 바람에 노출되어 있는 건조한 산릉이 바로 그것이다. 이들 두 환경 모두 높이에 따라 더 일반적으로, 그리고 더 극단적으로 변하여 결국 유일한 식물은 단지 이끼와 지의류만 있거나 어쩌면 아무

것도 없을 수도 있다(그러나 이 책 561~563쪽 참조).

전체적으로 보면 바람에는 두 가지 그룹이나 유형이 있다. 한 가지 유형은 바람이 산맥 내부에서 비롯되는 것이다. 이들 바람은 지형적 요인으로 인해 뚜렷하게 나타나는 국지적인 것으로, 열적으로 유도된 바람이다. 또 다른 유형은 산지 바깥쪽에서 비롯된 바람을 차단하고 변경하는 것으로 인해 발생하는 바람이다. 첫 번째 유형은 비교적 예측 가능한 매일의 현상인 반면에, 두 번째 유형은 변하는 지역풍과 예측 불가능한 기압 패턴의 변동에 따라 더 가변적이다.

산의 국지풍 시스템

낮에는 오르막 사면과 계곡 위로 부는 바람이, 그리고 밤에는 내리막 사면과 계곡 아래로 부는 바람이 일반적이다. 『알프스산맥』의 저자인 알브레히트 폰 할러는 1758년부터 1764년까지 스위스 론(Rhône) 계곡에 머물며 이러한 바람을 관찰하고 기술했다. 그 이후 수많은 연구가 데판트(Defant, 1951), 가이거(Geiger, 1965), 플론(Flohn, 1969b)에 의해 이루어졌다. 이들 바람의 구동력은 차등 가열과 냉각에 있으며, 이것은 사면과 계곡 사이에, 그리고 산과 인접한 저지대 사이에 공기 밀도의 차이를 만들어낸다. 낮에는 계곡 중앙의 동일한 높이에 있는 공기보다 사면이 더 따뜻해진다. 낮은 밀도의 온난한 공기는 사면을 따라 위로 이동한다. 마찬가지로 산골짜기는 인접한 저지대 상공의 동일한 높이에 있는 공기보다 더 따뜻하기 때문에, 공기는 계곡 위로 이동하기 시작한다. 이것은 낮에 산 위에 대류 구름을 발생시키고 글라이더 조종사(그리고 새)에게 좋은 급상승 작용을 제공하는 것과 동일한 과정이다. 밤에 대기가 냉각되면 공기는 내리막 사면과 계곡 아래로 이동한다. 이것은 기온역전의 발달을 초래하는 흐름이다. 이들이 서로 연결되어 있고 동일한 시스템의 일부분이기는 하지만, 일반적으로 사면풍[50]과 산곡풍은 구별된다(그림 4.31).

사면풍 사면풍(slope wind)은 보통 두께가 100m 이하의 얇은 공기층으로 이루어져 있으며, 낮에는 사면의 위로, 밤에는 사면의 아래로 이동한다. 바람은 일반적으로 일출 후 약 30분 후에 언덕 위로 불기 시작하여 정오 직후에 최대 강도에 도달한다(그림 4.31a). 정오 이후 속도가 느려진 바람은 늦은 오후에는 잠잠해지고 일몰 후 30분 이내에 방향이 정반대가 되어 사면 아래로 불게 된다(그림 4.31c). 산곡풍처럼 사면풍도 오로지 열적으로 유도되기 때문에 겨울보다 여름에, 구름 낀 날보다 맑은 날씨에, 밤보다는 낮에, 그리고 그늘진 사면보다 태양에 노출된 사면에서 더 잘 발달한다. 국지적인 지형도 중요하다. 일반적으로 산릉보다는 협곡[51]과 우곡[52]에서 풍속이 빠른 바람이 발생할 것이다(Defant 1951). 사면풍은 사면의 상부에서 가장 빠른 속도에 도달하며, 일반적으로 상당히 보통 수준이지만 사면이 가파른 절벽이나 곡두벽(headwall)[53]에서 끝날 때 인상적일 수 있다. 나

50) 사면풍은 상부 사면에 발생하는 바람으로 낮 동안 지표면의 가열로 발생하는 현상이며, 가장 대표적인 것으로 곡풍을 들 수 있다. 맑은 날 동사면이나 서사면에서 가장 잘 나타난다. 가열된 기류는 사면을 따라 상승하게 되고 산릉을 넘어서 곡지나 평원으로 확산한다.

51) 급류가 흐르는 골짜기나 우기에만 흐르는 개울을 가리킨다. 이는 우기에 갑자기 내리는 폭우로 인해 큰 개울을 이루지만 건기가 되면 말라서 메마른 골짜기가 되는 와디(wadi)를 가리킨다.

52) 강수가 지표의 사면을 흐르면서 형성한 도랑 형태의 소규모 지형으로 우열이라고도 한다. 강수에 의해 우구(rill)가 형성된 다음 이곳을 따라서 계속 강수가 집중적으로 흐르게 되면 더욱 깊고 길게 연장된 우곡이 형성된다.

53) 골짜기의 두부 쪽에 있는 급경사 지역으로, 특히 권곡의 후두부 지역을 지칭하여 권곡벽이라고도 한다.

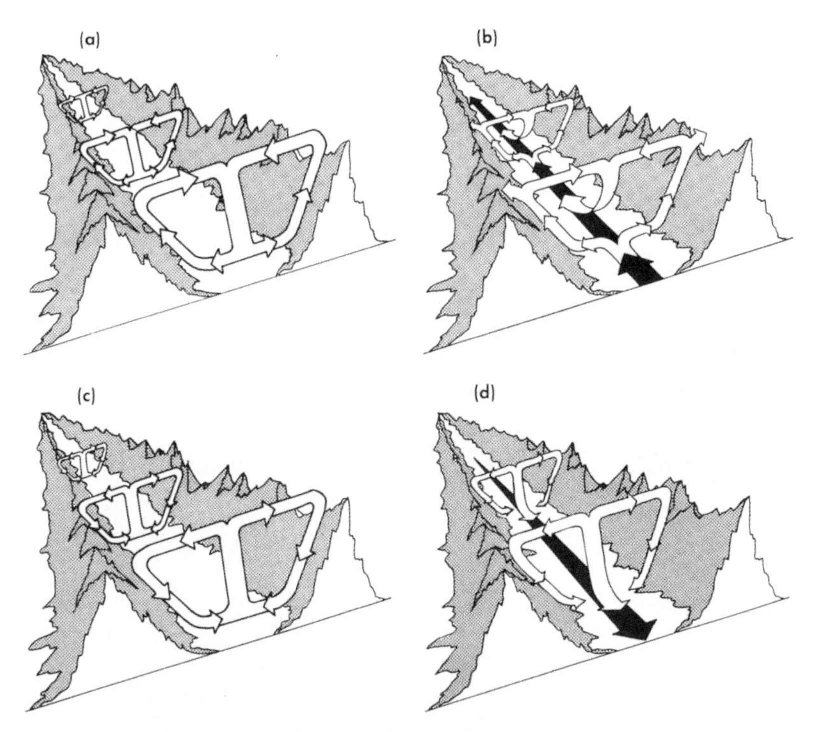

그림 4.31 사면풍(흰 화살표)과 산곡풍(검은 화살표)의 도식적인 표현. (a)와 (b)는 이른 아침과 낮의 상황이며, (c)와 (d)는 초저녁과 밤의 상황이다.(출처: Defant 1951, p. 665 및 Hindman 1973, p. 199)

는 절벽으로 던져진 작은 막대기가 땅에 떨어지기 전에 몇 미터 위로 올라가는 것을 본 적이 있다. 하지만 위로 부는 사면풍을 지역의 탁월풍이 흡수하고 압도하기 때문에 사면풍은 산릉 정상 위로 높이 올라가지 않는다.

두 사면풍이 위쪽으로 이동하는 것은 높은 곳의 되돌이흐름이 계곡의 중앙으로 하강하는 작은 대류 시스템을 구축한다(그림 4.32, 4.33; 그림 4.31a와 비교). 이러한 하강 흐름은 압축으로 약간 가열되어 구름 형성을 강하게 방해하는 건조한 공기를 높은 곳에서 가져온다. 이러한 이유로 낮게 깔린 안

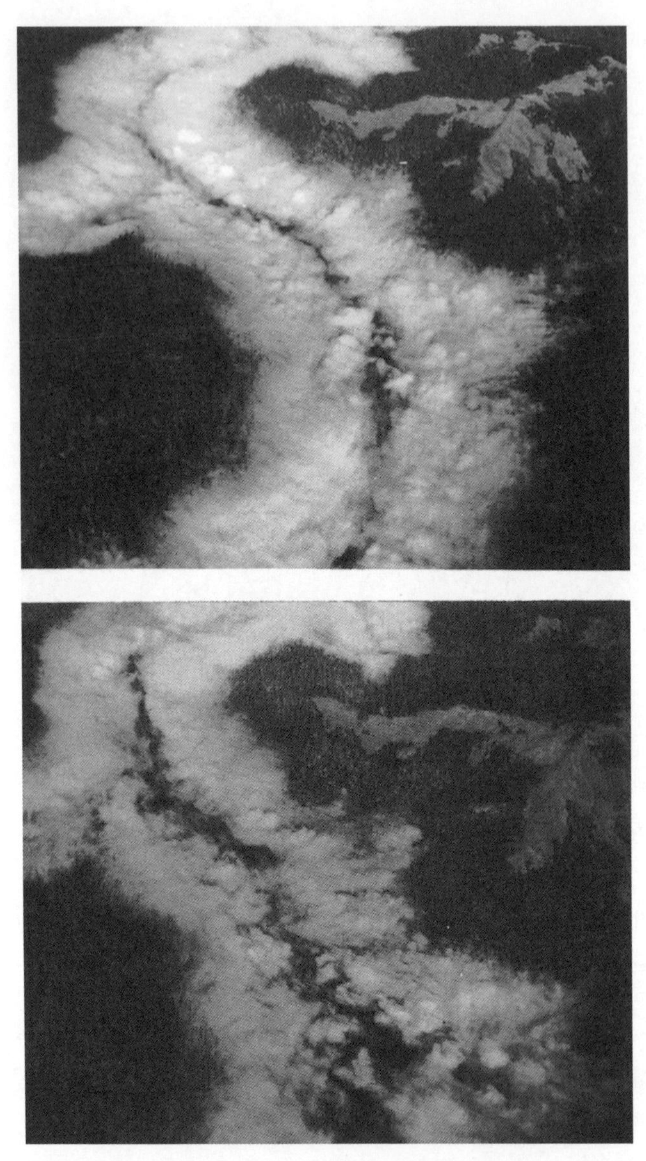

그림 4.32 캘리포니아주 북부의 코스트산맥에서 곡안개는 사면풍이 강해지면서 사라지기 시작하고, 계곡의 중심부에서 되돌이흐름이 발달한다. 위 사진은 오전 9시 58분에 촬영한 것이고, 아래 사진은 밤 10시 7분에 촬영한 것이다.(Edward E. Hindman, U. S. Navy)

개와 구름의 소산(消散)은 일반적으로 계곡의 중앙에서 가장 먼저 발생한다. 계곡이 충분히 깊으면, 하강하는 건조 공기가 현저하게 건조한 지대를 만들 수 있다. 볼리비아 안데스산맥의 건조한 수극(gorge)[54]과 깊은 계곡 및 히말라야산맥에서는 식생이 곡상의 반사막 관목에서부터 구름이 형성되는 사면 상부의 무성한 숲까지 다양하다(Troll 1952, 1968; Schweinfurth 1972).

산곡풍 산곡풍은 사면풍보다 다소 큰 규모로 작용하며, 기본적으로 사면풍에 직각으로 주요 계곡의 종 방향으로 위아래로 분다. 그러나 이들 바람은 모두 동일한 시스템의 일부이며 유사한 열적 반응으로 인해 조절된다. 곡풍[55](계곡에서 산으로 부는 바람)은 위로 부는 사면풍과 맞물려 둘 다 일출 직후부터 시작된다(Buettner와 Thyer, 1965)(그림 4.31b). 곡풍은 열적 차이가 크고 사면풍보다 공기의 질량이 크기 때문에 곧 풍속이 빨라진다. 알프스산맥의 폭넓고 깊은 계곡에서 빙하작용이 남긴 매끄러운 지표면은 바람을 최대로 발달하게 한다. 론(Rhône) 계곡에는 계곡 위쪽 방향으로 편향수[56]와 깃발 모양의 나무들이 있는 지역이 많이 있다(Yoshino 1964b). 밤에는 기온 차이가 훨씬 작기 때문에 깊고 폭좁은 계곡을 통해 대기가 이동

54) 주로 평행하게 발달한 습곡산지에서 나타나는 하천 침식으로 형성된 일종의 협곡이다. 주류를 이루는 하천이 향사곡지에서 산맥과 평행하게 흐를 때, 배사산지를 횡단하면서 발달한 지류가 주류들을 연결시키게 되면 배사부의 산지에는 주류와 수직 방향으로 발달하는 협곡이 형성된다.

55) 국지풍의 일종으로 산간 지역에서 하루 중 낮에 계곡에서 산정으로 부는 바람을 말한다. 일출 후 계곡과 산정 사이에서 일사에 의해 지면이 가열되는 시간적 차이로 산정이 먼저 기온이 상승하고 곡저 부분이 나중에 상승하기 때문에 발생되는 기류의 소규모 순환 현상이다.

56) 탁월풍의 영향으로 특정 방향으로만 가지가 자라거나 기울어진 나무를 말한다. 따라서 편향수를 보면 그 지역의 국지적 탁월풍의 유무를 파악할 수 있다. 특히 산 중턱의 능선과 같이 탁월풍이 잘 부는 곳에서 쉽게 볼 수 있다.

하는 것을 제외하고는, 산풍[57]의 속도는 낮에 부는 곡풍의 속도보다 훨씬 더 느리다(그림 4.31d).

사면풍과 마찬가지로, 산곡풍에서도 순환 시스템이 구축된다. 높은 곳의 되돌이흐름(반대풍antiwind이라고 불림)은 종종 곡풍 바로 위에서 발견할 수 있다(Bleeker and Andre 1951; Defant 1951). 이 개념은 이전에는 단지 이론적인 것이었지만, 최근 기상관측기구를 사용하여 관측한 워싱턴주 레이니어산 부근의 곡풍에 대한 연구에서 반대풍의 존재가 명확히 밝혀졌다(Buettner and Thyer 1965). 그림 4.33의 곡풍 모델은 이러한 조사에 기초한다. 이 발견은 산악기후학의 3차원적인 측면을 아름답게 보여준다. 지표면 옆에는 사면풍과 산곡풍이 있고, 그 위에는 되돌이흐름 즉 반대풍이 있으며, 그 위에는 탁월한 지역 경도풍(gradient wind)이 있다. 맑은 날씨에는 이들 모든 바람이 동시에 작용할 수 있으며, 각각 서로 다른 방향으로 이동한다.

기타 국지적인 산풍 열적 사면풍의 한 가지 중요한 변형은 빙하바람[58]으로, 얼음이 덮인 지표면에 인접한 공기가 냉각되어 중력에 의해 사면 아래로 이동하면서 발생한다. 빙하바람은 주야의 주기가 없지만, 냉각원이 항상 존재하기 때문에 계속해서 분다. 그러나 열적 대비가 가장 큰 오후 중반에 빙하바람은 가장 깊숙이 가장 빠르게 분다. 이때쯤에는 차가운 공기가 급류처럼 내리막 사면으로 쇄도할 수도 있다. 낮에는 빙하바람이 종

57) 산악지역에서 야간부터 아침에 걸쳐 산지에서 평지를 향해 계곡을 거쳐서 부는 바람을 말한다. 야간에 골짜기 사이의 공기는 주위의 같은 높이의 평지 공기보다 저온이 되어 그 결과 산풍순환이 형성된다. 산풍은 보통 풍속이 곡풍보다 약해서 2m/sec 내외이다. 산풍은 20분에서 3시간 정도의 주기를 갖고 부는 경우가 많다.

58) 빙하에 접한 공기와 그렇지 않은 공기의 밀도차에 의하여 생기는 바람을 말하며, 산바람과 같이 중력에 의하여 일어나는 활강바람이지만 풍향의 일변화가 없는 것이 특징이다.

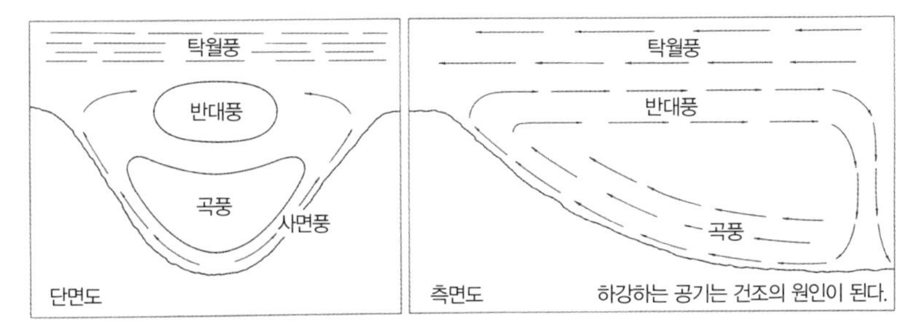

그림 4.33 사면풍과 곡풍의 도식적 표현. 왼쪽의 그림은 한낮에 계곡 위를 보는 것이다. 사면풍이 사면을 따라 상승하고, 곡풍과 반대풍이 서로 반대 방향으로 계곡의 위아래로 이동한다. 오른쪽 그림은 측면에서 본 동일한 상황의 수직 단면도이다. 곡풍과 반대풍은 본질적으로 작은 대류 시스템을 형성한다. 이 지역의 경도풍이 산 위로 불고 있다. 물론 지역 경도풍이 매우 강하다면, 경도풍은 사면풍과 곡풍의 발달보다 우선하고 방해할 수 있다.(Buettner and Thyer 1965, p. 144에서 인용)

종 곡풍과 충돌하여 곡풍 아래로 미끄러져 간다(그림 4.34). 밤에는 빙하바람이 같은 방향으로 부는 산풍과 하나로 합쳐진다(Defant 1951). 작은 곡빙하[59]가 있는 로키산맥이나 알프스산맥과 같은 산에서는 상당히 얕은 빙하바람이 분다. 하지만 빙하가 세인트일라이어스산맥이나 알래스카산맥에 있는 빙하만큼이나 광대한 경우 빙하바람의 깊이는 수백 미터가 될 수도 있다(Marcus 1974a). 빙하바람은 생태학적으로 강한 영향을 미치고 있는데, 그 이유는 혹한의 기온이 엄연히 사면 아래로 운반되고 빙하바람과 낮은 기온이 결합된 영향은 이들이 지배적으로 나타나는 지역을 매우 살기 어려운 곳으로 만들 수 있기 때문이다.

산에서 부는 또 다른 유명한 국지풍은 '말로야 바람(Maloja Wind)'으로, 엥가딘 계곡과 베르겔 계곡 사이에 있는 스위스의 말로야 고개 이름을 따

59) 높은 산의 골짜기를 따라 발달해 있는 빙하를 말한다. 이를 알프스형 빙하라고도 한다. 길이 수 킬로미터에서 10km 정도의 것이 아주 천천히 곡사면을 따라 이동한다. 얼음 두께가 30m 정도에 달하면 빙하 전체가 천천히 골짜기를 흘러내리게 된다.

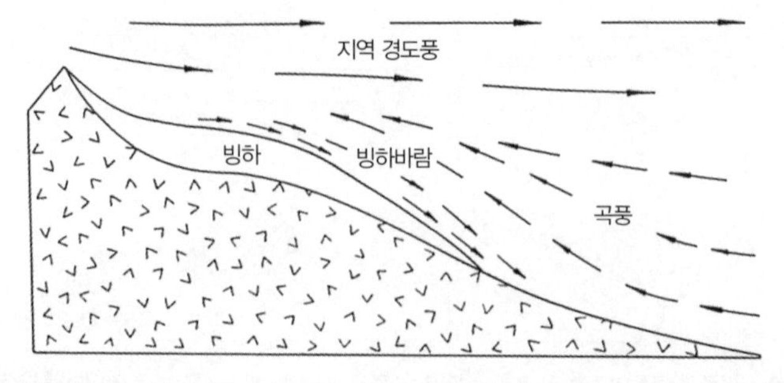

그림 4.34 정상 부근에 빙하가 있는 계곡에서 바람 이동의 이상적인 단면도. 빙하바람은 빙하에 바로 접하여 얇은 지표면경계층을 이루며 내리막사면으로 이동하는 것을 보여준다. 곡풍은 오르막사면으로 불며 빙하바람을 타고 올라간다. 산 위의 높이에서는 이 지역의 경도풍이 여전히 다른 방향으로 불고 있을 수 있다.(출처: Geiger 1965, p. 414)

라 명명되었다(Hann 1903; Defant 1951). 이 바람은 낮과 밤 모두 계곡 아래로 불어 내려가고, 어느 한 계곡에서 낮은 고개를 넘어 다른 계곡으로 유입되는 곡풍의 결과로 발생한다. 여기서 이 바람은 계곡 위로 부는 정상적인 바람 흐름을 압도하고 반대로 바꾼다. 이러한 이상(anomaly) 현상은 기온경도가 크며 고개를 가로질러 이웃한 계곡으로 바람 순환을 확장할 수 있는 계곡에서 발생한다. 따라서 바람은 가파른 베르겔 계곡에서 상승하고 말로야 고개를 가로질러 엥가딘 계곡으로 내려가 생모리츠와 그 너머까지 불어간다. 비슷한 상황이 스위스의 다보스 계곡에서도 발생한다(Flohn 1969b).

이와 관련된 현상이 해안 지역에서 발생한다. 이곳에서 강한 해풍은 내륙으로 이동하여 낮에 풍하의 산비탈을 타고 내려가는 바람과 같은 방법으로 낮은 고개를 지나간다. 이것은 인도 서고츠(Western Ghats)[60]산맥의

60) 인도 서부 데칸고원의 서쪽 가장자리를 형성하고, 아라비아해에 면한 낮은 산맥으로 길이

비대칭적인 에스카프먼트(escarpment)[61]에서 잘 발달한다. 적도의 안데스 산맥에서는 태평양의 차가운 공기가 얕은 지표면경계층(surface layer)[62]을 이루며 내륙으로 이동하여 낮은 고개 너머의 계곡으로 유입되며, 그 결과 산맥의 동쪽 아래로 비교적 한랭한 흐름을 만들어낸다(Lopez and Howell 1967). 어떤 경우에는 이들 바람이 도수(hydraulic-jump)[63] 현상으로 반대쪽 사면을 따라 강제로 상승하여 오후에 강우를 발생시킨다(그림 4.35). 모든 산악 국가는 고유의 특성을 가지고 있으므로 국지풍의 다른 사례들을 제시할 수도 있지만, 언급된 것들은 국지풍의 일반적인 성질을 설명하기에 충분하다.

장벽 효과에 기인한 산풍

푄 바람 산의 모든 일시적인 기후 현상 중에서 푄(foehn, 'fern'으로 발음) 바람[64]이 가장 흥미롭다. 산에서 급작스럽게 불어 내려오는 이 따뜻하고 건조한 바람에 대한 수많은 전설과 전통문화 및 잘못된 생각이 생겨났다. 알프스산맥에서 수 세기 동안 알려져 있는 푄 현상은 모든 주요 산악지역에서 흔히 볼 수 있는 특징이다. 이를 북아메리카에서는 '치누크(Chinook)',

는 약 1,600km에 이른다.

61) 고원에 나타나는 급경사를 말한다. 경암과 연암이 호층을 이루고 있는 지역이 개석될 때 지층의 주향을 따라 산릉과 하곡이 발달하게 된다. 이때 산릉의 단면은 암질의 영향을 받아 비대칭의 사면구조가 나타나게 된다. 즉 연암층이 제거되고 경암층이 지표면에 나타나면 사면의 경사와 층면의 경사가 일치하며 대체로 완경사가 나타나는데 이와 반대편에 위치한 곳은 경암과 경암 사이에 위치한 연암이 제거되어 버리므로 경사가 급한 사면이 발달한다.

62) 지표면에 접한 아주 얇은 대기층을 말하며, 그 높이는 10m~20m 사이이다.

63) 산이나 다른 장애물 위를 넘어가는 임계 초과 흐름(프라우드 수 > 1)에서 임계 이하 흐름(프라우드 수 < 1)으로 바뀔 때 풍하측에서 발생하는 강한 연직 상승흐름을 말한다.

64) 산을 넘어서 불어 내리는 돌풍적인 건조한 열풍이다.

아르헨티나 안데스산맥에서는 '존다(Zonda)', 뉴질랜드에서는 '노스웨스터(North-Wester)'라고 한다. 다른 산악지역에는 이들 바람에 대한 지역 고유의 국지적인 이름이 있다.

푄 현상은 독특한 날씨를 만들어낸다. 돌풍, 높은 기온, 낮은 습도, 매우 투명하고 깨끗한 공기가 그것이다. 푄 현상을 통해 보면, 산은 종종 짙푸른 색이나 엷은 보라색의 색조를 띠고 비정상적으로 가깝고 높아 보인다. 왜냐하면 태양 광선은 한랭한 공기층과 온난한 공기층을 통과하면서 위쪽으로 굴절되기 때문이다. 전형적으로 산마루 선을 따라 형성되는 둑 모양의 구름층은 풍상측에 내리는 강수와 관련이 있다. 이러한 구름층은 강풍에도 불구하고 정체되어 있으며 (풍하측에서 볼 때) 푄뫼구름(foehn wall)으로 알려져 있다.

스위스에서 푄 현상에 대한 초기 자연주의자의 설명은 다음과 같다.

멀리 알프스산맥에서는 숲이 바스락거리는 소리가 들린다. 융해된 눈에서 유난히 많은 물이 가득 차 쏟아져 나오는 산악 급류의 노호(怒號)는 평화로운 밤 내내 저 멀리서 들려온다. 안면(安眠)할 수 없는 움직임이 도처에서 전개되고 있으며, 점점 더 가까워지고 있는 것 같다. 몇몇 짧은 돌풍이 푄의 도착을 알린다. 이러한 돌풍은 특히 바람이 광활한 설원을 가로지르는 겨울에 처음에는 차갑고 쌀쌀하게 분다. 그러다 돌연 바람이 잔잔해지면서 갑자기 푄의 뜨거운 폭발이 맹렬하게 계곡으로 터져 나오는데, 종종 2~3일 동안 다소 강렬하게 지속되는 돌풍의 속도로 사방이 혼란스럽다. 나무를 지끈 부러뜨리고, 다량의 암석을 헐겁게 흐트러뜨리며, 산악 급류를 메우고, 집과 헛간의 지붕을 날려 보낸다. 이는 땅에서의 공포이다.(Hann 1903, p. 346에서 인용)

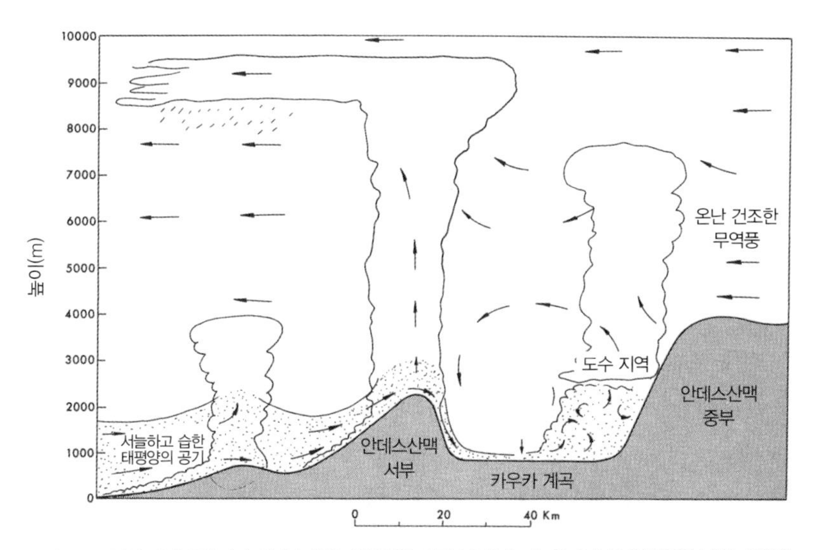

그림 4.35 북위 5°의 콜롬비아 안데스산맥 서사면을 따라 나타나는 늦은 오후의 전형적인 날씨 상태에 대한 도식적 표현. 안데스산맥은 탁월한 편동풍 흐름을 차단하여 얇은 지표면경계층의 서늘하고 습한 태평양의 공기가 내륙으로 이동할 수 있도록 한다. 이것은 훨씬 더 서늘한 조건을 야기하고 또한 산릉으로 이동하면서 구름 형성에 필요한 수분을 운반한다. 카우카 계곡에서 뇌우는 종종 충분한 속도로 안데스산맥 서부의 사면을 따라 아래로 흐르는 공기로 인해 발생하며, 그래서 안데스산맥 중부의 인접한 사면을 따라 공기는 강제로 상승하게 된다. 이것은 구름 형성과 뇌우 활동에 추진력을 제공하는 '도수'를 만들어낸다.(출처: Lopez and Howell 1967, p. 31)

푄의 주요 특성은 기온의 빠른 상승이나 바람의 숨(gustiness)[65] 및 식물과 동물에게 스트레스를 주고 화재 위험을 높이는 극도의 건조함이다. 숲과 주택 및 소도시 전체가 푄 바람이 부는 동안 파괴되었다. 그래서 알프스산맥의 수많은 마을에서는 전통적으로 푄 현상이 나타나는 동안 흡연과 불의 이용을 (심지어 조리를 위한 불의 이용마저도) 금지하고 있다. 어떤 경

65) 바람이 비교적 짧은 시간 사이에 강해졌다 약해졌다 하면서 불규칙적으로 되풀이하여 변화하는 현상을 말한다.

우에는 이 규정을 집행하기 위한 특수 경비대(Föhnwächter)가 임명되었다. 푄은 우울증, 긴장감, 과민성, 근육 경련, 심장 두근거림, 두통 등을 포함하여 다양한 심리적이고 생리적인 반응을 일으킨다고 한다. 푄 현상이 나타나는 동안 자살률이 증가하는 것으로 알려져 있다(Berg 1950). 이러한 증상은 북아메리카에서는 거의 관찰되지 않았으며, 의학적인 설명은 여전히 불명확하다.

여러 단점에도 불구하고, 푄 현상은 겨울의 추위를 멎게 하고 눈을 녹이는 데 매우 효과적이기 때문에 일반적으로 호의적으로 여겨진다(Ashwell and Marsh 1967). 알프스산맥의 수많은 현지 속담은 그러한 사실을 다음과 같이 반영하고 있다. "만약 푄 현상이 일어나지 않는다면, 하나님도 그의 햇빛도 겨울눈을 녹일 수 없을 것이다." "푄 현상은 열흘 동안의 태양보다 이틀 동안에 더 많은 것을 이룰 수 있다." "늑대는 오늘 밤 눈을 먹을 것이다."(De La Rue 1955, pp. 36~44). 북아메리카에서는 찰스 M. 러셀(Russel)이 〈치누크를 기다리며(Waiting for a Chinook)〉라는 그림에서 그레이트플레인스에서는 가치 있게 생각하는 치누크를 예리하게 그려냈다. 1886년의 겨울에 몬태나주에서는 사상 최악의 눈보라로 인해 소와 양 수천 마리가 폐사했다. 이곳의 큰 목장에서 카우보이로 일하던 러셀은 동부에 있는 그의 고용주들이 가축의 상태에 대해 놀라서 묻는 편지를 받았다. 그는 답장을 쓰는 대신에 거의 굶주린 수송아지가 깊은 눈 속에서 먹이를 찾지 못하고 서 있으며 코요테가 근처에서 기다리고 있는 상황을 수채화로 그렸다(그림 4.36). 이 그림은 곧 유명해졌고 러셀도 유명해졌다. 〈치누크를 기다리며〉는 매우 유명한 그림이 되었다(*Weatherwise* 1961).

푄의 원인은 복잡하다. 알프스산맥에 나타난 이 현상에 대한 초기 설명 중 하나는 사하라 사막에서 따뜻하고 건조한 바람이 불어왔다는 것이었다.

그림 4.36 찰스 M. 러셀의 〈치누크를 기다리며〉. 러셀은 1886년 소의 야윈 상태를 알리기 위하여 이 작은 수채화를 자신의 고용주에게 편지로 보냈다.(Montana Stock-growers Association 제공)

바람은 보통 남쪽에서 불기 때문에, 이것은 완벽하게 논리적인 설명으로 보였다. 그런데 어느 날 누군가가 푄이 오고 있는 산의 허리에 올라가 이곳에서 비가 내리고 있는 것을 발견하였는데, 사하라 바람이 만들어낼 가능성은 매우 낮았다! 오스트리아의 기후학자 율리우스 한(Julius Hann, 1866, 1903)의 설명이 정확한 것으로 인정받았다. 공기가 산비탈 위로 강제로 상승할 때, 이슬점에 도달하여 응결이 시작될 때까지 300m마다 3.05°C의 건조단열감률로 냉각된다. 이 지점부터 응결에 의한 잠열이 공기에 추가되기 때문에 공기는 약 1.7°C의 낮은 비율(습윤단열감률)로 냉각된다(그림 4.37). 정상의 풍하측에서는 강수가 그치고 상승 공기는 하강하기 시작한다. 이러한 조건에서는 공기가 전체 하강 길이에서 300m마다 3.05°C의 건

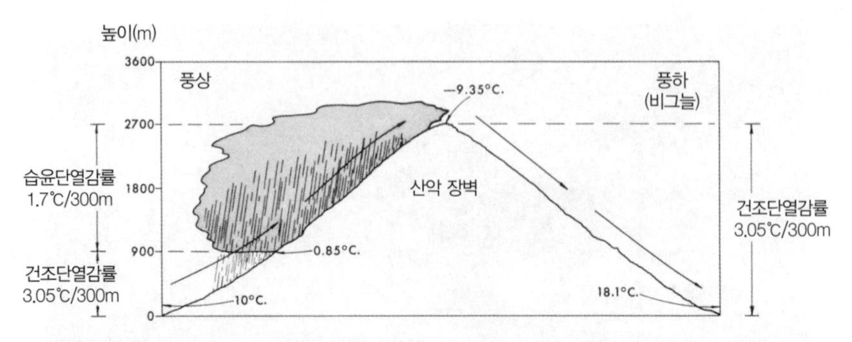

그림 4.37 전통적인 푄(치누크) 바람의 발달에 대한 도식적 표현. 서로 다른 위치의 온도는 풍상측 산의 기저부 공기가 10℃라는 가정에 근거한다. 공기가 산을 넘어가는 과정에서 나타나는 다양한 열역학적 과정을 거쳤을 때 공기는 풍하측 기저부에 18.1℃로 도달한다.(저자)

조단열감률로 가열된다. 결과적으로 공기는 풍상측과 동일한 높이의 풍하측 곡상에 원래의 온도보다 훨씬 더 높은 온도로 도달하게 될 것이다.

푄 현상은 특정 기압 조건에서만 발달한다. 전형적인 상황은 풍상측에 고기압 마루가 있고 풍하측에 저기압 골이 있어 산맥을 가로지르며 급격한 기압경도를 형성하고 있는 것이다. 이러한 조건에서 공기는 비교적 단시간 내에 방금 설명한 열역학적 과정을 거치게 될 것이다. 그러나 진정한 푄이 일어나려면 바람은 바람이 대체하게 될 공기보다 절대적으로 더 따뜻해야 한다(Brinkman 1971). 산맥의 어느 쪽이든 산맥의 방향과 기압계의 발달에 따라 푄이 나타날 수 있다. 알프스산맥에서는 지중해에서 비롯되어 산맥 북쪽에 영향을 미치는 사우스 푄 현상(south foehn)과 북유럽에서 비롯되어 알프스산맥의 남쪽에 영향을 미치는 노스 푄 현상(north foehn)이 나타나고 있다. 원래의 온난함 때문에, 사우스 푄 현상은 노스 푄 현상보다 훨씬 더 두드러지고 더 빈번하다. 이렇게 푄 현상을 알아차릴 수 있기 위해서는 훨씬 더 큰 온난화가 나타나야 한다(Defant 1951). 마찬가지로 북아메리카 서부에서는 대부분의 치누크 바람이 산의 동쪽에서 나타나는데, 태평양을 가로질러 이동하는 편서풍이 탁월하게 나타나기 때문이다. 겨울에는 편서풍이 그레이트베이슨과 하이플레인스(High Plains)에서의 대륙성 한대기단의 특성보다 훨씬 더 온난하다. 치누크는 비록 낮은 빈도로 발생하지만, 산의 서쪽에서도 나타난다(Ives 1950; Cook and Topil 1952; McClain 1952; Glerin 1961; Longley 1966, 1967; Ashwell 1971; Riehl 1974).

풍상 사면에서 발생하는 강수와 풍하 사면에서 발달하는 푄 현상에 대한 한(Hann, 1866, 1903)의 설명은 타당하지만, 지금은 강수의 존재 없이도 푄이 발생할 수 있는 것으로 알려졌다. 이것은 특히 로키산맥의 치누크 바람에 해당한다. 이것의 원인이 되는 과정은 4개의 하위 유형으로 구분된다(Cook and Topil 1952; Glenn 1961; Beran 1967). 첫 번째 유형은 산의 풍상측에서 나타나는 강수가 없어도 풍하측에서 공기가 하강하도록 강제되는 것이다(Cook and Topil 1952). 이는 특정한 안정 조건이 풍상측에서 전개될 때 발생한다. 바람의 하층부는 산에 의해 저지되어 항력을 일으키며, 뒤이어 일어나는 파 활동(wave action)[66]으로 인하여 바람의 상층부가 산의 풍하측에서 하강하게 된다(Beran 1967, p. 867). 이러한 유형의 치누크에서 공기의 온난화는 300m마다 3.05°C의 건조단열감률에 의한 압축 가열에 기인한다(그림 4.38a). 두 번째 유형은 원래 한(Hann)이 제안한 것으로, 강수가 발생하여 응결잠열이 더해진 공기가 풍하쪽으로 내려가면서 압축열이 대기에 추가되는 것이다(그림 4.38b). 세 번째 유형은 실제로는 간접적인 효과이다. 밤에 바람은 난류를 일으켜 한랭한 공기가 계곡에서 자리 잡는 것을 방해하므로 기온역전은 발생하지 않는다(그림 4.38c). 따라서 치누크 조

66) 두 개의 파가 서로에게 미치는 영향, 또는 한쪽이 다른 쪽에 미치는 영향을 말한다.

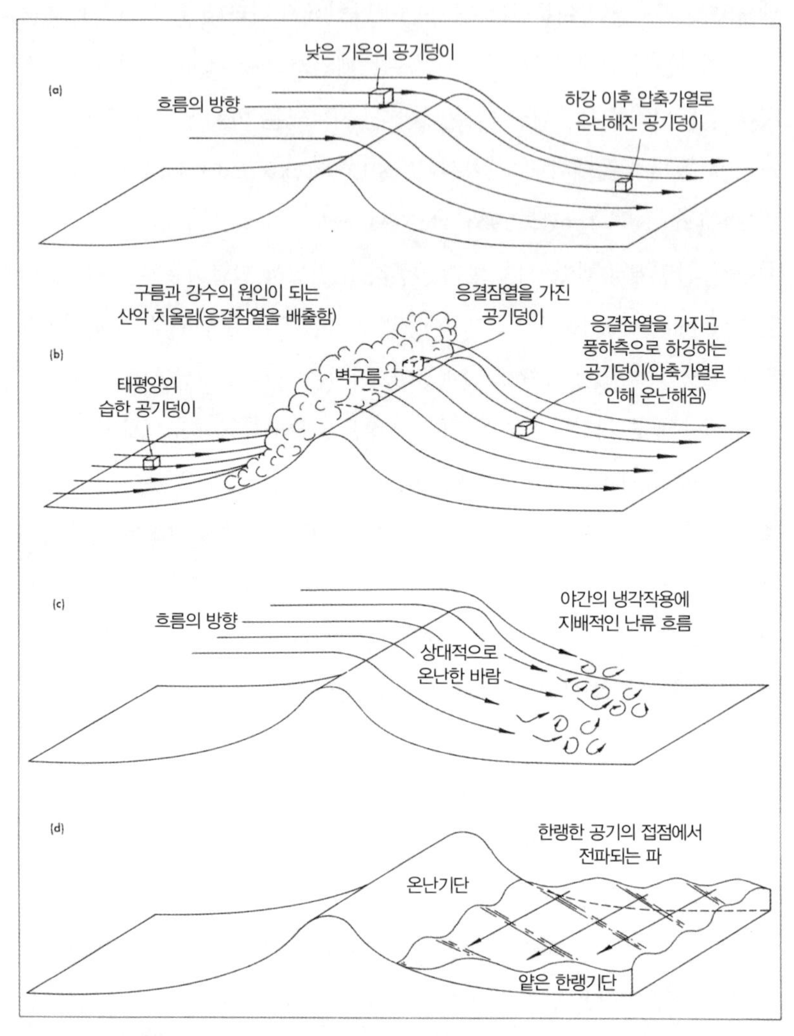

그림 4.38 로키산맥의 동사면을 따라 나타나는 다양한 유형의 치누크에 대한 시각적 표현(Beran 1967, pp. 866~867에서 인용)

건과 정상적인 조건 사이의 온도 차이는 종종 낮보다 밤에 더 뚜렷하게 나타난다(Cook and Topil 1952).

네 번째이자 마지막 유형은 산의 전면(front)을 따라 한랭기단이 온난기단으로 대체되는 것과 관련 있다. 이러한 조건에서 몇 가지 놀라운 온도 변화가 일어날 수 있다. 전형적인 상황은 캐나다 북부의 얕은 한랭한 대륙성 한대기단이 로키산맥의 동쪽을 따라 뻗어 있는 것과 로키산맥의 서쪽에서 온난한 공기가 상승하는 저기압 지역이 전진하는 것이다. 한랭기단은 호수에 비유될 수 있어 저지대와 계곡은 한랭하지만, 산릉은 온난한 공기 속에 있다. 온난한 공기는 한랭한 공기 위로 이동하고, 기단의 전선과 달리 이 둘 사이의 접촉 지대에서는 종종 파가 발생한다. 한랭한 공기는 마치 거대하게 출렁거리는 액체처럼 반응한다. '해안' 부근의 관측소는 파활동에 의해 주기적으로 잠길 수 있으며, 한랭한 공기의 안과 밖에 번갈아 있게 되므로 급속한 온도 변화를 겪는다(그림 4.38d)(Math 1934; Hamann 1943).

풍하파 바람이 장애물을 통과할 때, 바람의 정상적인 흐름은 중단되고, 바람이 불어가는 쪽으로 상당 거리 확장되는 파의 열(wave-train)[67]이 생성될 수 있다(그림 4.39). 주요 산맥은 전 세계 여기저기로 확장되는 큰 진폭의 파를 만들어낸다(Hess and Wagner 1948; Bolin 1950; Gambo 1956; Nicholls 1973). 작은 규모로 볼 때, 이들 파에서는 지역의 중요성이 대두되고 있는데, 이는 푄과의 관계, 독특한 구름의 형태, 상층대기의 난류 등에

67) 여러 가지 모드의 파로 구성되는 일련의 파형 집단을 말한다. 에너지의 충격에 대한 탄성계의 반응은 몇몇 사인곡선 형태의 파열을 보여준다.

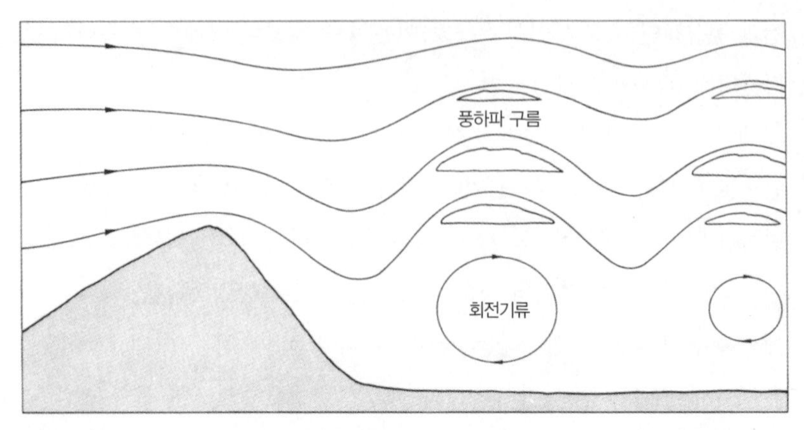

그림 4.39 공기가 산악 장벽을 통과함에 따라 발생하는 풍하파. 풍하파 구름은 종종 파의 마루에서 형성된다. 회전기류는 산의 바로 풍하측 지면 가까운 곳에서 발달할 수 있다. (Scorer 1967, p. 93에서 인용)

그림 4.40 콜로라도주 로키산맥의 지맥인 프런트산맥에 형성된 풍하파 구름. 사진은 서쪽을 향하며, 그래서 바람은 (왼쪽에서 오른쪽으로) 남서풍이다.(Robert Bumpas, National Center for Atmospheric Research)

반영되어 나타난다(Scorer 1961, 1967; Reiter and Foltz 1967; Wooldridge and Ellis 1975; Smith 1976). 풍하파의 진폭과 간격은 다른 요인들 가운데 풍속 및 산맥의 모양과 높이에 따라 다르다. 평균 파장은 2~40km이고, 수

직 진폭은 대개 1~5km이다. 인간에게 가장 실질적인 영향을 미치는 파는 고도 300~7,600m에서 발생한다(Hess and Wagner 1948). 풍하파 내에서의 풍속은 상당히 강하며, 시속 160km를 넘는 경우가 많다(Scorer 1961, p. 129).

풍하파의 가장 두드러진 특징은 파의 마루에서 형성되는 렌즈 모양의 구름이다(그림 4.40). 이들 구름은 공기가 이슬점에 도달했을 때 생성되고 공기가 파의 위로 이동하면서 응결이 일어난다. 공기가 하강하면 다소 따뜻해지기 때문에 구름은 파의 골에서 형성되지 않는다(그림 4.39). 비교적 평평한 구름의 기저는 응결 높이를 나타내며, 매끄럽게 굽은 정상은 파의 마루 윤곽선을 따른다. 이 구름의 수직적인 규모는 그 위에 있는 안정적인 공기에 의해 제한된다. 바람은 빠른 속도로 구름 사이를 통과할 수 있지만 풍하파 구름은 상대적으로 정지되어 있다(그러므로 '정립파 구름standing-wave cloud'이라고 한다). 만약 여러분이 그늘진 곳에 있다면, 풍하파 구름이 한 곳에서 형성되고 머무는 성질은 짜증날 수 있다. 나는 유콘 준주 세인트일리아스산맥 풍하의 작은 산맥에서 현장 조사를 하면서 불쾌하게 이러한 경험을 했다. 이따금 맑게 갠 날에 정립파 구름은 항상 우리가 있는 사면 위에 형성되어 몇 시간 동안 태양을 가리는 것처럼 보였다. 풍하파 구름은 수평의 여러 줄로 늘어서서, 그리고 위로 서로 중첩되어 자주 발달한다(그림 4.41; 그림 4.39와 비교). 풍하파 구름은 일반적으로 1~5개의 구름으로 이루어져 있고 바람이 불어가는 쪽으로 단지 수 킬로미터만 뻗어 있는 것으로 보이지만, 위성사진은 30~40개의 구름이 연속적으로 수백 킬로미터에 걸쳐 펼쳐져 있는 것을 보여주고 있다(Fritz 1965)(그림 4.42).

풍하파에 대한 초기 지식의 상당 부분은 글라이더 조종사들이 알아냈는데, 이들 조종사는 종종 언덕의 풍상측보다 풍하에 더 큰 치올림이 있다

그림 4.41 콜로라도주 로키산맥의 프런트산맥 풍하측에 형성된 여러 층의 풍하파 구름. 이러한 방식으로 겹겹이 쌓인 렌즈구름의 형성은 서로 다른 파의 진폭과 증가하는 대기의 불안정성을 나타내고 있다.(Robert Bumpas, National Center for Atmospheric Research)

그림 4.42 미국 북서부의 위성사진. 워싱턴주와 오리건주의 캐스케이드산맥의 풍하에서 아이다호주와 유타주 서쪽의 산간까지 광범위한 풍하파 구름의 발달을 보여준다. 사진은 40°N와 140°W의 고도 4,320km에서 정지궤도 기상위성이 1977년 12월 8일 촬영한 것이다. 확인 가능한 특징의 크기, 즉 해상도는 1.6km이다.(National Oceanic and Atmospheric Administration)

는 사실에 놀라움을 금치 못했다. 조종사들은 오래전부터 활승풍과 곡풍을 이용해왔지만, 이 방법으로는 산릉 위 200m 이상의 높이에 도달할 수 없었다. 잉글랜드 남부에서는 런던 글라이딩 클럽의 회원들이 수년 동안 별로 높지 않은 70m 언덕에서 치솟아 올랐지만, 240m 이상의 높이에는 결코 도달하지 못했다. 그러나 풍하파의 상승기류를 발견한 후에 한 회원은 파를 만드는 언덕보다 13배나 더 높은 900m 높이까지 치솟았다(Scorer 1961, p. 129). 독일 조종사들이 최초로 이 풍하파를 완전히 탐사하고 이용했다. 1940년에 한 조종사는 알프스산맥의 풍하에서 11,300m까지 치솟았다. 그 이후로, 세일플레인(sailplane)[68] 조종사들은 수많은 산악지역에서 풍하파를 이용하고 있다. 이 고도의 세계 기록은 13,410m로, 1952년 캘리포니아주 시에라네바다산맥의 풍하에서 세워졌다. 이 산맥에서는 산의 높이에 따른 거대한 상승과 함께 산맥의 동쪽 면이 매끈한 형태이기 때문에 세계에서 가장 강력한 풍하파 가운데 하나가 나타난다(Scorer 1961, p. 129).

풍하파의 또 다른 측면은 회전기류(rotor)의 발달이다. 이들은 멋진 두루마리 모양의 순환으로, 바로 이웃한 산의 풍하에서 발달하는데, 보통 파의 마루 아래에서 형성된다. 회전기류의 흐름은 기저부에서 산을 향해 이동하고 정상에서 산으로부터 멀어진다(그림 4.39). 이것은 한 줄로 늘어선 적운으로 표시되어 있지만, 일반적인 적운과는 달리, 시속 95km의 상승기류[69]가 나타날 수 있다(그림 4.43). 이러한 바람 때문에 비행기가 손상될 가능성

68) 소러(soarer)라고도 하며, 넓은 뜻으로는 글라이더를 뜻한다. 1인승과 2인승이 있고, 지표의 상황에 따라 생기는 상승기류를 이용하여 장시간이나 장거리 또는 고도 획득 등의 비행을 한다.

69) 연직 기류 중 위쪽으로 향하는 것을 말한다. 연직 기류의 속도는 적란운 속에서와 같은 특수한 경우를 제외하고 초속 수 센티미터의 크기로 초속 수 미터 이상의 수평 기류에 비하면 훨씬 느리다.

그림 4.43 캘리포니아주 시에라네바다산맥의 동쪽 면을 따라 나타나는 희귀한 회전기류 사진. 이 강력한 두루마리 같은 대기 순환은 평평하고 얇은 구름 아래에서 작동하고 있다. 오언스 계곡의 기저부에서 4,800m 높이로 먼지가 치올려지고 있다.(Robert Symons; R. S. Scorer 제공)

을 충분히 상상할 수 있다. 아주 최소한 이 바람은 신나는 놀이기구가 될 것이다! 두루마리구름의 높이는 삿갓구름(crest cloud)[70]이나 푄뫼구름의 높이와 거의 같다. 회전운동은 풍하파가 일정한 진폭에 도달하고 마찰항력이 그 아래에 가로놓인 공기의 두루마리 같은 운동을 일으킬 때 발생하는 것으로 생각된다(그림 4.39)(Scorer 1961, 1967).

70) 외딴 산봉우리의 꼭대기 부근에 걸려 있는 삿갓 모양의 구름이다. 산기슭을 따라 상승하던 따뜻한 기류가 단열팽창 과정을 거쳐 냉각되어 생긴다. 그리 높지 않은 산꼭대기에 걸려 있는 것처럼 보이는 조각구름을 가리키는 말이다.

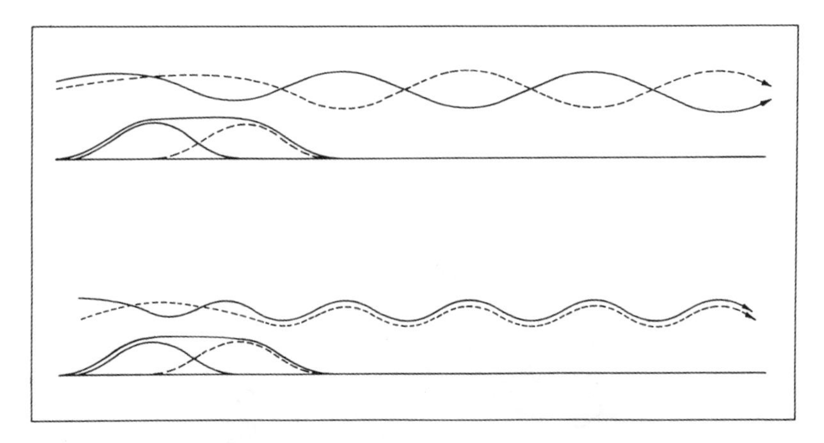

그림 4.44 풍하파열의 중첩을 보여주는 산 위의 기류. 산의 능선(산 형태의 파선으로 나타남)은 일정한 파의 패턴(파선의 유선)을 생성하고, 다른 산(실선)은 서로 다른 파의 패턴(연속된 유선)을 생성한다. 동시에 산은 장애물(연속된 실선으로 나타남)을 만드는 효과가 있다. 위 그림에서 파장은 파열이 상쇄되는 그러한 것이고, 아래 그림에서 진폭은 2배가 된다. 파장은 산릉을 가로지르는 공기의 흐름에 의해 결정되기 때문에, 동일한 기류는 그 방향에 따라 큰 진폭의 풍하파를 생성하거나 전혀 생성하지 않을 수 있다.(출처: Scorer 1967, p. 76)

몇몇 다른 종류의 난류는 풍하파와 연관되어 있을 수 있다. 특히 하나의 산에 의해 생성된 파열(wave train)이 이와 일치하는 위상 관계에 있는 다른 산의 파열에 의해 증가하는 경우에 더욱 그렇다(그림 4.44). 어떤 경우에 이들은 서로를 상쇄시키기도 하고, 또 다른 경우에는 강화시키기도 한다. 풍력과 풍향 또한 중요한데, 둘 중 하나의 작은 변화는 2개의 중첩된 파열의 파장을 변화시키며, 그래서 파열이 더해져 격렬한 난류를 일으킬 수 있기 때문이다(Scorer 1967; Lilly 1971; Lester and Fingerhut 1974). 이것의 한 가지 사례는 정립파의 에너지가 10km의 파장에서 불과 수백 미터의 파장으로 "폭포수처럼" 떨어지게 하는 곳이다(Reiter and Foltz 1967). 정확한 난류의 종류는 이 난류가 산이나 산을 가로지르는 공기의 흐름과 직결되는 경우가 많다는 점을 제외하고는 현재 논의의 범위를 벗어난다(그림 4.45).

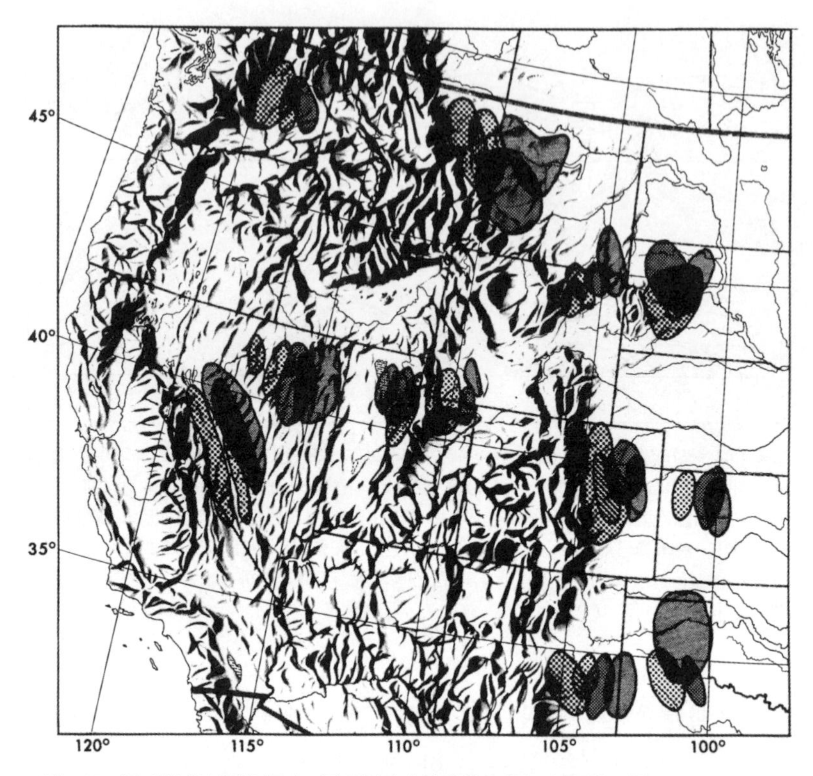

그림 4.45 미국 서부에서 청천난류가 가장 빈번하게 발생하는 지역. 이 패턴은 심한 수준, 보통에서 심한 수준, 보통 수준, 약에서 보통 수준 등 네 가지 수준의 난류를 나타내는데, 산마루에 가장 가까운 지역은 가장 심각한 수준(가장 큰 점)이며 가장 멀리 떨어져 있는 지역은 가장 심하지 않은 수준(가장 작은 점)을 나타낸다.(Reiter and Foltz 1967, p. 556에서 인용)

보라, 미스트랄 및 이와 유사한 바람 이들 바람은 푄처럼 산에 인접한 계곡이나 평원으로 하강하지만, 푄과 달리 한랭하다. 압축 가열이 발생하지만, 겨울에 내부 지역으로부터 산맥을 가로질러 평소 온난한 지역으로 불어오는 한랭한 공기를 눈에 띄게 따뜻하게 만들기에는 부족하다. 이들 바람 및 이와 같은 다른 바람은 기본적으로 산악 장벽을 넘어오는 상이한 공기의 교환에 의해 발생한다.

보라(bora)는 달마티아(Dalmatia)의 아드리아(Adriatic)해 해안에 부는 한랭 건조한 북풍이다. 보라는 겨울에 가장 강력하게 발달하는데, 러시아 남서부의 한랭한 대륙성 기단의 고기압에서 발원하여 헝가리와 디나르알프스산맥을 가로질러 남쪽으로 공기가 이동하게 된다. 보라의 이상적인 조건은 남풍이 아드리아해 해안에 예외적으로 온난한 조건을 가져올 때, 그리고 기온과 기압의 상대적으로 큰 차이가 해안과 내륙 사이에 존재할 때이다. 이러한 조건에서 한랭한 대륙의 공기는 산맥의 존재로 인한 급격한 기압 경도로 아래로 이동하는데, 이례적으로 맹렬하게 내려갈 수 있다(Yoshino 1975, p. 361). 보라는 특히 폭이 좁은 계곡과 고개를 통과할 때, 종종 큰바람(gale)[71] 계급에 도달한다. 이러한 보라는 건초 수레를 뒤집어엎고, 지붕을 뜯어내며, 과수원을 파괴하는 것으로 알려져 있다. 심지어 소도시 클리스(Klis) 부근에서는 기차를 전복시킨 적이 있다고 주장하기도 한다(De La Rue 1955).

보라와 비슷한 미스트랄(mistral)은 프로방스와 프랑스 지중해 해안에서 발생한다. 미스트랄은 한랭한 공기가 프랑스 북부와 서부의 고기압 지역에서 리옹만, 즉 스페인과 이탈리아 사이 지중해의 저기압 지역으로 이동하면서 발생하는 바람이다. 이는 피레네산맥과 알프스산맥 서부 사이의 자연적으로 잘록한 부분을 통과해야 하기 때문에 보라만큼이나 또는 그 이상으로 더 맹렬하다(Defant 1951, p. 670). 미스트랄은 고대부터 알려졌다. 그리스 지리학자 스트라보(Strabo)는 이 바람을 "바위를 옮겨 놓고 사

71) 보퍼트(Beaufort) 풍력계급표의 풍력 계급 8의 바람으로 10m 높이에서의 풍속은 17.2~20.7m/s이다.

람들을 병거(수레)에서 내동댕이치는 맹렬하고 무서운 바람"이라고 했다(De La Rue 1955, p. 32). 미스트랄의 영향은 프로방스 전역에 걸쳐 확대되고 멀리 남쪽으로 니스(Nice)에서도 나타날 수 있다. 보라와 마찬가지로 미스트랄은 과일 생산에 큰 문제를 일으키므로, 과수원을 보호하기 위한 돌담이나 다른 바람막이를 건설하는 데 엄청난 노동비가 투입되었다(Gade 1978). 최고풍속은 론 계곡에서 발생하는데, 시속 145km 이상의 풍속이 측정되고 있다.

보라와 미스트랄이 가장 유명하지만, 이와 비슷한 한랭 건조한 바람이 수많은 산악지역에서 발생한다. 알프스산맥과 프랑스 쥐라(Jura)산맥 사이 제네바호에서의 비즈(bise, 산들바람)가 이와 같은 유형이며, 또한 아시아의 커다란 산의 협곡과 고개에서의 수많은 사례들도 같다(Flohn 1969b). 북아메리카에서 발생하는 멕시코 테후안테펙만의 '노더(norther)[72]'도 비슷한 현상이다(Hurd 1929). 또 다른 예는 컬럼비아강 협곡과 프레이저강 계곡을 따라 캐스케이드산맥의 동쪽과 서쪽 사이에서 겨울에 한랭한 공기가 교환되는 것이다. 이는 돌연히 발생한 한랭한 북극의 공기가 남쪽으로 이동하여 캐스케이드산맥의 동쪽에 쌓여 있을 때 가장 두드러지는데, 한랭한 대륙의 공기와 상대적으로 온난한 태평양의 공기로 인해 기온과 기압이 엄청나게 차이가 난다. 이 시기에 한랭한 공기는 빠른 속도로 해수면 높이의 계곡을 통과하면서 겨울에 브리티시컬럼비아주 밴쿠버와 오리건주의 포틀랜드(둘 다 계곡 입구에 위치)의 도시에 가장 맑고 가장 추운 날씨를 초래한다.

72) 주로 겨울철 한랭전선이 지나간 후에 부는 찬 북풍이다. 미국 남부지방에서는 한파를 몰고 오는 지방풍이다. 겨울에 발달하는 저기압의 동진하는 후면에서 한대전선이 중앙평원을 거의 직선으로 남하하는 경우에 분다.

또한 한랭한 공기가 온난한 해안 공기를 높이 상승시켜 국지적으로 폭설을 일으킬 수 있다. 그러나 가장 두드러진 특징은 이 차갑고 매서운 바람이 부는 곳에서는 공고한 깃발 모양의 편향수와 갈색을 띤 시든 나뭇잎이 있는 침엽수의 경관이다(Lawrence 1938).

제5장

눈과 빙하 및 눈사태

눈송이가 땅으로 내려앉는 순간 눈송이의 구조에
변화가 일어나기 시작한다. 우리가 고요히
침묵하고 있는 새하얀 소림을 응시하거나 고산 오두막의
작은 창문을 통해 눈부신 설원을 바라볼 때, 우리는 생기 없이
가만히 서 있는 자연으로부터 잘못된 메시지를 전달받는다.
실제로 우리는 더없이 매우 바쁜 실험실을 보고 있다.
이곳에서는 거대한 에너지가 모든 종류의 물리적 변화를
유도하기 위해 총체적으로 일하고 있다.
그 결과 어제 눈보라로 내린 눈송이의 원래 상태는
순백을 제외하고 단시간 내에 아무것도 남아 있지 않게 된다.
– 셀리그먼(G. Seligman), 「눈 구조와 스키장(Snow Structure and Ski Fields)」(1936)

눈의 존재는 기본적으로 높은 고도에서 나타나며, 빙하와 눈사태의 발달에 필수적인 요소를 제공한다. 상호 연관된 이들 세 가지 현상은 산악경관의 독특성에 크게 기여하며, 또한 이들 지역에 서식하는 식물과 동물 모두에게 상당한 도전이 되고 있다.

눈

눈은 공기 중에 있는 이물질, 특히 점토 광물의 작은 핵 주위에 과냉각수[1]가 결빙하는 것에서 비롯된 고체 형태의 강수이다. 일단 형성되면,

1) 0℃ 이상의 물을 냉각시켜 0℃ 이하로 온도가 내려가도 응결되지 않고 액체 상태로 남아 있는

눈 결정은 계속해서 변화를 겪는다. 눈 결정은 응결과 결착(accretion)을 통해 커지거나 증발과 융해를 통해 작아질 수도 있으며, 또한 수많은 방법으로 부서지고 다시 결합할 수도 있다. 눈송이는 높은 고도의 한랭 건조한 대기 중에서 처음 형성되었을 때는 일반적으로 작고 단순하다. 하지만 온도가 높고 수분이 많은 낮은 높이에서 형성되거나 떨어질 때 눈송이는 커지고 복잡해진다. 그러므로 산 정상에 내린 눈은 산맥의 중간 사면에 내린 눈과 상당히 다른 경우가 많다. 눈송이의 대부분은 육각형의 패턴을 따르지만, 각각의 모양은 무한한 다양성을 보여준다. 눈 속에서 놀았던 어린이는 누구나 눈송이가 모두 다르다는 것을 알고 있다. 눈 결정의 주요 형태는 일반적으로 열 가지 주요 유형으로 분류된다(그림 5.1). 이는 내리는 눈에만 적용된다. 내리는 눈에는 매우 다른 종류의 형태가 존재한다. 지상에 닿자마자 눈송이는 함께 뭉쳐 변성작용을 겪으면서 빠르게 원래의 모양을 잃는다(Alford 1974). 눈은 형성, 낙하 그리고 땅 위에 집적되는 동안 지속적인 변화를 보여주고, 마침내 녹아서 바다로 돌아간다.

눈은 어느 위도에서나 대기 중에서 형성될 수 있지만, 그 정체성을 유지하기 위해서는 기온이 충분히 낮아 눈을 보존할 수 있는 지역의 땅에 떨어져야만 한다. 내린 눈의 대부분은 며칠 내에 또는 몇 달 안에 녹는데, 눈이 내린 양과 기후 조건에 따라 달라진다(Dickson and Posey 1967; McKay and Thompson 1972). 예를 들어, 극지방에서는 극도로 낮은 기온 때문에 눈이 거의 내리지 않지만, 내린 눈은 매우 효율적으로 보존된다. 다른 한편으로 충분한 양의 눈이 내릴 경우 기온이 어는점 이상인 지역에서도 눈은 지속

경우를 말한다. 강수의 원인이 되는 수적(水滴)은 공기 중의 수분이 과냉각 상태로 남아 있는 대표적인 것이다.

그림 5.1 눈 결정의 주요 유형(출처: LaChapelle 1969, p. 11)

될 수 있다. 히말라야산맥의 설선은 북쪽보다 남쪽에서 훨씬 더 낮은 고도로 뻗어 있는데, 이는 남쪽에 더 많이 내리는 강수가 높은 기온의 영향을 보상하기 때문이다. 비슷한 상황이 열대지방에서도 일어나는데, 열대의 산에서는 겨울보다 여름(태양이 높이 있는 기간)에 눈이 더 낮은 높이에서 내리는 경우가 많다. 여름에 증가하는 강수와 구름양[2]은 높은 태양의 영향을 압도한다.

두꺼운 눈쌓임은 주로 중위도와 아한대의 산에서, 즉 상대적으로 강수가 많고 기온이 낮은 지역에서 발견된다. 따라서 눈이 주변 저지대에서 사라진 후에도 많은 양의 눈이 여전히 높은 고도에 남아 있을 수 있다. 산의 눈쌓임은 여름에 수원으로서의 가치가 점점 더 높아지고 있다. 미국 서부에서는 서로 다른 지역의 눈쌓임 상태에 대한 측정과 월간 보고서를 발행하는 적설조사(Snow Survey)[3]가 지극히 중요한 작업이 되고 있다(Davis 1965; U.S. Dept. Agriculture 1972). 눈과 얼음의 과학적 측면이 부각되는 중요성은 수문학에서 눈과 얼음의 역할(The Role of Snow and Ice in Hydrology) 및 서부의 눈 컨퍼런스(Western Snow Conference)와 같은 연례 심포지엄에 반영되고 있다. 상당한 연구와 노력이 눈쌓임을 증가시키는 방법에 투입되었다. 예를 들어 고산 초지에 울타리 설치하기, 나무를 더 많이 심기, 그리고 실험적인 벌목 방법으로, 취송류로부터 눈을 보존하기 위한 입목 구획의 나무를 교대로 자르기 등이 있다(Martinelli 1967, 1975; Leaf 1975). 인위적으로 강수를 유발하는 노력은 주로 산에서 강설량을 증가시키는 데 집중되어왔다(Weisbecker 1974; Steinhoff and Ives 1976). 나중에 산의 눈이 인간에게 미치는 영향을 논의하겠지만(이 책 676~685쪽 참조), 융빙수[4]의 중요성을 강조하기에는 충분하지 않다. 미국 태평양 연안 북서

2) 구름에 덮인 부분의 온 하늘에 대한 외관상의 비율을 말하며, 하늘 전체를 10으로 하였을 때 눈에 보이는 구름의 면적이 전체의 몇 할 정도인가를 0~10 사이의 수치로 표시하는 것이다.
3) 한 유역의 지정된 지점에서 눈의 형태로 저장된 물의 양을 조사하기 위하여 눈의 깊이, 수분 함량 및 눈의 밀도를 측정하는 것이다.
4) 빙하에서 녹아 흘러내리는 물을 말한다. 모든 빙하에서는 융빙수가 흐르지만, 그 양과 흐르는 시기는 빙하에 따라 차이가 크다. 집적률과 소모율이 높은 온난빙하는 전진과 후퇴 시에

부 지방은 주로 산에서 발원한 하천의 수력발전에 의존하고 있으며, 캘리포니아주의 풍부한 농업 생산은 주로 시에라네바다산맥의 융빙수에 기인하고 있다. 사실 미국 서부 전체의 경제는 산의 융빙수에 의존하고 있다.

적설[5]의 증가는 여러 면에서 퇴적암의 형성과 유사하다. 눈은 퇴적물처럼 집적되며, 각각의 층은 기원하는 눈의 성질을 반영하고 있다. 새로 내린 눈은 마치 갓난 거위의 솜털과 다소 비슷하게 매우 밀도가 낮으며 눈 결정 사이에 방대한 양의 공기가 존재하지만, 많은 눈이 집적되어 내려앉게 되면서 눈은 압축된다. 내린 눈의 정확한 작용은 눈의 온도, 수분 함량, 내부 압력, 그리고 존속 기간에 따라 달라진다. 궁극적인 경향은 눈이 변형을 겪는 것이다(Bader and Kuroiwa 1962; de Quervain 1963; Sommerfeld and LaChappelle 1970). 여기에는 섬세한 눈 결정이 치밀화 작용을 통해, 그리고 분자 과정을 통해 비정형의 둥근 알갱이로 변환되는 것이 포함된다. 이러한 과정이 눈송이의 투영점(projecting points)에 가장 큰 영향을 미친다. 이들 과정은 온도와 수분의 조건에 따라 수 주에서 수개월이 걸리기도 하며(온난하고 습할 때 이들 과정이 가장 빠르게 발생한다), 그리고 이 과정은 스키어들에게 매우 인기 있는 봄철 '싸라기눈'의 원인이 된다. 눈 속에서, 특히 매우 한랭한 지역의 눈 속에서 일어나는 또 다른 과정은 따뜻한 층에서 차가운 층으로 확산을 통한 수증기의 이동으로, 새로운 눈 결정의 성장을 초래한다. 이로 인해 소수의 결합 표면이 있는 대형 눈 결정(뎁스호어

다량의 융빙수가 흐른다. 그러나 극빙하에서는 빙하성장기에는 부족하고 후퇴 시에만 뚜렷한 융빙수가 나타난다.

5) 지면에 쌓인 눈으로, 기상관측을 할 때 관측소 주위의 지면에 1/2 이상이 눈으로 덮여 있어야 적설이 있다고 말한다. 적설은 지면에 쌓인 후에 기상변화에 따라 그 성질이 현저하게 변한다.

depth hoar)[6]이 발생하는 경우가 많고 눈의 강도가 감소한다(이 책 314~315쪽 참조). 눈이 주기적으로 융해되고 다시 동결되는 것은 또한 밀도를 증가시킨다. 융해와 동시에 눈의 응집력과 강도가 많이 감소하지만, 재동결은 새로운 입간(intergranular) 결합과 더 큰 강도를 가져온다. 동결과 융해의 과정이 반복되는 과정은 압축과 통합을 유발하며 적어도 일 년 이상 된 높은 밀도의 눈이 쌓인 만년설(firn 또는 névé)[7] 형성의 원인이 된다. 눈은 이제 처음 내렸을 때보다 15배나 더 무거울 수 있고 빙하얼음이 되는 방향으로 순조롭게 진행되고 있다(de Quervain 1963, p. 378).

설선

매년 여름에 눈이 녹는 계절의 눈과 눈이 녹지 않는 만년설 사이의 지대는 설선으로 나타난다. 이러한 지대는 환경 및 그 과정에 근본적인 영향을 미치고 있다. 시공간적으로 설선의 다양한 배치는 그 중요성에 대한 서로 다른 해석을 가져와 문헌에 상당한 혼란을 초래하고 있다. 즉 기후 설선, 만년설선, 산악 설선, 임시 설선, 일시 설선, 지역 설선 등과 같은 용어가 나타나는 경우이다(Charlesworth 1957; Flint 1971; Ostrem 1964, 1973, 1974). 용어의 정의 없이 설선을 사용하는 것은 상당히 무의미하게 되었다. 문제를 이해하려면 다음 조건을 생각해보라. 한 가지 극단적인 것은 1년 중 어

6) 기온이 0℃에 이르지 않는 추운 지방에서는 승화했다가 다시 결정이 되어 육각주정을 이룬 뎁스호어가 되기도 한다. 이러한 빙립(氷粒)은 상호 간에 공간을 가진 바구니 모양의 집합체를 이루는데, 공간이 점차 눌려 얼음에 가까워진다. 공간이 아주 없어지면 밀도도 0.9 kg/ℓ에 이르러 완전히 얼음이 된다.

7) 여름의 융설기를 지나서도 존재하며 다음 겨울을 맞이하는, 즉 해를 넘기는 성질의 빙설 전체를 말한다.

느 때에 눈 덮인 지역과 눈 없는 지역 사이의 윤곽이다. 분명히 이 설선은 매일 변화하며 겨울에 그 위치가 가장 낮아져 중위도에서는 해수면에 도달하고 여름에는 설선의 고도가 가장 높아질 것이다. 스키장 위치와 도로 정비가 매우 중요한 겨울에 지속적인 눈의 하한계를 설정하는 설선도 있다(Rooney 1969). 하지만 우리의 주요 관심사는 여름철 최대 융해 이후 설선의 위치로, 이는 빙하 지대를 설정하고 대부분 동식물의 분포를 크게 한계 짓는 높이이기 때문이다. 이 설선의 위치도 마찬가지로 매우 가변적이며 설명하기 어렵다. 예를 들어, 눈사태는 커다란 덩어리의 눈을 곡상으로 운반할 수 있으며, 만약 그늘진 경우 눈은 수년 동안 지속될 수 있다. 마찬가지로, 산악빙하는 지형적으로 보호받는 장소를 점유하고 있으며, 주변의 사면에서보다 땅날림눈[8]이나 눈사태로 인해 더 크게 집적되고 있다. 또한 이것은 산의 그림자기후와 거대한 얼음덩어리의 자연적인 냉각 효과 때문에 덜 융해되고 있다. 그 결과, 설선은 일반적으로 빙하 사이에 있는 지역보다 더 낮은 고도의 빙하 위에 나타난다. 빙하가 없는 산이나 빙하 사이의 사면에서 설선은 일반적으로 사면의 방향과 국지적인 지형의 위치에 의해 그 분포가 크게 제한받는 영구적인 눈의 작은 구획으로 표현된다.

다양한 눈의 한계에는 차이가 있고 이들 한계의 정확한 위치를 설정하는 것이 어려워 몇 가지 간접적인 근사 방법을 사용하게 되었다. 이 중 하나는 한 해의 가장 온난한 달에 평균온도가 0℃ 이하인 곳의 높이를 이용하는 것이다. 이는 주로 라디오존데와 기상관측기구의 사용을 통해 결정되기 때문에 심지어 산이 없는 곳에서도 설선이 형성될 수 있다. 그 결과

8) 강한 바람에 의해서 쌓였던 눈이 사람의 키보다 낮게 날리는 현상을 말한다.

로 생긴 설선은 이론적일 뿐이지만 일반적인 목적에 유용하다. 이것은 빙기 동안의 온도를 조사할 때 특히 그렇다. 예를 들어, 만약 오늘날 빙하가 2,000m에 존재하지만 과거 한때 1,000m에 존재했다면, 이러한 높이의 차이를 (연직 기온감률을 이용하여) 온도로 변환하는 것으로 설선의 위치가 낮아지는 데 필요한 온도에 대한 대략적인 개념을 얻을 수 있다. 일반적으로 플라이스토세 동안의 온도는 현재보다 4~7℃ 낮았던 것으로 보인다(Flint 1971, p. 72; Andrews 1975, p. 5).

한층 더 유용한 접근 방식은 알려진 바와 같이 '지역 설선' 또는 '빙하작용 높이'를 나타내는 폭이 약 200m인 지대나 띠를 설정하는 것이다. 왜냐하면 이러한 지대가 바로 빙하가 형성될 수 있는 어느 주어진 지역의 최저 높이를 나타내기 때문이다(Ostrem 1964, 1974; Porter 1977). 이 지대의 위치는 작은 빙하가 있는 지역의 가장 낮은 산봉우리와 빙하가 없는 동일한 지역의 (그러나 눈을 보유할 만큼 충분히 완만한 사면이 있는) 가장 높은 산봉우리 사이의 높이 차이에 기초한다. 예를 들어, 하나의 산은 높이가 2,000m이고 빙하가 없지만 사면이 빙하를 수용할 만큼 충분히 완만하다면, 그리고 또 다른 산은 높이가 2,200m이고 빙하가 있다면, 현지의 빙하작용 높이와 지

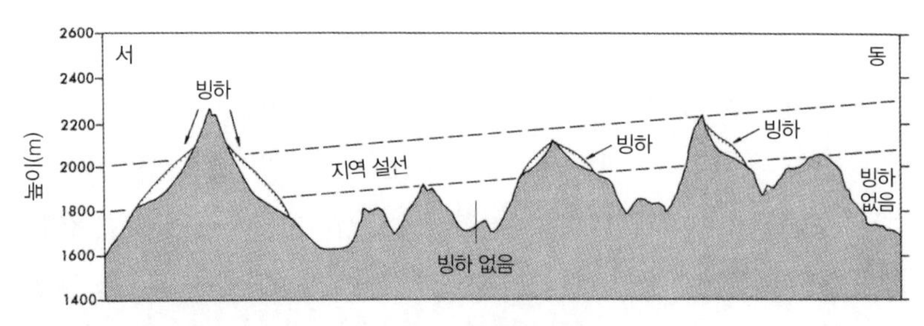

그림 5.2 산악지역에서 빙하작용의 높이 또는 지역 설선의 근사치를 내는 방법. 지역 설선은 빙하가 없는 가장 높은 산봉우리와 빙하가 있는 가장 낮은 산봉우리 사이에 가로놓인 지역에 해당한다.(출처: Flint 1971, p. 64 및 Ostrem 1974, p. 230)

역 설선은 이 두 높이 사이에 있다(Ostrem 1974, pp. 230~233)(그림 5.2).

지역 설선은 해수면에서도 나타날 수 있는 극지방에서 가장 낮으며, 5,000~6,000m에서도 나타날 수 있는 열대지방에서 가장 높다. 물론 이것은 온도와 강수의 상호작용 때문에 선형 관계는 아니다. 가장 높은 설선은 안데스산맥의 건조한 푸나 데 아타카마(25°S)와 티베트 하이랜드(32°N)의 6,000~6,500m에서 발견된다. 열대지방에서는 많은 강수와 구름양으로 인해 설선이 낮아지는 반면에, 양 반구의 위도 20~30°에서 아열대 고기압의 영향을 받는 지역은 적은 강수와 구름으로 인하여 기온이 낮더라도 설선은 높아진다(그림 5.3). 어느 주어진 위도에서 설선은 일반적으로 강수가 매우 많은 지역(예: 해안의 산)에서 가장 낮고, 강수가 적은 지역(예: 대륙의 산)에서 가장 높다. 이에 따라 탁월풍과 맞물려 열대지방에서는 서쪽을 향해, 중위도 지방에서는 동쪽을 향해 설선의 높이가 상승하는 경향이 있다. 중위도의 상황은 미국 서부의 설선으로 알 수 있다. 이 설선은 북위 48°의 워싱턴주 올림픽산맥의 1,800m 높이부터 동쪽으로 800km 떨어진 로키산맥에 위치한 몬태나주 글레이셔 국립공원의 3,000m 높이에 이르기까지 상승하고 있다(Flint 1977, p. 66). 서에서 동으로 설선이 상승하는 비슷한 경

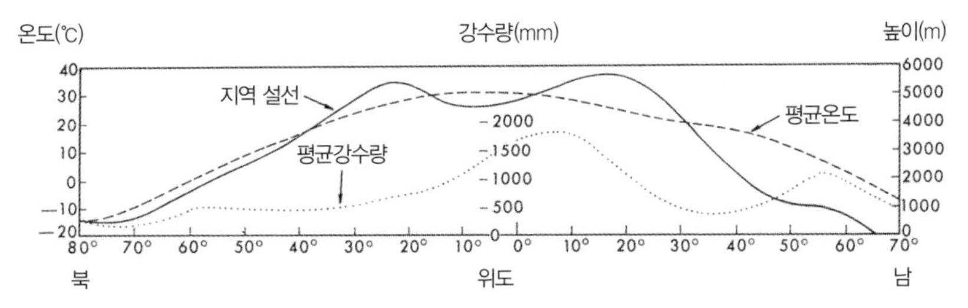

그림 5.3 남-북으로 놓인 설선의 일반적인 고도. 열대지방에서 설선의 높이가 약간 낮은 이유는 이들 지역에서의 강수량과 구름양의 증가 때문이다. 또한 평균온도와 강수량도 제시했다.(출처: Charlesworth 1957, p. 9)

향이 스칸디나비아산맥, 칠레 남부의 안데스산맥, 뉴질랜드의 서던알프스(Southern Alps)산맥에도 존재한다(Ostrem 1964; Porter 1975a).

빙하

빙하는 눈이 쌓여서 생성된 얼음의 이동하는 덩어리이다. 눈이 얼음으로 변환하는 것은 기본적으로 공기의 고밀화 및 방출의 과정이다. 이것은 승화, 융해와 재동결 및 치밀화로 이루어진다. 눈이 아직 지표면 가까이 있을 때는 승화, 융해, 재동결이 가장 중요하고, 눈이 매년 연이은 적설 속에 묻힌 후에는 치밀화가 더욱 중요해진다. 눈이 점점 더 단단해지고 밀도가 높아지면서 입자 사이의 통기 공간은 줄어들고 결국 메워지게 된다. 일단 이 단계에 도달하면, 눈은 빙하얼음으로 간주된다. 진행 패턴은 명확하지만, 이를 달성하는 데 필요한 시간은 온도, 강수 및 기타 조건에 따라 다르다(온도가 높고 수분이 많은 곳에서는 시간이 짧게 걸린다). 먼저, 새로 내린 눈은 계절이 끝날 무렵 완두콩 크기의 얼음 결정, 즉 싸라기눈으로 변하고, 그런 다음 이 싸라기눈은 만년설이 된다. 이때쯤이면 얼음 결정의 밀도는 다소 더 높아져, 결정 사이의 통기 공간이 더 작아진다. 만년설은 빙하얼음이 되는 진행의 중간 단계를 나타내지만, 이 과정을 완료하려면 몇 년이 더 소요된다. 만년설과 빙하얼음의 차이가 항상 뚜렷하게 구분되는 것은 아니지만, 대개는 색깔과 밀도로 구별할 수 있다. 얼음 결정 사이에 통기 공간이 있고 덩어리로 볼 때 얼음의 색깔이 희끄무레하다면 이것은 만년설이다. 반면에 얼음 결정 사이에 통기 공간이 없는 거대한 구조와 청색이나 녹색을 띠는 유리질의 외관을 가지고 있다면 빙하얼음이다

(Seligman 1936, p. 118).

오늘날의 빙하는 수천 년 전 빙하시대의 절정기에 존재했던 것의 흔적일 뿐이다. 그럼에도 활동적인 산악빙하는 여전히 모든 위도에서 나타나고 있으며, 산비탈의 고립된 함몰지를 차지하고 있는 작은 권곡빙하에서부터 가장 높은 산봉우리를 제외하고 모든 곳을 덮고 있는 주요 유빙야(icefield)[9]에 이르기까지 다양하다(그림 5.4와 5.5). 권곡빙하는 열대의 산과 중위도 산에 나타나는 전형적인 형태이며, 유빙야는 아극지방과 극지방에서만 볼 수 있다. 이들의 중간 지역에는 곡빙하가 있는데, 이는 집적 분지에서 발원하고 계곡 아래로 얼마간 확장된 것이다. 빙하가 계곡을 흘러 산의 기저부에 집적될 수 있을 만큼 얼음이 충분한 곳에서는 빙하가 평지에 도달하여 퍼져나가면서 주걱 모양의 빙하혀(ice tongue)를 형성할 수 있다. 이것이 산록빙하[10]이다.

고산빙하의 형태는 지형과 기후 둘 다에서 비롯한다. 기후 조건이 좋아도 사면이 너무 가파르면 눈이 쌓일 수 없기 때문에 빙하는 발달할 수 없다. 정반대의 극단으로, 바람과 태양에 노출되기 때문에 노출된 평면의 크기가 제한적인 고지에서는 빙하가 발달할 가능성이 거의 없다. 지형은 눈과 얼음이 꼭 들어맞아야 하는 초기 주형(mold)으로 볼 수 있는 반면에, 기후는 어느 주어진 지형적 상황에서 빙하가 어느 정도의 높이와 넓이로 발달하는지를 결정한다.

9) 빙하의 표면이 대체로 평탄한 것을 말하며, 지름 10km 이내의 규모를 나타낸다. 빙모와는 구별이 된다.

10) 규모가 큰 곡빙하가 산지에서 산록의 저지대로 흘러내릴 때 곡구를 중심으로 옆으로 넓게 퍼져 선상지 모양으로 형성된 빙하이다. 알래스카의 해안산맥에 전형적으로 발달하여 알래스카형 빙하라고도 한다. 알프스와 피레네 산지 등에는 과거 빙기에 형성된 산록빙하의 흔적이 발견되고 있다.

간단히 말하면, 빙하가 형성되기 위해 필요한 조건은 녹는 것보다 더 많은 눈이 내리는 것이다. 이것은 다양한 환경적인 결합에 의해 이루어질 수 있다. 다양한 위도의 산에서 일어나는 에너지 플럭스의 차이 및 온도/강수 체계[11]를 생각해보라. 중위도 산에는 매우 많은 양의 눈이 내리지만 여름에 매우 따뜻하기 때문에 그 결과 융해 현상이 심하고 시스템 내에서의 전환 속도가 비교적 빠른 편이다. 반면에 극지의 산에는 강수량이 너무 적어서 상고대와 수상(hoarfrost)[12]의 기여도가 종종 눈보다 더 크다. 동시에, 융해는 거의 없거나 전혀 없다. 빙하가 바다로 이동할 때 빙산[13]에서의 칼빙(calving)[14]은 주된 수분 감소[15]의 방법이다. 다른 극단의 경우로 열대의 산에서는 종종 호기심을 끄는 상황이 나타난다. 즉 강수는 (최대강수대 때문에) 빙하의 상부보다 하부에서 더 많이 내리고, 융해는 단지 여름에만 발생하는 것이 아니라 오히려 연중 매일 일어날 수 있다. 결과적으로, 열대의 빙하는 상당히 작다.

---

11) 어느 한 지역을 대표하는 대표적인 기후 특성을 말한다.

12) 대기에 노출되어 있는 고체 표면에 물분자의 승화작용에 의해 형성된 얼음의 결정을 말한다. 이슬이 얼어서 된 것도 여기에 포함된다. 주로 밤에 지면의 복사열 방출에 의한 냉각 때문에 지면의 온도가 빙점 이하로 내려가 형성된다. 다른 말로 백상이라고도 한다.

13) 빙붕이나 빙하에서 떨어져 나와 호수나 바다에 흘러다니는 얼음덩어리이다. 빙산의 표류 한계는 대략 남·북위 40° 부근이다. 전체 빙산 중 수면 위로 노출되는 것은 1/7 정도로 알려져 있으며, 빙산의 7~30%는 공기로 채워져 있다. 북극지방의 빙산은 불규칙적인 모양에 청색을 띠는 반면, 남극지방의 빙산은 평평하며, 백색을 띤다. 따라서 북극해의 빙산은 산봉우리 형태가 많고 남빙양의 빙산은 빙판 형태가 많다. 이런 모양이 생기는 이유는 상대적으로 낮은 기온을 갖는 남빙양의 특성에 따른 것으로 본다.

14) 빙하가 소모되는 과정 중의 하나로 바다에 떠 있는 빙하, 빙붕 및 그 말단부(ice front) 혹은 바다에 면한 빙상 말단부(ice wall)나 빙산 등에서 얼음덩어리가 분리되는 현상을 가리킨다. 빙산분리라고도 한다.

15) 수자원이나 산림 자원 등의 회복을 상회하는 소비를 의미한다.

그림 5.4 캘리포니아주 시에라네바다산맥 중심부에 있는 북동쪽 산릉을 따라 나타나는 몇 개의 작은 권곡빙하. 사진은 1972년 9월 말에 촬영되었으며, 설선(만년설의 설선)이 빙하의 상부에 위치해 있다. 내리막사면에서의 꾸불꾸불한 퇴적 형태는 비교적 최근에 권곡벽에서 침식된 물질로 이루어져 있다. 계곡의 더 아래 내리막 사면에서의 맨 암석은 빙하 발달이 더 광범위했던 과거에 얼음의 강한 세굴작용[16]에서 비롯되었다.(Austin Post, U.S. Geological Survey)

시간에 따라 환경조건에도 큰 차이가 나타난다. 빙하시대(플라이스토세)의 주요 사건은 250만 년 동안 환경조건의 변동을 나타낸다(Boellstorff 1978). 이 기간 동안 빙하가 최소 네 번 전진하는 주요 사건이 있었다. 대륙 빙하

16) 물의 흐름에 의해 해저 혹은 강저가 침식되는 현상 또는 침식 결과이다.

그림 5.5 캐나다 유콘 준주 남서부에 있는 세인트일라이어스산맥의 아이스필드(Icefield)산맥. 배경의 거대한 산괴는 북아메리카에서 두 번째로 높은 5,959m의 로건(Logan)산이다. 사진은 알래스카만을 향하는 남서쪽이다. 이곳의 빙하는 깊이가 300~900m 이상이다. 얼음 위에 우뚝 솟아 있는 산봉우리는 누나타크(nunatak)[17]라고 부른다. 바로 전면에 있는 어두운 부분은 만년설의 설선을 나타내는데, 지난겨울의 눈이 이 지역에서 녹았기 때문이다. 사진은 8월 하순 융해 시기가 끝날 무렵 찍은 것이다.(저자)

는 발달하여 북반구의 중위도로 이동하였고, 산악빙하는 성장하여 주변 저지대로 퍼져나갔다. 일반적으로 각각의 주요 빙하의 전진은 기온이 낮은 기간과 일치한다고 생각되지만 빙하 성장에 필요한 정확한 요건은 복잡하고 지역마다 서로 다를 수 있다. 겨울과 여름 사이에 수분과 온도 체계의 전개에 따라 엄청나게 다른 조건이 발생할 수 있다. 예를 들어, 대륙 지역에서 겨울 온도가 낮아지면 눈이 더 적게 내리거나 더 이상 내리지 않

17) 둘레가 눈과 얼음으로 완전히 덮인 바위로 된 산봉우리, 능선, 둥근 언덕을 말한다.

그림 5.6 유콘 준주 세인트일라이어스산맥의 클루앤(Kluane) 빙하. 이 커다란 곡빙하는 내륙을 향해 흐르는 반면에, 산맥 반대편의 비슷한 빙하는 알래스카만의 해안 지대로 흘러간다. 갈라진 틈이 생긴 극도로 거친 표면에 주목하라. 빙하의 양쪽에 있는 암석 물질은 측퇴석이다. 맨 오른쪽에는 작은 빙하혀가 있는데, 이는 한때 더 큰 곡빙하와 연결되어 있었지만 지금은 후퇴하고 있다.(저자)

을 수 있다. 이것은 극지방에 내린 아주 적은 양의 강수를 통해 확인된다. 따라서 여름 기온이 그대로인 상태에서 대륙 지역에서 겨울 온도가 낮아진다면, 그 결과는 빙하의 후퇴일 수 있다. 반면에, 여름철 (예를 들어, 증가하는 구름양으로 인한) 소규모 한랭화는 여름 내내 정상적인 강설이 지속될 수 있도록 한다(그러지 않았다면 빙하는 녹았을 것이다). 일부 지역에서는 이러한 변화만으로도 적설이 증가하고 빙하가 성장하게 된다. 마찬가지로 강설이 (어떤 뚜렷한 기온 변화 없이) 증가하면 눈이 평상시대로 보통 정도로 녹는 여름 기온에서도 눈은 일부 남아 있을 수 있게 된다. 빙하는 단순히 온도를 낮추는 것으로 인해 생성되는 것이 아니라 서로 다른 기후 요인의 상호작용으로 인해 생성된다는 것을 알 수 있다. 그럼에도 온도는 여전히 결정적인 요인이며, 빙하시대의 절정기에는 온도가 몇 도 더 낮았다는 증거가 있다(이 책 257~258쪽 참조).

기후 반응

빙하가 일단 형성되면 빙하는 변화하는 기후 조건에 반응하고 이를 반영한다. 빙하가 성장하는지, 후퇴하는지, 또는 유지되는지 여부는 빙하질량수지[18] 또는 질량수지에 달려 있다. 이것은 소모를 통해 손실되는 것과 반대로 총적설량으로 인해 결정된다. 해마다 빙하의 상태를 나타내는 주요 지표는 여름 융해의 최대 범위를 나타내는 만년설선 또는 만년설 한계의 위치이다(그림 5.7). 만년설은 적어도 일 년 이상 된 눈이기 때문에, 만년설 한계는 올해의 눈과 지난해의 눈을 구분하는 지대이다(또는 경우에 따라 빙하얼음과 신적설을 구분하는 것이기도 하다). 빙하의 만년설 한계는 일반적으로 여름이 끝날 무렵에 상당히 뚜렷하며 현장 조사나 항공사진으로 확인할 수 있다(그림 5.8; 그림 5.4와 비교).

빙하질량수지에 대한 연구와 유사하지만 더 정교한 접근법은 평형선(equilibrium line)[19]을 이용하는 것이다. 평형선은 눈의 밀도, 물당량[20] 및

18) 빙하에서의 집적과 소모 사이의 차이이며, 빙하의 성장과 소멸을 결정한다.
19) 빙하에서 질량수지가 (+)인 부분을 집적대, (−)인 부분을 소모대라고 한다. 그 경계를 평형선이라 하고, 또는 균형선이라고도 한다. 집적대에서 과잉된 질량은 하류로 유동하여 소모대의 부족한 질량을 보충한다.
20) 어떤 물체의 질량과 그 물체의 비열을 곱하면 열용량이 나오는데, 얼마만큼의 물의 양이 열용량 관점에서 그 물체와 같은지 구할 수 있다. 그만큼의 물은 열용량만 고려할 때, 물체와 동등하게 행동할 것이다. 이때의 물의 양을 물당량이라고 하여, 물체의 열용량을 물의 양

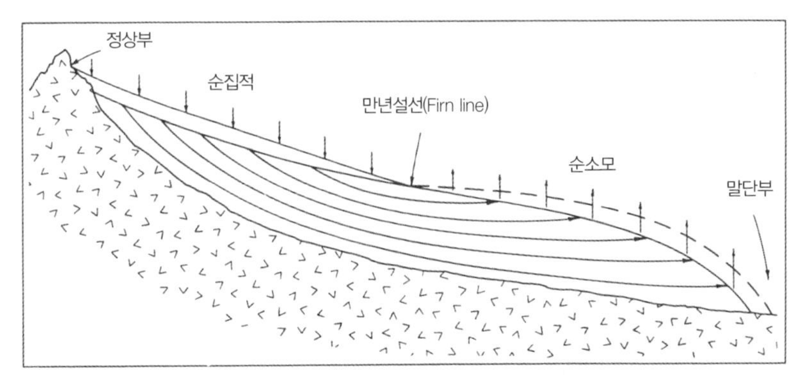

그림 5.7 전형적인 곡빙하의 종단면도. 만년설선으로 분리된 집적과 소모 지역을 보여준다. 빙하 내의 긴 화살표는 흐름의 유선을 나타낸다.(출처: Sharp 1960, p. 9 및 Flint 1971, p. 36)

그림 5.8 워싱턴주 노스캐스케이드 국립공원에 위치한 작은 곡빙하. 사진은 여름이 끝나갈 무렵에 찍은 것으로, 빙하 중간쯤에는 만년설의 설선이 뚜렷이 보인다. 지난 며칠 사이에 내린 눈은 가장 밝은 색으로 보인다.(Austin Post, 9 September 1969, U.S. Geological Survey)

기타 내부 성질을 측정하여 계산하기 때문에, 항상 만년설의 한계와 일치하는 것은 아니다. 평형선은 빙하의 크기가 연중 대략 동일하게 유지되는 빙하의 지대를 나타낸다. 평형선 위에는 겨울눈이 과도하게 집적되어 질량이 증가하며, 평형선 아래는 소모가 집적을 초과하여 빙하의 질량이 감소한다. 평형선 위의 질량 증가가 평형선 아래의 질량 손실과 같은 경우, 빙하는 (드물게) 정상 상태(steady state)[21]의 조건에 있다. 평형선 위의 질량 증가가 평형선 아래의 질량 손실을 초과하는 경우, 그 결과는 낮은 고도로의 물질 전달과 빙하 성장으로 이어지는 반면에, 질량 손실이 증가를 초과하는 경우 빙하는 줄어들고 있다. 마이어(Meier, 1962)는 빙하의 질량 수지를 설정하는 문제를 논의했다.

몇 년의 기간에 걸쳐 관찰한 명백한 판단 기준은 빙하혀 자체의 전진 또는 후퇴이다(Posamentier 1977). 20세기에 빙하 움직임의 가장 두드러진 사실은 빙하가 광범위하게 후퇴한 것이다. 이 기간 내에는, 예를 들어 1920년대와 같은 시기에 빙하의 전진(Hoinkes 1968)이 있었으나, 빙하 후퇴의 압도적인 경향은 전 세계 산악지대에서 수백여 건의 조사를 통해 입증되어 왔다(Charlesworth 1957; Flint 1971). 기후변화 및 앞서 설명한 것과 같은 빙하 변동은 예외라기보다 오히려 일반적이다. 이전에는 주요 빙하의 전진이 각각 약 10만 년 동안 지속되었으며, 온난하고 건조한 기후의 다소 긴 간빙기로 분리된 것으로 생각했다. 그러나 지금은 빙기와 간빙기의 기간이 각각 단지 1만 년에서 3만 년 정도 지속된 것으로 여겨진다(Emiliani 1972;

으로 환산하여 비교하기 쉽게 한 개념이다.

21) 물질의 생성, 파괴 등이 균형을 이루고 총량, 농도, 압력 등이 일정하게 유지되고 있는 상태를 말한다.

Woillard 1978). 마지막으로 전진한 주요 빙하는 약 1만 5,000년 전에 녹았다. 우리는 지금 간빙기 기간 중에 있다. (그러나 이러한 체계 내에서 단기간의 기후변화가 계속해서 발생하고 있다.)

대륙빙[22]의 마지막 융빙은 1만 년 전에서 4,000년 전까지 지속되었던 최열기[23]라고 알려진 뚜렷하게 온난하고 건조한 기간 뒤에 이루어졌다. 뒤이은 주요 변화는 2,000~4,000년 전에 일어난 산악빙하의 광범위한 전진이었다(Denton and Karlén 1973). 뒤이은 기후 변동, 특히 약 1,000년 전의 가장 두드러진 온난화 경향과 함께 17~18세기의 소빙기에 빙하가 전진한 시기가 뒤따라 나타났다(Lamb 1965). 이 기간 동안 빙하의 전진으로 알프스산맥과 노르웨이의 산맥에 있는 농경지와 마을은 상당한 피해를 입었다(Grove 1972; Messerli et al. 1978). 20세기에 목격된 현대의 빙하 후퇴는 분명히 소빙기 이후의 온난화 및 여러 향상된 조건이 반영된 것이다. 그러나 1940년대 이후 약간의 한랭화 추세가 있었고 일부 지역에서는 빙하가 다시 전진하기 시작했다(Meier 1965, p. 803). 물론 이 일이 어디서 끝나게 될지 알기에는 너무나 이르다. 빙하의 전진은 정상으로부터의 단지 또 다른 작은 편차인 것인가, 아니면 실제로 간빙기는 거의 끝나가고 있으며 또 다른 빙기의 직전에 있는 것인가? 이러한 질문은 최근 제4기 연구(Quaternary Research, Vol. 2, No. 3, 1972)에서 발표된 심포지엄의 주제였다.

22) 대륙을 넓게 덮고 있는 두터운 얼음의 큰 덩어리를 말한다. 남극 대륙과 그린란드에서 볼 수 있고, 눈이 몇 년 동안 계속 쌓여서 생긴다.
23) 홀로세 기후최적기를 말한다.

빙하의 이동

빙하의 이동은 빙하얼음의 두께, 온도, 빙하 표면의 경사도, 빙하 아래에 가로놓인 국한된 지형의 배치로 결정된다. 일반적으로 얼음의 가장 큰 이동은 빙하의 중심에서 일어나고 가장자리 쪽으로 갈수록 감소한다. 또한 이동은 빙하의 표면에서 가장 크고 아랫부분으로 갈수록 감소한다. 장기적인 단위로 볼 때, 이동은 평형선의 중심 부근에서 가장 크고, 평형선의 정상부와 말단부에서 가장 작다. 평형선 위의 지역은 집적대이며, 아래의 지역은 소모대이다(그림 5.7). 그러므로 빙하가 그 형태와 단면을 유지하려면 이 지대에서 물질 전달이 가장 커야만 한다(Paterson 1969, p. 64). 집적지역의 이동은 일반적으로 증가한 눈의 하중 때문에 겨울에 가장 크고, 반면에 소모대의 이동은 여름에 가장 크다. 이는 여름에 온도가 높고 윤활 역할을 할 수 있는 융빙수가 더 많이 있기 때문이다. 속도는 하루에 수 센티미터에서 수 미터에 이르기까지 매우 다양하다. 빙하의 가파른 위치에서는, 특히 절벽 위처럼 얼음이 폭포처럼 떨어지는 곳에서는 속도가 훨씬 더 빨라질 수 있다. 가장 빠른 단일 속도는 이른바 빙하의 '해일'에서 발생하는데, 여기서 하루 100m를 초과하는 속도로 단기간의 시간 동안 발생할 수 있다. 아직 잘 파악되지 않은 이 현상은 지난 10여 년 동안 점점 더 많은 관심을 받고 있다(Meier 1969).

빙하는 두 가지 기본적인 메커니즘, 즉 소성유동[24]과 기저부 미끄러짐(basal sliding)을 통해 이동하는 것으로 생각된다. 역사적으로, 빙하는 점성

24) 빙하의 운동 중 내부 조직의 변동을 수반하면서 일어나는 운동이다. 빙정의 변형과 성장, 빙정 간의 슬라이딩에 의한 내부 조직의 변동과 관련된 빙하 운동이다.

이 있는 액체처럼 흐른다고 생각했다. 그러나 최근 몇 년 동안 얼음은 금속의 크리프(creep)[25]처럼 유동이나 포행(匍行)[26]으로 인한 변형이 있는 다결정 고체와 더 비슷하게 작용하는 것이 밝혀졌다. 물론 얼음은 대부분의 결정질 고체보다 훨씬 더 약하며 얼음덩어리에 미치는 중력의 작용을 통해 쉽게 변형된다. 소성유동과 관련된 이들 과정은 아직 완전히 합의된 것은 아니지만, 선호되는 이론, 즉 입자 내 휘는 작용에 대한 이론은 얼음 결정이 얼음 결정의 격자 내에서 기저부의 평면을 따라 서로 중첩되어 미끄러지면서 전단 응력(shear stress)[27]으로 휘는 것을 말한다. 개별적인 얼음 결정은 내부적으로 늘어나야 하지만, 빙하에서는 그러한 결정의 어떤 변형도 발견되지 않기 때문에, 점진적인 재결정화는 분명히 변형을 동반한다(Sharp 1960, p. 46). 이 유동은 대체로 지향성의 전단 응력의 결과이기 때문에 얼음은 (이따금 생각하는 것처럼, 더 큰 지압력confining pressure[28]으로 인해 기저부가 더 가소적인 것이 아니라 오히려) 전체적으로 균등하게 가소적이다. 유동의 속도를 조절하는 주요 요인은 빙하의 깊이 및 빙하의 표면 기울기이다. 빙하 아래의 기반암 사면의 경사도는 덜 중요하다. 왜냐하면 소성유동은 심지어 기반암[29] 함몰지와 장애물이 있는 곳에서도 계속될 수 있기 때문이다(Paterson 1969, p. 78).

25) 외력이 일정하게 유지되고 있을 때, 시간이 흐름에 따라 재료의 변형이 증대하는 현상으로, 하중을 장시간 받고 있는 부재(部材)가 나타내는 소성변형을 말한다.
26) 사면을 구성하는 물질이 부드럽게 변형되어 덩어리로 이동하는 현상을 말한다.
27) 어떤 물질의 면에 접하는 방향으로 작용하는 힘에 의한 응력이다. 접선 응력이라고도 한다.
28) 물질이 접해 있는 다른 물체와의 상호 간 모든 방향으로 접촉면에 균일하게 가해지는 압력을 말한다.
29) 토양의 기저면을 이루고 있는 비교적 풍화되지 않은 고결 또는 반고결된 암반을 말한다. 토양 단면에서는 R층이라고 한다.

그림 5.9 오리건주 남동부 스틴스(Steens)산 2,700m 고도의 현무암 기반암에서 관찰한 빙하의 이동 방향을 보여주는 빙하의 찰흔(저자)

빙하의 이동과 관련된 다른 주요 메커니즘은 기저부 미끄러짐이다. 이는 기저부의 암석 표면 위에서 얼음이 대량으로 미끄러지는 것과 관련된 것이다. 빙하가 움직인 기반암 위에 남은 마식[30]과 찰흔[31]은 이런 종류의 이동에 대한 증거이다(그림 5.9). 빙하의 기저부는 직접 관측할 수 없으므로 관련된 과정은 소성유동의 과정보다 훨씬 더 이해하기 어렵다. 중요한 요

30) 하천, 빙하, 바람, 바다 등이 운반하는 암설에 의하여 암반이 연마되어 점차 마멸되어 가는 침식작용을 일컫는다. 삭마라고도 한다.

31) 자갈이나 기반암의 표면에 생긴 찰상을 말한다. 단층운동에 의해 생긴 것은 단층면이나 단층경면 등에 잘 나타나기 때문에 단층운동을 받은 자갈의 표면에 평행하는 찰흔을 확인하여 그 방향에 따라 단층의 엇갈림 방향을 알 수 있다. 방향이 다른 찰흔이 같은 단층면으로 보이는 일도 많고, 그 교차 상태에 따라 단층운동의 발달 순서가 판정된다.

인은 기저부 얼음의 온도 및 윤활유 역할을 할 수 있는 물의 존재이다. 기저부 미끄러짐은 일반적으로 극빙하에서 일어나지 않는데, 얼음이 그 밑에 있는 암석 표면까지 동결하기 때문이다. 다른 지역에서는 빙하얼음의 온도가 더 높으며 기저부를 따라 물이 존재할 수도 있다. 또한 물은 얼음이 기압해점(pressure melting-point)[32]에 도달했을 때 방출될 수 있다. 빙하가 이동 중에 장애물에 부딪치면 얼음이 장애물의 상류 쪽에서 압축되고, 압력이 증가하면서 융해가 발생한다. 그런 다음 융빙수(meltwater)는 장애물을 돌아 흐르며 압력이 낮은 하류 쪽에서 다시 동결된다. 이 과정은 융해의 잠열(다시 동결되자마자 발생)로 인해 유지된다. 잠열은 동결작용 영역에서 빙하 상부의 융해 영역으로 전도를 통해 전달되고, 여기서 융해작용을 유지하도록 도움을 준다. 그러나 이것은 길이가 1~2m인 작은 장애물에서만 작용하는데, 열은 큰 지세를 통해 효과적으로 전달될 수 없기 때문이다. 큰 장애물에서 빙하는 한층 더 크게 변형되고 아마도 이동은 주로 소성유동 때문일 것이다. 왜냐하면 장애물 바로 옆에 있는 얼음은 주변 빙하 덩어리를 따라잡기 위해 점점 더 멀리, 그리고 더 빨리 이동해야 하기 때문이다. 장애물이 클수록 기반암의 접촉면 부근 얼음의 변형과 이동은 더 빨라진다(Weertman 1957, 1964).

32) 특수한 기압 상태에서 수분이 고화되는 순간의 온도를 말하며, 빙하는 기압해점의 상태에 놓여 있다. 냉각온도는 추가되는 압력에서 감소하기 때문에 해저에서 해빙점은 0℃ 이하가 될 수 있다.

빙하의 구조

빙하는 눈이 얼음으로 변형되고 내리막 사면의 이동에서 비롯되는 수많은 흥미로운 지세를 포함하고 있다. 이들 대부분은 현재 우리가 관여할 수 있는 범위를 벗어났지만, 이들 중 크레바스와 빙퇴석[33] 두 가지는 언급할 필요가 있다. 크레바스는 폭이 최대 15m이고 깊이가 35m이며, 그 길이가 수십에서 수백 미터에 이르는 얼음의 균열이다. 대부분은 이보다 작으며, 특히 온대 산악빙하에서 볼 수 있는 평균적인 크레바스는 폭이 1~2m, 깊이는 5~10m에 불과하다(그림 5.10). 크레바스는 빙하에 나타나는 최초의 구조적 특징 중 하나이며, 정상부에서 말단부에 이르기까지 어디서든 발달할 수 있다. 크레바스의 형성은 주로 장력의 응력에 반응하기 때문에 크레바스의 분포, 크기, 배열은 빙하의 유동 작용에 대한 유용한 정보를 제공한다(Sharp 1960, p. 48). 이들은 대부분 빙하의 중간과 측면이 다른 속도로 움직이는 곳이나 빙하가 만곡부를 중심으로 구부러지는 곳, 또는 사면 경사와 이동 속도가 증가하는 곳에서 자주 발생한다(그림 5.6과 5.8). 크레바스는 가장 흔히 유동의 방향과 교차하지만 어떤 방위로든 방향을 잡을 수 있다. 또한 크레바스의 발생은 빙하 표면으로 크게 제한되는데, 여기서 얼음은 부서지기 더 쉬워 균열이 쉽게 생긴다. 이에 비해 빙하의 깊은 곳에서는 압력이 더 커져 소성유동으로 인해 균열이 닫힌다.

특별한 유형의 크레바스는 얼음이 바위로 된 곡두벽에서 떨어져 나가는 빙하의 오르막 사면 끝에서 발달한다. 이것을 베르크슈룬트(bergschrund)[34]

33) 빙하에 의해 운반·퇴적되는 물질의 집합체를 총칭하는 것으로, 퇴석 또는 모레인(moraine)이라고도 한다.

그림 5.10 오리건주 캐스케이드산맥의 스리 시스터스 야생보호구역에 있는 콜리어 빙하(Collier Glacier)의 크레바스. 내리막사면 왼쪽에 있다. 암설이 돌출된 산릉에서 얼음 위로 떨어졌다.(저자)

그림 5.11 캐나다 로키산맥의 어시니보인(Assiniboine)산. 이 산봉우리는 전형적인 빙하 호른[35)]을 보여준다. 작은 권곡빙하가 여전히 존재한다. 빙하의 정상부에 잘 나타난 베르크슈룬트에 주목하라.(Austin Post, U.S. Geological Survey)

34) 빙하의 최상류부에서 빙하와 주변부 기반암 사이에 발달하는 일종의 크레바스(crevasses)를 말한다. 전형적으로 권곡(kar, cirque)에서 나타나며 빙하와 배후의 권곡벽 사이에 수 미터에서 수십 미터의 공극을 보일 때도 있다. 만년설원의 상단부에 만들어지는 크레바스는 특히 베르크슈룬트라고 부르며, 빙하의 최상류 끝을 규정한다.

35) 하나의 높은 산봉우리를 중심으로 사방에서 여러 개의 권곡이 발달하여 이것들이 한 지점에서 서로 만나면 뾰족한 바위산이 형성되는데 이것을 호른이라 한다. 권곡벽은 동결작용으로 인해 계속 파괴되면서 산정을 향해 후퇴한다. 알프스의 마터호른산이 대표적인 예이다.

라고 한다(그림 5.11). 곡두벽과 계곡 쪽에서 나온 암설(rock debris)[36]은 베르크슈룬트와 다른 크레바스에 떨어져 빙하에 통합되는데, 말단부에서 빙하의 융해로 방출될 때까지 다시 볼 수 없는 경우가 많다. 따라서 크레바스의 존재는 암석 운반의 효율성을 증가시킨다. 또한 크레바스는 빙하의 표면적을 증가시키는 것으로, 융빙수를 통합하는 것으로, 그리고 말단부 부근의 얼음을 분쇄하는 것으로 소모를 촉진한다. 크레바스는 빙하를 가로지르는 교통에 커다란 위협이 되고 있다. 이것은 특히 신적설이 지표면을 메워 그 아래에 가로놓인 깊은 틈이 눈에 띄지 않을 때 더욱 그러하다. 이러한 이유로 빙하 여행은 대개 밧줄을 사용하는 숙련된 팀들만이 시도한다(Manning 1967).

산악빙하의 또 다른 두드러진 표면 특징은 유동 방향으로 향하고 있는 암설의 선형 집적이다. 측퇴석과 중앙퇴석으로 알려진 이러한 집적은 빙하 위에 떨어진 암석에서 그리고 지류 빙하의 암설 투입에서 비롯된다. 작은 빙류(ice stream)[37]가 커다란 빙하에 합류할 때, 빙류는 빙하의 가장자리를 따라 많은 암설(측퇴석)을 운반한다. 암설은 보통 두 개의 얼음덩어리 사이의 수직 칸막이로서 얼음에 통합된다. 그런 다음 이 물질은 주요 빙하의 중앙퇴석이 된다(그림 5.12). 우리가 보는 것은 빙하로 확장되는 암설 표면의 발현일 뿐이며, (낮은 높이에서 합류되는 작은 빙류로 인해 제공되는 물질은 제외하고) 종종 바닥까지 이어진다(그림 5.13).

빙하에 빙퇴석이 존재하면 질량 수지를 변화시키는데, 암석 물질은 색

36) 물리적 풍화작용에 의해 암반에서 떨어져 나온 암석을 말한다.
37) 방상 내에서 빠르게 움직이는 얼음덩어리를 말하며, 연간 1km 이상 이동할 수 있다. 너비는 최대 50km, 길이는 수백 킬로미터에 이른다. 가장 두꺼운 곳의 깊이는 2km 정도이다.

그림 5.12 알래스카주 남동부의 랭걸(Wrangell)산맥에 있는 케니코트(Kennicott) 빙하. 이 커다란 빙하는 5,000m 높이의 블랙번(Blackburn)산에서 남동쪽으로 43km 정도 흐른다. 빙하 위에 암설이 길게 솟은 산릉에 주목하라. 가운데에 있는 산릉은 중앙퇴석이고, 연변을 따라 있는 것은 측퇴석이다. 측퇴석은 특히 왼쪽 하단을 따라 잘 발달되어 있다.(Austin Post, August 1969, U.S. Geological Survey)

이 어두워 태양 에너지를 더 많이 흡수할 수 있기 때문이다. 반면에, 만약 이러한 암석투성이 짐(burden)이 충분히 두껍다면, 이것은 단열 덮개의 역할을 할 수 있어 그 아래에 가로놓인 얼음의 국지적인 융해작용을 억제할 수도 있다. 암석 물질로 인해 양쪽에 있는 빙하얼음은 더 빠르게 융

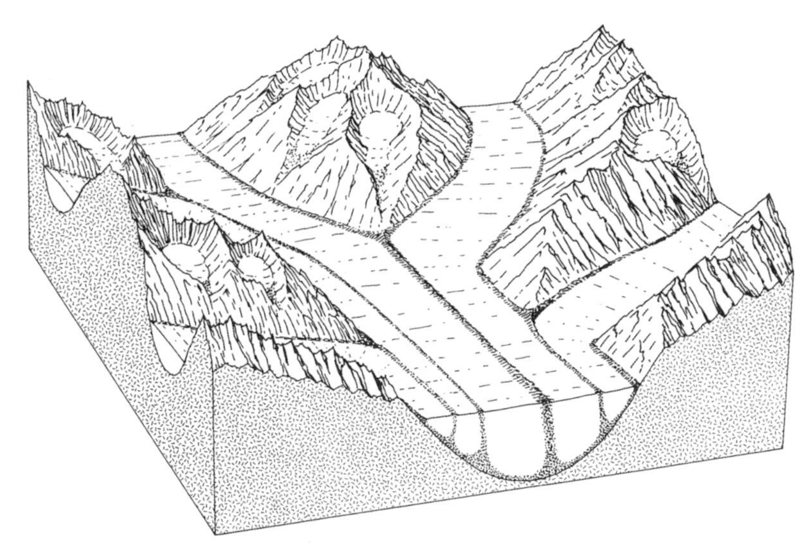

그림 5.13 측퇴석과 중앙퇴석 및 이들 빙퇴석이 빙하로 확장하는 것을 보여주는 곡빙하의 이상적인 단면도. 오른쪽의 작은 지류 빙하에서 나온 빙퇴석은 주빙하와 합류하는 깊이로 유지된다는 점에 주목하라.(삽화: Ted M. Oberlander, University of California)

해되고, 빙퇴석은 높은 산릉으로 노출된다. 매우 큰 빙하에서는 빙퇴석이 40m의 높이까지 도달할 수 있다(Flint 1971, p. 108). 산릉이 차별적인 융해를 통해 형성될 때, 일부 암석 물질은 미끄러지거나 빙하 위로 굴러떨어질 수 있다. 이런 방법으로 빙퇴석은 폭이 넓어지고 그 아래에 가로놓인 얼음은 다시 융해에 노출된다. 이 빙퇴석은 그 말단으로 갈수록 점점 더 폭이 넓어지며, 결국 빙하의 말단을 덮고 있는 암설이 뒤죽박죽 섞이는 것으로 끝난다. (이는 현재 소모퇴석[38]이라 한다.) 만약 빙하가 후퇴한다면, 그 아

38) 곡빙하의 말단 부근에 발달하며 빙하의 표면을 덮은 표면 퇴석의 일종이다. 곡빙하의 상류부에서는 중앙퇴석이나 측퇴석이 발달하는데, 하류에 이를수록 빙하가 소모되어 표면에 노출되는 암설이 증대하고, 빙하 위 퇴석대가 넓어져서 결국에는 퇴석이 전면을 덮는 모양이 된다.

래 가로놓인 얼음이 녹아서 암석은 수북이 쌓여 있게 될 것이다. 다른 한편으로 고립된 얼음덩어리는 암설 아래에 빙하얼음함유빙퇴석(ice-cored moraine)[39]으로 무기한 보존될 수 있다. 이것은 본질적으로 커다란 암석 물질의 여정이 종결되는 것이다. 그러나 미세한 암설은 빙하의 융해하천과 바람의 작용을 통해 더 멀리 운반될 수 있다.

빙식

빙하가 어느 한 지역 위로 이동할 때, 얼음은 구석구석 모두 채우기 위해 소성변형을 한다. 얼음-암석 접촉면에서의 이동은 빙식작용과 빙하의 운반을 통해 그 아래 가로놓인 지표면이 변형되는 결과를 낳는다. 주된 과정은 마식과 굴식[40] 또는 채석(quarrying)이다. 마식은 빙하가 지표면을 가로질러 이동하면서 운반하는 암석 입자를 공구처럼 이용하여 지표면에 구멍을 뚫고, 홈을 파며, 긁어내는 과정이다. 분명히, 이것은 빙하에 있는 암석이 얼음이 지나가는 표면보다 단단한 경우 가장 효과적이다. 순수한 얼음이나 얼음이 연암(soft rock)을 포함한 경우 마식에는 비교적 효과가 없지만, 빙하는 매끄럽고 빛나는 지표면(빙하 광택glacial polish)을 생성할 수 있다. 밑짐(bedload)[41]의 미세 물질이 지표면의 작은 긁어내기와 평활화(smoothing)를 유발하는 반면에, 얼음에 박힌 큰 암석은 수 센티미터 깊이의 긁힌 자국을 만들어낼 수 있다. 빙하가 강제로 상승할 수밖에 없었던

39) 얼음을 포함하고 있는 빙하성 암설 물질이 쌓인 빙퇴석을 말한다.
40) 빙하나 유수가 기반암을 따라 흐를 때 장애물에 압력을 가하면서 암편을 뜯어내는 작용이다. 기반암의 암괴가 절리로 분리되어 있을 때 잘 일어난다.
41) 위에서 바닥으로 끌려 잡아당겨지거나 튕기면서 운반되는 비교적 큰 입자를 말한다.

완만하게 기울어진 지형에서 찰흔이 가장 많이 발견되는데, 그 이유는 빙하 기저부에 더 큰 압력이 가해지기 때문이다. 찰흔은 빙하의 이동 방향에 대한 좋은 증거를 제공한다. 그러나 눈사태와 매스무브먼트 같은 다른 과정으로도 유발될 수 있기 때문에 이들의 해석에는 약간의 주의가 더 필요하다.

굴식이나 채석은 일반적으로 마식보다 훨씬 더 강력한 침식력으로 간주된다. 이것은 지표면의 잡석과 기반암 조각을 들어 올려서 이동하는 빙하에 포함시키는 과정이 수반된다. 굴식 및 그 작용은 빙하의 전면에서 작동하는 동결풍화작용[42]의 도움을 받아 수많은 균열과 틈새가 있는 동결분쇄된 암석을 만들어낸다. 빙하는 이동하면서 느슨해진 물질을 쉽게 혼합하고, 얼음은 커다란 암석 주변에서 소성변형된다. 그리고 이들 암석 역시 얼음덩어리와 함께 휩쓸려가게 된다. 이 암설은 빙하의 밑짐 일부가 되고 마식용 공구처럼 이용된다. 또한 얼음이 장애물의 상류 쪽에서 기압해점에 도달하고 물이 내리막 사면으로 이동해 기반암의 균열에서 재동결하여 얼음과 암석의 결합을 형성하는 경우에 굴식이 발생한다. 즉 빙하의 지속적인 이동은 기반암에서 개개의 조각을 뜯어낸다. 이 과정은 다음과 같이 빙하 아래에 가로놓인 장애물에 대한 비대칭 단면을 제공한다. 상류 쪽은 평활하고 완만한 반면에, 빙하가 이동하는 쪽은 이미 일어난 채석작용 때문에 가파르고 불규칙하게 된다. 이러한 지세는 빙하의 이동 방향에 대한 훌륭한 증거를 제공한다.

42) 빙하지역이 아닌 냉량한 환경에서 독자적으로 또는 상호 결합해서 발생하는 물리적 또는 화학적인 풍화작용을 가리키는 일반적인 용어이다. 일명 빙결풍화작용이라고도 한다. 투수성이 양호하고 성층면이 발달한 퇴적암, 즉 셰일, 사암 그리고 석회암 등은 특히 동결풍화작용을 받기가 쉽다.

빙하얼음 위로 펼쳐진 경관은 동결분쇄작용과 빙식작용 모두의 산물이다(Russell 1933). 동결분쇄된 암석은 결국 빙하얼음의 표면으로 굴러떨어져 더 멀리 운반된다. 빙식작용도 끊임없이 일어난다. 빙하는 지표면을 완전히 덮어버리고 빙하가 움직이면서 느슨해진 암석과 토양을 제거하는 거대한 전성(malleable) 덩어리로 생각할 수 있다. 이러한 식으로 새로운 지표면은 빙하의 침식력에 계속해서 노출되고 있다. 빙하가 운반할 수 있는 짐(load)은 거의 무한하다. 큰 빙하는 집채같이 큰 암석도 쉽게 운반할 수 있다.

산악빙하작용

빙하작용을 받은 산의 경관은 지구상에서 가장 독특하고 인상적인 산들 중 하나이다. 얼음 조각으로 만들어진 특징과 형태는 유수에 의해 야기된 것과는 매우 다르다. 그리고 빙하작용을 받은 산에서는 험준함과 웅장함이 나타나며, 이는 빙하가 없는 산에서는 좀처럼 볼 수 없는 광경이다. 사람들 대부분에게 높은 산의 시각적 이미지는 피라미드 모양의 산봉우리, 들쭉날쭉한 톱니 모양의 산릉, 원형극장 같은 분지, 주변의 목초지 사이에서 이따금 푸른 호수가 보석처럼 반짝이는 깊고 길게 뻗은 계곡과 같은 빙하작용을 받은 경관으로 대표되고 있다. 이것은 빙하가 지금보다 훨씬 더 넓었던 과거에서 주로 전승된 경관이다. 미국 서부에만 75개 이상의 분리된 높은 고도의 빙하 지역이 있었다(그림 5.14). 이들 지역 대부분은 작은 권곡이나 곡빙하가 차지하고 있었지만, 일부 지역에는 산악빙하가 있었다. 이전의 빙하작용이 가장 큰 지역은 옐로스톤-그랑 테턴-윈드리버산맥, 시에라네바다산맥, 콜로라도 로키산맥, 캐스케이드산맥에 있다(Flint

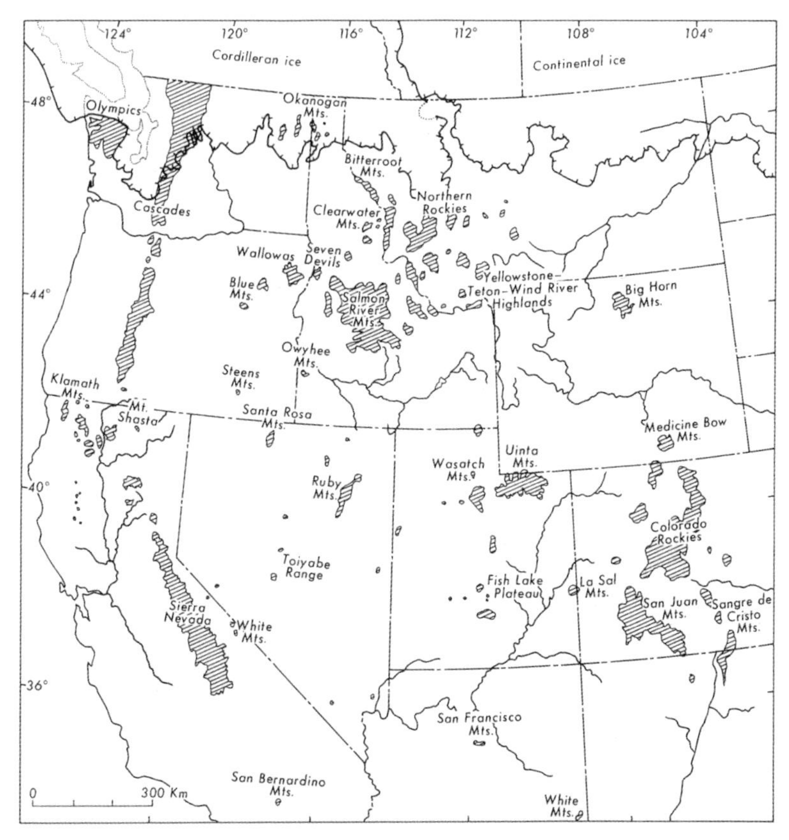

그림 5.14 미국 서부에서 볼 수 있는 플라이스토세 산악빙하작용의 일반적인 지역. 대륙빙의 남쪽 범위도 보인다.(Flint 1971, p. 475에서 인용)

1971, pp. 471~474). 캐나다 로키산맥, 코스트산맥, 알래스카산맥과 브룩스(Brooks)산맥 등과 같이 더 멀리 북쪽에 있는 산들은 거의 완전히 침수되었다.

산악빙하작용의 가장 독자적이고 지배적인 특징은 침식이다. 산에서의 빙식작용[43]은 얼음의 채널링(channeling)[44]에 의해 기존의 계곡 안으로 촉진되는데, 이 채널링으로 얼음의 깊이와 속도가 두드러지게 된다. 이러한 이유로 빙하는 이전의 빙상이 대륙 지역에서 지표를 침식했던 것보다 산에서 더 깊게 침식한다. 이들은 종종 600m의 깊이를 초과한다(Flint 1971, p. 114). 빙하작용을 받은 고지와 계곡의 모습 사이에는 뚜렷한 대조가 있다. 계곡에서는 빙하가 깊고 격리되어 빙하얼음이 녹지 않고 유지되는 반면에, 지표면 상부에서 빙하는 얇으며 일찍 융해되기 쉽다. 따라서 높은 곳의 지표면은 장기간 풍화작용에 노출된다. 전형적인 지세로는 날카롭고 각진 산릉과 산봉우리, 그리고 동결로 느슨해진 암석의 집적이 관련되어 있다. 이와는 대조적으로 계곡(빙식곡[45])은 빙하로 인해 매우 평활하며 모양이 잡혀 있어서 날카롭거나 험준한 지세는 거의 남아 있지 않다. 하지만 고지의 지표면 전체가 얼음으로 완전히 뒤덮여 고지와 계곡 모두 빙하로 인해 평활해진 곳은 예외이다. 스코틀랜드 하일랜드와 뉴햄프셔주의 프레지덴셜 산맥(Presidential Range)이 그 사례이다(Goldthwait 1970). 퇴적물, 빙퇴석, 빙하성 유수암설의 지세는 대체로 높이가 낮으며, 빙하가 가장 오랜 기간 동안 남아 있던 장소이거나 빙하가 후퇴하면서 약간 다시 전진했던 장소, 또는 빙하의 최대 범위의 지점을 일반적으로 나타낸다.

43) 빙하에 의한 침식작용을 말한다. 빙하의 이동이나 융빙수의 흐름에 따른 침식을 총칭하는 말로 크게 마식작용과 굴식작용으로 구분된다.

44) 채널링은 지배적인 흐름에서 그 일부가 강제적으로 분리되는 현상이다. 이는 대부분 좁은 지역에서 일정하고 강한 흐름으로 나타난다.

45) 곡빙하에 의해 형성된 U자형의 깊은 골짜기이다. V자형의 하곡보다 경사가 매우 급한 절벽이 나타난다. 곡빙하가 형성되면 암석 풍화물질은 전부 제거되고 곡은 넓고 깊게 파인다.

침식 지형

산악빙하의 성장과 쇠퇴는 예측 가능한 형태의 지형 발달로 이어진다(그림 5.15). 초기에 집적이 되자마자 눈과 얼음은 기존에 존재하는 지형에 적응한다. 만약 적설이 충분하다면, 산맥은 빙하얼음으로 완전히 뒤덮일 것이다. 이런 일이 일어나는 경우 빙하 아래쪽의 온도는 결빙 수준으로 유지되고 지표면이 강력한 동결분쇄작용의 영향을 받지 않기 때문에 경관은 실제로 어느 정도 보호된다. 그러나 그림 5.15의 b와 c에서 보이는 험준한 지형은 부분적으로 얼음덮개 아래에서 발달한 것으로 여겨진다. 즉 빙하가 계곡과 사면의 함몰지를 차지하고 있는 동안 동결과 매스웨이스팅의 과정은 노출된 지표면을 침식하여 지형을 깎아내어 깊게 만들고 조각하여 독특한 경관을 만든다(Cotton 1942, 1968; Flint 1971; Embleton and King 1975a).

산악빙하작용의 주요 지형은 권곡, 빙식곡, 호른, 톱니 모양의 아레트(arêtes),[46] 암석 분지의 호수, 현곡(hanging valley)[47]이다. 권곡은 작은 빙하가 존재하고 있는 산의 중턱에 새겨진 반원형 사발 모양의 함몰지이다(그림 5.16; 그림 5.4, 5.11, 5.15와 비교). 권곡은 일반적으로 계곡의 정상부에 위치하지만, 산비탈을 따라 어디서든지 발달할 수 있다. 권곡은 지름

46) 빙하의 침식작용에 의해 생긴 날카로운 암릉이나 산릉을 이르며, 보통 리지(ridge)와 같은 뜻으로 사용된다. 아레트는 빙하의 침식작용을 전제로 하지만, 리지는 아레트보다는 넓은 의미로 빙하의 침식에 의한 암릉이나 산릉에 한정되지 않고 폭넓게 사용된다.

47) 지류가 본류와 합류하는 지점이 폭포나 급류를 이루는 상태를 말한다. 융기운동이 큰 산지에 많이 나타나는데 본류는 지류보다도 수량(水量)이 많아 하방침식이 활발하고 이로 인해 지류와 본류 사이의 하도의 고도가 달라진다. 이와 같은 하천의 합류를 불협화합류라고 부른다.

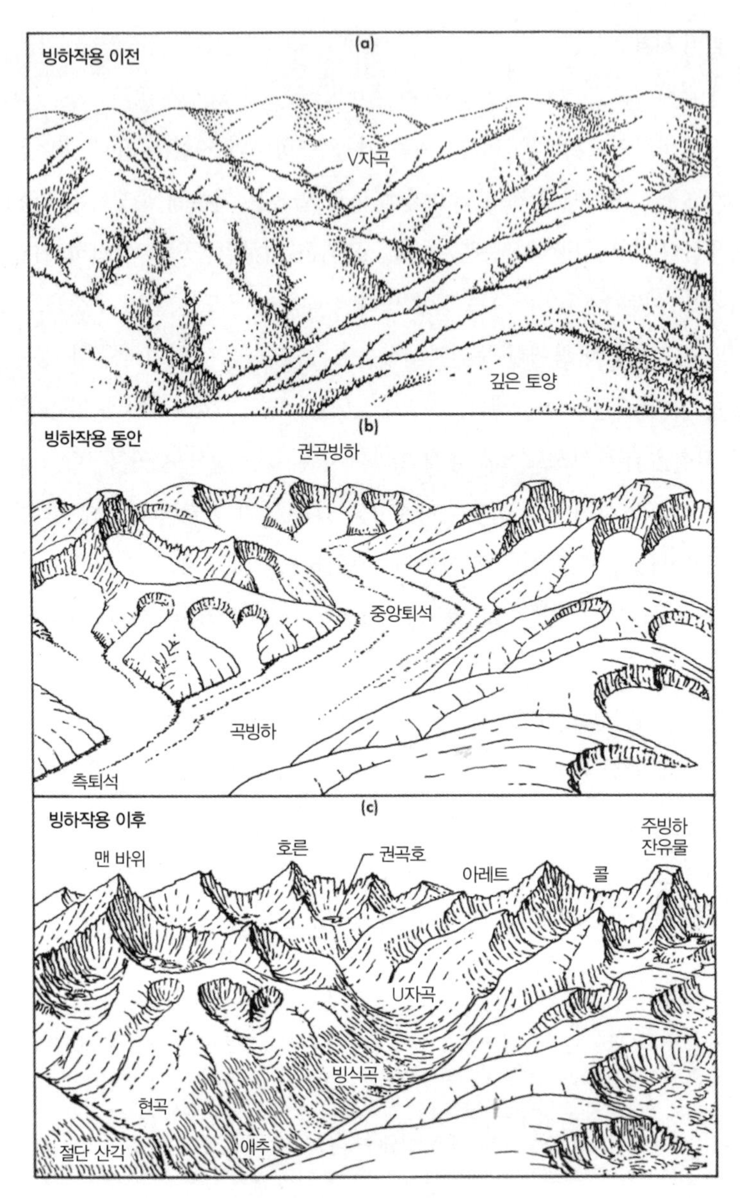

그림 5.15 빙하작용 이전, 동안, 이후의 지형 발달에 대한 일반적인 개념(삽화: Ted M. Oberlander, University of California)

이 수 미터 정도의 얕은 분지에서부터 남극대륙과 히말라야산맥에서 발견되는 깊이와 폭이 수 킬로미터에 이르는 거대한 굴착지(excavation)에 이르기까지 크기가 다양하다. 잘 발달된 권곡은 보통 곡두벽, 분지, 스레숄드(threshold)를 포함한다. 곡두벽은 권곡 뒤쪽에 있는 가파르고 매끄러운 기반암 표면으로, 위쪽으로 산릉까지 오목하게 뻗어 있다. 분지는 곡두벽의 기저부에서 원형 또는 가늘고 긴 형태의 함몰지이며, 스레숄드는 분지의 출구 끝에 있는 테두리(lip) 또는 약간 높은 산허리이다. 기반암이나 퇴적물질로 이루어진 스레숄드는 빙괴와 그 주변의 이동속도가 감소한 것에서 비롯되었다. 그래서 침식의 강도는 약해지고 퇴적 현상이 발생한다. 만약 권곡이 계곡 속으로 흘러 내려가는 얼음과 함께 곡빙하에 의해 점유되었다면 스레숄드는 형성되지 않을 수도 있다.

스레숄드는 (권곡이 형성되는 동안이나 그 이후에 큰 빙하가 줄어들었을 때) 작은 빙하가 점유하는 권곡의 전형적인 형태이다. 스레숄드가 있으면 물이 모이는 밀폐된 분지가 생성되어 호수를 형성한다. 이러한 호수는 특징적으로 맑고 푸른데, 이는 빙하가 느슨해진 잔해물 대부분을 들어올려 이동시키고 평활한 기반암 함몰지를 남겨놓았기 때문이다. 이들 호수의 나이, 크기, 역사에 따라 권곡호(cirque lake)에는 물고기가 있을 수도 있고 그렇지 않을 수도 있다. 일반적으로, 권곡호는 적어도 수백 년은 되어야 물고기가 있을 수 있다. 물고기가 높은 산악호수에 어떻게 올라가는지에 대한 문제는 항상 수수께끼였다(아마도 물새가 물고기나 물고기 알을 운반하는데 가장 중요한 역할을 할 것이다). 물론, 오늘날에는 높은 산악호수의 물고기 개체 수가 집중적으로 어류자원 프로그램(fish-stocking program)[48]을 통해 대부분 유지되고 있다.

권곡의 기원은 적어도 두 가지 뚜렷한 과정을 포함한다. 즉 동결분쇄작

그림 5.16 와이오밍주 윈드리버산맥의 권곡과 빙하호. 이러한 빙하지형은 기복이 없고 완만하게 경사진 고지로 이루어진 오래된 침식 표면을 가로지른다.(Austin Post, U.S. Geological Survey)

용 및 빙하의 침식작용이다. 세기가 바뀔 무렵에 이러한 과정의 상대적인 중요성에 대한 큰 논란이 있었다. 일부 연구자들은 크레바스(베르크슈룬트) 기저부 부근의 암석 절리에 있는 물의 결빙과 융해작용으로 야기된 동결

48) 특정 종의 개체 수 감소에 대한 대책으로서 부화장에서 물고기를 기른 뒤 강, 호수, 바다에 방류하여 기존 개체군을 보충하거나 아예 존재하지 않는 개체군을 만드는 다양한 시도이다. 상업, 여가, 어업 등의 경제적 이익을 목적으로 행할 수 있지만, 멸종 위기에 처한 물고기의 개체 수를 회복하거나 증가시키기 위해 행할 수도 있다.

과정이 매우 유효하다고 생각한 '베르크슈룬트 이론'에 동의했다. 다른 연구자들은 수많은 빙하에는 베르크슈룬트가 없으며 수많은 권곡의 곡두벽의 높이가 이 베르크슈룬트 깊이를 훨씬 초과하고 있어서 이 이론에 반대했다. 이들은 이동하는 빙하에 의한 굴식이나 마식만으로도 권곡을 만들기에 충분하다고 주장했다(Embleton and King 1975a, pp. 205~238). 이들 두 과정 모두 어느 정도 중요하기 때문에 이들 이론 중에서 선택할 필요가 없다.

권곡의 분포, 방향 및 높이는 권곡의 발달에 대해 많은 것을 보여준다(Derbyshine and Evans 1976; Graf 1976). 권곡은 낮은 높이에 존재하며 강수량이 상대적으로 많은 산의 풍상측에서 가장 잘 발달한다. 설선이 내륙을 향해 또는 더 많은 대륙성 조건을 향해 상승할 때, 권곡이 발달하는 높이도 상승한다. 하지만 이 일반적인 패턴 내에서, 권곡이 선호하는 방향이 있다. 북반구에서는 권곡이 주로 북사면과 북동사면에서 발견되고, 남반구에서는 권곡이 남사면과 남동사면에서 발견된다. 이것은 대체로 풍향과 그늘에 반응하는 것이다. 중위도 지방의 탁월풍은 편서풍이다. 그래서 (특히 건조한 가루 상태의 눈이 내리는 대륙성 기후에서) 노출된 서사면에는 일반적으로 바람이 불어 눈을 날려버리고 동사면에는 눈이 쌓이게 된다. 그늘져 태양 직사광선으로부터 보호받는 지역에서는 눈이 지속될 수 있고, 그렇지 않다면 눈이 녹을 수 있으므로 그늘 또한 중요하다. 심지어 해양성 기후의 산에서도 많은 양의 눈이 내려 쌓이는 경우가 이에 해당한다. 예를 들어, 캐스케이드산맥에서의 빙하의 분포는 현재 주로 북사면으로 제한되며, 권곡의 발달도 동일한 패턴을 따른다.

권곡이 형성되기 위해서는 빙하가 필요하기 때문에, 현재 빙하가 없는 지역에 권곡이 존재한다는 것은 이전에 빙하얼음이 존재했던 것을 나타낸다.

일반적으로 권곡 바닥의 높이는 권곡이 만들어졌을 때 존재했던 만년설선과 대략 비슷할 것으로 추정된다. 서로 다른 지역에서 권곡의 높이와 방향에 대한 평면도는 과거 기후 조건에 대한 매우 많은 정보를 제공하고 있다. 그러나 모든 자연현상과 마찬가지로 이 해석에도 주의를 기울여야 한다. 예를 들어, 권곡의 형성은 오랜 시간이 걸릴 수 있으며, 대부분 지역에서는 두 번 이상의 빙하작용이 있었다. 권곡은 몇 번의 빙기 동안 점유되고 또다시 점유되었을 수 있다. 일단 함몰지가 형성되면 눈이 쌓이는 저장소를 제공하고 눈이 융해되는 것을 잘 막아준다. 그 결과 많은 눈이 집적되며 주변 사면보다 융해는 더 적게 나타날 것이다. 하나의 권곡이 다른 권곡 위에 있으면, 두 권곡은 서로 병합되어 하나의 거대한 권곡을 형성할 수 있다. 이것이 수많은 산골짜기의 정상부에 단 하나의 권곡이 존재하는 이유일 수 있다. 다른 경우에는 각각의 빙하작용에 따라 권곡이 단순히 확대되기 때문에 현재 권곡의 높이는 가장 최근의 설선을 실제로 나타내지 않지만, 대신에 이들 빙하작용이 결합해 나타난 복합적인 지세가 된다. 이러한 문제에도 불구하고, 만약 권곡의 해석에 주의를 기울인다면, 권곡은 과거 환경에 대한 훌륭한 정보를 제공할 수 있다(Flint 1971, p.138; Embleton and King 1975a, p. 223).

권곡빙하의 두부침식[49]은 (동결과정 및 눈사태 작용과 함께) 빙하작용을 받은 험준한 산악지형의 주된 원인이 된다. 권곡빙하가 산릉의 반대편에서 발달하는 경우 두부침식이 일어나고, 결국 권곡빙하가 서로 만나 산

49) 하천의 침식 형태의 하나로 하천이 상류 쪽으로 침식하여 그 길이를 증가해가는 현상을 말한다. 지반이 융기하거나 해수면이 하강하면 하천의 침식력이 부활하여 하방침식을 활발히 하게 되는데, 그 침식은 기준면(base level)으로부터 상류 쪽을 향해 진행된다.

릉 마루에 안부(saddle)[50]나 노치(notch)를 만든다(그림 5.17, 5.18). 또한 이것은 산릉의 두께를 줄여 폭이 좁고 날카로운 칼처럼 보이게 만드는 경향이 있다. 이러한 과정이 산릉을 따라 계속되면서 톱니 모양의 아레트 산릉이 형성된다(그림 5.4, 5.15 b와 c). 정상의 모든 쪽에서 권곡빙하의 두부침식이 있으면 호른이라 불리는 피라미드 모양의 산봉우리가 형성될 수 있다. 스위스 알프스산맥의 마터호른산이 대표적인 사례이지만, 이러한 특징은 빙하작용을 받은 대부분의 산에서 흔히 볼 수 있다(그림 5.11, 5.15c).

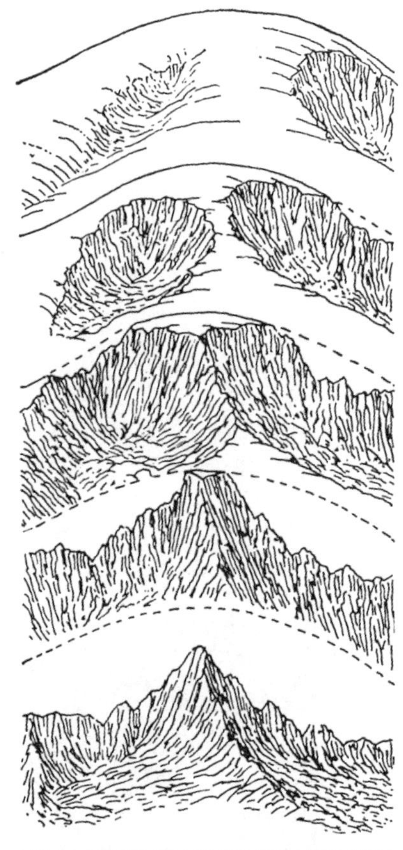

그림 5.17 가파른 톱니 모양의 산릉과 빙하 호른을 만든 권곡빙하의 두부침식을 보여주는 일련의 사건들(출처: Davis 1911; Lobeck 1939; Cotton 1942)

권곡 침식은 사면의 상부와 함몰지에서 작용하는 지배적인 빙하 과정이지만, 거대해진 빙하가 권곡 분지를 넘어 유동하여 곡빙하를 형성할 수 있다. 빙하는 일반적으로 기존의 배수 시스템을 계승하고, 이미 존재하는 하도[51]는 곧 빙식곡으로 변

50) 산릉을 이루는 지형 중 낮은 부분을 말한다. 이곳은 분수계를 이루기 때문에 점차 낮아지는데, 예로부터 교통로(고개)로 이용되었다. 습곡된 배사 부분에서도 나타난다.

그림 5.18 유콘 준주 루비산맥의 두 빙하 권곡을 분리하는 폭이 좁은 암석투성이 안부. 동결분쇄작용을 받은 각진 암석에 주목하라.(저자)

한다(그림 5.19; 그림 5.15, 6.39와 비교). 산악지역에서는 하천의 침식을 받은 계곡 대부분은 대략 V자 모양의 횡단면을 나타내는 반면에 빙하작용을 받은 계곡은 전형적으로 U자형이다. 하천은 하상을 따라 하도를 침식하는 것으로 제한되는 반면에, 다른 과정, 특히 매스웨이스팅(이 책 366~405쪽 참조)은 계곡 사면을 침식하고 물질을 하천으로 운반한다. 다른 한편으로 빙하는 계곡 전체를 점유하며, 빙하의 훨씬 더 큰 질량과 침식 능력은 곧 계곡을 넓히고 깊게 만들어 가파른 암벽이 있는 반원형 또는 타원형의 횡단면을 형성한다. 곡상은 맨 암석일 수 있고, 빙하의 융수 퇴적물로 안쪽이 채워져 평탄한 곡저를 형성할 수 있다. 빙식곡 종단면에는 하천 계곡보다 불규칙한 지표면이 나타나며, 종종 일련의 단구로 구성된다. 이러한 계단 모양의 빙식곡 특징에 대하여 다양한 기원을 전제하고 있는데, 계곡 너비로 인해 조절되는 침식의 상이한 속도, 서로 다른 암석 유형, 동일한 암석 유형 내에서 더욱 강하게 단열된 지대, 깊은 크레바스 기저부에서 발생하는 한층 더 큰 침식, 그리고 지류 빙하가 주요 하천과 합류하는 장소와의 연관성 등이 거론된다. 이 계단 모양 빙식곡의 정확한 원인이 무엇이든지 간에, 호수는 종종 단구면 뒤의 함몰지에서 형성된다. 이러한 호수들은, 함께 연결된 묵주의 구슬과 닮았기 때문에 파터노스터호(paternoster lakes)라고 불린다(그림 6.39). 빙하얼음에 의한 물질의 대규모 침식과 굴착은 하천 계곡의 축을 따라 이전의 하천 계곡을 더 깊게 하고, 넓히고 곧바르게 한다. 그래서 지류 하천과 그 하간지(interfluve)[52]의 하층부는 단절되어 주요 계곡 위쪽의 어느 높이에서 지류 하천은 끊어진 채 남아 있게 된다. 빙하가 녹은 후에 이들 하천의 물은 계곡 측벽의 위로 폭포가 되어 떨어진다. 현곡으로 알려진 간선계곡의 곡상보다 높은 곳에 있는 이러한 지류계곡은 빙하작용을 받은 산의 지형적인 경치이다(그림 5.15c).

51) 하천의 물이 흐르는 일정한 방향의 유로를 하도라고 한다.
52) 인접해 있는 두 개의 하곡을 분리하는 고지대를 말한다.

그림 5.19 스위스 알프스산맥 라우터브루넨(Lauterbrunnen)의 빙식곡. 깊고 가파른 벽의 계곡은 빙식작용에 의해 만들어졌다. 평평한 바닥은 빙하의 후퇴 동안 충전재와 퇴적물에서 비롯되었다.(저자)

퇴적 지형

빙하는 조만간 빙하가 들어 올린 흙과 암석의 짐(load)을 내려놓아야 한다. 빙식작용으로 인한 지세보다 덜 장대하지만 빙하퇴적작용으로 만들어진 지형은 그럼에도 뚜렷하다. 대부분의 빙하퇴적작용은 빙하의 융해 및 후퇴 중에 일어난다. 빙퇴석 물질은 빙하에 의해 직접 퇴적되는 반면에, 빙하성 유수 물질은 융빙수 하천에 의해 퇴적된다. 빙퇴석은 일반적으로 분급되지 않은 매트릭스(matrix)[53]에 섞여 있는 크고 작은 입자로 구성된다.

53) 암석과 암석 사이에 존재하는 세립물질을 말한다. 매트릭스에는 사질, 이질, 석회질, 규질

빙퇴석은 빙하의 측면을 따라 측퇴석으로, 빙하의 말단 부근에서 종퇴석으로, 혹은 빙퇴석이 물러나면서 후퇴퇴석[54]으로 발생할 수 있다. 다른 경우에, 이 빙퇴석은 다소 뚜렷하지 않을 수 있으며, 버려진 노천광에서 나온 광물찌꺼기(tailling)[55]와 같이 뒤죽박죽 섞여 있는 암설로 인해 발생할 수 있다. 측퇴석과 종퇴석은 높이가 100~300m로 상당히 인상적인 모습을 보인다(그림 5.20).

커다란 암설은 빙하나 유빙(물에 떠 있는 얼음덩어리)을 통해서만 직접 운반될 수 있다. 하지만 작은 물질은 바람과 빙하 융수하천으로도 상당한 거리를 운반될 수 있다. 여름에 빙하에서 불어오는 바람(이 책 227~228쪽 참조)은 곱게 갈린 암석 입자(암분rock flour)[56]를 들어 올려 운반하는 데 매우 효과적이다. 이들 입자는 빙하가 운반되는 동안 분쇄(하고 긁어내는) 작용으로 생성되었다. 빙하가 존재하는 일부 계곡에서는 이러한 바람의 발달이 여름의 맑은 날씨 동안 거의 매일 일어난다. 나는 유콘 준주에 있는 이러한 계곡에서 몇 주 동안 야영을 했는데, 오후 먼지 폭풍의 출현으로 작업 조건은 정말 비참했다. 먼지와 그릿(grit)[57]이 머리와 옷, 그리고 조리 기구와 음식을 뒤덮었다. 그러나 생태학적으로 이 실트 퇴적물(뢰스[58])라고

••

등이 있다.

54) 빙하가 퇴적시킨 빙퇴석의 일종으로 후퇴하던 빙하가 정지할 때 그곳에 퇴적된 것이다. 주로 대상의 구릉이 형성된다.

55) 광석 등에서 필요한 광물을 분리하고 남은 가치 없는 부분으로, 광미, 테일링이라고도 한다. 함유율이 높은 정광에 대응된다.

56) 빙하의 삭마작용, 특히 분쇄작용으로 생성된 미세사 내지 실트 이하의 세립으로 된 쇄설물을 가리킨다. 신선한 광물 조각으로, 세립자이기 때문에 온난빙하에서는 빙하의 기저와 암반과의 사이를 흐르는 융빙수에 의해 아래쪽으로 옮겨진다. 융빙수의 온도가 낮기 때문에 세립물질의 침강속도는 느려지고, 암분은 그만큼 오랫동안 부유상태로 운반된다.

57) 비교적 거칠고 모난 모래로 이루어진 사암이다.

그림 5.20 유콘 준주 세인트일라이어스산맥의 카스카울시(Kaskawulsh) 빙하가 가장 최근 전진한 것 중 가장 먼 범위를 나타내는 종퇴석. 그림의 오른쪽에 암설로 덮인 빙하혀가 보인다. 빙하의 융수하천은 슬림스(Slims)강을 형성한다(그림 5.21에도 표시됨).(저자)

함)은 유익하다. 즉 실트 퇴적물은 토양 발달을 촉진하고 국지적인 생산성을 크게 향상시킨다.

빙하의 융수하천은 작은 물질을 운반하는 주요 메커니즘이다. 하천이 운반할 수 있는 크기는 주로 하천의 속도에 따라 달라지며, 이는 결국 다른 요인들 중에서도 유량에 따라 달라진다. 물론 빙하 하천은 낮과 밤 사이에 그리고 겨울과 여름 사이에 흐름의 큰 변동을 나타낸다(그림 6.35).

58) 주로 실트가 쌓여 형성된 토양으로 회색 내지 담황색을 띤다. 바람이나 빙하에 의해 운반된 먼지가 쌓인 플라이스토세의 육성퇴적물을 가리킨다.

여름에 빙하가 있는 산으로 도보 여행을 한 적이 있다면, 이른 아침이 융수하천을 건너기에 가장 좋은 시기라는 것을 알 수 있다. 늦은 오후가 되면 이들 하천은 기온이 올라가 녹은 빙하로 인해 맹렬한 급류가 될 수 있기 때문이다. 이러한 유량 변동은 침식과 재퇴적[59]의 불규칙한 패턴을 생성한다. 하천은 속도가 빠른 기간에는 침식하고 많은 양의 물질을 운반하지만, 오직 유량이 줄어들고 속도가 감소하는 경우에만 뜬짐[60]을 다시 떨어뜨린다(R. J. Price 1973).

빙하 하천은 특징적으로 퇴적물로 막혀 있는데, 퇴적물 대부분이 결국 빙하의 말단부 부근에 퇴적된다. 밸리트레인(valley train)[61]이라 하는 이러한 퇴적물은 곡상을 평평하게 만들어 상당한 깊이에 이를 수 있으며, 빙하의 말단부를 넘어서 수 킬로미터 확장될 수 있다(그림 5.19, 5.20). 극단적인 사례는 캘리포니아주의 요세미티 계곡으로, 지진파 조사 결과 600m 이상 깊이의 퇴적물이 원래의 기반암 바닥을 덮고 있는 것으로 밝혀졌다. 이 기반암 바닥은 빙하로 인해 굴착된 것이다(Gutenberg et al. 1956).

토양과 식생이 맨 암석에서보다 집괴암 물질에서 훨씬 더 빠르게 발달하기 때문에 빙하 퇴적물과 빙하 유수성 퇴적물은 생태학적으로 중요하다. 이러한 지역은 국지적으로 중요한 농업 지역이 되는 경우가 많다. 또

59) 한 번 퇴적된 퇴적물의 입자가 사태의 작용으로 다른 장소로 운반되어 다시 퇴적되는 현상이다. 대개 퇴적물은 여러 차례 침전과 퇴적을 반복한 후에 퇴적되며, 재퇴적은 저탁류의 경우에 대규모로 일어난다.

60) 유수에 의해 운반되는 물질을 말한다. 주로 이토, 실트, 모래로 구성되어 있다.

61) 빙하 말단부의 융빙수에 의한 퇴적작용으로 곡저를 메운 융빙 하류 퇴적물 및 그것이 만든 지형을 일컫는다. 빙하성 유수 퇴적평야(outwash plain)의 일종으로 곡빙하의 전면에만 형성되며, 곡벽으로 인해 측방으로의 발달이 제한받기 때문에 골짜기를 따라 좁고 길게 나타난다. 퇴적층의 두께는 100m를 넘는 경우도 있으며, 상류에는 조립물질이 많으나 하류로 갈수록 세립화된다.

그림 5.21 26km 상류의 카스카울시 빙하에서 흘러내리는 빙하의 융수하천인 슬림스강. 이 강은 유콘 준주 남서부 클루앤호로 흘러 들어간다. 실트를 아주 많이 함유한 하천이 이 호수 안에 삼각주를 만들고 있다. 알래스카 고속도로가 이 지점에서 강을 건너는 것을 볼 수 있다.(저자)

한 수많은 빙하 융수하천이 분수계의 유출에 기여하는 크기는 연간 수백만 리터에 달한다. 다만 일반적으로 빙하 하천은 퇴적물에 의해 너무나 막혀 있으므로 사람들이 물을 바로 이용할 수 없는 불편함이 있다. 이들 하천의 헤드워터(headwater)[62]에는 생명체가 거의 존재하지 않는다. 퇴적물은 멀리까지 운반될 수 있으며, 이를 퇴적물이 흘러드는 하천이나 호수에 퇴적물과 충전재(infillings)를 공급하여 증가시킬 수 있다. 이것의 좋은 예는 유콘 준주의 알래스카 고속도로를 따라 있는 클루앤(Kluane)호이다. 세인트일라이어스산맥에서 약 24km 떨어진 곳에 위치한 카스카울시

62) 보통 하천의 발원지나 거대 하천에서 상류의 한계를 말한다.

(Kaskawulsh) 빙하의 융수하천(그림 5.20)이 호수 안에 삼각주를 형성하고 있다(그림 5.21). 호수의 수질은 여러 조건의 영향을 받지만, 가장 분명한 것은 이 호수의 보통 파랗고 투명한 빛이 하천 입구 주변에서 회색의 탁한 빛으로 변한다는 것과 호수의 끝 부근에서는 어업 활동이 매우 열악하다는 것이다(Bryan 1974a, b).

눈사태

산 중턱에서 엄청난 양의 눈이 갑자기 방출되고 이동하는 것은 경외심을 불러일으키는 현상이 될 수 있다. 눈사태는 자연에서 가장 파괴적인 힘 중 하나이며 허리케인, 토네이도, 지진과 거의 대등한 수준이다. 수 세기 동안 수천 명의 사람이 눈사태로 사망했다. 만약 산에 인구가 더 많이 있다면 사망자 수는 훨씬 더 증가할 것이다. 헤아릴 수 없이 많은 눈사태가 매년 발생하지만 단지 소수의 눈사태만이 관찰되거나 기록된다. 그러나 산에 인구가 증가함에 따라 눈사태의 피해 가능성은 현저하게 증가한다. 알프스산맥에서의 초기 기록은 눈사태로 인한 상당한 파괴를 보여준다. 스위스의 다보스 계곡에서는 16세기에서 18세기 사이 눈사태가 문제가 되었는데, 이 시기에 인구 증가와 산악림의 광범위한 벌목이 소빙기와 관련된 강설 증가와 빙하 전진이 맞물리면서 일어났다. 1602년에 한 기록원이 이러한 눈사태를 다음과 같이 묘사했다.

1월 16일 토요일 밤 24:00, 눈이 3주 동안 내리고 열두 개가 넘는 신발 깊이[원문 그대로 인용]에 도달한 후에 다보스에서 강력한 눈사태가 동시에 여러 곳에서 일어나 산과 계곡이 떨리고 굉음을 내었다. 많은 흙, 돌과 함께 낙엽송과 소나무가 뿌리째 통째로 뜯겨나갔고, 70채의 집과 농가와 함께 성모소성당(Lady Chapel)이 부서지고 휩쓸려가 모든 주민과 함께 눈 속에 파묻혔다.(Frutiger 1975, p. 38에서 인용)

알프스산맥에 대한 초기 기록에서 50~100명의 사망자를 낸 눈사태는 흔히 볼 수 있는 일이었지만 20세기에도 이러한 큰 재난이 발생했다. 1916년 12월 제1차 세계 대전 중에 오스트리아-이탈리아 전선에서 일련의 거대한 눈사태[63]가 하루 만에 1만 명의 군인들을 전멸시켰다(Atwater 1954).

북아메리카에서는 눈사태와 관련된 첫 번째 주요 문제들이 골드러시 동안 발생했다. 이 시기에 광맥이나 광상을 찾아 사람들이 서부의 산맥으로 몰려들었고 수많은 광업 소도시가 세워졌는데, 콜로라도주 로키산맥의 텔루라이드(Telluride)와 아스펜, 소투스산맥의 아틀란타, 시에라산맥의 미네랄킹, 워새치산맥의 알타(Alta)와 브라이튼은 이들 중 단지 일부에 불과하다. 눈사태로 많은 탐광자(광부와 탐광업자)들이 목숨을 잃었고 광업 소도시 전체가 파괴되었다. 가장 초기의 신뢰할 만한 기록 중 하나는 유타주 알타에서 가져온 것인데, 1874년 채광소가 매몰되어 60명이 목숨을 잃었다. 이후 35년 동안 눈사태로 인해 같은 지역에서 67명이 더 목숨을 잃었다(U.S. Dept. Agriculture 1968, p. 4). 광업의 중요성이 감소함에 따라 철도

63) 적설이 경사면을 따라 흘러내리는 현상을 말한다. 눈사태가 잘 일어나는 경사각은 30°~50°이다. 같은 경사각이라고 하더라도 적설량이 많으면 낙하력도 증가하며, 0℃ 내외에서도 습한 눈인 경우 곧잘 산사태를 유발한다.

와 고속도로가 산맥을 가로질러 확장되면서 다른 곳에서의 눈사태 위험이 커졌다. 1910년 워싱턴주 캐스케이드산맥의 스티븐스 고개(Stevens Pass)에서는 거대한 눈사태가 눈에 갇힌 세 대의 열차를 휩쓸어 108명이 사망하고 수백만 달러의 재산 손실이 발생했다. 1926년에는 눈사태가 유타주 빙엄캐니언(Bingham Canyon)의 광업 지역사회를 덮치면서 40명이 목숨을 잃었다. 이보다 최근에는 겨울 스포츠, 특히 스키의 인기가 그 어느 때보다도 많은 사람을 산으로 끌어들였고, 종종 오래된 채광소와 같은 지역(예: 콜로라도주 아스펜 또는 유타주 알타)에서는 산악 휴양 시설이 똑같이 빠르게 개발되었다(그림 5.22). 최근 통계에 따르면 미국에서는 매년 겨울 평균 140

그림 5.22 오랜 기간 문제 지역인 유타주 알타(Alta)에서 발생한 눈사태 피해 모습. 이 눈사태는 1974년 1월 1일에 발생했다. 스키장 세 곳이 피해를 입었고, 두 명이 부상당했으며, 차량 35대가 손상되거나 파괴되었다.(Ron Perla, Environment Canada)

명이 눈사태에 갇히고, 이들 중 60명이 부분적으로 또는 완전히 매몰되어, 12명이 부상당하고 7명이 사망한다. 또 평균 30대의 차량이 매몰되고, 건물 10채, 스키 리프트 2개, 기타 구조물 7~10개가 파손되어 평균 25만 달러의 재산 손실이 발생한다(Williams 1975a). 눈사태에 대한 과학적 이해 증진 및 눈사태의 예측과 예방에 대한 상당한 투자에도 불구하고 사고 건수가 계속 증가하고 있다는 것은 아이러니한 일이다. 주된 이유는 겨울에 산에 가는 사람들, 특히 휴양객들이 점점 더 많아졌기 때문이다(그림 5.23). 무모한 사람을 보호하는 것은 언제나 불가능하다. 이것은 미국의 최근 눈

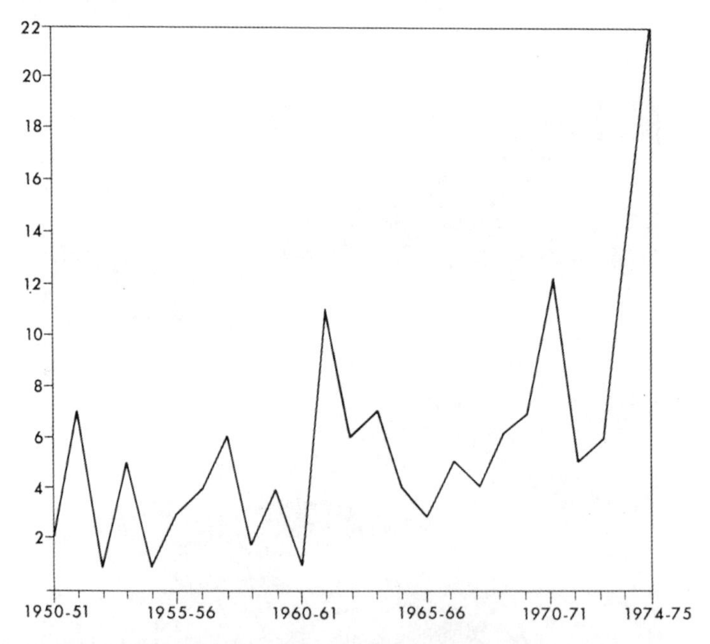

그림 5.23 1950년부터 1975년까지 미국에서 눈사태로 인한 사망자 수. 이러한 25년의 기간 동안 눈사태로 인한 사망자 수는 147명으로 연평균 6명이었다. 같은 기간 미국에서는 다른 나라의 경우와 달리 수십 명의 사람이 관련된 눈사태 재해는 없었다. 하지만 눈사태 사망자 수는 증가하고 있다. 지난 5년간 평균 사망자 수는 매년 겨울 12명으로 증가했다.(출처: Williams 1975b, p. 1)

사태 사고에 대한 분석을 통해 그래픽으로 설명된다. 각각의 상황은 개인이 현명하게 행동했는지 아니면 어리석게 행동했는지를 평가할 수 있다. 이에 대한 일화는 매우 흥미로운 읽을거리를 제공한다(Williams 1975a).

눈사태의 유형

눈사태에는 두 가지 주요 유형이 있는데, 즉 마른눈의 눈사태와 슬래브(slab) 눈사태이다. 마른눈의 눈사태는 보통 그 규모가 작아서 비교적 무해한 반면에, 슬래브 눈사태는 많은 양의 눈을 수반하여 상당한 파괴를 일으킬 수 있다. 이들 두 가지 유형 사이의 구분은 출발점에서의 눈 조건에 기초한다. 왜냐하면 눈사태가 아래 계곡에 도달할 때쯤에는 원래의 정체성을 잃을 수 있기 때문이다. 마른눈의 눈사태는 내부 응집력이 거의 없으며, 한 지점에서 시작하여 눈이 더 많이 쌓일수록 그 원위부에서 점점 더 넓게 형성되면서 형태 없는 덩어리로 움직이는 경향이 있다. 다른 한편으로 슬래브 눈사태는 응집력이 높은 눈으로 이루어져 폭넓은 전면을 따라 파괴되는 경향이 있고 하나의 단일체로 아래로 활강[64]하기 시작해 결국 한층 더 작은 덩어리로 부서진다(그림 5.24). 눈사태의 유형은 눈이 건조한지 또는 습한지의 여부, 눈사태가 눈의 층(snow layer)에서만 발생하는지 또는 지면으로까지 확장되는지의 여부, 그리고 눈사태의 움직임이 지면에서, 공중에서 또는 이 두 곳 모두에서 발생하는지의 여부에 따라 더욱 세분된다.

64) 급경사의 지형면, 즉 성층면, 절리면, 단층면 등에서 다양한 입자의 쇄설물과 암괴류가 단독으로, 또는 집단적으로 미끄러져 내려가는 현상을 말한다.

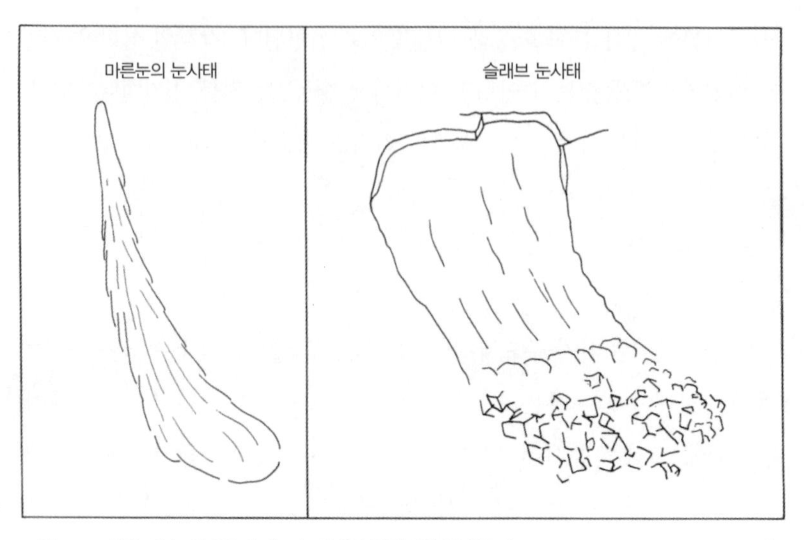

그림 5.24 마른눈의 눈사태와 슬래브 눈사태의 전형적인 형태(출처: U.S. Dept. Agriculture 1968, p. 27)

마른눈의 눈사태

마른눈(건설)의 눈사태는 눈이 자체의 내구력으로 유지되지 못하는 급경사면의 새로 내린 눈에서 가장 빈번하게 발생한다. 이것은 가벼운 솜털 같은 눈이 내리고 바람이 잔잔할 때 매우 흔히 볼 수 있다. 눈은 내부 응집력이 거의 없기 때문에 약간의 교란만으로도 더 완만한 사면에 도달할 때까지 미끄러질 수 있다. 마른눈의 눈사태는 단연코 가장 흔한 종류의 눈사태이지만 일반적으로 얕고 작아서 피해를 거의 주지 않는다(그림 5.25). 이러한 눈사태의 대부분은 단 한 번의 눈보라에도 발생할 수 있다. 실제로 이러한 눈사태 발생은 안정화 요인이 될 수 있는데, 왜냐하면 자주 일어나는 작은 눈사태는 눈을 지속적으로 조정하여 규모가 큰 눈사태를 방지할 수 있기 때문이다. 급경사면에 새로 내린 눈이 마른 가루 상태로 피해를 주지 않고 흘러내리는 것이 대표적이다. 가장 위험한 종류는 눈이 젖어 있는 시

그림 5.25 다보스 부근 스위스 알프스산맥의 마른눈의 눈사태. 이러한 눈사태는 보통 작고 해가 없으며 어떤 경우라도 폭풍우가 몰아칠 때 많이 일어난다.(Swiss Federal Institute for Snow and Avalanche Research)

기인 봄에 일어난다. 이러한 눈사태는 마른눈의 눈사태처럼 높은 사면의 상부에서 시작하지만, 특히 우곡에 국한된 경우, 아래로 이동하면서 운동량과 질량이 증가하기 때문에, 눈덩이가 계곡에 도착할 때쯤 이 눈의 무거워진 무게가 상당한 피해를 일으킬 수 있다(U.S. Dept. Agriculture 1968, p. 21; Perla and Martinelli 1976, p. 68).

슬래브 눈사태

매우 위험한 슬래브 눈사태는 마른눈의 눈사태보다 드물게 발생한다. 슬래브 눈사태는 오래된 눈에서 새로 내린 눈에 이르기까지, 그리고 마른 눈에서 젖은눈(습설)에 이르기까지 모든 유형의 눈에서 발생한다. 가장 두드러진 특징은 눈이 사면 아래로 내려가는 동안 단 하나의 구성 단위로 작용하기에 충분한 내부 응집력을 가진 것으로 흘러내려 마지막에 부서진다는 사실이다. 갓 내린 새로운 눈에서는 이러한 응집력이 비교적 미미할 수 있지만, 단단하고 오래된 눈은 응집력이 매우 커서 오직 큰 힘에 의해서만 덩어리로 쪼개질 수 있다. 눈사태로 눈이 방출되는 구역은 일반적으로 균열선으로 표시된다. 균열선은 사면에 수직으로 나며 윤곽이 분명한 매끄러운 기저부의 평면까지 확장된다(그림 5.26). 슬래브 눈사태의 크기는 수많은 요인에 따라 다르지만, 대개 사면의 불연속적인 지대에 국한된다. 그러나 때때로 산 중턱 전체가 연관될 수 있으며, 이와 함께 등고선을 따라 달리는 균열이 이웃한 눈사태 경로에 쌓인 눈을 방출한다. 슬래브 눈사태의 전체 덩어리는 일반적으로 한 번에 움직이며, 수 초 이내에 최대 속도에 도달할 수 있으므로 출발 지점에서부터 완전한 파괴력을 얻을 수 있다(Atwater 1954, p. 27). 물론 정확한 작용은 눈의 특성에 달려 있다. 눈이 건조하면 가루눈의 눈사태가 발생할 수 있다. 이들은 지면에서만큼이나 공중으로도 많이 이동하며, 이들의 난류적인 움직임은 얼음 결정의 짙은 먼지구름을 만들어낼 수 있다. 이 구름은 빠르게 활강하는 눈의 전면에서 무거운 기체 덩어리처럼 작용한다. 이러한 돌풍은 시속 320km의 속도에 도달하여 보통의 눈사태 지대를 훨씬 넘어서는 지역에까지 피해를 일으킬 수 있다(Seligman 1936; LaChapelle 1966, 1968). 다른 한편으로 젖은눈의 눈사태는 특별한 먼지구름 없이 느린 속도로 미끄러지는 경향이 있지만, 이들의 엄청난 질량과 무게는 여전히 큰 피해를 입힐 수 있다.

그림 5.26 슬래브 눈사태의 이탈 지대. 두부에서의 깨끗한 눈의 균열 및 눈이 이동해간 매끄러운 기저부에 주목하라.(Ed LaChapelle, University of Washington)

눈사태 촉발

산 중턱에 쌓여 있는 불안정한 눈의 덩어리는 마치 장전된 총과 같다. 이는 단지 눈사태를 일으키는 방아쇠작용만을 기다리고 있다. 수많은 잠재적인 눈사태는 눈을 방출시킬 수 있는 방아쇠가 없었기 때문에 결코 일어나지 않은 반면에, 상대적으로 안정된 눈덩이는 외부 붕괴로 인해 방출될 수 있다. 눈사태가 방출되는 불안정 상태의 임계 지점은 사면에 평행한 힘의 성분이 지표면의 눈과 그 하층부 사이의 결합된 전단 강도를 초과할 때 도달한다. 이것은 여러 가지 방법으로 발생할 수 있는데, 그중 가장 흔한 것은 새로운 강설로 인한 과도한 하중 때문이다. 눈의 무게가 증가하고, 결국 응집력을 넘어서면 눈은 미끄러지기 시작한다(U.S. Dept. Agriculture 1968, p. 25). 눈 결정 사이의 응력-강도 관계에 영향을 미치는 또 다른 공통 요인은 온도의 변화이다. 눈의 온도 상승은 보통 눈 내부의 응집력을 감소시키는 반면에, 온도 하강은 눈덩어리의 침하를 지연시키고, 취성(brittleness)을 증가시키며, 더 불안정하지는 않더라도 동등한 상황이 발생할 수 있다.

수많은 자연적인 외적 요인들이 눈사태를 일으킬 수 있다. 이들 요인은, 예를 들어 과도하게 매달린 눈처마(snow cornice),[65] 암석 낙하,[66] 심지어 나뭇가지에서 떨어지는 눈 조각 등이다. 눈사태를 통제하려는 현대적인 노력에는 포격, 다이너마이트, 큰 소리, 스키와 같은 인공적인 수단이 동

65) 산릉의 바람이 불어가는 쪽으로 형성된 처마 모양의 적설이다. 설비(雪庇)라고도 한다. 자주 설붕 발생의 원인이 된다.

66) 사면에서 암반의 균열이 확대되어 박리되거나 흙에 묻힌 암괴가 떨어져 나와 낙하하는 현상이다.

원된다(Gardner and Judson 1970; Martinelli 1972; Perla 1978). 실수로 촉발된 수많은 눈사태는 희생자 본인에 의해 일어난 것이다. 이들 눈사태의 상당수는 아마도 인위적으로 야기되지 않았다면 결코 일어나지 않았을 것이다. 또한 사소한 동요도 눈사태를 일으킬 수 있는데, 예를 들어 걸음걸이의 진동이나 목소리 등이 그것이다. 알프스산맥에서는 양 떼나 염소 떼의 종소리에 의해 눈사태가 시작되었다고 한다. 스위스에는 눈사태 계절에 요들송을 부르는 것을 금지하는 오래된 규정이 있다고 한다(Allix 1924).

눈사태 조건

궁극적으로 눈사태의 주요 원인은 눈과 사면 두 가지이다. 주로 일어나는 사면의 각도는 30°~45°이다. 이 각도보다 작은 사면은 사면 아래로 응력(應力)을 충분히 일으키지 않는 반면에, 한층 더 가파른 사면은 큰 눈사태를 일으킬 만큼 눈이 충분히 쌓이지 않는다, 따라서 눈사태의 확률은 사면의 가파른 기울기에 따라 특정 지점까지 증가하다가 감소한다. 눈은 매우 가변적인 요소이다. 즉 눈은 서로 다른 환경조건에서 발생하고, 내부 강도가 크거나 작은 매우 다른 특성을 나타내며, 또한 눈은 지상에 한 번 내리면 계속해서 변하기 쉽다는 것이다(Perla and Martinelli 1976).

지형

지형의 많은 특징이 눈사태에 유리하거나 이를 억제할 수 있다. 볼록한 사면은 오목한 사면보다 눈사태가 발생하기 쉽다. 볼록한 사면의 바깥쪽으로 구부러진 부분은 적설에 장력을 가하는 반면에, 사면의 오목함은 치밀화로 눈의 응집력을 강화시킨다. 바람과 태양에 대한 사면의 방향은 매우 중요하다. 풍상의 사면에서는 일반적으로 눈사태 위험이 적은데, 이는 눈이 풍상에서 풍하로 바람에 날리고 풍상에 쌓인 눈은 바람에 의해 더 잘 굳어지기 때문이다. 결과적으로, 눈사태 위험은 특히 산릉 마루를 따라 발달한 눈처마가 돌출되고 낙하하는 풍하 사면에서 더 크다(그림 5.27). 태양에 노출되는 것은 눈의 작용에 큰 영향을 미친다. (북반구의) 북사면에는 겨울에 햇빛이 거의 비치지 않는다. 이로써 건조하고 한랭한 조건이 발생하며, 따라서 건조한 눈사태의 위험이 지속적으로 수반된다. 남사면에서는 태양이 한층 더 높은 각도로 지표면을 내리쬐어 융해와 변형을 일으킨다. 남사면은 자주 불안정하고 젖은 눈의 눈사태가 발생하는 곳이다(U.S. Dept. Agriculture, 1968, pp. 29~31).

경관에서 중요한 다른 변수는 경관의 거칠기 및 지피식물과 관련되어 있다. 큰 표석이 산재해 있는 사면은 평탄한 표면처럼 눈사태에 취약하지 않다(그 결과 적어도 눈이 함몰지를 채운다). 다른 한편으로 풀로 덮인 평탄한 사면에는 눈이 채워질 수 있는 고르지 않은 큰 지표면도 없고 눈사태를 방해하는 어떤 것도 거의 없다. 숲이 우거진 사면은 일반적으로 눈사태를 잘 막아주지만, 수많은 산악림이 최근 수 세기 동안 벌목되거나 파괴되었다(Aulitzky 1967). 폭설이 내리는 해에는 눈사태가 삼림지대 위에서 시작되어 눈사태 경로에 있는 숲을 파괴하여 폭이 좁고 긴 띠 모양의 눈길을 만든다(그림 5.28; 그림 8.25와 비교). 일단 이런 일이 발생하면, 이들 지대는 눈사태에 더 취약해지고 숲이 다시 발달하는 것은 극도로 어려워진다. 눈사태의 경로에 있는 나무들은 계속해서 피해를 입거나 죽는다(Frutiger 1964; Schaerer 1972; Martinelli 1974).

그림 5.27 스위스 중부 융프라우(Jungfrau)의 대규모 눈처마(Andre Roch, Swiss Federal Institute for Snow and Avalanche Research)

눈과 날씨의 요인

산악지형의 체계를 고려할 때 눈사태 발생의 결정적인 요인은 눈과 날씨 조건이다. 다음과 같은 열 가지 주요 인자가 있다(Seligman 1936; Atwater 1954; U.S. Dept. Agriculture 1968).

1. 구적설의 깊이
2. 기저부의 상태
3. 신적설의 깊이
4. 신적설의 유형
5. 신적설의 밀도
6. 강설 강도
7. 강수 강도
8. 침하
9. 바람
10. 온도

구적설은 고르지 않은 표면을 메우고 매끄럽게 미끄러지는 평면을 제공하는 경향이 있다. 얼마나 많은 구적설이 필요한지는 초기의 표면 거칠기에 따라 다르지만, 일반적으로 구적설이 많을수록 눈사태가 발생할 가능성은 더 높다. 또한 구적설은 신적설에 접착면을 제공한다. 표면의 눈이 느슨하면 응집력이 좋은 반면에, 굳거나 바람에 날리는 표면은 응집력이 나쁘다. 다른 요인으로는 신적설의 양과 쌓이는 속도와 관련된다. 모든 대형 눈사태의 80%는 폭풍우 중에 또는 폭풍우 직후에 발생하는 것으로 추정된다. 눈이 많이 내릴수록 무게는 더 나가고 힘의 내리막 성분도 더

그림 5.28 스위스 다보스 부근 숲이 우거진 사면에서 눈사태가 일어나 나무가 없는 띠를 만들었다. 알프스산맥에서의 인간 활동으로 이 숲은 크게 줄어들었고, 이것이 눈사태의 빈도를 증가시켜 숲이 다시 자라는 것을 매우 어렵게 만들었다.(저자)

커진다. 며칠 동안 내린 눈의 일정 양은 침하(settlement)되고 안정될 수 있지만, 단 6시간 만에 내린 같은 양의 눈은 매우 불안정한 상태로 남을 수 있다. 결국 눈의 안정성은 눈 결정의 특성과 수분 함량에 따라 달라진다. 솜털 같은 별 모양의 눈송이는 상당한 내부 강도를 가진 서로 맞물린 격자망(mesh) 구조를 보여 응집력이 큰 반면에, 작고 둥근 펠릿(pellet),[67] 싸락눈, 바늘 모양 결정 같은 형태는 응집력이 거의 없다(그림 5.1). 눈의 수분 함량은 눈이 쌓이는 능력을 조절한다. 적당한 양의 수분은 최대 응집력을 보이는 반면에, 과도한 융수는 윤활제 역할을 한다. 눈의 침하와 눈

67) 세립의 석회질 물질(미크라이트)로 구성된 소규모(0.2mm 이하)의 둥근 물질을 말한다.

쌓임의 속도가 빠를수록 안정성은 더 커진다. 일반적으로 20~30%를 넘는 눈의 침하 비율은 안정화 추세를 나타낸다. 이에 대한 한 가지 예외는 아래에 가로놓인 눈의 층이 그 위에 가로놓인 단단한 층으로부터 아래쪽으로 그리고 떨어져 침하하는 경우로, 눈기저부(snowbase)[68] 상부를 지지대 없이 남겨놓는다(U.S. Dept. Agriculture 1968, p. 34). 바람이나 온도와 관련된 여러 기상 현상은 눈의 안정성에 매우 중요하다. 바람은 슬래브 눈사태의 형성에 틀림없이 가장 중요한 단 하나의 요인일 것이다. 왜냐하면 바람이 집중된 지역에 눈을 운반하고, 변형하고, 퇴적하는 능력 때문이다(Seligman 1936). 지속적으로 부는 강한 바람이 눈사태에 유리한 조건을 만들어내는 것은 거의 항상 확실하다. 최소 유효 속도는 시속 약 24km로 생각된다. 푄이나 치누크(이 책 230~237쪽 참조)와 같은 따뜻한 바람은 빠르고 집중적인 융해를 유발할 수 있기 때문에, 눈은 응집력을 잃고 그 결과 미끄러진다.

온도는 강설과 적설의 내부 구조에 영향을 미친다. 눈이 쌓이는 당시의 온도는 눈 결정의 유형, 수분의 존재, 침하 속도, 일반적인 응집력을 조절한다. 적설된 후에는 눈층의 온도와 그 위의 공기 온도가 침하작용, 치밀화, 내부 포행, 변성작용 등의 속도에 매우 중요하다. 일반적으로 눈사태 위험은 겨울의 낮은 온도에서 더 커지는 경향이 있는데, 이는 눈이 장기간 불안정한 상태로 보존되기 때문이다. 반면에 높은 온도는 융해를 일으켜 눈층 사이의 응집력이 사라지게 한다(U.S. Dept. Agriculture 1968, p. 35). 수많은 눈사태를 일으키는 과정은 눈의 내부 깊이 1~2m에서 일어나는 결정의 변형이다. 이 과정은 구조적인 변성작용으로 알려졌는데, 기온이 눈

68) 녹는점 이하의 조건에서 지상에 침하하는(내려앉는) 눈을 말한다.

의 온도보다 현저하게 낮을 때 일어난다. 이러한 조건에서, 승화는 하부의 온난한 눈에서 일어나고 수증기는 위쪽의 한랭한 눈층으로 이동하며, 여기서 수증기는 뎁스호어로 다시 퇴적된다. 뎁스호어는 매우 취약한 구조에 강도가 거의 없는 수직의 더미로 서로 중첩되어 배열된 속이 빈 컵 모양의 결정체이다. 깊은 서리 지대 위에 가로놓인 눈의 층은 눈사태 작용에 매우 취약하다(La Chapelle 1966; Perla and Martinelli 1976, p. 46).

눈사태의 조절

눈사태에 대처하는 가장 안전한 방법은 눈사태를 피하는 것이다. 하지만 사람들이 겨울 내내 산에 머무르는 한 이것은 결코 가능하지 않을 것이다. 수 세기 동안 알프스산맥에서 행해진 눈사태 통제가 북아메리카에서는 비교적 새로운 시도이다. 이러한 문제에 대한 두 가지 기본적인 접근 방식이 있다. 즉 지형의 개조 및 눈의 개조가 그것이다. 첫 번째 방법은 비교적 효과적이지만 비용이 많이 들고 지속적인 유지보수가 필요한 반면에, 두 번째 방법은 훨씬 저렴하지만 반복적으로 적용해야 한다. 지형 개조는 적설지대에 또는 보호할 지역 바로 위에 구조물, 즉 다양한 디자인의 방벽, 기둥, 댐, 쐐기 등을 배치하는 것으로 이루어진다. 적설지대의 전략은 고체의 눈덩어리를 더 작은 크기로 부수고, 눈의 기저부를 고정시키고, 단구를 만들어 결과적으로 각각의 눈 크기에 효과적이지 않은 사면이 되도록 하는 것이다(LaChapelle 1968, p. 1024)(그림 5.29). 도피구역의 구조물은 방책, 방벽, 쐐기 등으로 이루어져 눈사태를 막거나 우회시킨다. 눈사태 경로를 따라 고속도로와 철도선로 위에 지붕이나 헛간을 자주 건설한다(그림 5.30).

우연히 발견한 비교적 새로운 기술은 번갈아가며 간격을 두고 쌓은 흙더미(mound)를 이용하는 것이다. 20세기 중반 오스트리아에서 인스브루크 부근의 눈사태 경로에 우회로 구조물을 건설한 한 건설회사는 작업을 마친 후 근처에 몇 개의 잡석더미를 남겼다. 이듬해 겨울에 첫 눈사태

그림 5.29 스위스 다보스의 적설지대에 있는 눈사태 방벽. 이러한 특징은 눈을 유지하고 눈 사면을 안정시키는 단구 지형을 만드는 경향이 있다.(E. Wengi, Swiss Federal Institute for Snow and Avalanche Research)

가 사면을 내려와 잡석더미에서 부서진 후 우회로 구조물에 도달했다. 오스트리아인들은 재빨리 이 아이디어를 받아들여 여러 개의 다른 마운드(흙더미) 시스템(Mound System)을 구축했다(그림 5.31). 북아메리카의 여러 곳에 건설된 애벌랜치 마운드(Avalanche Mound) 시스템도 꽤 성공적이었다. 이 흙더미는 눈사태가 역류하도록 나누는 것으로, 확실히 눈사태를 부수고 그 속도를 늦춘다. 이는 눈사태의 운동에너지를 방출시키는 것이다(LaChapelle 1966, p. 96).

눈사태 조절에 대한 또 다른 주요 접근법은 눈 자체의 개조이다. 이러한 유형의 가장 오래되고 아마도 가장 성공적인 방법은 인위적으로 작은 눈사태를 촉발하여 큰 눈사태가 발생하는 것을 방지하는 것이다. 이것은 일반적으로 폭발물을 사면에 직접 설치하거나 포격을 통해 터트림으로써 수

그림 5.30 이탈리아 알프스산맥의 고속도로 위에 있는 눈사태 방지 구조물. 눈은 구조물을 뒤덮을 수 있고, 눈사태는 피해 없이 미끄러진다. 두 구조물 사이의 중간 지역 및 사면 바로 아래의 지역은 사면 위에서 눈의 급류를 차단하는 암석 보루가 보호하고 있다. 그럼에도 고속도로 옆에는 작은 눈 방벽이 설치되어 있다. 이와 같은 구조물들이 알프스산맥에 수백여 개나 있다.(저자)

행한다. 폭발물을 사용하면 안전한 거리에서 눈사태를 발생시킬 수 있다. 선호되는 무기는 사정거리와 정확도가 뛰어난 무반동 소총과 산악곡사포이다. 눈사태의 발생에는 105mm 포탄이 좋지만 적어도 75mm 포탄이 필요하다. 보통의 포탄은 눈을 관통하여 그 효과를 잃는다. 그러므로 포탄에는 일반적으로 충격에 또는 눈 표면 약간 위에서 폭발하도록 하는 퓨즈가 장착되어 있다(Perla 1978). 어떤 경우에는 이들 무기를 중요한 눈사태 지역에 미리 조준하고 배치해두어 폭풍우 중에 자동으로 발포되게 해 위험이 증가하면 눈을 방출시킨다. 이런 무기의 사용에서 바람직하지 않은 부작용은 산 중턱에 파편, 고철, 불발탄 등이 쌓이는 것이다(Perla and Martinelli 1976).

눈을 안정시키는 또 다른 방법은 단순하게 눈을 다지는 것이다. 이것은 수많은 스키장에서 스키어들과 궤도차량들이 새로 내린 눈을 끊임없이 굳

그림 5.31 오스트리아의 인스브루크 위쪽에 있는 마운드 시스템(U.S. Forest Service)

게 만드는 방법이다. 뎁스호어가 형성될 가능성이 높고 뎁스호어의 발달을 억제하는 데 더 큰 압력이 필요한 스키 구간에서는 스키장 운영자가 눈 내리는 기간의 초기에 여러 스키어를 고용하여 임계지대(critical zone)를 도보로 굳게 만들 수 있다. 또한 습한 눈 사이로 여기저기 스키어 몇 명이 종횡으로 이동하는 것으로 신적설을 구적설과 결합하여 적설 단위를 한층 더 작게 줄이는 방법을 효과적으로 구축함으로써 커다란 단일 슬래브의 형성을 충분히 막을 수 있다는 것이 발견되었다. 눈사태와 고군분투하는 새로운 방법 중 하나는 뎁스호어 결정의 성장을 억제하는 유기화학물질(예: 벤즈알데하이드)을 사용하는 것이다. 이 화학물질을 늦가을 첫눈이 내리기 전에 땅에 살포한다. 그러면 화학물질은 눈을 통해 위쪽으로 이동하여, 결정을 코팅하고 뎁스호어가 발달하는 것을 막는다. 이 방법은 상당한 가능성이 있지만, 아직 유기화학물질의 실제 잠재력이나 잠재적인 생태학적 영향을 결정할 만큼 충분히 광범위하게 사용되지 않고 있다(LaChapelle 1966). 다른 혁신적인 방법은 미리 설치된 진동기를 사용하는 것과 사전에 설치된 에어백을 팽창시키는 것이다. 이러한 방법에 대한 초기 실험은 고무적이며, 특히 눈쌓임이 상대적으로 많지 않은 경우 더욱 그렇다(LaChapelle et al. 1976, 1978). 눈사태를 통제하는 새로운 방법을 찾기 위한 연구를 끊임없이 하고 있으며, 이미 수많은 지역의 잠재적인 위험을 상당히 감소시켰다. 그러나 눈사태의 통제는 비용이 많이 들고, 눈의 급류를 완전히 억누르는 것은 결코 가능하지 않을 것이다. 장기적으로 볼 때, 최선의 방어는 눈사태 위험이 높은 지역을 피하기 위한 세심한 계획과 함께 활동 장소와 편의시설의 위치를 정하는 것이다.

제6장

산악지형 및 지형적인 과정

골짜기마다 돋우어지며
산마다 언덕마다 낮아지며 고르지 아니한 곳이
평탄하게 되며 험한 곳이 평지가 될 것이요
–「이사야서」 40:4

산악경관은 산이 형성되는 과정과 파괴되는 과정 모두의 산물이다. 산은 지구 내부에서 발생한 영력으로 만들어지지만, 곧 외부에서 발생한 영력으로 변형되고 결국 파괴된다. 하나는 만들어지고, 다른 하나는 허물어진다. 지구의 역사에서 수많은 산맥이 생성되고 파괴되었다. 우리는 작용하고 있는 이것을 오늘도 볼 수 있다. 시에라네바다산맥, 캐스케이드산맥, 그리고 알래스카산맥은 실제로 유년기 산맥이다. 사실, 이들 산맥은 여전히 성장하고 있다. 이러한 지역에서 지진과 화산 분출이 빈번하게 발생하는 것은 국지적으로 파괴적인 영향을 미칠 수 있지만, 유년기 산들의 성장통을 반영하는 근본적인 조산 활동이기도 하다. 현재 북아메리카 서부의 조산운동 속도는 1,000년에 약 7.5m의 침식 속도를 초과하는 것으로 추정된다(Schumm 1963). 반면에 애팔래치아산맥은 노년기 산맥이다. 이 산맥은 한때 알프스산맥만큼이나 높았을지 모르지만 지금은 다 닳아서 낮다.

침식으로 인한 것이다. 이들은 겨우 산이라고 부를 정도의 기복과 높이를 가지고 있다. 더 극단적인 경우 기복과 높이의 모든 증거가 지워질 수도 있지만, 이전의 산맥의 뿌리는 영광스러운 과거에 대한 무언의 증거로 남아 있다. 이러한 사례가 캐나다 동부의 캐나다 순상지이다.

산맥은 다양한 연대 및 발달 정도를 보여주지만, 방대한 지질학적인 시간과 지구의 나이에 비해 이들 산맥 모두 상대적으로 생성된 지 얼마 되지 않는다. 이에 대한 한 가지 이유는 높은 고도에서 침식의 효과가 증가하기 때문이다. 산은 빠르게 마모되며, 그 결과 결코 아주 오래될 수 없다. 지질학자 파월(J. W. Powell)은 수년 전 미국 서부에서 이를 관찰했다. "우리는 이제 산이 높을수록 산이 더 빨리 붕괴된다고 결론지을 수 있다. 높은 산은 낮은 산보다 훨씬 더 오래 존속할 수 없고, 이 산은 낮은 산처럼 오래 남아 있을 수 없다. 이들 산은 덧없는 지형적인 형태이다. 지질학적으로 현존하는 모든 산은 최근의 것이다. 과거의 산은 모두 사라졌다"(Powell, 1876, p.193).

최근 한 연구는 뉴기니의 파푸아섬 북동부 화산추의 다양한 고도에서의 침식 속도를 재구성[1]하려고 시도했다(Ruxton and McDougall 1967). 이 지역은 습한 열대기후로 강우량이 많고 열대림으로 완전히 덮여 있다. 일반화된 등고선 및 칼륨-아르곤 방법으로 측정된 암석의 연대를 이용해 이전의 산악 형태를 재구성함으로써, 지난 65만 년 동안 다양한 고도대의 침식 속도를 계산할 수 있었다. 삭박[2](육지의 마모작용) 속도는 해발 61m에서는

1) 화산분출물(용암이나 그 파편)이 화구 주변에 쌓여서 생성된 화산추는 분출이 되풀이되면 성장한다.

2) 외적 작용으로 지표의 상부를 덮고 있는 물질을 제거하여 지표 아래 암석을 노출시키는 것을 말한다. 삭박작용이라고도 한다.

1,000년에 8cm에, 고도 533m에서는 1,000년에 52cm에 이른다(그림 6.1). 이러한 속도는 예외적으로 빠르며, 여기서 이용된 방법론의 결과는 침식이 짧은 시간 내에 이뤄지는 습한 열대 조건의 결과만큼이나 빠른 속도일 수 있다. 정확한 침식 속도는 서로 다른 기후와 식생의 유형에 따라 세계 각지에서 다양하지만, 고도에 따라 침식이 증가하는 침식의 일반적인 법칙은 사실이다. 이러한 사실을 인지하면 산악지역의 상부 지표면에서 물질이 완전히 제거되는 것을 추정하는 것이 다소 더 잘 이해할 수 있게 된다. 수많은 현대적인 산악경관들은 이전에 20km 이상의 깊이로 매장된 암석 위에 세워져 있다. 알프스산맥은 지난 3,000만 년 동안 30km의 삭박을 겪은 것

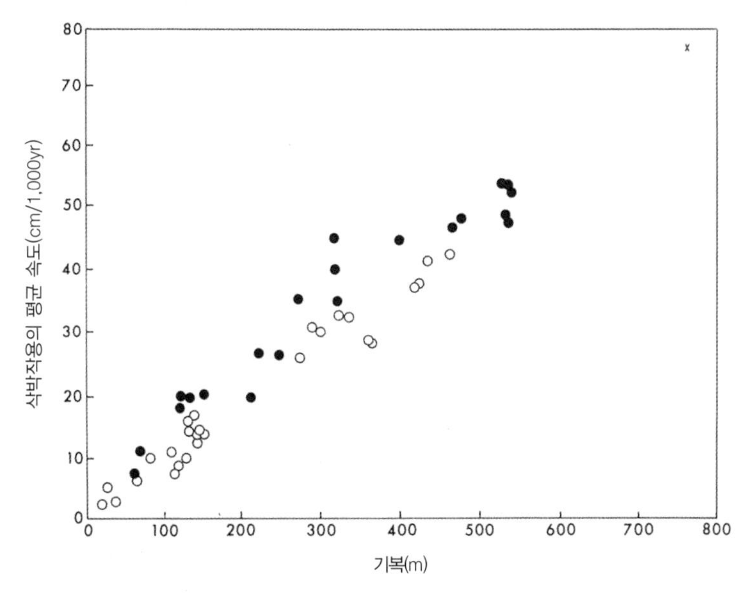

그림 6.1 뉴기니의 파푸아섬 북동부의 하이드로그래퍼스(Hydrographers)산맥의 삭박 속도와 국지적인 기복의 크기(산릉 마루와 곡상의 수직적 차이) 사이의 관계. 많이 개석된 지역의 자료는 채운 원으로 표시되지만, 덜 개석된 지역의 자료는 빈 원으로 표시된다.(출처: Ruxton and McDougall 1967, p. 557)

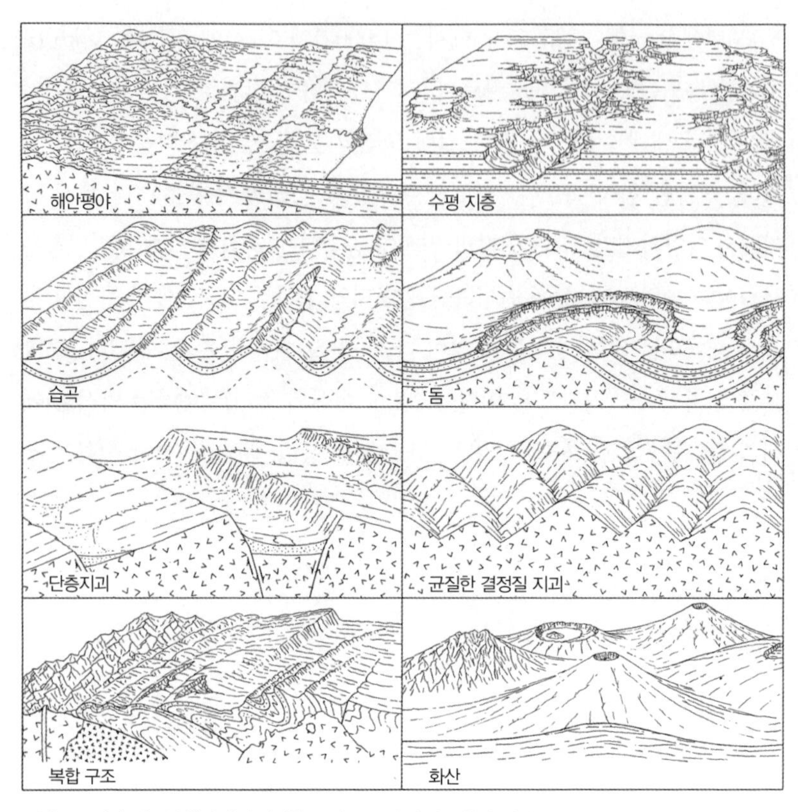

그림 6.2 여러 지표면 형태에서 다양한 초기 구조와 암석 유형의 사례(출처: Strahler 1965, p. 364)

으로 추정된다. 이 침식된 물질은 현재 46만 km^2 면적의 론강 삼각주의 대부분을 구성하고 있다(Clark and Jäger 1969).

산의 형태와 구조 및 물질 조성은 지형적인 과정의 속도와 유형에 크게 영향을 미친다. 수평 방향의 암석과 화산의 지세 및 다양한 방향으로 침강된 퇴적층의 습곡, 단층, 돔(dome) 구조는 모두 침식 과정의 매우 상이한 지표면과 시작점을 나타낸다(그림 6.2). 물, 흙, 눈, 얼음은 저항이 가장 적은 경로를 따라 이동하는 경향이 있기 때문에 침식 과정은 현존하는 사면과 구조를 한층 더 강화하여 지나치게 강조하는 경향이 있다.

서로 다른 산악지역에서 발달하는 경관의 종류는 융기와 변형의 속도, 각종 암석 표면의 성질과 반응, 침식 과정의 강도와 종류에 따라 달라진다. 이들 결합된 환경은 매우 다양한 조건과 최종 산물을 초래한다. 이에 대해 설명하면 암석 단위의 구조적인 변형은 종종 일부 지역에서는 압축력을, 다른 지역에서는 인장력을 수반하여, 풍화에 강한 지대와 취약한 지대를 번갈아 생성한다. 따라서 습곡된 암석에서 배사[3]는 늘어나는 지역이어서 약한 반면에, 향사[4]는 더 큰 힘으로 압축되는 지역이다. 그 결과 계곡은 종종 배사의 산릉에서 발달하는데, 여기서 인장력은 지층이 침식으로 부서지는 것에 한층 더 취약하도록 만들고, 고도가 높아진 배사는 향사보다 더 빠르게 마모된다(Twidale 1971, p. 173). 이러한 역설적인 상황은 지형적 돌출부에 대한 한층 더 공격적이고 장기적인 침식과 더불어 습곡작용과 관련된 구조적인 변형에 기인한다. 이러한 관계가 어디에서나 동일한 것은 아니다. 어떤 곳에서는 하천이 향사곡[5]을 점유하고 배사가 산릉을 형성하는데, 이것은 일반적이지는 않다. 습곡작용이 매우 빠르고 암석 지층에 내풍화성이 있는 경우, 이 구조는 침식으로 거의 변형되지 않아 육지 표면의 형태로 직접 표현될 수 있다(그림 6.3). 이러한 지세는 역시 규칙보다 예외인 경우가 더 많다. 지질 구조가 활동적인지 또는 비활동적인지에 따라 많은 것이 달라진다. 지역이 어떤 융기나 변형도 일어나지 않는 비활

3) 층리면을 가지고 있는 지층이 횡압력에 의해 산봉우리처럼 볼록하게 솟은 부분을 말한다.
4) 습곡 구조에서 습곡축을 중심으로 지층이 아래로 구부러진 부분을 말한다.
5) 습곡산지가 침식을 받을 때 초기 단계에서는 습곡 구조를 그대로 반영하여 습곡의 향사 부분이 곡지를 형성한 경우를 말한다.

그림 6.3 프랑스 알프스산맥의 그르노블 북쪽 그랑드 샤르트뢰즈(Grande Chartreuse)의 습곡 구조. 향사와 계곡, 그리고 배사와 산릉 사이의 명확한 관계에 주목하라. 향사곡에서 기반암의 변위는 단층을 의미한다.(Swissair Photo)

동적이거나 안정적인 경우에, 주요 인자는 현존하는 기반암, 지형, 구조의 차이에 있다. 하지만 이 지역이 지구조적으로 활동적인 경우에 훨씬 더 역동적인 관계가 형태와 과정 사이에 존재한다. 왜냐하면 침식이 융기와 변형과 함께 동시에 일어나고 있기 때문이다. 예를 들어, 이러한 조건에서 하천은 때때로 그 아래에 가로놓인 구조적 조건과는 상관없어 보이는 육지의 구조적인 결(grain)을 가로질러 흐를 수 있다(이 책 427~430쪽 참조).

암석 유형의 본질 자체가 경관 발달에 큰 영향을 미친다. 화강암이나 석영암과 같은 거대하고 내풍화성이 강한 결정질암은 외좌층(outlier)[6]과 산릉을 만들 수 있는 잠재력을 가지고 있는 반면에, 석회암이나 셰일 같은 약하고 부서지기 쉬운 암석으로 형성된 지형은 종종 계곡을 형성한다. 정확한 발달은 현지 상황에 따라 달라지지만, 암석의 내풍화성이 클수록 돌출부, 산봉우리, 산릉이 형성될 가능성은 높아진다. 절리, 단열, 단층선은 물이 침투하고 풍화작용이 일어나는 취약한 지대이다. 하천은 이러한 지세를 따라 우선하여 발달한다. 그 결과로 나타나는 하천 패턴은 종종 어떤 지역의 구조적 체계를 나타내는 좋은 지표가 된다(그림 6.40).

구조와 암석 유형은 지형 발달에 장기간에 걸쳐 지속적으로 상당한 영향을 미치며, 이는 일반적으로 크거나 작은 규모로 경관에 나타난다. 하지만 이들 구조와 암석 유형이 지구 내부에서 비롯된 과정에 따라 달라지는 것처럼 그 특성과 분포도 지구 내부의 과정에 따라 대체로 고유하고 독특하다. 다른 한편으로 지구의 표면에서 작동하는 지면의 과정은 궁극적으로 태양 에너지에 기인하며, (산의 존재가 분포 패턴에 강하게 영향을 미치지만) 매우 상이한 분포를 나타낸다. 기후는 광대한 지대에 걸쳐 존재하며 모든 자연현상이 반드시 들어맞는 기본적인 체계를 제공한다. 기후가 열대 기후인지 한대 기후인지, 또는 사막 기후인지 해양 기후인지에 따라 환경조건이 매우 다르다는 것은 명백하다. 따라서 산의 특성에는 광범위한 지역적 차이가 있지만, 만연하는 지배적인 수많은 유사점은 지형적인 과정이 동등한 환경조건에서 작동하고 유사한 종류의 지형을 발생시키는 것을 암시한다.

산악경관의 기본 구성 요소는 고지의 지표면과 곡상 및 이들 사이에 있

6) 침식작용에 의하여 이전에 광범위하게 분포했던 암석의 일부가 고립되어 남아 있는 것으로, 주요 지층과 특성이 다른 지형이다.

는 사면이다. 사면은 주요 고려사항으로, 가장 큰 면적을 차지하며 중력에 미치는 영향을 통해 높은 수준의 에너지 수송을 초래하기 때문이다. 커다란 환경적인 대조는 작은 면적 내에서 그리고 짧은 시간 내에 일어난다. 급경사면과 산악기후가 존재하는 상황에서 지형적인 과정이 강화된다. 중간 고도에서는 강수가 주요 요인이 되는 경우가 많지만, 높은 고도에서는 낮은 온도가 지배적인 환경적 특성이 되고 빙하 영역, 설식(nivation)[7] 영역, 주빙하 영역을 발생시킨다(Davies 1969; Price 1972; Washburn 1973; Embleton and King 1975b)(그림 6.4). 빙하 시스템은 이미 논의되었다. 이는 얼음이 빙하 시스템에서 직접적으로 작용하여 땅의 형태를 이루는 바로 그것이다. 얼음은 일반적으로 산의 가장 높은 곳에서 발생한다. 설식은 동결작용과 중력에 의한 지면 물질의 내리막사면 이동(매스웨이스팅)의 결합으로 설전의 존재가 원인이 된다. 설식은 설선에서 가장 잘 발달하며 빙하환경과 주빙하 환경 사이의 폭 좁은 점이지대[8]를 점유한다. 빙하 시스템에서는 얼음 그 자체가 운반 수단이지만, 설식은 설전의 침식과 해설(snow-melt)의 운반 방식에 달려 있다. 빙하 시스템과 설식 시스템 이 둘의 주변에 있는 주빙하 시스템은 한랭기후, 동결작용, 매스웨이스팅으로 특징지어진다. 이들 세 가지 중에서, 주빙하 영역은 높은 산에서 단연코 가장 큰 면적을 차지하고 있으며, 이 절의 주된 관심사이다.

산악경관은 불안정성과 가변성이 특징이다. 급격한 물리적 풍화작용으로 암석이 산재한 표면은 흔하며, 지표 물질은 계속해서 내리막사면으로

7) 권곡(kar)이나 곡빙하 지역 밑에서 일어나는 침식작용이다. 설식은 동결작용, 매스웨이스팅, 융빙수 등에 의한 사면에서 발생하는 눈의 침식작용이다.
8) 서로 다른 지리적 특성을 가진 두 지역의 사이에서 인접한 두 지역의 영향을 모두 받아 그 경계가 명확하지 않은 채 두 지역의 특성이 혼합되어 나타나는 지역을 가리킨다.

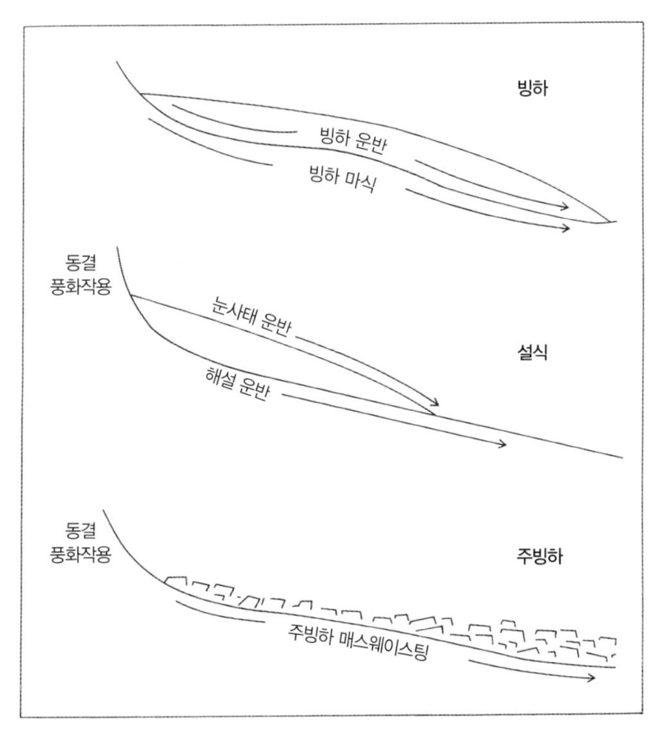

그림 6.4 높은 산악지형 발달의 세 가지 주요 과정의 시스템. 빙하 시스템은 빙하얼음이 우세한 반면에, 주빙하 시스템은 동결작용과 매스웨이스팅이 우세하다. 설식은 설선에서 발생하는 중간 과정으로, 이곳에서 설전 침식과 해설 운반이 중요하다.(출처: Davies 1969, p. 16)

운반되고 있다. 이는 산악하천의 유수[9]에서 그리고 전체 사면의 불안정성과 움직임에서 볼 수 있다. 만약 산의 수목한계선 위에서 많은 시간을 보낸 적이 있다면, 매우 흔히 들리는 소리가 낙석 소리인 것을 알고 있을 것

9) 일정한 방향으로 경사진 사면을 따라 흐르는 물을 말한다. 일반적으로 유수는 흐르는 동안 침식·운반의 능력이 있고 흐름이 정체되거나 정지되면 퇴적능력이 있기 때문에 습윤지역에서는 지표면의 지형 형성에 가장 중요한 역할을 하며, 건조지역에서도 일시적이기는 하지만 중요한 지형 형성 기구(agent) 중 하나이다.

이다. 이류, 랜드슬라이드,[10] 눈사태와 같은 대규모 지세는 대변동의 차원에 도달하고 수 세기 동안 이루어진 매일의 과정보다 몇 분 안에 더 많은 지형적인 작업을 수행할 수 있다. 이러한 장관을 이루는 현상은 산악 시스템의 내재된 불안정성을 전형적으로 보여준다(Hewitt 1972; Caine 1974). 하지만 이 과정은 기반암의 약화 및 파괴와 함께 시작된다.

풍화작용

풍화작용은 암석을 미세한 입자로 바꾸고 환원하는 작용이다. 풍화는 물리적인 과정과 화학적인 과정 모두를 포함하며, 보통 침식과 토양 발달에 선행한다. 산꼭대기는 대부분의 암석이 기원하는 곳과는 현저히 다른 곳으로, 이들 암석은 지구 내부의 깊은 곳에서 엄청난 열과 압력으로 그리고 물과 공기가 없는 상태에서 생성되었다. 수많은 암석, 특히 크게 변성되고 최근에 조산작용을 통해 형성된 암석은 새로운 환경에서 불안정한 경향을 보이며, 변경의 과정에서 다소 쉽게 부서지는 경향이 있다. 이것은 모든 자연계에서 평형을 향한 궁극적인 경향의 또 다른 사례를 제공한다. 암석 파괴의 과정은 보통 화학적 풍화작용과 물리적 풍화작용으로 나뉜다. 자연에서 이들은 다양한 방법으로 합쳐지고 결합되지만, 극단적인 환경에서 하나는 일반적으로 다른 하나를 지배한다. 화학적 풍화작용은 암석의 화학적 조성을 변경하는 것으로, 광물을 용해하는 것으로, 또는 성

10) 매스무브먼트의 일종이지만 이동 형식이나 구성물질의 형태 등에 따라 광범위하게 적용된다. 사면을 구성하는 암석, 토양, 인공물 등의 일부가 대량으로 사면 하부로 이동하는 현상 중 포행 이외의 것을 말한다.

장하면서 압력을 가하는 결정을 퇴적하는 것으로 암석을 분해하는 과정을 말한다. 물리적 풍화작용은 암석을 쪼개거나 암석 표면을 분해하는 물리적인 힘, 즉 주로 기계적인 힘을 말한다.

화학적 풍화작용

산에서 일어나는 화학적 풍화작용에 대한 연구는 거의 이루어지지 않았다. 이는 동결작용이 명백하게 우세하여 화학적 작용의 미묘한 영향을 감추는 경향이 있기 때문이기도 하고, 또한 화학적 작용을 측정하고 연구하는 것이 어렵기 때문이기도 하다. 수많은 화학반응과 마찬가지로 화학적 풍화작용의 과정에서도 화합물은 용해되어 있어야 하며 어떤 일정한 크기의 열이 공급되어 활성화할 수 있어야 한다. 당연히 이러한 전제조건은 건조하고 한랭한 장소, 즉 사막, 극지방, 대부분의 산꼭대기에서는 충족되기 어렵기 때문에 화학적 풍화작용의 중요성이 감소하고 있다(그림 6.5). 습한

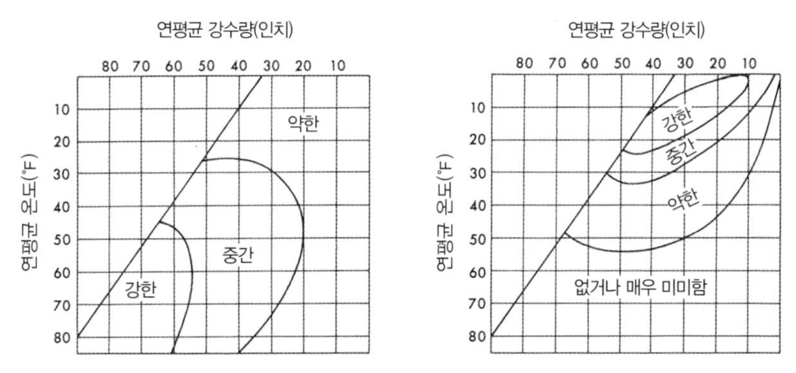

그림 6.5 온도와 강수에 대한 화학적 풍화작용(왼쪽)과 물리적 풍화작용(오른쪽)의 정도. 한쪽에 유리한 조건이 다른 쪽에는 불리한 조건이라는 점에 주목하라.(출처: Peltier 1950, p. 219)

열대지방이나 해양 부근의 산에서는 일반적으로 대륙과 건조한 지역의 산보다 한층 더 활발하게 화학적 풍화작용이 나타난다. 그렇지만 극지와 사막의 산에서도 약간의 화학적 풍화작용에 대한 증거가 있다. 이산화탄소(CO_2)의 용해도와 농도는 낮은 온도에서 높기 때문에 특정한 유형의 화학적인 과정은 실제로 한랭한 기후에서 가속될 수 있다. 예를 들어 석회, 탄산나트륨(Na_2CO_3), 탄산칼륨(K_2CO_3)과 같은 기본 산화물을 함유한 광물이 탄산의 작용으로 탄산염으로 변경되는 탄산염화작용[11)]이 대표적이다. 다른 한편으로 차가운 물이 많은 이산화탄소를 보유할 수 있다고 해서 더 차가운 물이 더 많은 이산화탄소를 포함하는 것을 의미하지는 않는다. 왜냐하면 이산화탄소의 생산은 대체로 높은 산에서 감소하는 생물학적 활동의 함수이기 때문이다.

암석의 변형되고 약해진 모양 및 다양한 퇴적물, 암석 조각, 코팅 물질은 종종 암석 표면이 화학적 풍화작용을 받은 것을 나타내는 증거이다. 또한 화학적 풍화작용은 하천에 의해 운반되는 용해된 광물의 양을 측정하는 것으로 확인할 수 있다. 수많은 특정 과정들이 화학적 풍화작용과 관련되어 있다. 이에 대한 상세한 논의는 현재의 목적을 벗어나지만, 한층 더 분명한 영향에 대한 사례 몇 가지는 유용할 수 있다(Ollier 1969b; Birkeland 1974). 하나는 암석 표면이 화학적으로 변형된 지대인 풍화테(weathering rind)[12)]의 존재이다. 풍화작용의 깊이는 다양한 조건에 있는 지표면의 연

11) 탄산과 암석의 광물 성분 사이에 일어나는 화학반응을 말한다. 이 작용은 석회암 같은 탄산염 암석이 용해되는 경우에 가장 뚜렷하게 나타난다. 석회암의 주성분인 탄산칼슘은 순수한 물에는 잘 반응하지 않지만 탄산이 있으면 곧 반응을 일으키면서 용해된다.

12) 풍화된 현무암 자갈의 단면에서 주로 나타나는데, 내부는 어둡고 현무암 표면에 있는 밝은 테는 화학적 풍화작용으로 생성된 것이다.

대 및 풍화과정의 속도를 나타내는 지수를 제공한다(Porter 1975b). 화학적 풍화작용은 단지 수 밀리미터 정도만 뚫고 들어가지만, 풍화된 지대는 보통 암석이 부서져 개석된 경우 쉽게 구별할 수 있다. 풍화테는 일반적으로 철과 망간 규산염의 산화작용 때문에 다소 적갈색을 띤다. 사막칠(desert varnish)[13]과 표면 경화라는 두 가지 유사한 과정은 반짝이는 보호 코팅 물질 또는 녹청(patina)[14]을 생성한다. 사막칠은 철이나 망간산화물의 얇은 막이다. 표면 경화는 미네랄을 함유한 용액의 증발이나 내부에서 표면으로 이온이 이동함에 따라 다공질 암석 표면이 단단하게 되는 것과 관련된다. 어느 경우든 내부를 훼손해가면서 외부가 강화되고, 그래서 일단 지표면이 파열되면 아래 가로놓인 암석은 보호 덮개보다 빠른 속도로 약화된다(그림 6.6). 또한 바람의 마모작용[15]은 반짝이고 윤이 나는 표면을 만드는 데 중요할 수 있다(Ollier 1969b, pp. 174~179).

화학적 풍화작용의 영향 대부분은 즉시 나타나지 않는데, 화학적 풍화작용이 용해에 따른 광물의 제거와 관련이 있기 때문이다. 강수가 내리면 처음에는 비교적 깨끗한 물이지만, 곧이어 이 물에는 용해된 염분이 포함되고, 그다음에 계속해서 운반된다. 전형적인 사례는 석회암의 용해도이다. 이러한 화학반응은 기본적인 것이며, 일반적으로 화학적 풍화작용의 본질을 보여준다. 이 과정은 물이 이산화탄소(CO_2)를 흡수하여 묽은 탄산 용

13) 취식(deflation)에 의해 형성된 사막포도(desert pavement)의 표면에 산화철이나 산화망간의 얇은 막이 덮이는데 이를 사막칠이라 한다. 산화철이나 산화망간은 모세관현상에 의하여 지하에서 증발되는 염류용액으로부터 집적된 것으로, 견고하고 윤택하며 초콜릿색이나 검은색을 띠는 것이 보통이다.

14) 구리 또는 구리합금의 표면에 발생하는 청록색의 녹을 말한다.

15) 바람에 의해 날린 모래가 암석의 표면을 마찰함으로써 일어나는 삭박작용을 말한다. 이를 샌드 블라스팅(sand blasting)이라고도 한다.

그림 6.6 유콘 준주 루비산맥의 이 암석 표면은 화학적인 경화작용[16] 때문에 지표면 아래보다 풍화작용에 대한 저항력이 더 큰 것으로 보인다. 바람에 의한 모래돌풍의 작용은 또한 부분적으로 선별적인 풍화작용의 원인이 될 수 있다.(저자)

액(H_2CO_3)을 형성하면서 시작된다. 그런 다음 이 산은 석회암의 탄산칼슘($CaCO_3$)과 반응하여 수용성 염분인 탄산수소칼슘[$Ca(HCO_3)_2$]을 생성한다. 이는 쉽게 용해되어 용액으로 운반된다. 다른 광물은 석회암의 방해석보다 화학적 반응에 덜 취약하지만, 모두 물에 약간의 반응을 일으켜 더 많은 수용성 광물을 생성한다. 결과적으로, 산악지역에서 흐르는 하천에 용해된 고형물의 양은 그 지역의 화학적 풍화작용의 속도에 대한 좋은 지표를 제공한다(하지만 대기에서 유입된 용해된 입자상 물질의 양 및 유기물질의 분해로 인한 입자상 물질의 양을 고려해야 하는 것에 세심한 주의가 필요하다)(Livingston

16) 주로 퇴적층에 적용되며, 고결작용, 건조작용, 압력 및 다른 요인에 의해 단단해지는 작용을 말한다.

1963; Meade 1969; Zeman and Slaymaker 1975). 해양환경에 위치한 산이나 높은 용해성 암석[17]을 포함하는 산은 가장 빠른 속도의 용해를 보인다(Reynolds 1971; Reynolds and Johnson 1972; Drake and Ford 1976). 알프스산맥의 석회암 지역에 대한 연구에 따르면 용해 속도는 대략 0.1mm/yr인 것으로 나타났다(Caine 1974, p. 729 참조). 캘리포니아주 동부 화이트산맥의 돌로마이트(마그네슘을 함유한 석회암) 지역에서는 0.02mm/yr 정도에 불과한데, 물론 기후가 훨씬 더 건조하고 돌로마이트는 수용성이 다소 떨어지기 때문이다.(Marchand 1971, p. 125).

암석의 유형에 따라 화학적 풍화작용의 속도는 상당히 달라질 수 있다. 와이오밍주 윈드리버산맥의 북동쪽과 남서쪽에서의 화학적인 삭마작용에 대한 연구는 남서쪽의 화강암질 암석이 용해로 제거되는 속도가 연간 약 7톤/km^{2}이지만 북동쪽의 퇴적암은 연간 19톤/km^{2}의 속도로 용해되는 것을 보여준다. 그럼에도 불구하고 남서쪽의 하천유출은 북동쪽보다 1.5배 더 많다(Hembree and Rainwater 1961). 마찬가지로 뉴멕시코주 생그리더크리스토(Sangre de Cristo)산맥에서는 석영암, 화강암, 사암을 배출하는 하천수의 평균 용해 함량이 2:5:20의 비율로, 이 지역의 암석 각각에 대한 상대 용해도를 나타내는 지수이다(J. P. Miller 1961).

물리적 풍화작용

화학적 풍화작용은 일반적으로 알려진 것보다 산에서 더 중요한 과정이

17) 용해도가 아주 높은 암석을 용해성 암석이라고 한다. 용해성 암석은 염분, 돔(dome), 석고, 석회암 및 기타 탄산염암을 함유한다.

지만, 물리적인 힘은 산악 암석의 붕괴[18]에 더 큰 부분을 차지한다. 암석은 빠르고 불균등한 가열과 냉각, 얼음 결정의 성장에 따라 작용하는 압력, 다른 종류의 내부 변형 등의 영향을 받는다. 물리적 풍화작용의 수많은 사례는 암석의 가열과 냉각을 수반하기 때문에 일사풍화작용[19]이라는 제목으로 분류될 수 있다. 일사는 태양에서 방출된 복사이며, 높은 고도에서의 일사의 강도는 이미 논의된 바와 같이 빠르고 극단적인 온도 변화가 특징이다. 각각의 가열과 냉각은 암석의 표면과 내부 사이에 불균등한 팽창을 일으키고 암석은 결국 약해지고 부서질 수 있다. 하지만 다른 일련의 증거들은 가열과 냉각만으로는 암석을 부수기에 충분하지 않다는 것을 암시한다. 예를 들어 이집트 카이로 부근의 사막에는 고대 화강암 기둥이 옆으로 넘어져 모래 속에 반쯤 묻혀 있다. 햇볕에 노출된 표면은 매끄럽지만, 모래 속에 있는 측면은 약간의 수분이 있는 경우 화학적 변화로 인해 움푹 패여 부서졌다(Barton 1938). 건조한 공기 중에 있는 암석의 급속한 가열-냉각의 순환과 관련된 실험실 실험도 두드러진 암석의 약화를 만들어내지 못했으나 물을 더하면 암석은 확연하게 약화한다(Blackwelder 1933; Griggs 1936). 따라서 물리적인 과정과 화학적인 과정이 모두 관련되어 있으며, 각각 서

18) 결빙작용, 온열작용, 대기의 작용, 물의 작용 및 그 밖의 물리적 과정에 의해 바위가 작게 쪼개어지는 풍화작용이다. 화강암과 같은 조립질 암석이 화학적 풍화작용을 받아 장석이나 운모는 점토로 변화하고 가수분해에 대한 저항력이 큰 석영은 대부분 모래알 크기의 원형대로 기반암에서 떨어져 나온다. 암석이 이와 같은 형식으로 부서지는 것을 입상붕괴라고 한다. 화강암 지역에서 하안의 모래도 입상붕괴의 결과 생성된 것이며, 타포니 같은 풍화혈도 입상붕괴가 선택적으로 작용한 결과인 경우도 있다.

19) 가열·냉각에 의한 풍화작용을 말한다. 즉 온도 변화에 의한 암석의 입상붕괴 현상을 말한다. 특히 사막에서는 일교차가 심해서 온도가 급강하하는 야간에 암석이 급속히 냉각되어 수축되는 소리가 마치 총을 쏘는 소리같이 들릴 정도로 온도의 변화에 의한 풍화 현상이 활발하다.

로 다른 과정을 보완하고 보강할 가능성이 높다.

이들이 결합된 과정의 한 결과는 입상붕괴이다. 즉 암석의 주변부에서 조직은 느슨해지고 부서진다(그림 6.7). 이러한 암석의 표면을 손으로 닦아내어 입자를 부스러뜨리는 것이 때때로 가능하다. 입상붕괴는 큰 결정을 가진 암석, 특히 밝은색과 어두운색의 광물이 포함된 화강암과 같은 암석에서 가장 효과적으로 발생한다. 어두운색의 광물이 밝은색의 광물보다

그림 6.7 유콘 준주 루비산맥의 아북극 고산 환경에서의 화강섬록암 표석에서 일어나는 입상붕괴. 완두콩 크기의 암석 입자들이 바위 밑의 오솔길에 모여 식생을 뒤덮고 있는 것은 이 과정이 얼마나 빠르게 일어나는지를 보여준다.(저자)

열을 더 많이 흡수하기 때문이다(Blackwelder 1933; Washburn 1969). 이와 관련된 과정이 박리작용이다. 즉 암석이 양파의 껍질과 매우 유사하게 동심원의 껍질이나 층을 이루며 벗겨져 둥글게 생긴 지세를 만든다(그림 6.8). 박리는 광물의 화학적인 붕괴뿐만 아니라 가열과 냉각을 통한 암석 표면의 부피 팽창과 수축으로 발생할 수 있다(Blackwelder 1925; Matthes 1937; Czeppe 1964). 균열이나 틈새에 있는 물의 결빙과 팽창 또한 한랭기후에서 의심할 여지없이 중요하다. 풍화작용을 받은 수많은 표석의 타원 모양은 명백히 암석의 내재적인 구조에서 비롯된 것이거나, 또는 주변의 둥근 테에서 원소가 화학적으로 이동하고 다시 침전된 것에서 비롯된 것이다(LaMarche 1967).

그림 6.8 유콘 준주 루비산맥에서 관찰된 화강섬록암의 박리. 이 과정은 아마도 화학적 풍화작용 및 물리적 풍화작용 모두를 포함하며, 그 결과 암석의 바깥쪽 부분이 동심원 층을 이루며 벗겨져 둥근 암석을 만들게 된다.(저자)

매우 흥미로운 유형의 물리적 풍화작용은 하중 제거(unloading)이며, 이는 산악기후와 반드시 관련이 있는 것은 아니지만, 기반암의 과거 역사 및 본질과 많은 관련이 있다. 이런 풍화작용은 지구 내부 깊숙한 곳의 엄청난 열과 압력의 영향으로 생성되었지만, 지금은 대기 조건과 아주 적은 압력의 영향을 받으며 지표면에 노출되어 매우 크게 변형된 암석에서 가장 잘 나타난다. 이러한 암석에는 두께가 1m 이상인 거대한 암석 슬래브가 바깥쪽으로 구부러져 저절로 갈라지도록 하는 내재적인 에너지, 즉 팽창 가능성 또는 팽창하려는 경향이 있을 수 있다(그림 6.9). 이 과정은 수많은 유년기 산악지역에서 볼 수 있다. 일단 암석이 부서지면, 증가한 표면적은 다른 풍화작용의 과정에 노출된다(Ollier 1969b).

하지만 대부분의 높은 산에서 암석이 부서지는 주요 원인은 동결작용이다. 물은 동결되면 약 9% 팽창한다. 따라서 만약 물을 밀폐된 곳에 가두면 상당한 압력을 가할 수 있다. 이러한 효과는 아마 뚜껑이 있는 음료병 안의 액체가 동결되어 팽창할 때 뚜껑이 억지로 열리거나 병이 깨지는 경우에서 볼 수 있다. 이 과정, 즉 물이 얼음으로 단순하게 팽창하는 것이 자연적으로 암석을 갈라놓는 주된 방법이라고 믿었다. 이 이론은 물이 암석 틈에서 동결되고 팽창하여 암석이 갈라진다는 것이었다. 하지만 일련의 고전적인 실험에서 스티븐 타버(Stephen Taber, 1929, 1930)는 얼어붙은 암석과 토양이 물 부피의 변화로 예측되는 것보다 훨씬 더 많이 팽창한다는 사실을 발견했다. 그는 과도한 동상현상이 나타난 것은 물이 분자의 응집력을 통해 결빙 면(freezing plane)으로 끌리고 추가되면서 얼음 결정이 성장하기 때문이라고 결론지었다. 이런 점에서 동결은 건조(desiccation)[20]와 같은 작

20) 물체에 포함되어 있는 습기와 수분을 분리해 제거하여 수분이 없는 상태로 만드는 것을 말한다.

그림 6.9 캘리포니아주 시에라네바다산맥의 중간 입자 크기의 석영 몬조나이트에서 일어나는 하중 제거 (N. King Huber, U.S. Geological Survey)

용을 한다. 물은 주변부로부터 얼어붙은 표면으로 끌어당겨져 얼음 결정이 냉각작용의 방향으로 자라면서 집적된다. 결과적으로 압력은 이전에 믿었던 것처럼 최소 저항의 방향이 아닌 얼음 결정의 성장 방향으로 작용한다(Taber 1929, pp. 460~461).

일반적인 범주의 동결작용에서 암석 파괴의 근본적인 과정은 동결쐐기작용(frost-wedging)[21)]이다. 동결쐐기작용은 결빙되었을 때 기계적으로 암석을 벌려 잘게 부수는 것이다. 이는 얼음 결정의 방향성장뿐만 아니라 물에서 얼음으로 물 부피가 증가한 것에서 비롯된다(Washburn 1973, p. 60). 하지만 최근의 한 논문은 암석 붕괴에서 동결작용의 역할에 대해 심각하게 의문을 제기하고 있으며, 그 대신 주요 과정이 수화분쇄작용이라는 것을 암시하고 있다(White 1976a). 이 과정에서 분자로 된 물은 규산염 광물 표면에 다양한 두께로 흡착되고, 그 결과 주변의 암석 표면에 압력이 가해진다. 분명히 $1cm^2$ 면적에 2톤 이상의 힘이 발생할 수 있다. 수화분쇄작용이 중요한 기여 과정일 수 있지만, 동결쐐기작용은 여전히 산악환경에서 암석 파쇄의 가장 중요한 요인으로 간주된다. 동결쐐기작용은 다음의 두 가지 방식으로 작용한다. (1) 암석의 틈으로 얼음이 깊이 침투하는 것과 (2) 고체 암석의 표면 입자 주위에 얼음 결정이 성장하는 것이다. 이러한 과정의 유효성을 조절하는 몇 가지 요인 중 가장 중요한 것은 물의 가용성, 암석의 조성, 냉각작용의 속도와 규모이다.

온도 변화로 풍화가 있으려면 반드시 물이 존재해야 하기 때문에(Potts 1970), 산에서 가장 심한 동결풍화작용이 있는 지역 중 한 곳은 늦게 내린 눈의 설전(snow patch) 바로 아래의 습한 지역이다(Thorn 1978a). 이 영향은 또한 절벽과 암벽의 습한 기저부에서도 볼 수 있는데, 이는 종종 동결작용으로 금이 그어져 있다(Gardner 1969). 암석의 구조와 조직은 발생하는 동결분쇄작용의 크기를 결정하게 된다. 다공성의 절리가 많은 암석은 물의 유입이 암석의 분해를 촉진시키지만, 밀도가 높고 단단한 암석은 물이 거의 스며들지 않는다. 퇴적암은 일반적으로 단단한 결정질암보다 동결분쇄

21) 암석의 틈을 따라 들어간 물의 결빙으로 암석이 쪼개지는 물리적 풍화의 한 종류를 말한다.

작용에 더 취약하지만, 퇴적암의 정확한 특성에 따라 많은 것들이 달라진다. 깊은 균열이 있는 결정질암은 치밀한 퇴적암보다 동결작용에 더 취약할 수 있으며, 조립암의 표면 결정은 종종 동결에 의한 축출에 매우 취약하다. 동결쐐기작용은 한층 더 큰 균열에서 종종 발생하는 것처럼 수분이 침투할 수는 있지만 배수되지 않는 망상의 갈라진 금으로 균열이 생긴 암석에 가장 효과적이다. 얼어붙은 수분은 각각의 작은 열하를 조금씩 갈라놓으며, 이는 암석을 약화시키고 결국 부서지게 한다(Tricart 1969, p. 74)(그림 6.10). 굵고 각진 암설은 동결쐐기작용의 대표적인 산물이다. 정확한 크기와 모양은 암석의 종류와 동결작용의 강도에 따라 달라진다. 즉 점판암이나

그림 6.10 유콘 준주 루비산맥에서 관찰된 동결쐐기작용으로 갈라진 기반암(화강섬록암)(저자)

편암과 같이 성층면이 있는 암석들은 일반적으로 평평한 슬래브로 부서지는 반면, 석회암이나 화강암과 같은 거대한 암석은 더 무작위로 분쇄된다.

결빙의 속도와 범위는 동일한 암석 유형 내에서도 서로 다른 결과를 가져올 수 있다. 예를 들어, 중위도와 고위도 산에서의 적지만 극심한 연간 동결융해주기(freeze-thaw cycle)[22]는 열대의 산에서의 낮은 강도의 단기간 수많은 동결융해주기보다 한층 더 많은 동결암설을 생성할 수 있다. 이러한 이유는 초기에 결빙하면 곧 어떤 일정한 크기의 결정 성장과 팽창이 일어나지만, 온도가 낮아지고 결빙작용이 계속되면서 갈라진 틈에 남아 있는 물이 동결되어 훨씬 더 큰 내부 붕괴를 일으키기 때문이다. 따라서 낮은 온도로 오래 지속되는 동결침투[23]가 깊게 나타날 수 있는 중위도와 고위도의 지역에서는 동결쐐기작용이 크게 각진 지괴와 동결암설을 발생시킨다. 열대의 높은 산에서는 횟수로는 지구상에서 동결융해주기가 가장 많이 발생한다(그림 4.18). 하지만 온도는 (밤에) 단지 적당히 낮을 뿐이며 동결 기간은 수 시간밖에 지속되지 않는다. 따라서 동결은 단지 수 센티미터만 침투하고 동결암설은 크기가 작다(Zeuner 1949; Troll 1958a; Hastenrath 1973).

암석 파쇄작용의 크기와 상관없이, 일단 기반암이 부서지면 동결분쇄의 유효성이 증가한다. 더 많은 표면적이 풍화작용에 노출되며 물질의 크기가 작아질수록 수분 보유 능력은 증가한다. 일반적으로 동결쐐기작용에

22) 기온이 0℃ 이상 또는 그 이하로 변동하는 주기를 말한다. 기온 변동의 진폭과 변동주기는 동결 현상이 동시에 발생하는 것이 아니며, 항상 0℃에서만 발생하는 것이 아니라는 점을 고려할 때 매우 중요하다.

23) 지표 근처 토양의 온도가 물의 어는점 이하로 내려가 토양 내부의 수분이 지표에서부터 얼어 내려가는 것이다.

의해 물질이 작아질 수 있는 최종 크기는 실트 크기로 생각되지만 소량의 점토가 발생할 수 있다(Washburn 1973, p. 62). 하지만 점토 크기 물질의 생성은 주로 화학적 풍화작용의 함수이다. 이러한 이유로 대부분의 산악환경에서 점토가 없는 것은 화학적 풍화작용보다 물리적 풍화작용이 우세한 것을 반영하는 것으로 여겨진다. 동결작용으로 인한 입자 크기 감소의 일반적인 최종 결과는 각진 실트 크기의 입자이다. 이들 입자는 바람의 운반작용에 매우 취약하며, 종종 발원 지역의 풍하에 또는 국지적으로 방풍 구역에 퇴적되는 뢰스 퇴적물로 집적된다. 이러한 퇴적물은 원위치에서의 기반암의 정상적인 풍화작용보다 산에서 일어나는 토양의 발달에 훨씬 더 좋은 토대를 제공한다.

동결작용

동결은 암석의 초기 파괴 작용에서 가장 중요하지만, 또한 이후에 그 결과로 생기는 비고결 퇴적물에서도 중요하다. 동결작용의 일반적인 경향은 동상작용,[24] 동결충상작용, 동결균열작용 및 상주[25]의 성장을 통해 유동과 불안정성을 일으키는 것이다. 이러한 과정은 독특한 지형적인 특징을 발생시키며, 또한 토양을 휘젓고, 식물 뿌리를 뜯어내며, 천공동물에게 불안정

24) 땅속의 수분이 얼면 팽창하여 국부적으로 토양이 위로 올라가는 현상이다. 겨울철에 땅속 온도가 0℃ 이하인 깊이까지 동상 현상이 일어난다.

25) 토양 속의 수분이 모세관현상으로 지표로 상승해가는 과정에서 0℃ 이하의 층에 도달해 지표면에 대해 수직으로 뻗은 얼음기둥이 된 것을 상주상빙층이라고 하고, 이 중 지표 또는 지표 바로 밑에 형성된 것을 상주 또는 서리기둥이라고 한다.

한 환경이 되는 것으로 생물학적인 과정에 영향을 미친다. 이들 작용은 경관을 교란하여 더 취약하게 만드는데, 그 이유는 동결과정이 어떤 유리한 조건에서만 발생하고 종종 식생이 파괴되면서 증가하기 때문이다. 따라서 교란된 지표면이 식생에 의해 점유되거나 안정화되기까지 매우 오랜 시간이 걸릴 수 있다. 동결작용의 유효성은 그 강도와 지속시간에 따라 결정된다. 이들 두 가지 요인은 모두 얼어붙은 땅의 존재를 반영한다.

주기적으로 얼어붙는 땅

계절에 따라 주기적으로 얼어붙는 땅은 매년 동결되고 융해되는 땅이다. 주기적인 결빙작용은 아극지방의 지표면으로 매우 깊게 침투하지만, 저위도에서는 훨씬 더 얕게 침투한다. 산에서 동결과 융해의 지대는 계절에 따라 위아래로 움직이는 고리나 광륜(halo)으로 생각할 수도 있다. 이러한 지대의 수직적인 이동성과 규모는 대체로 위도와 고도에 따라 달라진다. 열대의 산에서 동결과 융해의 지대는 비교적 폭이 좁은 수직 범위를 차지하고 있고 실제로 움직이지 않는다. 산이 충분히 높으면 정상에서는 융해작용이 거의 일어나지 않는 지역이 있을 수 있다. 반면에, 낮은 높이에서는 결빙작용이 거의 일어나지 않는다. 동결작용과 융해작용이 일어나는 곳은 점이지대에 있다. 하지만 중위도 지방에서는 이렇게 뚜렷이 층이 나뉘는 효과는 나타나지 않는다. 산꼭대기에는 기온이 계속 낮은 지대가 있을 수 있지만, 겨울에는 동결작용과 융해작용이 저지대로 확장된다. 동결과 융해의 지대는 여름에 그 폭이 가장 좁고 겨울에 가장 넓다. 이 지대는 봄에 산을 올라가면서 축소되고 가을에는 아래로 이동하면서 확장된다. 이 지대의 폭은 노출에 따라 크게 달라질 수 있다.

낮은 온도의 강도 및 지속시간이 동결침투의 깊이를 조절하는 주요 요인이지만 현장 조건도 매우 중요하다. 토양의 조성, 수분의 유무, 식생, 적설은 모두 결빙 속도와 깊이에 큰 영향을 미친다(Hewitt 1968; Fahey 1973, 1974). 예를 들어, 눈은 훌륭한 단열재이다. 눈으로 깊게 덮인 산의 지표면은 깊은 동결침투뿐만 아니라 동결과 융해의 예상 밖의 변화로부터도 상대적으로 보호된다. 이것은 캐스케이드산맥과 같이 해양의 영향을 받는 산에서 잘 나타난다. 이곳에서 동결침투는 비교적 중요하지 않은데, 어떤 일정한 높이 이상의 경관은 겨울에 폭설로 덮여 가려지기 때문이다. 눈이 적게 내리고 기온이 낮은 대륙의 산에서는 결빙의 깊이가 증가한다. 이것은 인간의 취락에 특별한 문제를 일으킬 수 있다. 예를 들어, 콜로라도주의 산악 소도시에서는 급수와 쓰레기 처리가 중요한 공학적인 문제들이다(Wright and Fricke 1966). 식물과 동물 또한 얼어붙은 땅에서 어려움을 겪는다. 토양은 뚫고 들어갈 수 없고, 물은 얼음으로 가두어져 있기 때문이다. 사실상 얼어붙은 땅은 고산경관을 차가운 사막으로 바꾼다(Cameron 1969).

영구동토

영구동토[26]는 토양이나 기반암 또는 다른 물질이 0℃ 이하로 2년 이상 지속해서 유지된 것으로 정의된다(Muller 1947, p. 3). 이 정의에 따르면 영

26) 1년 내내 항상 얼어 있는 땅을 말한다. 겨울에는 0℃ 이하가 되지만 여름에는 0℃ 이상이 되어 동결된 땅이 녹는 경우는 계절동토라고 부른다. 영구동토는 북반구 육지 표면의 14% 정도에 해당하는 2,100만 km^2이다. 영구동토의 깊이는 지역에 따라 다른데, 200~300m에 이르는 곳도 있다.

구동토는 순전히 온도 조건이다. 따라서 영구동토에 포함된 물질의 종류는 영구동토를 정의하는 데 중요하지 않다. 엄밀한 의미에서 빙하는 영구동토의 일종인데, 빙하의 온도가 계속해서 어는점 이하에 있기 때문이다. 하지만 일반적으로 영구동토는 지면의 상태를 묘사하는 데 사용된다.

영구동토는 북극 지역과 아북극 지역에 널리 분포하고 있지만 중위도 산의 고립된 지역에 제한적으로 자리한다. 그럼에도 영구동토는 토양의 불투수성에 영향을 미치기 때문에 그리고 영하의 저장소로서 국지적으로 중요하다. 높은 산의 호수와 샘은 생태학적으로 매우 중요하며, 이는 융해하는 토빙[27](얼어붙은 땅 내부의 얼음)으로 인해 발생하는 경우가 많다. 영구동토의 존재는 토목사업에 부정적인 영향을 미칠 수 있다. 예를 들어 광업, 도로 건설, 착정(well drilling)[28] 및 스키 리프트나 전력탑과 같은 구조물의 설치가 대표적이다. 토빙이 존재할 경우 차별적인 융해와 침하로 인해 추가적인 문제가 발생할 수 있다. 예를 들어, 콜로라도주 로키산맥의 4,000m 높이 파이크스 피크(Pikes Peak)산과 에번스(Evans)산의 정상 부근에 설치된 건물들은 융해하는 토빙 때문에 상당한 침하를 겪고 있다(Ives 1974a, p. 187).

영구동토의 기원이나 유지와 관련된 열적 관계는 복잡하다. 이상적으로 영구동토는 연평균 기온이 0°C 이하인 모든 지역에서 발달할 것으로 예상할 수 있다. 하지만 국지적인 현장 조건의 변화 때문에 이런 식으로 해결되지 않는다. 폭설이 내리는 산악지역에서는 보통 대기 온도와 상관없이

27) 토양층 중에 얼음의 결정이 형성된 경우를 말한다. 토양수가 집중하는 곳에 잘 형성되며, 보통 수직 방향의 얼음 결정인 상주로 되어 있다.

28) 지하에 묻혀 있는 물질을 뽑아내기 위해서나 지질 구조의 조사를 위해 우물을 파는 작업을 말한다.

영구동토가 존재하지 않는다(Bay et al. 1952). 반면에 영구동토는 오직 한계온도 조건의 강한 바람에 노출되어 있는 그늘진 산릉에서 발생할 수 있다. 산의 영구동토는 잔존물과 근래에 생긴 산출물 모두를 포함한다. 잔존하는 영구동토 대부분은 플라이스토세 냉각기 동안 형성되었으며, 이 시기에 영구동토는 상당히 깊게 그리고 지금보다 훨씬 더 광범위하게 분포했다. 지금은 단지 몇몇 장소에 보존되어 있다. 예를 들어 추위가 쉽게 침투할 수 있는 지역으로 강한 바람에 노출된 맨 산릉, 그리고 열 교환이 최소인 지역으로 배수가 불량한 습지 등이 대표적이다. 이렇게 잔존하는 영구동토의 본질은 지구 표면 훨씬 아래 깊은 곳에 영구동토가 존재하고 위치하는 것에서 증명된다. 예를 들어, 영구동토가 10m 깊이에서 나타나고 현재 결빙 깊이가 1m에 불과한 경우 이 영구동토는 현재 기후 조건의 결과가 아닌 것이 분명하다. 잔존하는 영구동토의 또 다른 예는 빙하가 빙퇴석 물질로 뒤덮이고 보존된 곳에서 나타난다(이 책 277~280쪽 참조). 하지만 이것은 과거의 환경에 대해 매우 다른 이야기를 들려준다. 즉 빙하의 형성은 아마도 온도보다 강수에 더 의존했을 것이다. 또한 영구동토의 보존은 주로 단열작용을 하는 암설 덮개에 의한 것일 수 있다. 따라서 현재의 기후 조건이 어느 정도만 충족되어도 영구동토층은 보존될 수 있다.

미국 대륙의 산에 있는 영구동토는 콜로라도주 남부까지 뻗어 있는 로키산맥에서 가장 잘 발달해 있다(Ives 1974a, p. 184). 콜로라도주에서는 보통 3,500m 이상의 높이로 제한되지만 몬태나주와 와이오밍주의 북쪽에서는 더 낮아진다(Pierce 1961). 앨버타주와 브리티시컬럼비아주 사이의 대륙분수계에서 영구동토는 2,600m 이상에서 흔히 볼 수 있다(Scotter 1975). 이 중 일부는 과거로부터 비롯된 것일 수도 있지만, 현재 로키산맥의 기후 조건은 영구동토를 조성하고 유지하기에 확실히 적합하다. 이것은 여름의 끝자락에서 융해된 층의 기저부에 얼어붙은 땅이 존재하는 것으로 증명된다(Ives 1973).

영구동토는 북아메리카의 동쪽 해안을 따라 뉴햄프셔주의 워싱턴산에서 나타나며, 프레지덴셜산맥에서는 1,800m보다 약간 낮은 높이의 바람에 노출된 산봉우리에서도 나타날 것이다(Thompson 1960~61; Goldthwait 1969). 이 지역의 영구동토는 부분적으로는 잔존물이다. 워싱턴산에 구멍을 뚫어 최대 45m 깊이에 영구동토가 존재한다는 사실을 밝혀냈다(Howe 1971). 영구동토는 일 년에 수 센티미터에 불과한 속도로 형성되기 때문에, 이 깊이에 존재하는 영구동토는 수천 년이 되었을 것이다. 영구동토는 가스페 반도의 쉬크쇼크(Shickshock)산맥에 있는 자크 카르티에산의 1,200m 높이에서도 보고된다. 래브라도산맥의 멀리 북쪽에서는 영구동토를 흔히 볼 수 있다(Ives 1974a, p. 183). 서해안에서는 캘리포니아주의 화이트산맥과 시에라네바다산맥에 고립된 영구동토가 존재하는 것으로 보고 있다(Retzer 1965, p. 38). 하지만 영구동토의 존재를 확실히 확인하지는 않았다. 또한 캐스케이드산맥이나 오리건주와 워싱턴주의 여러 산의 높은 산봉우리에 영구동토가 존재할 가능성도 충분하지만, 이 또한 조사하지 않았다. 그러나 브리티시컬럼비아주 남부의 코스트산맥 1,800m 높이의 국경 바로 건너에서는 영구동토가 관찰되었다(Mathews 1955).

알프스산맥에서는 2,300m 정도의 낮은 높이에서도 고립된 영구동토의 존재를 보고했으며, 2,700m 정도의 유리한 장소에서는 영구동토를 흔히 볼 수 있다(Barsch 1969; Furrer and Fitze 1970). 또한 유라시아의 높은 산맥에서 영구동토의 존재를 보고하고 있다. 즉 캅카스산맥, 북부 우랄산맥, 파미르고원, 톈산(天山)산맥, 카라코람산맥, 히말라야산맥에서 보고하고 있다(Gorbunov 1978). 최근에는 일본의 후지산 및 여러 높은 산봉우리에서도 보고되고 있다(Higuchi and Fujii 1971). 지금까지 보고된 영구동토 중 가장 열대지방인 곳은 하와이 마우나로아산이다(Woodcock et al. 1970; Woodcock 1974). 남반구에서 영구동토는 특히 페루 안데스산맥과 뉴질랜드 서던알프스산맥의 높은 산봉우리 일부에서 나타날 가능성이 높다. 하지만 남극지방을 제외하고 적도 이남에서는 영구동토에 대한 어떤 것도 확실히 보고되고 있지 않다.

동상과 동결충상

얼음 렌즈(얼음 결정의 수평적인 집적)가 지표면 아래에 쌓이면, 얼음 결정이 성장하는 방향으로 땅이 팽창되도록 한다. 가장 흔히 볼 수 있는 방향은 토양 표면으로 향하는 수직 팽창(융기)이며, 이것이 냉기의 근원이다. 하지만 이질적인 물질의 열전도율 차이로 인해 수평 팽창(충상) 또한 발생할 수 있다(Washburn 1973, p. 65). 동상(frost heave)[29]과 동결충상(frost thrust)은 토양의 교란과 파괴의 주요 원인이다. 정확한 작용 메커니즘은 아직 구분되고 있지 않으나, 이들 과정은 충분한 수분을 가진 미세한 토양에서 가장 잘 작용하는 것으로 알려져 있다. 토양이 동결되면서 물은 결빙면으로 이끌리게 되는데, 여기서 토양을 밀어 올리는 얼음렌즈의 형태로 집적된다. 토양의 변위는 토양의 조직이나 물의 가용성, 또는 눈과 식생의 단열 효과의 국지적인 변화가 차별적인 동상작용을 초래하는 경우에 특히

29) 동결면에서의 수분의 이동과 동결에 따른 이차적인 팽창에 의해 토양이 위로 솟아오르는 현상을 말한다. 이 현상은 대개 주빙하지역의 영구동토층 상부의 활동층(active layer)이나 계절적으로 동결되는 지표면에서 잘 발생한다.

두드러진다. 이러한 조건에서는 인접한 지표면이 영향을 받지 않는 동안 어느 한 지역에서는 붕괴가 발생할 수 있다. 이것은 부분적으로 동결이 문제가 되는 산이나 다른 지역에서의 포장도로의 '분쟁 지점'을 설명해준다.

자연환경에서 동상과 동결충상의 두드러진 결과 중 하나는 깊은 곳에서의 암석의 융기(upheaval)[30]와 방출이다. 경작지에서 돌이 위로 이동하는 일반적인 현상은 (산에서 이 과정이 크게 확대된다는 점을 제외하고) 높은 산에서 작용하는 것과 동일한 과정에서 비롯되는 것으로 보인다. 암석의 융기는 새로이 노출되어 풍화되지 않은 암석 표면의 존재, 지의류 식물의 부재, 파괴된 식생과 토양 표면에서 추론할 수 있다. 어떤 경우에는 툰드라의 한가운데 지표면 위로 암석이 1~2m 높이로 융기되어 외로운 비석처럼 서 있을 수 있다(Price 1970)(그림 6.11). 그런 다음 노출된 암석은 풍화작용에 매우 취약하므로 결국 잡석 더미로 변형될 것이다. 각석(block)의 융기는 토양뿐만 아니라 기반암에서도 일어나며, 유사한 결과를 가져온다.

동상과 동결충상을 통한 암석의 이동과 관련된 주요 과정은 동결끌기(frost-pull)와 동결밀기(frost-push)라고 하는 두 그룹으로 분류할 수 있다(Washburn 1969, pp. 52~58). 동결끌기는 토양이 동결되어 위로 팽창하는 경우 암석을 끌어당기면서 작용하고, 융해되었을 때 암석은 원래 위치로 완전히 되돌아가지 않는다. 따라서 동결되고 융해될 때마다 암석은 점진적으로 지표면으로 이동한다. 반면에, 동결밀기는 얼음 렌즈가 암석 밑에서 자라 암석을 위로 밀어 올리면서 나타난다. 암석은 토양보다 열전도율이 높기 때문에 열기(또는 냉기)는 토양보다 더 빨리 암석을 통과할 수 있다. 따라서 얼음 렌즈는 암석의 기저부에 집적되어 차별적인 융기작용을

30) 자연적인 원인에 의해 어떤 지역의 땅덩어리가 주변에 대하여 상대적으로 상승하는 것이다.

그림 6.11 유콘 준주 루비산맥 1,800m 높이 완만한 남사면의 툰드라 한복판에서 새로이 융기된 각석. 각석 앞에 있는 사냥용 나이프는 20cm로, 융기된 각석의 크기를 가늠할 수 있다. 이 암석의 융기는 각석결빙작용뿐 아니라 내리막사면 이동 때문인 것으로 보인다.(저자)

일으킨다. 동결끌기 메커니즘과 마찬가지로 미세한 물질이 동공(cavity)[31)] 으로 스며들어 암석이 원래 위치로 완전히 되돌아가는 것을 방해한다 (Washburn 1969, pp. 55~56; 1973, pp. 71~80). 자연적인 조건에서는 두 메커니즘이 동시에 작용하여 구분하기 어렵다. 동결끌기는 암석이 전반적으로 지표면으로 이동하는 것과 땅속에 있는 단단한 암층(post)이 결빙되는 것에 더 중요할 것이다. 동결밀기는 커다란 각석을 비교적 빠르게 위쪽으로 이동시키는 주된 원인이 될 수 있는데, 이는 각석의 기저부에서 얼음 렌즈의 성장 가능성에 기인한 것이다.

이전에는 산악환경의 지표면에서 뚜렷하게 나타나는 동결교반(frost-

31) 지반 내의 빈 공간으로 공동이라고도 한다. 주로 지하수의 작용에 의해 발생하며, 암반층인 경우 용식작용으로, 토사층인 경우 상하수관로의 누수, 미사용 지하수 유출, 지하수위 저하, 지반 굴착 등 지하수 흐름에 따른 토사의 유실 등 다양한 원인으로 발생한다.

stirring)의 상당 부분을 빈번한 동결-융해 주기에 의한 것으로 간주하였다. 그러나 최근 조사에 따르면 주간의 동결과 융해는 일반적으로 보호된 지표면이나 식생으로 덮인 지표면은 말할 것도 없이 나지와 노출된 지표면에서도 약 10cm 이하의 깊이로 침투하는 것으로 입증되었다. 동상과 동결충상은 비교적 깊은 결빙에 따라 달라지기 때문에, 이들의 작용은 본질적으로 동결-융해 주기로 일 년에 한 번으로 제한된다. 이는 결코 이 과정의 유효성을 감소시키지 않으며, 단지 그 경향에 대해 다르게 설명한다. 동상의 주요 특징을 담당하는 것은 바로 고산 겨울의 길고 혹독한 추위이다. 그러나 상주는 주간의 동결과 융해에 반응하여 지표면에서 작용한다.

상주

상주(needle ice)는 1~3cm 높이의 작은 개개의 기둥 모양이나 가는 실 같은 얼음으로 구성되며, 토양 표면에 수직으로 돌출되어 있다(그림 6.12). 각각의 상주는 토양에서 직접 나온다. 상주의 꼭대기는 보통 흙과 작은 암석이 자리 잡은 얇은 얼음층으로 덮여 있다. 상주는 토양 수분의 변화와 냉각작용의 규모에 따라 솔의 강모처럼 촘촘히 채워져 있거나 버려진 광산의 기둥처럼 흩어져 있을 수 있다. 상주는 일반적으로 밤에 형성되고 낮에 녹는다. 낮에 녹지 않고 다음 밤에 새로운 성장이 집적되면, 그 결과 줄지어 배열되거나 층을 이루며 발달할 수 있다. 드물게 3~4개의 층이 발달할 수도 있으며, 각각은 별개의 상주 발생을 나타낸다.

상주 발생의 대표적인 조건은 온도가 영하로 내려가는 고요하고 맑은 밤과 수분 함량이 높은 고운 토양이다. 이러한 조건에서 물이 결빙 면으로 이동하면서 얼음은 분리되고 커지기 시작한다(Outcalt 1971). 상주는 그 기

그림 6.12 오리건주 코스트산맥에서 발달한 상주. 네 개의 층은 4회의 서로 다른 상주 발생을 나타내는데, 아마도 같은 수만큼의 밤에 형성됐을 것이다.(William G. Loy, University of Oregon)

저부에서 자라고 시간당 수 센티미터에 달하는 속도로 위로 밀어 올려지지만, 보통 다소 더 느리다. 상주가 성장하는 데 필요한 가장 중요한 요건은 다량의 물을 저장할 수 있을 만큼의 충분히 미세한 토양이지만, 그럼에도 미세한 토양은 물이 결빙 면으로 빠르게 이동할 수 있도록 할 것이다. 너무 굵은 입자의 토양은 충분한 수분을 저장하지 못하는 반면에, 빈틈없는 점토는 물의 이동을 억제할 수 있다. 실트질 롬(loam)[32]은 이상적인 조직인 것 같다(Beskow 1947, p. 6).

상주는 열대의 산과 해양 기후의 중위도 산에서 발생하는 주요 동결과정이다. 상주는 대륙의 산에서는 자주 발생하지 않는데, 이곳의 혹독한 겨

32) 모래와 점토가 같은 양으로 혼합된 황갈색 토양으로 양토 또는 비옥한 흙을 말한다.

울과 극심한 결빙작용 때문이다. 또한 고위도 지방에서도 그러한데, 그 이유는 동결-융해 주기의 빈도가 감소하기 때문이다. 상주는 식물 묘목을 뿌리째 뽑고 식물의 정착을 붕괴시킬 수 있다(Schramm 1958; Brink et al. 1967). 또한 사면을 침식시키는데, 동결될 때마다 토양과 암석 입자를 사면의 직각 방향으로 들어올리기 때문이고, 융해되자마자 이들 입자는 거의 수직에 가깝게 침하하여 순 내리막사면 이동을 야기하기 때문이다(Gradwell 1954; Soons 1968). 상주의 영향을 받은 지표면은 종종 솜털이나 거품 같은 상태로 남아 있기 때문에, 토양 입자는 바람과 융수에 의해 더 쉽게 운반된다(Beaty 1974a). 또한 상주의 발달은 구조토를 생성하는 분급 과정에도 기여한다(Troll 1958a; Hastenrath 1973, 1977; Mackay and Mathews 1974).

구조토

암석, 토양, 식생이 다양한 기하학적 형태의 패턴을 나타내는 것은 높은 산의 경관에서 흔히 볼 수 있는 특징이다. 패턴은 세 가지 기본 범주, 즉 다각형이나 원 또는 선이나 줄무늬로 나뉜다(그림 6.13). 이러한 '표면의 무늬' 또는 '구조토양(structured soils)'은 이들 각각의 명칭에서 볼 수 있는 바와 같이 그 크기가 센티미터로 측정되는 작은 지세에서부터 지름이 수 미터나 되는 대규모 형태에 이르기까지 다양하다. 이들은 두드러진 기하학적 배열과 호기심을 자아내는 특성 때문에 많은 관심을 끌었다. 그 결과 구조토(patterned ground)를 다루는 문헌은 광범위하다(Troll 1958a; Washburn 1956, 1973). 그럼에도(혹은 이 때문일 수도 있지만) 구조토의 기원에 대한 정확한 메커니즘은 여전히 논란의 여지가 있고 거의 이해되지 않는다. 워시번(A. L. Washburn, 1956, p. 823)은 그동안 제안된 19개의 서로 다른 이론을 열거하여 구조토의 발달을 설명했다. 한 가지 문제는 유사한 패턴이 여러 상이한 과정으로 인해 발생할 수 있다는 것이다. 예를 들어 다각형은 자연에서 가장 보편적인 형태 중 하나이다. 다각형은 결빙 시 열적 수축으로, 그리고 진흙 웅덩이나 마른 호상에서 토양의 건조와 균열로 생성될 수 있다. 이는 오래되어 균열된 자기에서, 그리고 용융된 용암의 냉각에서도 형성된다. 여러분은 구운 감자를 먹을 때마다 이 과정이 생각날 것이다! 그렇다면 동결작용과 융해작용의 여러 과정도 또한 다각형 무늬를 생성한다는 것은 그리 놀라운 일이 아니다.

구조토 연구에 가장 유용한 공헌 중 하나는 1956년 워시번이 고안한 것으로 기술적이며 거의 보편적으로 인정받고 있는 분류이다. 이는 단지 두 가지 기준, 즉 기하학적 형태와 분급(암석과 미세한 입자의 분리)의 유무에 기초한다. 구조토의 기본적인 유형은 분급되거나 분급되지 않은 원, 다각형, 그물모양, 계단형, 줄무늬가 있다. 만약 입자의 크기가 지세의 한 부분

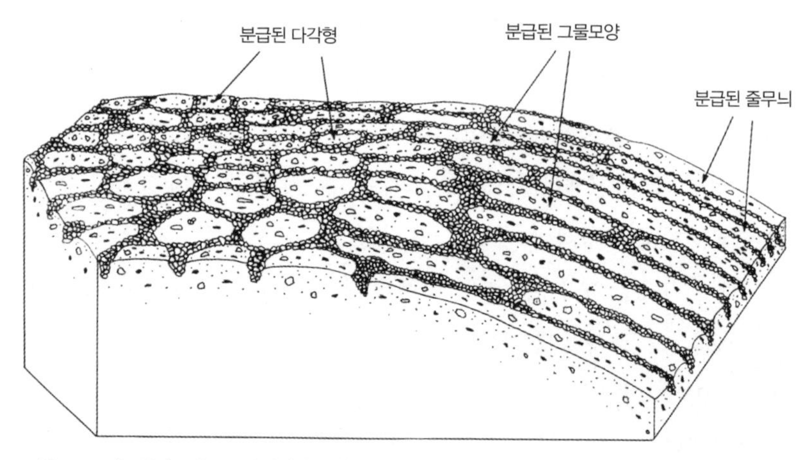

그림 6.13 매스웨이스팅으로 사면에서 패턴이 연장되는 과정을 보여주는 구조토 발달의 개략적인 그림 (출처: Sharpe 1938, p. 37)

에서 다른 부분으로 달라지는 경우 패턴은 분급된다. 예를 들어 분급된 원의 중심에는 미세한 물질이, 그리고 둘레에는 빙 둘러 큰 입자가 있다(그림 6.14a). 분급되지 않은 원은 입자 크기에 차이가 없다. 그 형태는 일반적으로 인접한 식생에 의해 결정된다(그림 6.14b). 마찬가지로 분급된 다각형은 미세한 물질을 사이에 두고 패턴의 선을 따라 암석이 포함되어 있는 반면에, 분급되지 않은 다각형은 물질의 크기에 어떤 차이도 없는 지표면에서의 균열된 매트릭스의 결과이다(그림 6.14c). 분급된 줄무늬(호상구조토)[33]는 크고 미세한 입자가 번갈아 나타나는 지대로 표시되며(그림 6.15), 반면에 분급되지 않은 줄무늬는 이랑과 고랑에 의해 확인되거나 또는 교대로 있는 나지와 식생의 줄무늬로 식별될 수 있다(그림 6.14d). 두 가지 유형의 구조토는 누구나 알아볼 수 있고 눈에 띄는 패턴을 나타내지만, 분급된 종류가 가장 흥미로운데, 그 이유는 한층 더 두드러진 외관을 가지고 있기 때문이며, 또한 암석 크기의 분리가 더 복잡한 기원을 암시하기 때문이다. 게다가 분급작용[34]은 수직적인 것뿐만 아니라 수평적인 기반에서도 발생한다. 경계를 구성하는 큰 입자는 특징적으로 (횡단면으로 볼 때) 쐐기에 집적되고, 암석 물질의 가장 폭넓은 부분은 토양 표면에서 나타나며 아래쪽으로 점점 가늘어져 끝이 뾰족해진다. 게다가 가장 큰 암석은 지표면 가까이에 있다. 순차적으로 깊이에 따라 더 작은 암석이 발견된다. 소규모 지

33) 주빙하 기후지역에서 발달하는 구조토의 일종이다. 다각형 구조토가 완사면을 따라서 길게 발달하게 되면 점차 계단상의 형태를 이루다가 더 길게 연장되면 마침내 조립의 암설물이 사면 방향으로 긴 띠를 이루면서 배열되는 경우를 말한다.

34) 입자의 크기, 비중, 형태 등이 균일하지 않는 암괴가 운반과정에서 입자 크기에 따라 분별되어 집적되는 현상을 말한다. 하천 등의 유수, 해수의 파동, 바람 등의 유체력에 의한 운반과정에서 이 현상을 볼 수 있고, 일반적으로 일정한 강도의 유체력이 반복 작용할 경우에 분급 정도가 높아진다.

그림 6.14 구조토 유형의 분류. (a) 대규모 분급된 원. 주변의 더 큰 암석들에는 지의류 식물이 많이 덮여 있어 이러한 지세가 한동안 비활성 상태에 있었음에 주목하라. 그러나 중간에 있는 나지 지역은 최근 활동이 재개된 것을 나타내는 새로운 곳이다. (b) 분급되지 않은 원. 이것은 단순히 식생으로 덮인 지표면의 나지 지역이며, 한 지역과 다른 지역 사이에는 입자 크기의 차이가 없다. 위의 두 곳 모두 유콘 준주 루비산맥의 약 1,800m 높이에 위치해 있다. (c) 오리건주 왈로와산맥의 2,575m 높이에서 발생한 소규모 분급되지 않은 다각형. 이 토양은 기반암 위로 그 깊이가 수 센티미터에 불과하다. 어두운 지역은 토양 수분이 더 많은 것을 나타낸다. (d) 뉴질랜드 올드맨산맥의 1,640m 높이에 생긴 대규모의 분급되지 않은 줄무늬. 이들 지세는 변화가 없으며 비활성 상태에 있는 것으로 보인다. 식생이 이랑보다 고랑에서 더 잘 발달되어 있다는 점에 주목하라.(저자 및 J. D. McCraw, University of Otago)

세에서 암석의 주변부는 일반적으로 단지 수 센티미터 깊이까지 확장되는 완두콩 크기의 입자로 구성되어 있는 반면에, 대규모 지세에서는 암석의 크기가 크기 때문에 1m 이상의 깊이까지 확장될 수 있다.

그림 6.15 오리건주 왈로와산맥의 2,700m 높이에서 소규모 분급된 줄무늬. 노출된 화강암 아래에 놓인 사냥용 나이프는 길이가 20cm 정도이다. 작은 산릉과 골은 아마도 상주 활동과 릴워시(rill wash)[35]의 결과겠지만, 바람이 이들 분급된 줄무늬 형성에 기여했을 것이다. 미세한 물질은 산릉에 존재하지만, 더 큰 (완두콩 크기의) 입자는 고랑에서 발견된다. 한때 이 지역은 상당히 완전한 식생의 덮개를 지탱했지만, 과도한 방목으로 인해 심하게 훼손되었다. 따라서 이 구조토의 많은 부분이 아마도 최근에 생겨났을 것이다.(저자, 1974)

구조토가 발생하는 다양한 환경 및 물질에서 입증되었듯이 구조토는 다양한 과정에 의해 생성될 수 있다(Washburn 1956, 1970, 1973). 하지만 구조토는 산과 극지방에서 가장 잘 나타나므로, 이러한 환경에서 지배적인 과정을 한층 더 자세히 살펴봄으로써 구조토의 기원을 이해하는 연구법을 찾을 수 있다. 다각형 패턴의 개시 과정은 일반적으로 건조(desiccation) 또는 동결균열작용으로 인한 지표면의 균열작용이지만, 원형 패턴은 아마도 동상 때문일 것이다. 물질의 분급작용은 다양한 과정에 의해 발생하지만, 한랭기후에서는 주로 동결작용에 기인한다.

동상과 동결충상 및 상주의 성장은 모두 암석과 미세 입자의 분리에 기여한다. 정확한 메커니즘은 아직 알려져 있지 않지만, 분급작용은 일반적인 방법으로 설명될 수 있다. 땅의 표면은 전형적으로 굵고 미세한 입자의 이질적인 혼합물로 이루어져 있다. 이 미세한 입자는 굵은 물질보다 더 많은 물을 저장하고 있으며, 동결되었을 때 더 많이 팽창할 것이고, 또한 미세한 입자가 융해될 때 주로 굵은 물질로 이루어진 지역보다 더 많이 응집되고 수축될 것이다. 팽창할 때마다 입자는 결빙핵[36]의 바깥쪽으로 이동한다. 입자가 다시 침하될 때, 이들 입자는 원래 위치로 완전히 돌아가지 못한다. 미세입자는 이들 팽창과 수축의 순환에서 모이는 경향이 있으며, 이 중간 지역에 굵은 물질을 남겨둔다. 이 과정은 미세 물질의 중심이 서

35) 일반적으로는 빗물이 밀집되어 분포하는 릴(rill)에서 흘러내리거나 릴에서 넘쳐 서로 이어져 만난 상태를 말한다.

36) 과냉각수 내에 들어 있는 어떤 입자들이 얼음 결정의 성장을 일으키는 것으로, 빙정핵의 일종이다. 자연 결빙핵에는 박테리아, 점토 등과 같은 광물 입자들이 있고, 인공 결빙핵에는 요오드화은, 요오드화납 등이 있다. 결빙핵의 종류에 따라 얼음 결정이 형성되는 온도는 다양하게 나타난다.

로 충돌하기 시작할 때까지 계속되며, 큰 입자가 다각형이나 원의 경계선을 형성한다. 이것은 주로 평탄한 지역을 중심으로 설명하고 있지만, 이들 지세가 내리막사면을 길게 하는 경향이 있다는 점을 제외하고는 사면에도 적용할 수 있다(그림 6.13).

해양 기후의 중위도 산과 열대의 산에서 발견되는 소규모의 마이크로 구조토에서의 지표면 분급작용은 아마도 주로 얕은 결빙작용과 상주 과정 때문일 것이다. 이러한 환경에서는 깊은 동결작용이 흔하지 않다. 상주는 지표면의 가장 윗부분 2~3cm에만 영향을 미치며 지름 5~10cm 이상의 암석은 움직일 수 없다. 따라서 그 결과로서 생기는 지세는 지표면의 얇은 지대로 제한되고 작은 암석으로 구성된다(그림 6.15). 하지만 이러한 소규모 지세에서도 다각형, 원형, 줄무늬 등의 기본 형태와 관련된 대규모 구조토의 모든 특성이 나타나며 수평적이고 수직적인 기반에서 모두 분급되는 것을 보여준다(Troll 1958a; Corte 1968; Hastenrath 1973, 1977; Mackay and Mathews 1974).

암해

기반암이 동결작용으로 분쇄되고 쪼개지면, 그 결과는 종종 지표면에 집적되는 각진 돌이 뒤섞여 있는 것으로 나타난다. 기반암은 기반암 자체의 쇄설물[37] 아래에 묻히게 된다. 이러한 암해(blockfield)[38]는 고산 경관에

37) 기계적 풍화작용으로 생성된 역(지름 2mm 이상 되는 암석)보다 큰 조립질의 암석편이나 광물 조각 또는 그 집합으로, 암석 부스러기라고도 한다.
38) 평탄한 산정부나 완만한 사면에 모가 나고 커다란 암괴가 넓은 면적에 걸쳐서 덮여 있는 지형을 가리킨다.

서 흔히 볼 수 있다(White 1976b)(그림 6.16). '암석의 바다'를 의미하는 독일어 felsenmeer는 이러한 현상을 매우 잘 묘사하고 있다. 암해의 기원은 다양하지만, 일반적으로 동결작용이 주된 인자로 보인다(Washburn 1973, p. 192). 기반암은 동결쐐기작용으로 갈라지고, 암석은 동상과 동결충상으로 서서히 돌출된다. 사면을 제외하고 암해에는 평가할 수 있는 크기의 어떤 운반도 포함되어 있지 않으며, 이곳에는 중력침하와 동상으로 인한 이동이 있을 수 있다. 또한 암해는 암류(rock stream)의 근원지로 통합되거나 그 역할을 할 수 있다. 이름이 암시하듯이 암류에는 사면에 암석이 좁게 집적되어 있으며, 이는 암석의 하천과 비슷하다. 암류는 움직임을 나타내며 커다란 크기를 제외하고는 호상구조토와 유사하지만, 실제로 암류는 단독으로 발생할 수 있다(Caine and Jennings 1969). 중요한 점은 암해가 기본적으로 제자리에서 발달하는 정착성의 지세이며, 사면 위에서 떨어지는 암석낙하의 결과가 아니라는 점이다.

암해의 규모뿐만 아니라 암해를 구성하는 각석의 규모는 암석의 유형, 현재와 과거의 기후, 현지의 지형 발달 과정에 따라 다르다. 중위도와 고위도의 산에서는 암해가 광범위한 지역, 특히 빙하작용을 받지 않은 고지의 지표면에 걸쳐 있을 수 있다(Perov 1969). 각석은 주먹 정도의 크기부터 지름이 최대 3m에 이르는 것까지 그 크기가 다양하다. 열대의 산에서는 암해가 훨씬 덜 인상적인데, 보통 지름이 수 센티미터에 불과한 암석과 함께 국지적으로 각력[39]이 산재한 지표면으로 나타난다.

어떤 산에서는 암해가 비활동적이거나 잔존물이지만, 다른 산에서는 활발하게 형성되고 있을 수 있다. 최근 활동의 증거는 새롭게 분쇄된 지표면,

39) 흔히 노두를 덮고 있는 각지고 성긴 암편. 각력암의 비고화된 형태에 해당한다.

그림 6.16 오리건주 북동부 왈로와산맥의 2,700m 지점에 있는 암해. 암석의 유형은 화강섬록암이고 식생은 낮게 누운 아고산전나무(*Abies lasiocarpa*)와 눈향나무(*Juniperus sibirica*)의 덤불로 이루어져 있다.(저자)

토양과 식생의 부재, 새로운 암해의 일반적인 출현과 관련되어 있다. 활동적인 암해는 종종 불안정하게 움직이고 균형이 잡히지 않은 암석이 있어 비교적 불안정하다. 만약 암해를 건너야 한다면, 지의류 식물이 가장 많이 뒤덮인 지역을 고수하는 것이 가장 안전하다. 왜냐하면 이들 식물은 안정성이 커 보이기 때문이다(그렇지만 이끼는 매우 미끄러울 수 있으므로 암석 표면이 젖었을 때 이 조언은 유효하지 않을 수 있다). 암해가 현재 활발하게 형성되지 않는 지역에서 비활동적이거나 잔존하는 암해는 이전의 기후가 한층 더 혹독했던 것을 보여주는 좋은 증거가 될 수 있다. 이것은 대륙빙상의 주변부 주위의 중위도에서도 마찬가지이다(Smith 1953; Potter and Moss 1968). 하지만 이는 또한 산의 낮은 높이에서도 마찬가지이다. 예를 들어,

플라이스토세 동안 설선과 빙하는 한랭기후 지방에서와 마찬가지로 더 낮은 곳으로 확장되었다. 이러한 지역의 구조토 및 암해와 같은 비활동적인 주빙하 지형의 존재는 과거 환경조건의 규모를 설정하는 데 도움이 될 수 있다. 일부 산악지역에서는 낮은 높이에서 이들 잔존하는 지형을 형성했던 것과 동일한 과정이 여전히 높은 고도에서 작용하고 있을 수 있다. 플라이스토세 동안 높은 지표면이 얼음으로 덮여 있고 그 결과 깊은 동결침투로부터 보호되었다면, 아마도 빙하후퇴[40] 이후 이곳에 암해가 형성되었을 것이다. 산봉우리와 산릉이 얼음으로 덮여 있지 않고 얼음 가운데 섬(누나타크nunatak)[41]처럼 서 있는 곳에서는 훨씬 더 오랜 시간 동안 동결분쇄작용을 받기 쉬웠을 것이다. 이러한 지역은 과거 환경에 대한 중요한 정보를 제공하지만 그 식별과 해석은 어렵고 논란의 여지가 많다(Ives 1958, 1966, 1974b; Dahl 1966a, b).

매스웨이스팅

매스웨이스팅[42]은 바람이나 하천 또는 빙하와 같은 특정 운반 매체의 도움 없이 중력에 의한 물질의 내리막사면 이동이다. 느려서 감지할 수 없

40) 특정 지역의 빙하가 얇아지거나 소실되는 과정을 말한다. 일반적인 원인은 적설량의 감소나 빙하의 소모 증가를 가져오는 기후변화이다. 빙하의 형태·위치·기후 또는 해면 변화의 성질 등에 따라 다양하게 나타난다.

41) 대륙빙하의 침식을 견뎌 빙하면을 뚫고 솟아 있는 고립된 암석산정을 가리킨다. 원래는 그린란드 지방의 인디언들이 사용하던 말이다.

42) 유수, 바람, 빙하 등과 같은 운반매개체의 개입 없이 중력작용으로 물질이 사면의 지구 중심, 즉 낮은 사면을 따라 이동하는 과정을 총칭하는 용어로 매스무브먼트라고도 한다.

는 포행과 솔리플럭션부터 한층 더 빠른 이류와 슬럼프작용 및 장관을 이루는 암석낙하, 암설사태, 랜드슬라이드에 이르기까지 다양한 과정이 관련되어 있다(Sharpe 1938). 이러한 과정은 급경사면, 국지적인 기복, 환경적 변동성 등이 지배적이기 때문에 산에서 가장 크게 발달한다. 높은 고도에서 동결작용은 암석 붕괴의 주요 동인이고, 매스웨이스팅은 운반의 주요 동인이다. 빙하의 침식작용을 제외하고, 동결작용과 매스웨이스팅이 높은 산의 경관을 이루는 특징적인 지세 대부분의 원인이다(Russell 1933; Bryan 1934).

대부분의 과정이 한 가지 이상의 움직임을 나타내기 때문에 매스웨이스팅의 형태를 기술하는 것은 오랫동안 어려운 문제였다. 산에서 헐거워져 떨어져 나온 암석 덩어리는 그 이동 과정 중 여러 부분에서 미끄러지고, 낙하하고, 유동할 수 있으며, 암석이 안착하는 장소에 따라 매우 다른 형태를 갖게 될 것이다. 이 과정과 형태는 과도기적이며, 이들의 식별과 분류도 마찬가지이다. 문헌은 유사한 지형을 서로 다른 이름으로 부르고 있다.(Sharpe 1938; Terzaghi 1950; Eckel 1958). 이러한 문제에 휘말리지 않고, 우리는 몇 가지 더 뚜렷한 과정에 대해 논의할 것이다. 이들 가운데 포행과 슬럼프작용과 같은 몇몇은 충분한 사면이 존재하는 어느 곳에서나 발생할 수 있는 반면에, 암설사태와 랜드슬라이드 같이 한층 더 빠른 형태는 산으로 다소 제한된다.

포행

표면 물질의 느린 활강 이동인 포행은 장기간의 관측을 통해서만 탐지할 수 있다(Sharpe 1938, p. 21). 포행은 모든 환경에서 발견되는 과정이며,

습윤과 건조, 가열과 냉각, 동결작용과 융해작용, 유기체에 의한 토양 교란, 단순히 사면에 미치는 전단 응력의 영향 등으로 발생할 수 있다(Carson and Kirby 1972, p. 272). 대부분의 저지대 환경에서는 포행 속도가 너무 느리기 때문에 그 효과를 오직 수십 년 내지 수 세기에 걸쳐서만 볼 수 있다. 그러나 산에서는 이러한 과정의 효과가 크게 강화된다. 이는 특별히 동결포행(frost creep)[43]의 경우에 해당하는데, "땅의 동상작용과 뒤이은 융해 시 침하작용의 결과로 래칫(ratchet)[44]과 비슷한 토양 입자의 내리막사면 이동이다. 동상작용은 대부분 사면에 수직이고 침하작용은 거의 연직에 가깝다"(Washburn 1967, p. 10). 동결포행은 주로 동결-융해 주기의 횟수에 의해 조절되며 열대와 중위도의 산에서 가장 중요한 역할을 한다(Troll 1958a; Corte 1968; Benedict 1970, 1976). 이는 명확하게 구별할 수 있는 과정이지만, 다른 과정들도 또한 관련되어 있어서 동결포행의 측정과 분리는 어렵다. 특히 토양이 포화 상태이고 유동(flowage)이 발생하는 경우 더욱 그렇다(Washburn 1967; Benedict 1970, 1976). 유동이 요인이 아닌 건조한 사면에서는 동결포행의 영향을 자주 볼 수 있다. 이 내리막사면 이동은 작은 단(step) 또는 테라셋(terracette)[45]을 초래할 수 있다. 수목한계선 아래의 내리막사면에서 구부러진 나무줄기는 포행의 좋은 증거가 될 수 있으며, 나무줄기를 구부리는 여러 요인 중에서 폭설이 또한 중요한 요인이 될 수 있다(Sharpe 1938, p. 24; Parizek and Woodruff 1957; Phipps 1974)(그림 6.17).

43) 동결 현상에 의한 지표의 융기와 융해에 따른 이차적인 물질 이동의 결과로 톱니바퀴 모양으로 사면에 나타나는 토양 입자의 하방 이동을 말한다.

44) 한쪽 방향으로만 회전하게 되어 있는 톱니바퀴이다.

45) 포화 상태의 토양 입자가 건조 수축하면서 형성된 작고 불규칙한 계단 형태의 소규모 구릉지를 말한다.

그림 6.17 구부러진 나무줄기는 포행으로 느리게 활강하는 토양 이동을 나타낼 수 있다. 이 나무는 오리건주 캐스케이드산맥의 크레이터호 부근 1,800m 높이에 있는 아고산전나무이다.(저자)

솔리플럭션

솔리플럭션(solifluction)[46]은 '토양'을 뜻하는 라틴어 solum과 '흐르다'를 의미하는 라틴어 fluere에서 파생된 단어이다(Andersson 1906, p. 95). 이것은 한랭한 기후대의 수목한계선 너머에서 가장 잘 발달하는 과정이다. 이 지역에서는 영구동토 또는 지표면 아래의 동결된 층이 물이 아래로 침루[47]되는 것을 막는다. 이러한 조건에서 토양은 포화 상태가 되고, 토양 입자 사이의 응집성[48]이 감소하며, 점성의 덩어리는 유동처럼 내리막사면을 변형시키기 시작한다(Williams 1957). 포행보다 더 빠르기는 하지만, 솔리플럭션은 여전히 느린 형태의 매스웨이스팅으로, 평균 이동 속도는 0.5~5.0cm/yr이다(Washburn 1967; Benedict 1970, 1976; L. W. Price 1973)(그림 6.18).

솔리플럭션의 불가결한 요소는 물이다. 물은 일반적으로 눈이나 토빙의 융해에서 발생하며, 이 영향을 받은 지역은 봄과 초여름의 몇 주 동안 포화 상태에 있게 된다. 편서풍이 탁월한 중위도에서 솔리플럭션 사면에 유리한 방향은 동쪽인데, 이는 날려쌓인눈(snowdrift)[49]이 풍하 사면에 집적되는 경향이 있기 때문이다. 솔리플럭션을 지배하는 다른 중요한 요인으로는 토

46) 완만한 사면의 표층부에서 일어나는 완만한 속도의 매스무브먼트를 말한다.
47) 지표 아래로 침투한 수분이 중력에 의하여 포화대의 상부인 지하수면에 도달하는 것을 말한다.
48) 토양 입자 간의 견인력 및 연결력을 뜻하는 것으로 수분이 많으며, 토양 입자 표면의 수막면 장력에 의하여 서로 잡아당기게 되고 수분이 적을 때는 친화력이 강한 원자들에 의하여 잡아당기게 된다. 토립의 대소, 구조의 조밀, 수분 함량 등에 따라 다르다.
49) 눈이 내릴 때 또는 눈이 내린 후에 강한 바람이 불면 쌓인 눈의 표면에서 눈이 다시 공중으로 날려 올라가 풍하측으로 이동하여 눈보라가 되며, 이러한 눈보라 유량의 수렴으로 주위보다도 적설이 많게 된다. 눈더미 또는 눈언덕이라고도 한다.

그림 6.18 유콘 준주 루비산맥의 굴착된 토양 구덩이에서 5년 전에 땅속으로 (곧게) 삽입한 폴리에틸렌 관을 보여준다. 이 관의 곡률은 솔리플럭션으로 인한 지표면의 이동 크기를 나타낸다. 삽 손잡이에 매달린 다림추는 폴리에틸렌 관이 수직에서 벗어난 것을 보여준다.(저자)

양의 조직, 사면의 경도, 암석의 유형, 식생 등이 있다. 영구동토가 있고 토양이 지속적으로 포화 상태에 있는 북극지방에서는 단지 2°~5°의 사면으로도 솔리플럭션을 유도하기에 충분하지만, 대부분의 산에서는 5°~20°의 사면 경사도에서 솔리플럭션이 발생한다. 만약 사면이 이보다 더 가파르면, 물은 유출을 통해 손실되는 경향이 있다. 또한 토양은 급경사면에서 더 빠르게 침식되고, 물을 저장할 수 있는 저수지의 저수량도 줄어든다. 일반적으로 토양이 미세할수록 솔리플럭션이 발생할 가능성이 높아지는데, 이는 증가한 물 저장 능력, 동결민감성(frost susceptibility), 유동의 가능성이 있기 때문이다. 암석의 유형이 여기서 작용하기 시작한다. 어떤 암석은 다른 암석보다 더 빠르게 분쇄되어 미세한 입자가 된다(Jahn 1967). 어떤 산에서는 솔리플럭션이 빙하 퇴적물이 있는 사면에 제한되어 발생하는데, 왜냐하면 이 사면이 미세 물질이 충분히 있는 유일한 곳이기 때문이다.

식생은 유출량 감소, 지표면 단열, 증발량 감소를 통해 수분 함량을 증가시키는 것으로 솔리플럭션에 주요한 역할을 한다. 또한 식생은 내리막 사면 이동을 명확히 하고 그 형태를 만드는 지연제 또는 결합제 역할을 한다(Warren-Wilson 1952). 솔리플럭션 로브(lobe)와 단구는 종종 내리막사면을 이동하는 거대한 토양의 혀(soil tongue)와 유사하며, 종종 사면을 따라 상당한 거리를 달리는 무딘 톱니 모양의 로브 둑을 병합하고 형성한다(그림 6.19). 이러한 지세는 두드러진 미세 기복을 형성하고 중요한 생태학적 의미를 갖는다(Price 1971b, c).

수많은 중위도의 산에서는 과거 솔리플럭션에서 비롯된 지세가 비활동적인 상태로 있을 수 있다. 비활동적인 상태에 대한 증거에는 이동의 흔적이 거의 없으며 완전히 식생으로 피복된 안정화한 로브 및 현재 침식되고 있는 로브가 포함된다. 어딘가 다른 곳에서는 활동적으로 형성되거나 다

그림 6.19 유콘 준주 루비산맥의 완만한 남동사면의 솔리플럭션 로브. 삽입된 근접 촬영한 사진은 로브 전면부의 크기를 보여준다.(저자)

시 활동적인 상태에 있는 이동의 증거를 표시할 수 있다. 어쨌든 이들의 배치에 대한 이해를 토대로 과거와 현재의 환경조건에 대해 통찰해볼 수 있다(Benedict 1966, 1976; Costin et al. 1967; Worsley and Harris 1974).

이류

이류(泥流)는 산의 주요한 지형적인 과정이다(캘리포니아주에서 발생하는 것과 같은 머드슬라이드와 혼동해서는 안 된다. 머드슬라이드는 사면의 거대한 부분이 대규모로 파괴되는 것과 관련된다). 이류는 물로 포화된 이질적인 물질의 내리막사면 유동으로 구성되며, 대개는 특정 하도(河道)에 국한된다. 이류는 훨씬 더 빠른 이동 속도(초속 최대 수 미터), 특정 하도에 국한된 특성 및 그 조성에서 솔리플럭션과 다르다. 이류라는 명칭은 실제로 잘못된 표기이다. 왜냐하면 이들 물질의 대부분이 암석으로 이루어져 있기 때문이다. 즉 이류는 덜 굳은 콘크리트의 혼합재와 유사하지만, 암석은 때때로 매우 클 수 있다. 하지만 진흙[50]은 매트릭스이고 운반 매질이며, 이 이름으로 널리 쓰이고 있다(Blackwelder 1928; Sharpe 1938).

이류에 가장 유리한 조건은 (1) 진흙과 암석의 덩어리를 포화하는 풍부한 물, (2) 식생의 안정화 부족, (3) 윤활제 역할에 충분한 미세 입자로 이루어진 비고결 물질, (4) 적당한 급경사면 등이다(Blackwelder 1928, p. 478; Sharpe 1938, p. 56). 이러한 조건은 가파른 지형에서 가장 잘 충족되며, 실제로 모든 주요 산맥에서 이류가 발생하고 있다. 이류는 봄과 여름에 가장 자주 발생하는데, 이 시기에는 충분한 눈녹이(melting snow)가 일어나고 때때로 뇌우 동안 큰 호우 시기가 동반되기 때문이다(Fryxell and Horberg 1943; Curry 1966; Broscoe and Thomson 1969; Rapp and Strémquist 1976). 이러한 조건에서 비고결 물질의 덩어리는 포화 상태가 될 수 있으며, 약간 불안정한 상황이 이미 존재하는 경우 물질은 붕괴되어 내리막사면으로 흐를 수 있다.

전형적으로 이류가 기원하는 지점은 주기적인 수분의 공급원, 즉 유출이 합류하거나 설전의 아래에 있으며 미세 물질이 충분히 존재하는 사면이다. 또한 이류는 경사도가 급격하게 증가하는 사면의 분기점에서 발달하기도 한다. 나는 유콘 준주의 루비산맥에서 이류의 발달을 관찰했다. 즉 빙식곡 위의 완만한 사면에 있는 솔리플럭션 로브는 천천히 급경사면으로

50) 0.05~0.005mm 크기의 실트 입자와 약 0.005mm 이하 크기의 점토 입자 및 모래의 혼합으로 이루어진 쇄설퇴적물을 말한다. 이토라고도 한다.

이동하는데, 여기서 솔리플럭션 로브는 유지될 수 없게 되고 결국 무너져 이류처럼 내리막사면을 이동하게 된다(Price 1969)(그림 6.20). 현지의 상황이 어떻든 간에 일단 이류 하도가 구축되면 미래의 이류도 동일한 경로를 따를 가능성이 높다.

이류는 매우 산발적이고 예측할 수 없는 것이어서 이류가 발생하는 상황을 목격한 사람이 매우 적지만, 운 좋게 이를 관찰할 수 있다면 잊지 못할 광경이 될 것이다. 포화된 암설은 암석, 진흙, 물로 이루어진 빠르게 전진하는 돌출부를 타고 움직인다. 이 돌출부의 상부에서 이류는 주로 침식의 동인이다. 상류 지역에서 이류는 이동 경로에 있는 암설을 샅샅이 뒤져 제거하면서 종종 폭과 깊이가 수 미터에 이르는 가파른 벽의 협곡 같은 하도를 만들어낸다. 이들 하도는 진흙으로 발라져 있지만, 그렇지 않으면 암

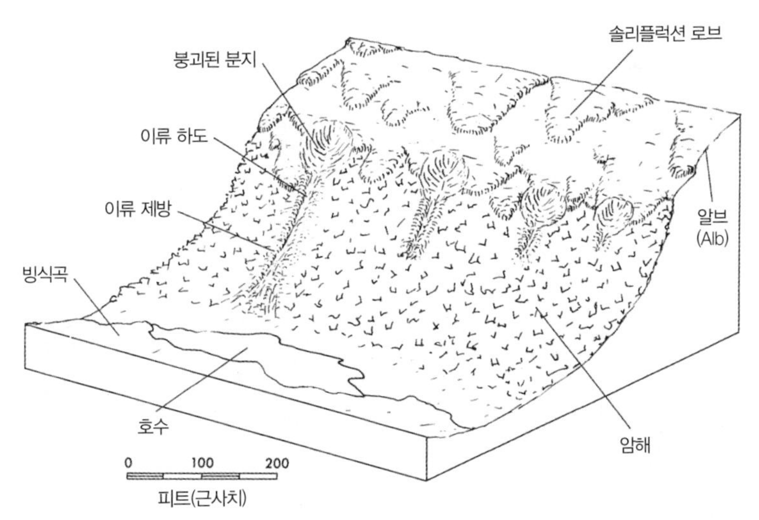

그림 6.20 솔리플럭션 로브가 낮지만 가파른 계곡 사면으로 이동할 때 솔리플럭션 로브의 국지적인 붕괴를 보여주는 일반적인 횡단면도. 이 장소는 그림 6.39의 왼쪽 아래에서도 볼 수 있다. 사진에서 길게 늘어선 흰 띠로 보이는 부분이 이류이다.(출처: Price 1969, p. 398)

그림 6.21 유콘 준주 세인트일라이어스산맥의 암석투성이 사면 기저부의 이류 퇴적물. 왼쪽 아래에 있는 사람으로 그 크기를 가늠해볼 수 있다. 중앙에 있는 밝은색의 물질은 가장 최근의 흐름을 나타낸다. 양측의 암설은 오래된 흐름으로 쌓인 것이다. 그림의 중앙 상부에서 지세의 폭 좁은 부분에 있는 이류 하도와 제방에 주목하라.(저자)

설이 없다. 이류가 내리막사면을 따라 진행되면서 사면 경사도가 낮아지거나 돌출부와 다른 부분이 너무 건조해지면 속도가 느려지거나 일시적으로 멈출 수 있다. 정지된 부분은 댐의 역할을 하여 그 뒤에 물을 채우고 결국 이 덩어리가 또다시 포화 상태가 되거나 물이 뚫고 나아가면 물질은 다시 움직이기 시작한다. 그런 다음 이류의 이동은 종종 계속해서 가다 서다를 반복하면서 마치 거대한 뱀처럼 사면 아래로 전진한다. 이류 하도의 연변을 따라, 특히 사면의 중부와 하부에는 하천을 따라 암설이 자연제방처럼 양쪽에 쌓여 있다(Sharp 1942). 기저부에는 이 물질이 로브 방식으로 측면으로 퍼져 암설선상지를 형성한다(그림 6.21). 이류는 일반적으로 수 제곱미터만 점유하고 있지만, 때때로 인근 저지대로 수 킬로미터 이동할 수 있으며 수 톤의 무게가 나가는 표석을 운반할 수도 있다. 이에 대한 사례는 세계의 수많은 산의 기저부에서 관찰할 수 있다.

이류는 생명과 재산의 상당한 파괴를 초래했다(Sutton 1933). 예를 들어, 페루의 안데스산맥에서는 지난 세기 동안 지진과 빙하의 융해가 수많은 주요 이류를 야기했다. 빙하의 융수는 빙퇴석 댐 뒤쪽의 호수에 모인다. 지진이 일어나거나 댐이 터진다면 그 결과 거대한 이류가 일어날 수 있다. 안데스산맥 기저부의 지형에서 이러한 이류에 의한 대재앙의 긴 역사를 읽을 수 있다(Lliboutry et al. 1977).

슬럼프작용

슬럼프(slump)작용은 비고결 물질이 하나의 단일체로 또는 여러 개의 부차적인 단일체로 오목하게 균열이 난 지표면을 따라 이동하는 내리막사면의 미끄러짐이다(그림 6.22). 포행, 솔리플럭션, 이류는 보통 지표면에서 빠른 이동을 보이지만, 슬럼프작용은 깊은 곳에서 더 빠르게 움직이거나, 적어도 그러한 방식으로 시작한다(결국 이러한 이동은 이류나 랜드슬라이드로 변하거나 변할 것이다). 슬럼프작용은 일반적으로 지역의 내리막사면이 교란되고 기저부의 지지대가 제거된 약한 지대를 따라 발생한다. 결과적으로 이 과정은 도로가 난 절개면을 따라, 그리고 호수나 하천이 둑의 아래를 깎아내리는 곳에서 중요하다. 슬럼프작용에 의한 이동 속도는 관찰할 수 있을 만큼 빠르지만, 이류나 랜드슬라이드만큼 빠르거나 파괴적이지는 않다.

암석낙하

암석낙하는 단순히 내리막사면에서 암석이 낙하하는 것이다(Sharpe 1938, p. 78). 암석은 절벽이나 곡두벽에서 바로 떨어질 수도 있고, 계속해서 튀면서 아래로 굴러떨어질 수도 있다. 이들 암석은 기반암에서 직접적으로 배출될 수도 있고, 2차 안착 장소에서 축출될 수도 있다. 수많은 산악지역에서 암석낙하가 충분히 빈번한 만큼 지형적인 의미가 상당히 크다(Crandell and Fahnestock 1965; Gardner 1967, 1970a; Gray 1973; Luckman 1976).

본질적으로 암석낙하는 국지적이고 산발적인 과정이다. 암석낙하는 식생이 거의 없고 동결작용이 작용하여 암석을 느슨하게 하고 불안정하게 만드는 가파른 지형의 수목한계선 위에서 가장 빈번하게 발생한다. 이런 조건에서는 아주 작은 교란에도 암석이 축출되어 수직으로 떨어질 수 있다. 방아쇠작용의 동인은 바람, 물, 눈녹이(melting snow), 동물이나 사람에 의한 교란, 단순히 낮부터 밤까지 가열과 냉각에 의한 지표면의 차별적인 수축과 팽창 등이다. 낙하하는 암석의 소리는 산에서 매우 흔하다. 나는

그림 6.22 몬태나주 남서부 매디슨산맥의 교란된 사면에서 발생한 슬럼프작용(J. R. Stacy, U.S. Geological Survey)

알래스카주의 추가치(Chugach)산맥에서 처음으로 야생양 사냥을 했던 것을 항상 기억한다. 나는 위쪽에서 커다란 돌(Dall) 야생양에게 살그머니 접근하여 가까이에 있었는데, 암석이 갑자기 빠져나와 내리막사면으로 굴러

표 6.1 캐나다 로키산맥의 레이크 루이스(Lake Louise) 지역에서 여름 동안의 평균 암석낙하 빈도(Gardner 19704, p. 17).

하루 중 시간	암석낙하 횟수(시간당)
01	—
02	—
03	—
04	—
05	0.0
06	0.0
07	0.1
08	0.5
09	0.8
10	0.2
11	0.3
12	0.7
13	1.2
14	1.1
15	1.0
16	0.7
17	0.5
18	0.3
19	0.5
20	0.2
21	0.1
22	0.3
23	0.0
24	—

가며 내 예민한 귀에는 천둥같은 소리를 내며 떨어졌다. 나는 재빨리 아래로 뛰어내렸지만 암석이 야생양을 놀라게 했을 것이라고 확신했다. 하지만 거대한 숫양은 위를 올려다보지도 않았다. 암석이 떨어지는 소리는 양의 세계에서 자연스러운 일부분이었다. 이것은 고산 환경의 내재된 불안정성에 대한 설득력 있는 증거이다.

지형적인 동인으로 암석낙하의 중요성에 대한 최근의 조사는 단순히 캐나다 앨버타주 로키산맥의 좁은 지역에서 암석낙하를 듣고 기록하는 것으로 근사치를 획득했다(Gardner 1970a). 이러한 활동을 위해 세 번의 여름에 걸쳐 총 842시간을 보냈으며 563회의 암석낙하를 계수했다(관측 시간당 0.7회). 예상한 대로, 암석낙하가 가장 많이 발생한 시간은 기온이 가장 높은 오후 중반이었고, 두 번째로 많이 발생한 시기는 오전 8시에서 9시 사이, 즉 하루 중에 지표면이 처음 온난해지고 융해되는 동안에 관측되었다(표 6.1). 일반적으로 동결과정이 한층 더 활동적인 북동사면과 동사면의 고도가 가장 높고 가장 가파른 지형에서 암석낙하가 가장 빈번했다(Gardner 1970a).

암석낙하의 주요한 지형적인 의미는 내리막사면에서 빠르고 강력한 물질 운반에 있다. 암석이 낙하하는 경우 다른 암석에 부딪혀서 떨어져 나갈 수 있다. 암석은 빠른 속도로 이동하며, 또 다른 암석에 부딪히든, 나무에

그림 6.23 알프스의 산악 고속도로를 따라 낙석이 도로에 떨어지지 않도록 설치된 방호 울타리.(저자)

부딪히든, 아니면 단순히 땅에 부딪히든 간에 충격으로 상당한 피해를 줄 수 있다. 물론, 떨어지는 암석은 사람과 구조물에 매우 심각한 위험이 되고 있다. 이것이 종종 가파른 지형을 통과하는 산악 고속도로 옆에 보호 구조물을 설치하거나 가파른 벽의 위험한 단면 위에 커다란 그물을 둘러 차는 이유이다(그림 6.23). 철도에 암석이 떨어지는 것을 막는 것은 훨씬 더 중요한데, 그 이유는 단 하나의 암석만으로도 열차가 탈선할 수 있기 때문이다. 낙석을 처리하는 흥미로운 방법은 선로 옆을 따라 촘촘한 간격으로 전선을 설치하여 울타리를 형성하는 것이다. 전선은 통제소의 전등과 연결되어 있어서 암석이 떨어져 전선이 끊어지면 전등이 켜지고 작업자는 밖으로 나가 레일에서 암석을 제거할 수 있다. 그러나 이 모든 방법은 비용이 많이 들고, 고속도로를 달리는 여행자들은 보통 '낙석주의'를 알리는 표지판에 만족해야 한다.

랜드슬라이드와 암설사태

랜드슬라이드와 암설사태는 별도의 과정으로 확인되었다. 랜드슬라이드는 주로 미끄러짐으로 이동하는 반면에, 암설사태는 먼 부분에서의 유동을 나타낸다(Sharpe 1938, pp. 61~78). 하지만 일반적으로 미끄럼, 낙하, 유동이 모두 다양한 정도로 연관되어 있기 때문에 실제로 구분하기는 어렵다. 이 책의 목적은 이들을 모두 함께 또는 간단히 랜드슬라이드라고 부르는 것이지만, 이동이 오직 미끄러지는 것에만 국한되지 않는다는 점을 인식하고 고려하는 것이다.

랜드슬라이드는 가장 장관을 이루는 형태로 알려진 매스무브먼트이다. 랜드슬라이드는 급경사면과 국지적인 큰 기복이 있는 산에서 가장 잘 발달하는데, 폭포처럼 떨어지는 암석의 낙하하는 속도와 운반의 잠재력을 신장시킬 수 있는 충분한 공간을 제공하기 때문이다. 일부 랜드슬라이드는 100m/sec 이상의 속도에 이르며, 수 킬로미터를 수평으로 이동할 수 있고, 심지어 인근 사면을 오를 수도 있다.

랜드슬라이드는 낙하하는 암설 밑에 공기를 가두고 이 압축된 공기의 쿠션 위에서 랜드슬라이드 덩어리가 빠르게 이동하는 경향이 있다는 점에서 눈사태와 유사하다(Shreve 1966, 1968). 그러나 일부에서는 이러한 이동이 응집력 없는 과립자(grain)의 부유 덩어리가 유동하는 것과 비슷하다고 보고 있기 때문에 논란이 일고 있다(Kent 1966; Hsu 1975). 이 메커니즘이 무엇이든지 간에, 산에는 거대한 암석 덩어리가 무너져 수 킬로미터나 이동하면서 종종 대재앙을 초래하는 랜드슬라이드의 수많은 사례가 있다. 잘 알려진 사례 중에는 1881년 스위스 엘름(Elm)에서 발생한 거대한 슬라이드(Sharpe 1938, p. 79)와 오래전 이란 남서부의 자그로스산맥에서 발생한 사이드마레(Saidmarreh) 랜드슬라이드가 있다(Harrison and Falcon 1937, 1938; Watson and Wright 1969). 후자는 분명히 세계에서 가장 큰 단일 산이었다. 산의 중턱이 무너져 1,500m 아래로 내려갔고, 중간에 있는 장애물을 넘어 500m를 오르는 등 수평으로 약 14km 이동했다. 낙석의 면적은 $274km^2$이고 두께는 평균 100m 이상이다. 개별 암석의 크기는 먼지[51] 같은 작은 크기부터 지름이 최대 18m에 이르는 거대한 각석까지 다양하다(Harrison and Falcon 1937, 1938).

북아메리카에서 가장 유명한 슬라이드는 1903년 앨버타주 프랭크의 작

51) 모래보다 작은 입자의 고체 물질을 말한다. 공중에 부유하며, 바람에 의해 운반되어 지표면에 퇴적된다.

은 광업 소도시를 파괴한 터틀산 랜드슬라이드(McConnell and Brock 1904; Daly et al. 1912), 1925년 와이오밍주 그로 반트(Gros Ventre)산맥의 슬라이드(Alden 1928), 1964년 알래스카 지진 때 셔먼(Sherman) 빙하 정상에서 멈춰 선 셔먼 랜드슬라이드(Shreve 1966; Cruden 1976) 등이다(그림 6.24). 캐스케이드산맥의 중간에서 컬럼비아강을 일시적으로 막고 인디언 전설의 'Bridge of the Gods(신들의 다리)'를 탄생시킨 고대의 슬라이드는 현재 보너빌(Bonneville) 댐의 현장이 되었다(Lawrence and Lawrence 1958; Waters 1973).

그림 6.24 알래스카 셔먼 빙하의 랜드슬라이드. 슬라이드는 1964년 알래스카 대지진 때 발생했다. 그 후 암설은 말단으로 운반되었다.(Austin Post, 1964년 8월 24일, U.S. Geological Survey)

20세기의 가장 파괴적인 랜드슬라이드는 1970년 대지진 동안 페루 안데스산맥에서 일어났다. 이 지진으로 5만 명 이상이 사망했으며, 이 중 1만 8,000명이 랜드슬라이드로 매몰되었다. 이 랜드슬라이드는 리마에서 북쪽으로 약 350km 떨어져 위치한 6,768m 높이의 화산 봉우리인 우아스카란(Huascaran)산의 사면에서 발생한 것이었다. 이 지진으로 정상에서 거대한 눈과 얼음의 돌출된 덩어리가 무너져 내려 1,000m 아래로 떨어졌고 그 결과 산과 충돌해 분쇄되었다. 충격으로 이 지점에서 비고결 사면 물질이 제거되었고 대규모 사면 파괴의 원인이 되었다. 눈과 얼음이 사면과 충돌하면서 생긴 마찰열 또한 융해작용의 원인이 되어 엄청난 양의 물이 랜드슬라이드 덩어리를 포화시키고 윤활시켰다(Clapperton and Hamilton

그림 6.25 1970년 페루 지진 당시 우아스카란산에서 발생한 랜드슬라이드. 이 슬라이드는 16km 이상의 거리를 이동했고, 소도시 융가이와 란라이르카를 파괴했다.(Servicio Aerofotografico Nacional, Lima)

그림 6.26 우아스카란을 향하는 계곡 상부의 사진. 가파른 암벽은 랜드슬라이드의 원인을 보여준다. 이 랜드슬라이드 덩어리가 내려오면서 분명히 그 밑에 공기쿠션을 가두어 넣고 말 그대로 계곡 한쪽에서 다른 쪽으로 세차게 미끄러지듯 내려갔다. 접촉이 있었던 다양한 높이를 계곡 사면에서 볼 수 있다. (Chalmers M. Clapperton, University of Aberdeen)

1971; Browning 1973). 슬라이드는 최대 480km/h의 속도로 3분 만에 높이 5,500m에서 2,500m로 이동하는 등 빠르게 산을 내려왔다(그림 6.25). 랜드슬라이드의 이동 경로에 있는 부서지기 쉬운 빙퇴석의 산릉과 식생이 존재하는 것은 이 슬라이드가 이동하는 중에 공기쿠션에 올라탔다는 것을 시사한다. 이 랜드슬라이드 덩어리는 마치 거대하게 출렁거리는 액체처럼 계곡의 한쪽에서 그 아래에 있는 다른 쪽으로 왔다 갔다 하며 이동했다(그림 6.26). 슬라이드가 계곡의 먼 변두리에서 멈추기 전에, 슬라이드는 16km 이상을 이동했으며, 그 이동 경로에 있는 두 마을, 즉 융가이(Yungay)와 란

라이르카(Ranrahirca)를 완전히 파괴했다. 높이가 140m나 되는 산릉이 덮여 있었고 지름이 최대 6m인 지괴(blocks)가 조약돌처럼 흩어져 있었다. 슬라이드는 심지어 암설이 부딪히기 전부터 건물을 파괴하는 맹렬한 돌풍을 앞세우고 있었고, 짙은 먼지구름이 사흘 동안 이 지역에 드리워져 있었다(Clapperton and Hamilton 1971).

이러한 슬라이드의 놀라운 위력은 우연히 융가이에 있었던 페루의 지구물리학자가 다음과 같이 사실적으로 묘사했다. 그는 당시 프랑스인 커플을 데리고 이 지역을 여행하고 있었다.

> 우리가 공동묘지를 지나갈 때 차가 흔들리기 시작했다. 차를 세우고 나서야 우리는 지진을 경험하고 있다는 것을 깨달았다. 우리는 즉시 차에서 내려 주위에서 일어난 지진의 영향을 관찰했다. 나는 세미테리 힐(Cemetery Hill) 부근의 개울을 가로지르는 작은 다리뿐만 아니라 여러 채의 집이 무너지는 것을 보았다. 아마도 지진의 흔들림이 가라앉기 시작한 것은 30초에서 45초 정도 지난 후였을 것이다. 그때 우아스카란에서 엄청난 굉음이 들려왔다. 고개를 드니 먼지구름 같은 것이 보였는데, 먼지구름은 마치 북쪽 산봉우리에서 암석과 얼음의 거대한 덩어리가 무너져 내리는 것처럼 보였다. 즉각적인 내 반응은 150~200m 떨어진 곳에 위치한 세미테리 힐의 높은 지대로 달려가는 것이었다. 나는 달려가기 시작했고 융가이의 다른 사람들도 세미테리 힐을 향해 달려가고 있다는 것을 알아차렸다. 언덕을 오르는 길의 2분의 1에서 4분의 3 정도에서 친구의 아내가 비틀거리며 넘어졌고 나는 몸을 돌려 그녀를 부축해 다시 일어서도록 했다.
>
> 지진파의 마루는 마치 바다에서 들어오는 거대한 부서지는 파도처럼 휘어져 있었다. 나는 이 파의 높이가 적어도 80m는 될 것으로 추정했다. 나는 융

가이의 수백 명의 사람들이 사방으로 뛰어가는 것을 보았고 이들 중 많은 사람이 세미테리 힐을 향해 달려가는 것을 지켜보았다. 그 동안 내내 엄청난 굉음이 끊이지 않고 이어졌다. 나는 암설류[52]가 언덕의 기저부에 부딪혔을 때 정상 부근 공동묘지의 윗쪽에 도달했는데, 아마 10초 정도밖에 앞서 있지 않았을 것이다.

거의 동시에 언덕 아래로 불과 몇 미터 떨어진 곳에서 두 명의 어린아이들을 데리고 언덕배기를 오르고 있는 한 남자를 보았다. 그는 암설류에 휩쓸렸고 두 아이를 유동의 경로에서 벗어난 안전한 곳인 언덕 꼭대기를 향해 던졌다. 하지만 그는 암설류에 휩쓸려 계곡 아래로 사라졌고 다시는 볼 수 없었다. 또한 두 명의 여성이 내 뒤로 불과 몇 미터도 채 안 되는 곳에 있었던 것을 기억하지만, 다시는 이들을 보지 못했다. 주위를 둘러보아 언덕 꼭대기로 달려 올라와 목숨을 건진 사람을 헤아려 보니 전부 92명이었다. 이것은 내가 경험한 것 중 가장 끔찍한 일이었고 결코 잊지 못할 것이다.(Bolt et al. 1975, p. 39에서 인용)

이러한 랜드슬라이드는 유난히 거대하여 수백만 세제곱미터의 물질이 포함되었다. 대부분은 이보다 규모가 작지만, 더 자주 발생하고 있다. 물질의 내리막사면 운반과 경관의 면모를 바꾸는 데 있어 이들의 유효성은 엄청나다. 산에서 시간을 보내다 보면 랜드슬라이드의 흔적과 퇴적물을 흔하게 볼 수 있다(그림 6.27). 산에서의 다른 수많은 과정과 마찬가지로, 랜드슬라이드는 수 세기 동안 이루어진 매일의 과정보다 수 초 안에 더 많은 지형적인 작용을 수행할 수 있는 낮은 빈도의 고에너지(high-energy) 이

52) 매스무브먼트 중에서 상당한 양의 수분을 포함하며 다양한 크기의 암설을 포함하는 물질의 유동에 속한다.

그림 6.27 1939년 4월 10일 스위스 플리머슈타인(Flimerstein) 인근의 랜드슬라이드 암설. 당시 암설로 인해 여러 채의 집이 묻혔고 11명이 사망했다.(Swissair photo)

벤트이다(Tricart et al. 1961; Starkel 1976). 이처럼 랜드슬라이드는 갑작스럽고 격렬한 사건이지만 최종적인 랜드슬라이드 발생이 여러 면에서 서서히 준비되고 있는 덜 극적인 과정에 달려 있다는 것을 깨닫는 것이 중요하다.

랜드슬라이드의 구체적인 원인은 보통 두 그룹, 즉 암석의 내부 상태 및 사면에 영향을 미치는 외부 요인으로 나뉜다. 첫 번째 그룹은 약한 암석 형성, 성층면[53]의 낙석(dipping rock), 절리, 단층대 및 급경사면과 같은 요인과 관련된다. 두 번째 그룹은 기후적 요인, 침식, 지진과 같은 다양한 종류의 요란과 관련된다(Howe 1909, p. 49; Sharpe 1938, p. 84). 랜드슬라이드의 원인이 되는 어떤 단 하나의 요인을 지적하는 것은 어렵다. 앨버타주 프랭크에 있는 터틀산의 슬라이드는 몇몇 슬라이드 유발 요인의 상호작용을 보여주는 좋은 사례이다. 이 산은 계곡 위로 940m 높이에 있으며 부드러운 사암과 셰일을 가로지르는 거대한 석회암 충상단층으로 이루어져 있어 자연적으로 약한 지대를 형성하고 있었다. 이 약한 지대는 그 사이에 놓인 층(seam)의 석탄 채굴로 인해 더욱 약해졌고, 이는 물질의 응집성을 감소시켰다. 마침내 몇 번의 지진이 지난 2년 동안 이 지역을 뒤흔들었다. 산을 붕괴시킨 정확한 원인은 알려지지 않았지만, 이러한 요인들의 결합이 확실히 랜드슬라이드의 최종적인 발생으로 이어졌다. 3,000만 m^3가 넘는 암석이 마을과 철도를 매몰시키고 70명의 목숨을 앗아갔다. 그러나 산은 일부만 무너졌다. 산의 북쪽 산마루 아랫부분은 여전히 서 있는데, 이는 현재 재건된 소도시의 사람들에게 항상 존재하는 위협이다. 이 산은 몇 세기 동안 더 이상 문제가 없을지도 모른다. 하지만 다른 한편으로 또 다른 엄청난 랜드슬라이드가 일어나는 데는 아주 작은 방아쇠작용만으로도 충분할지 모른다.

53) 연속해서 누적된 퇴적암 내에서 상하에 비교적 뚜렷하게 암상이 변하는 경계면을 말한다. 지층이나 퇴적물의 퇴적면을 의미하거나 퇴적면에서 박리면으로 되어 있는 곳을 지칭하기도 한다. 층리면이라고도 부른다.

매스웨이스팅 지형

수많은 지표면의 형태는 방금 설명한 매스웨이스팅 과정에서 비롯된다. 이들 중 일부는 호상구조토나 솔리플럭션 로브와 같은 독특한 지형으로 나타난다. 덜 뚜렷한 다른 지형은 단순히 이류나 랜드슬라이드 퇴적물과 같은 다양한 종류의 퇴적물로 식별된다. 세 가지 지형은 그 독특한 특징과 고산 경관에서의 중요성 때문에 특별히 언급할 가치가 있다. 애추, 전면애추 누벽(protalus rampart), 암석빙하[54]가 그것이다.

애추

애추(talus)[55]는 절벽이나 곡두벽 또는 비탈의 사면에 암석이 집적되는 것이다. 이것은 주로 암석이 부서지고 낙하하는 것에서 발생하고 그 결과 이들 암석은 정지하여 램프(ramp)[56] 또는 암석 에이프런(apron)[57]을 형성한다(그림 6.28). 스크리(scree)[58] 또는 단순히 암설 사면(rock-debris slopes)이

54) 주빙하작용에 의한 매스무브먼트 지형의 하나로, 내부에 얼음을 가진 빙하와 같은 형태로 천천히 유동하는 빙설상의 암괴류 지형을 말한다. 표면에는 아주 거친 바윗덩어리가 노출되지만, 내부에는 실트나 사력도 들어 있고, 암설 사이는 얼음으로 메워져 있다. 암괴류 속에 스며든 융설 등이 동결함에 따라 간격을 충전하여 하층부에는 소성유동이 발생하는 것으로 알려져 있다. 상류 측은 애추사면으로 이행되는 경우가 많다. 암석빙하는 설선 근처에서 발달하고, 알래스카에서 관찰할 수 있는 것은 약 30m의 두께에 최대 0.76m/yr의 유동속도를 보인다. 유동속도는 지표면에 가까운 부분일수록 크다. 활동적인 상태의 암석빙하에는 전면에 급한 애추사면이 형성되고, 유동에 따라 암설이 상부에서부터 무너져 떨어진다. 암석빙하는 지표면에 가까운 부분을 제외하면 영구동토이기 때문에, 얼음의 융해로 만들어진 구멍과 같은 열카르스트 지형도 발달한다.

55) 산지 사면을 따라 혀 모양으로 발달하는 암설의 퇴적지형을 말한다.

56) 짧은 거리에서 지층의 접합 면을 가로질러 자르는 충상단층 부분을 가리킨다.

57) 모래와 자갈로 된 선상 퇴적지이다.

그림 6.28 유콘 준주 루비산맥의 빙하작용을 받은 계곡을 따라 보이는 애추의 집적. 물질은 위에서 부서져 내리막사면으로 굴러떨어진 각진 암석으로 이루어져 있다. 작은 이류 하도가 애추를 가로질러 절단하는 것을 볼 수 있는데, 이러한 과정이 총집적에 상당한 기여를 할 수 있음을 암시한다. 큰 암석들은 더 큰 낙하운동량으로 인해 기저부에 있다. 중앙 전경에 있는 큰 흰색 암석의 지름이 1.5m인 것을 참고하여 크기를 가늠해보라.(저자)

라고도 알려진 애추 집적(talus accumulation)은 식생이 거의 없고 동결작용이 암석의 급격한 파괴와 변위를 야기하는 수목한계선 위에서 가장 잘 발달한다(Behre 1933; Rapp 1960). 대부분의 활동적인 애추 집적은 육안으로 볼 수 있는 미세 물질이 거의 없는 암석투성이의 나지이지만, 이류, 눈사태, 랜드슬라이드가 애추의 원인이 된 경우에는 미세한 물질이 존재할 수

58) 산비탈의 비교적 좁은 지역에 쌓여 있는 각진 암석 파편으로, 그 상부에는 암석 파편 공급원이 존재한다.

있다(Gardner 1970b; Luckman 1971, 1972, 1978; Gray 1972). 암석이 클수록 운동에너지는 커져서 더 멀리 이동하기 때문에, 큰 암석이 사면의 하단에 있는 경우 암설은 대략적인 크기의 단계적 차이를 보일 것이다(Rapp 1960, p. 97; Bones 1973, p. 32). 그러나 암석의 크기, 형태, 낙하 높이, 지표면의 특성, 다른 과정의 간섭 등이 이러한 배열에 영향을 미치기 때문에 내리막 사면의 분급은 완벽하지 않다(Gardner 1971).

애추 사면의 상태는 (1) 물질의 공급, (2) 애추 내부의 물질 이동, (3) 물질의 제거 등에 의해 결정된다. 애추 집적의 속도는 산악환경에서 풍화작용의 속도와 삭박의 속도에 대한 총지수를 제공한다. 예를 들어, 빙하의 융해작용 이후 나지의 기반암 표면이 남아 있는 빙식 지역에 존재하는 모든 애추는 분명히 이때부터 집적된 것이다(그림 6.39). 콜로라도주 로키산맥의 절벽이 침식되는 속도에 기초한 최근 측정 결과에 따르면 계절적으로 활동이 최고조인 봄과 초여름에 애추의 집적 속도가 0.76mm/yr인 것으로 나타났다(Caine 1974, p. 728). 앨버타주의 캐나다 로키산맥에서도 비슷한 속도가 측정되었다(Gardner 1970c; Gray 1972). 또한 암석낙하, 눈사태, 이류, 유수, 포행, 하천의 작용에 의한 아래로부터의 물질 제거 등으로 애추 내부의 이동도 상당할 수 있다. 지표면에서 평균 이동 속도는 로키산맥의 수목한계선 위에서 약 20cm/yr이지만, 이러한 지세의 측정은 정황적이다. 다른 암석들이 움직이지 않는 동안에도 개별 암석들은 매우 먼 거리를 이동할 수 있다(Gardner 1973; Kirby and Statham 1975). 또한 국지적인 환경, 사면의 방향, 경사도, 암석 유형에 따라 상당한 지역적 변동성이 있다.

일부 지역에서 애추는 현재 비활동적인 상태에 있다. 위에서 내려오는 새로운 물질의 부족, 지의류 식물의 밀생, 암석 표면의 풍화테, 암석 틈을 메운 미세 물질, 식생의 침입 등이 그 증거이다. 비활동적인 상태의 애추는 일부 산악지역에서는 낮은 높이에서 볼 수 있다. 아마도 이들 애추는 과거에 빙하가 낮은 고도까지 확장되었던 시기의 한층 더 극단적인 조건에서 생성되었을 것이다. 이는 특히 현재 동일한 산악지역의 높은 고도에서 애추가 활발하게 형성되고 있을 가능성이 크다는 것을 보여준다. 애추는 한랭기후 지역에서 가장 잘 발달하지만, 다른 환경에서도 형성될 수 있기 때문에(Hack 1960), 한랭기후의 증거로 애추를 해석하는 것은 신중해야 한다.

전면애추 누벽

전면애추 누벽(protalus rampart)은 사면의 기저부 부근에서 발견되지만 작은 계곡이나 함몰지에 의해 사면에서 분리된 암설이 집적되어 있는 것을 말한다(Bryan 1934)(그림 6.29). 이러한 지형은 대개 사면에 평행한 방향으로 향하게 된다. 전면애추 누벽은 낙석이 쌓였다는 점에서 애추와 밀접한 관계가 있지만, 눈 때문에 고립된 산릉이나 벤치(bench),[59] 또는 마운드(mound)[60]로 집적된다(Richmond 1962, p. 20; Yeend 1972). 눈 덮인 지표면이나 사면 기저부의 오래된 설전(snow patch)은 지표면을 높이며 암석은 그 위에서 이동한다. 눈이 녹은 후에는 암석투성이 산릉만이 남아 있는 전부이다(그림 6.30).

전면애추 누벽은 가파른 암벽 부근 그늘진 곳의 수목한계선 위에서, 또는 암석 물질이 풍부하며 많은 눈이 집적되어 여름 내내 천천히 녹아내리는 곳인 권곡에서 가장 잘 발달한다. 전면애추 누벽은 아치형의 구불구불한 산릉처럼 발생하지만 대개 사면 기저부의 100m 이내로 제한되고 매

59) 단구를 구성하는 선반 모양의 평탄면을 가리킨다.
60) 작은 산이나 언덕, 둑, 제방 또는 흙이나 돌의 무더기를 말한다.

그림 6.29 오리건주 왈로와산맥의 2,700m 높이에 있는 북향 권곡의 바닥에 발생한 전면애추 누벽. 위에서 내려온 암석들이 눈 덮인 사면 위로 굴러 떨어져 아래로 미끄러진다. 여기서 이들 암석은 작은 활 모양의 산릉처럼 쌓인다.(저자, 1973년 7월)

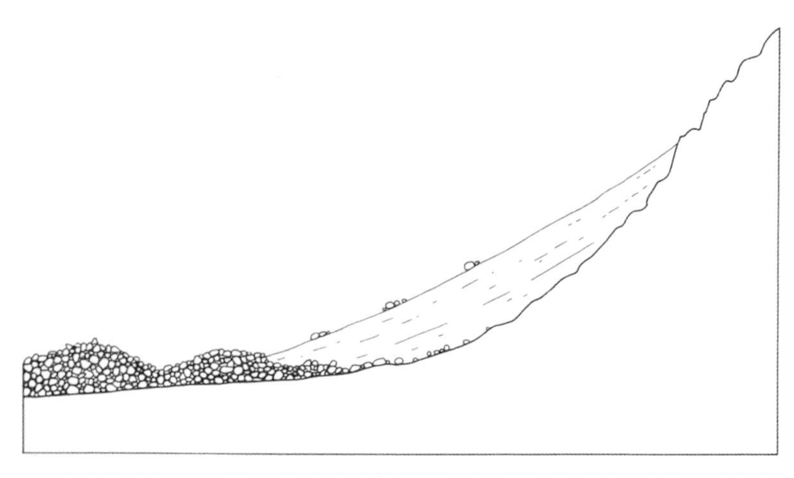

그림 6.30 전면애추 누벽 형성에 대한 메커니즘의 개략적인 그림. 암석 슬라이드는 설전을 가로질러 미끄러지며 암석투성이 산릉처럼 집적된다.(출처: Sharpe 1938, p. 44)

우 작은 미세한 암설과 큰 암석으로 이루어져 있다는 점에서 빙퇴석과 유사하다. 평균 높이는 2~4m이지만 24m 높이까지 보고되었다(Blagbrough and Breed 1967). 전면애추 누벽의 형성은 눈의 유무에 따라 다르기 때문에 과거의 환경을 해석하는 데 도움이 될 수 있다. 예를 들어, 눈이 현재 지속되지 않는 낮은 높이에서 전면애추 누벽이 존재하는 것은 과거 혹독한 동결기후(frost climate)뿐만 아니라 훨씬 더 낮은 설선의 존재를 나타낼 수 있다(Blagbrough and Breed 1967; Washburn 1973, p. 199).

암석빙하

암석빙하는 실제 빙하와 유사한 형태를 가진 암설의 집적이다(그림 6.31). 암석빙하는 권곡이나 절벽의 가파른 벽을 향해 나아가고, 로브, 로브의 전면부 또는 로브의 혀(tongue), 측퇴석과 중앙퇴석, 원뿔형 구덩이, 크레바스 등과 같이 빙하와 같은 특징을 가지고 있다. 그리고 활동적인 상태의 암석빙하는 빙하와 거의 같은 방식으로 내내 이동하는 것을 볼 수 있다. 그렇지만 암석빙하는 주로 암석으로 이루어져 있으며, 따라서 가장 흥미로운 지형 형태 중 하나이다.

암석빙하는 일반적으로 상층부에서 가장 폭이 좁으며, 특히 좁은 계곡의 경계를 통과한 후에 말단부에서 바깥쪽으로 퍼져 나간다(그림 6.31). 암석빙하는 길이가 수백 미터에서 1km 이상으로 다양하고 두께는 평균 15~45m이다. 활동적인 상태의 암석빙하는 비활동적인 상태의 암석빙하보다 두께가 거의 두 배 정도 된다(Wahrhaftig and Cox 1959, p. 383). 암석빙하는 지의류 식물로 덮여 있고, 그 표면에는 미세 물질과 함께 식생이 산재해 있을 수 있다. 만약 암석빙하가 교목한계 아래로 확장된다면, 활동적인 상태의 암석빙하가 매우 불안정한 환경을 만들더라도 나무들은 자

그림 6.31 유콘 준주 세인트일라이어스산맥의 활동적인 상태의 암석빙하. 측퇴석과 종퇴석 모두를 볼 수 있다. 식생은 물질이 안정된 주변부를 중심으로 자란다. 기저부의 높이는 1,200m로 이 지역의 수목 한계선과 일치한다.(저자)

리 잡을 수 있다(그림 6.32). 암석빙하는 사면 위쪽에서 지속적으로 각석 물질이 공급되는 지역에서 가장 잘 발달한다. 암석의 크기는 국지적인 환경의 특성뿐만 아니라 암석의 유형과 구조에 따라 달라진다. 나는 캐나다 유콘 준주의 산맥에서 오로지 호두 크기의 암석으로 이루어진 암석빙하 및 불과 수 킬로미터 떨어진 곳에서 지름이 평균 2~3m인 각석으로 이루어진 다른 암석빙하를 본 적이 있다.

그림 6.32 유콘 준주 세인트일라이어스산맥의 암석빙하혀(rock glacier tongue)에서 자라는 가문비나무. 암석빙하의 이 부분은 분명히 다시 활동적인 상태에 있는데, 나무의 산뜻한 색깔과 갓 나온 수액의 존재는 암석빙하의 활동적인 상태로 인해 나무가 갈라진 것이 1년이 채 지나지 않았음을 나타낸다.(저자)

애추만큼 풍부하고 어디서나 볼 수 있는 것은 아니지만, 암석빙하는 수많은 중위도와 고위도의 산에서 잘 발달한다. 그러나 열대의 산에서는 나타나지 않으며, 해양 기후의 중위도 산에서는 기껏해야 빈약하게 발달한다. 암석빙하는 다소 불충분한 적설이 있으며 낮은 온도와 동결작용이 만연한 대륙의 산에서 가장 발달한다. 예를 들어, 북아메리카에서는 일반적으로 시에라네바다산맥, 캐스케이드산맥, 올림픽산맥, 또는 캐나다와 알래스카주의 코스트산맥에서는 (적어도 쿡인렛Cook Inlet까지) 나타나지 않으나, 이들 모든 산맥의 풍하측에서 나타난다(Thompson 1962a). 북아메리카 서부의 실제 빙하와 암석빙하 사이에는 흥미로운 관계가 있다. 실제 빙하는 산맥의 풍상 태평양 쪽에서 발생하는 반면에, 암석빙하는 한층 더 건조한 동쪽의 대륙에서 발생한다. 그럼에도 이들 해양 산맥의 풍하측에서도 암석빙하의 발생은 산발적이며 이상적인 조건의 고립된 장소로 제한된다. 암석빙하는 일반적으로 내륙의 한층 더 대륙적인 산맥에서 나타나는 발달 수준에는 이르지 못한다(암석빙하가 매우 잘 발달된 캐나다와 알래스카주의 코스트산맥 풍하측은 제외한다).

암석빙하의 기원에는 논란이 있다. 실제 빙하와 유사하기 때문에 몇몇 연구자는 암석빙하가 암석 물질로 뒤덮여 있는 빙하에 지나지 않는다고 믿었고(Kesseli 1941), 반면에 다른 연구자는 암석빙하가 기존의 빙하와는 독립적으로 형성될 수 있다고 주장했다(Wahrhaftig and Cox 1959). 여전히 다른 연구자는 암석빙하가 랜드슬라이드의 결과라고 주장했다(Howe 1909). 이들 각각의 설명이 일부 암석빙하의 형성을 정확하게 설명할 수 있다. 암석빙하가 얼음빙하(ice glacier)의 존재 없이 발달할 수 있고 또 그렇게 발달한다는 것이 명백하게 밝혀졌다. 이것은 뉴멕시코주의 샌마테오(San Mateo)산맥과 같이 빙하가 없는 고산지역에서도 암석빙하가 발달함으로써 증명되었다(Blagbrough and Farkas 1968). 또한 암석빙하가 상당히 일정한 속도로 이동하며, 암석빙하의 기원이 랜드슬라이드에 좌우되지 않는다는 것도 확실히 입증되고 있다. 경우에 따라서는 암석빙하가 암설로 뒤덮인 이전의 얼음빙하일 수도 있다. 그 밖의 다른 경우는 암석빙하가 단순히 위에서부터 느린 내리막 이동을 통해 고전적인 형태를 이루면서 집적된 암석으로 형성된 것일 수도 있다. 암석빙하는 실제 빙하, 빙퇴석 지형, 애추, 전면애추 누벽, 그리고 심지어 암해 사이의 모든 종류의 과도기 상태에서 발생한다(Lliboutry 1953, 1977; Thompson 1962a; Blagbrough and Farkas 1968; Caine and Jennings 1969; Barsch 1971, 1977; Ostrem 1971; Benedict 1973; Smith 1973; White 1976b).

암석빙하는 수많은 고산 환경에서 활동적인 상태에 있지만 다른 환경에서는 비활동적인 상태에 있다. 활동적인 상태의 증거로는 새로이 뒤집혀 노출된 암석, 융기되거나 함몰된 지대, 파괴된 식생 피복, 전면부에서의 물질 매장 등이 있다. 또한 암석빙하가 활동적인 상태에 있다면, 어떤 종류의 얼음이 빙하코어나 간격빙(interstitial ice)으로 보통 존재하는데, 이는 암석빙하의 이동을 설명해준다(Potter 1972). 이러한 관점에서 볼 때, 활동적인 상태의 암석빙하는 영구동토의 존재에 대한 2차 증거로 간주될 수 있다(Barsch 1977). (비활동적인 상태뿐만 아니라) 활동적인 상태의 암석빙하의 특징 중 하나는 여름 내내 기저부에서 흘러 나오는 얼음처럼 차가운 하천이다.

암석빙하의 이동 속도는 콜로라도주와 와이오밍주 로키산맥에서의 연간 수 센티미터(White 1971a, b, 1976b; Potter 1972)에서 유콘 준주와 알래스카주의 아북극 산에서의 연간 평균 약 0.5m(Wahrhaftig and Cox 1959; Johnson 1973)까지 다양하다. 알래스카산맥에서 암석빙하의 성장에 기여하는 물질은 기반암 벽에서 100년에 0.4~1m의 속도로 삭박되는 것에서 기원하는 것으로 추정된다(Wahrhaftig and Cox 1959, p. 434). 스위스 알프스 산맥에서는 암석빙하의 활동이 전체 매스웨이스팅의 20%에 이른다(Barsch 1977).

설식

산비탈에 늦게 내린 눈의 설전이 존재하는 것은 통틀어 설식으로 알려진 수많은 관련 과정을 통해 국지적인 침식에 현저히 기여할 수 있다. 설식(nivation)은 동결작용, 매스웨이스팅, 눈녹이(melting snow)의 릴(rill)[61]과 포상침식,[62] 눈 내부의 이동 그 자체 등을 포함한다(Embleton and King 1975b). 설식 및 그 영향은 이미 지나가는 말로 언급했지만, 본질적으로 중요하고 특색 있는 과정이다. 설식은 설선 지역으로 제한되며, 본질적으로 빙하 시스템과 주빙하 시스템 사이의 폭 좁은 접촉면을 점유하는 과도기적 과정이다(그림 6.4).

설식은 다양한 방식으로 작용한다. 눈이 있는 경우 화학적 풍화작용의 효율이 증가할 수 있으며, 이는 이러한 장소에서 풍화테(weathering rind)의 두께가 두꺼워지는 것으로 알 수 있다(Thorn 1975, 1976). 눈은 인접한 환경의 온도를 낮추어 동결-융해 주기의 횟수를 증가시킨다(Gardner 1969).

61) 지표유출에 의해 형성되는 가늘고 긴 일련의 도랑을 말한다. 릴의 대부분은 식생 피복이 없는 지면이나 사면에서 흘러내리는 릴류에 의해 형성되며, 직선적이고 가늘지만 때로는 망상의 형태를 띠는 경우도 있다.

62) 포상류가 토양의 표층을 엷게 침식 또는 제거하는 것을 말한다.

물론 눈은 쌓여서 지표면을 단열하고 동시에 지표면을 보호할 수 있지만, 눈이 녹으면서 점점 더 많은 지표면이 노출되고 그 결과 동결-융해 지대는 후퇴하는 적설의 가장자리와 함께 이동하게 될 것이다. 융해로 배출되는 물은 동결쐐기작용 및 다른 동결작용 과정의 효과적인 작용에 필요한 수분을 제공한다. 그 결과, 적설 현장에서는 주변 지역보다 매우 많은 동결각력(frost rubble)을 볼 수 있다(Lewis 1939). 또한 설식은 동결분쇄작용을 받은 암석을 내리막사면으로 운반하는 효과적인 수단을 제공한다. 이는 융수의 유출을 통해서, 그리고 동결포행과 솔리플럭션의 속도 증가로 인해 발생할 수 있다(Ekblaw 1918; Thorn 1976, 1979b). 또한 눈 내부의 움직임은 암설의 경미한 내리막사면 이동뿐만 아니라 암석 표면의 연마작용에도 기여할 수 있다(Costin et al. 1973).

설식의 순효과는 기반암에 공동(hollow)과 함몰지를 생성시키는 것이다(St. Onge 1969). 늦게 내리는 눈의 설전에서 눈은 천천히 사면에 원뿔형으로 구멍을 넓힌다. 일단 시작되면, 이는 저절로 계속되는 과정이다. 함몰지가 클수록 눈은 더 많이 집적되고 여름에 녹는 데 더 오래 걸린다. 따라서 이로 인해 침식 효과는 증가할 것이다. 함몰지의 형태와 방향은 바람과 태양에 대한 지면의 배치에 따라 달라지며, 이는 차례로 적설량과 융해 속도를 조절한다. 루이스(Lewis, 1939)는 세 가지 유형, 즉 횡형, 종형, 원형의 설식 구덩이를 식별했다. 횡형 구덩이는 등고선을 따라 수평 띠(band)로 눈이 집적되는 경우에 발생하며, 결국 벤치나 단구가 형성된다(그림 6.33). 종형 구덩이는 눈이 길게 뻗은 하천 계곡이나 우곡에 집적되는 경우에 발달하여 앞서 형성된 함몰지를 넓히고 깊게 만든다. 원형의 유형은 중앙의 덩어리처럼 모인 눈 때문에 생기는 원형극장 같은 함몰지이다. 이것은 산릉 마루를 따라 발생하는데, 여기서 눈이 골짜기에 집적되고 작은 권곡과

그림 6.33 유콘 준주 루비산맥의 북동사면에서 여름 끝 무렵 관찰되는 오래된 설전. 오르막사면에서 눈을 반쯤 가로질러 미끄러져 내려온 암석에 주목하라. 눈 아래 상당히 평평한 표면은 설식 과정이 산허리를 침식한 결과로 보인다.(저자)

유사한 원형의 노치(notch)[63]나 우묵한 곳(bowl)을 만든다.

설식은 동결작용이나 매스웨이스팅과 함께 한랭기후에서 암석 침식과 침식작용을 일으키는 강력한 도구이다. 수많은 지역에서의 벤치, 단구, 둥글거나 평평한 정상은 이러한 과정의 결합된 작용에 기인한다. 알티플라네이션(altiplanation)[64](크리오플라네이션cryoplanation)[65] 단구로 불리는 이러

63) 깊고 좁은 골짜기를 말한다.

64) 주로 고위도 지역이나 고지에서 나타나는 솔리플럭션에 의한 토지의 저평화작용을 말한다.

65) 주빙하지역의 대표적인 평탄화작용이다. 주빙하지역의 사면이 동결의 기계적 풍화작용과 솔리플럭션의 영향을 오랫동안 받으면, 기반암의 국지적인 기복이 없어져서 지면이 아주 고른 솔리플럭션 사면으로 형성된다. 결국 암설로 매립된 하곡간의 분수계에는 1~5°의 극히 완만한 최종 단계의 사면이 남게 되는데, 이들 사면은 보통 암설로 얇게 덮여 있는 것이 특징

그림 6.34 뉴질랜드 센트럴 오타고 올드맨산맥의 크리오플라네이션 표면. 높이는 1,640m이다. 이것은 대체로 더 혹독한 조건에서 형성된 화석 경관이다. 일반적인 지표면 위의 암석투성이 잔유물을 토르(tor)라고 한다.(J. D. McCraw, University of Otago)

한 지형은 중위도와 고위도의 여러 산악지역에서 잘 나타나고 있다(Demek 1969a, b, 1972; Pewe 1970; Pinczes 1974; Reger and Pewe 1976)(그림 6.34). 데멕(Demek, 1969a)은 알티플라네이션 단구의 발달에서 세 가지 주요 단계를 파악했다. 먼저 설식 구덩이는 등고선을 따라 눈이 수평 띠로 집적되는 곳에서 형성된다. 함몰지가 확대되고 작은 벤치나 단구가 조성되어 이 지역의 눈 보유 능력이 증가한다. 단구의 곡두벽이나 절벽은 동결분쇄작용에 의해 두부 쪽으로 천천히 침식되고, 암설은 동결작용, 유수, 매스웨이스팅

••

이다. 이와 같은 분수계 소모 형식의 사면 후퇴로 평탄화되어 가는 작용을 크리오플라네이션이라고 한다.

의 결합으로 인해 부서지고 단구를 가로질러 운반된다. 결국 절벽은 완전히 소멸되고, 최종 단계에서는 둥글거나 평평한 정상이 생성된다(그림 6.34, 6.39). 알티플라네이션 단구 형성의 속도는 서로 다른 조건에 따라 다양하지만, 분명히 수천 년 내에 발달할 수 있을 것이다(Demek 1969a, p. 124). 잔존물 형태는 널리 분포되어 있는 것으로 생각되지만, 이들 잔존물 형태의 식별과 해석은 매우 신중하게 이루어져야 한다. 왜냐하면 온난 기후에서 작용하는 다른 과정도 유사한 지형을 생성할 수 있기 때문이다. 이들 잔존물 형태의 정체가 확인된 곳에서는 주빙하 조건에 대한 훌륭한 증거를 제공한다(Washburn 1973, p. 208).

하천의 작용

아주 오랜 옛날부터 산은 물의 발원지로 인식되어왔다. 산은 세계의 수많은 주요 하천들의 출발점이며, 이 물은 현재 인류에게 그 어느 때보다 더욱 중요하다. 관개, 전력 생산, 항해, 휴양, 상업과 가정용 물 소비는 산악하천의 몇 가지 이용에 불과하다. 사람들이 알프스산맥과 동유럽의 산에서 비롯한 다뉴브강이나 히말라야산맥에서 발원한 인도-갠지스강, 또는 동아프리카와 에티오피아의 산에서 비롯한 나일강과 같은 하천을 단지 떠올린다면, 이들 하천이 통과해 흐르는 지역에서 하천이 갖는 큰 의미를 인정할 수밖에 없다. 하천의 발원과 흐름의 방향은 필수적인 지리적 사실이다. 미국 대륙의 수문학적 중심지는 옐로스톤 국립공원 부근의 로키산맥에 있는데, 이곳은 스네이크강, 콜로라도강, 미주리강 등 3대 강의 발원지이다. 이들 하천 각각의 하류에서의 구성 요소는 하천이 통과해 흐르는 지역에 필수적이다. 만약 여러분이 이들 강 중 어느 것이나 또는 이들과 유사한 다른 강을 본 적이 있다면, 이들 강이 침전물로 가득 차 있다는 것을 알고 있을 것이다. 이는 특히 봄의 유출 시기에 더욱 그러하다.

유수는 지구 전체에서 가장 중요한 삭박의 동인이지만, 산에서는 아마도 매스웨이스팅보다 덜 중요할 것이다. 포행과 솔리플럭션에 의해 내리막사면으로 운반되는 방대한 양의 물질 및 이류, 암석낙하, 눈사태, 랜드슬라이드의 속도와 크기가 이를 뒷받침한다. 그럼에도 강수는 산에서 최소한 일정 높이까지 증가하며, 이 물은 급경사면이 있고 국지적인 기복이 크기 때문에 위치에너지가 크다. 게다가 산악경관에서 지표면 암편(detritus)[66]이 풍부하고 보호 식생이 거의 없는 보통의 나지 지역은 유수에 의한 침식에 취약하다(Soons and Rayner 1968; Dingwall 1972). 하천의 침전 하중 대부분은 아마도 배수유역[67]의 상류 끝에서 두부침식 작용을 일으키는 작은 지류에 인접한 사면으로부터 공급된 것으로 추정된다. 예를 들어 아마존 유역에서는 전체 하천 하중의 85%가 높은 안데스산맥에서 발원한 지류가 흐르는 유역의 단 12%에서만 공급되는 것으로 추정된다(Bloom 1978, p. 287). 또한 하천은 산맥 너머 멀리까지 도달하는 반면에, 매스웨이스팅은 고산 시스템 내의 특정한 사면 지역으로 제한된다. 하천은 저지대와, 그리고 궁극적으로는 바다와 연결되는 연결고리 역할을 한다. 산은 주로 동결작용과 매스웨이스팅에 의해 마모된다. 하지만 적어도 하천이 물질

66) 각종 외적 작용에 의해 형성된 다양한 크기의 암석 파편이다. 암편을 생산하는 주요한 외적 영력은 풍화작용이지만, 빙하, 하천, 파랑, 바람 등의 침식에 의해서도 암편은 만들어진다. 풍화작용에 의한 암설의 생산은 기반암이 위치한 장소에서 이루어지며, 이동을 포함하지 않는다.

67) 특정한 하천 혹은 수계에 의해서 배수되는 범위를 말한다. 즉 지표에 내린 강수가 특정 하천으로 흘러드는 범위를 말한다. 배수구역 또는 집수구역이라고 한다.

일부를 멀리 운반하지 않는다면, 계곡은 결국 암설로 뒤덮일 것이다. 이런 일이 일어나지 않는다는 사실은 하천의 중요성을 보여주는 증거이다.

사실 산의 분수계, 특히 빙하가 있는 분수계는 지구상에서 침식 속도가 가장 빠른 곳 중의 하나이다(Corbel 1959). 히말라야산맥을 빠져나가는 인더스강과 코시(Kosi)강의 상류에서 지역적인 삭박 속도는 1.0mm/yr이다(Hewitt 1972, p. 18). 다른 산맥도 이 속도에 근접할 수 있다. 알프스산맥은 0.4~1.0mm/yr의 속도로 침식되고 있는 것으로 추정된다(Clark and Jager 1969). 습한 열대기후의 산은 훨씬 더 빠른 침식 속도를 나타낼 것이다(Ruxton and McDougall 1967)(그림 6.1). 캐나다 로키산맥과 알래스카주의 산맥은 최대 0.6mm/yr의 속도로 삭박되고 있다(McPherson 1971a; Slaymaker 1972, 1974; Slaymaker and McPherson 1977). 하지만 콜로라도주와 와이오밍주의 로키산맥은 0.1mm/yr로 다소 느린 속도를 나타낸다(Caine 1974, p. 741).

산악하천의 특성

산악하천은 다른 대부분의 하천과 비슷하지만 특별한 속성이 있다. 물은 국지적인 기복이 큰 매우 다양한 지형을 통해 급경사면을 흘러간다. 수분의 공급은 강우, 눈녹이, 얼음에 따라 매우 다양하다. 하천으로 공급되는 암설은 종종 너무 커서 효과적으로 운반될 수 없다. 그러나 산에서 일어나는 물의 물리적 움직임은 다른 자연환경의 경우와 다르지 않다. 경사도나 부피가 증가하면 물질을 운반하는 하천의 속도와 능력도 증가한다. 이러한 모든 요인이 산에서는 시공간적인 기준으로 모두 빠르게 변화하기 때문에 플럭스나 맥동(pulsation)이 시스템 내에서 자주 나타난다. 이것은 급경사면과 계곡 평지 사이의 하천 속도에서, 하천과 서로 연결된 소(pool)나 호수 사이의 하천 속도에서, 또한 낮과 밤의 융해 속도 사이의 하천 속도에서, 그리고 갑자기 뇌우가 더해진 경우의 하천 속도에서 볼 수 있으며, 단지 몇 가지 상황에 유의해야 한다.

높은 산의 작은 하천은 일 년 중 특정 시간에만 흐르는 것으로 수명이 짧다(Leopold and Miller 1956). 영구하천[68]은 낮은 높이에서 발견되며, 이 높이의 하천에 공급할 수 있는 하계망은 더 크다. 하천의 유량과 속도는 낮은 산비탈에서도 증가하여 이러한 지역을 하천 침식에 더 취약하게 만든다(하지만 이는 잘 발달한 식생으로 어느 정도 상쇄된다). 하천의 유량과 유역 면적의 관계는 고도가 높아질수록 산의 크기와 면적이 감소하는 단일 산봉우리를 고려하는 것으로 이해할 수 있다. 결과적으로 강수가 내리는 지표면이 감소한다. 사면은 가파르고 종종 식생이 드문 나지의 기반암 표면으로 구성되며, 유출 속도를 유지하거나 늦출 수 있는 저수용량이 거의 없다. 산봉우리는 강풍에 노출되므로 적설은 얇게 방어막이 있는 곳과 비바람이 들이치지 않는 외딴곳으로 한정된다. 따라서 높은 산봉우리는 가장 건조한 환경에 속한다. 릴과 우곡이 사라지는 높이를 먼 거리에서, 예를 들어 계곡의 건너편에서 관찰할 수 있다. 이는 이 지점 위에서 하도 흐름이 부족함을 나타낸다. 다른 한편으로, 눈은 일부 산봉우리의 풍하에 집적되고 결과적으로 빙하와 권곡 분지를 형성한다. 이는 여름 내내 안정적이고 풍부한 융수를 공급할 수 있다(하지만 이는 단일 하천 계곡으로 제한될 수 있다).

68) 연중 유출수가 있는 하천을 말한다. 습윤기후 지역의 경우, 원류부에서는 강우 직후에 한해 표면유출이나 중간유출이 나타나는 일시하천이, 하류에서는 비가 많은 계절에 유출이 나타나는 간헐천이 나타나며, 이들로부터 물을 집적하여 연중 지하수유출 형태로 하천이 존재할 때 이는 영구하천이 된다. 항상하천이라고도 한다.

전형적인 산악하천은 상류에서 가장 가파르고 하류에서 점차 평탄해져 오목한 종단면을 형성한다. 암석 레지(ledge)[69] 및 다른 국지적인 기복의 갑작스러운 변화는 폭포를 만든다. 반건조 산에서, 일시하천의 하도는 종종 작은 모래사장과 함께 산재된 큰 암석들로 이루어진 일련의 단(step)으로 구성된다. 이것은 분명히 간헐적으로 심한 유출과 홍수에 대한 반응으로, 이들 유출과 홍수는 처음에 하상을 제거하고 다시 채운다(Wertz 1966; Heede 1975). 하류에서는 하도의 폭이 증가하며 하상 물질이 더욱 미세해지는 경향이 있다(Miller 1958; Fahnestock 1963; McPherson 1971b).

높은 산의 하천은 급경사면에도 불구하고 일반적으로 유량[70]이 적고 속도가 느리다. 그 결과 이들 하천은 매스웨이스팅을 통해 하천으로 전달된 큰 물질을 거의 운반할 수 없다. 이에 대한 증거로는 둑을 가득 채운 흐름에서도 높은 산의 하천 하류에서 물질 크기의 분급작용과 물의 특징적인 투명도이다. 현재 또는 과거의 풍화작용과 매스웨이스팅 과정에서 비롯되는 산악하천의 하상은 역(gravel)[71]이나 표석으로 이루어져 있다. 물은 이들 표석의 주변과 그사이를 흐르고 있는데, 이들 표석은 하상하중의 일부라기보다 확실히 하도의 일부이다. 빙하의 융해하천은 수많은 산에서 발견되는 전형적으로 세차게 흐르는 맑고 투명한 개울과는 다른 이례적인 경우이다. 이들 하천은 특히 극심한 융해작용이 일어나는 늦여름 오후 동안에 더 많은 미세한 침전물을 지속적으로 공급한다. 어느 날 늦게 나는

69) 암벽에서 선반처럼 튀어나온 부분을 말한다.

70) 하천 또는 대수층에 물이 흐를 때 흐름 방향에 직각인 단면을 단위시간에 통과하는 물의 체적을 말한다. 유동단면적과 그 단면의 평균유속을 곱한 값과 같다. 하천의 유량은 대부분 기후의 영향을 받는다.

71) 쇄설성 퇴적물 중 입자의 지름이 2mm 이상 되는 암석 파편을 말한다.

물이 맹렬하게 급류로 흐르던 빙하의 융해하천을 건넜는데, 하천을 따라 튕기듯 달리는 암석의 둔탁한 소리를 들었고 하천을 건너는 동안 암석이 장화 주변을 지나가는 것을 느낄 수 있었다.

저지대 하천 대부분의 지배적인 특성은 깊은 곳과 얕은 곳이 교대로 존재한다는 것이다. 일반적으로 하천 한쪽에는 깊은 곳이 존재하고 반대쪽에는 모래톱이나 얕은 곳이 존재한다. 이들 모래톱은 하도의 한쪽에서 다른 쪽으로 번갈아 쌓이는 경향이 있다. 평탄한 물의 소(pool)는 종종 더 깊은 곳에 형성되고, 모래톱 위로 여울(riffle)[72](또는 급류)이 형성되며, 이러한 지세는 송어잡이 어부들에게 잘 알려져 있다. 그러나 수많은 높은 산의 하천, 특히 반건조 지역에서는 소와 여울이 없다는 증거가 있다(Miller 1958, p. 49). 이는 분명히 굵은 하상 물질이 우세하기 때문이다. 일반적으로 유량이 작으면 큰 물질을 움직일 수 없다. 로키산맥과 같은 한층 더 습한 산에서는 소와 여울이 보이기도 하지만 저지대 하천보다 그 간격은 훨씬 더 다양하다(Leopold et al. 1964, p. 207; Heede 1975). 높은 산에서는 저지대보다 범람원과 자연 제방이 드문데, 하천이 기반암 하도에 국한되어 있고 둑을 넘지 않는 경향이 있기 때문이다. 간혹 곡저평탄면(valley flat)[73]이 있을 수도 있지만, 이는 하천 작용의 결과라기보다 빙퇴석 댐, 랜드슬라이드, 눈사태와 같은 다른 과정에 의해 형성되는 경우가 많다(Hack and Goodlett 1960, p. 53). 기반암 하도가 있는 산악하천은 산속 초원과 같이 경사도가

72) 하상에 나타나는 퇴적지형을 말한다. 하천이 곡류하게 되면 공격사면 밑은 깊은 소(pool)가 형성되는데, 상류 곡류하도의 공격사면에서 하류 곡류하도의 공격사면으로 넘어가는 중간 부분은 하천운반물질이 퇴적되어 수심이 얕고 물살이 센 곳이 나타난다. 이곳을 여울이라 한다.

73) 산지나 대지 등을 흐르는 하천의 연안에 발달한 평탄한 지형을 말한다. 기반의 침식면이 얇은 하성퇴적물로 덮인 경우가 많다.

낮은 길게 뻗은 구간을 제외하고는 거의 곡류하지 않지만, 이 하도 또한 완벽한 직류하천은 아니다(Miller 1958, p. 49).

유량의 체계

산악하천의 주된 흐름 특성은 일별, 그리고 계절별 흐름의 주기성이다. 간헐적인 흐름의 경향은 이미 언급되었다. 해설(snowmelt)[74]은 밤에 감소하고 낮에는 증가한다(정확한 양은 날씨와 국지적인 현장 조건에 따라 달라진다). 따라서 해설에 의해 공급되는 하천은 오후와 초저녁에 유량이 가장 많고, 이른 아침에는 유량이 가장 적다. 그 결과 유량곡선은 여름 동안 매일 흐름의 큰 변동을 나타낸다(그림 6.35a)(Slaymaker 1974, p. 149). 겨울 강수의 대부분은 눈으로 내리고 봄이 되어 기온이 상승할 때까지 높은 지방에 머무른다. 수많은 높은 산의 하천이 결빙되기 때문에 이 흐름은 줄어들어 실개울이 된다(기온은 그렇게 낮지 않고, 겨울 내내 강우나 젖은 눈이 일반적인 열대나 중위도의 해안 산은 예외이다). 하지만 여름에는 눈의 형태로 저장된 물이 융해되어 배출되고 하천이 가득 차게 된다. 이로 인해 봄철 짧은 기간 동안 거의 홍수 조건이 발생할 수 있다(그림 6.35b). 어떤 해에는 비교적 낮은 하천의 하도 및 교량이나 고속도로에서 큰 피해가 발생한다.

고산빙하가 존재하는 곳에서는 일반적인 봄의 유출이 빙하의 융해로 증가한다. 또한 하천은 여름 동안 대부분의 대륙 지역에서 나타나는 보통의 계절적인 강수 증가를 수반한다. 여름에는 겨울과 달리 산이 물을 많이 저

74) 지상에 쌓인 눈이 융해되어 시내를 형성하는 것으로, 결빙화되고 다져진 눈더미는 녹는 속도가 상대적으로 느린 것이 특징이다.

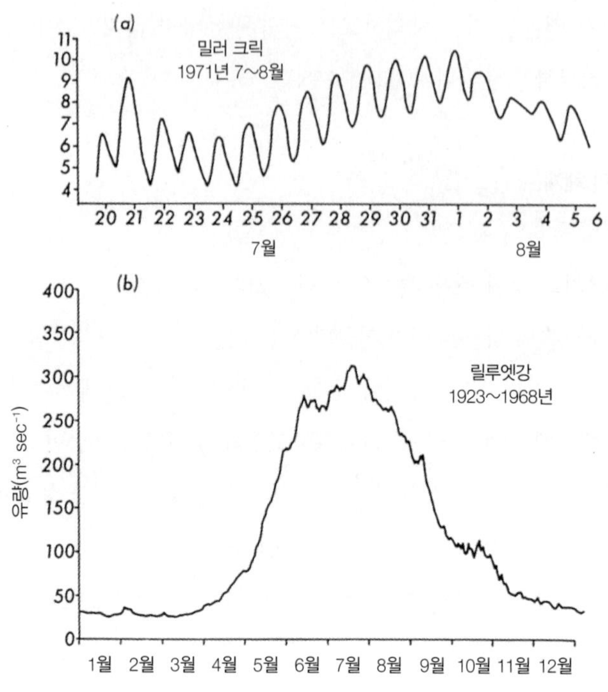

그림 6.35 브리티시컬럼비아주에 있는 두 산악하천의 일별(a), 월별(b) 유량곡선. 빙하의 융수는 두 경우 모두 유출에 크게 기여한다.(출처: Slaymaker 1974, p. 148)

장할 수 없기에 뇌우의 강우가 하계망을 통해 빠르게 급증한다. 콜로라도주 남부의 산후안(San Juan)산맥에서는 여름 뇌우의 많은 강우로 인해 침식 속도가 겨울보다 3~4배 더 빠르다(Caine 1976). 예외적으로 많은 강수는 돌발홍수[75]를 유발할 수 있으며, 침식의 가능성이 훨씬 더 커진다(Beaty 1959). 이들 홍수는 반건조한 산이나 그 부근의 취락에 주요한 환경적 위

75) 단기간에 높은 출수로 잠시 상승하는 홍수로서, 이는 대개 소유역에서 강우 강도가 클 때 발생한다.

험요소이다. 예를 들어, 100만 명 이상의 사람들이 워새치 프런트(Wasatch Front)를 따라 폭 좁은 지대에서 살고 있는 유타주 솔트레이크시티(그림 10.19)는 지난 세기 동안 매년 여름 평균 세 차례의 큰 폭우나 돌발홍수를 겪고 있다(Marsell 1972). 식생이 드문 사면에서는 유출속도가 빨라지고 주요 배수로는 물이 차오르면서 속도가 빨라지고 진흙과 암석으로 이루어진 암설이 가득 찬다. 산의 기저부에 이르러 하천이 둑을 넘어 흐르거나 어떤 하상도 나타나지 않는다면 물과 암설이 선상지로 흩어진다. 진흙과 암석의 암설이 지표면을 뒤덮고 상당한 피해를 입힌다. 최근까지 이러한 손실은 주로 헛간, 고속도로, 농경지에서 발생했다. 하지만 토지에 대한 압박이 증가하면서 주택 개발은 사면의 더욱더 높은 곳으로 떠밀려 올라가고, 어떤 경우에는 말 그대로 협곡의 입구까지 나아간다. 차도는 심지어 하상을 따라갈 수 있다. 이것은 무모한 일이지만, 역설적으로 가장 큰 영향을 받는 사람들은 종종 낮은 사면의 오래된 정착 지역에 사는 사람들이다. 협곡의 입구를 따라 포장된 차도와 도로를 건설하는 것은 불투수성 하도를 형성해 돌발홍수의 물이 빠르게 내리막사면으로 이동하는 반면에, 많은 양의 물이 암석투성이 땅으로 스며들어 저지대의 피해 가능성을 줄이고 지하수를 재충전하는 데 기여하였다. 하지만 지금은 훨씬 더 많은 물이 산록사면으로 향하고 있으며, 상당한 피해 가능성이 있다. 따라서 강력하고 효과적인 토지이용 계획이 필요하다.

하천이 언제 가장 일을 많이 하는지에 대해서는 의견이 분분하다. 수세기 동안 매일의 흐름보다 커다란 홍수와 재난이 짧은 시간 동안 더 많은 침식을 일으킬 수 있다고 오랜 기간 믿어왔다. 하지만 산악지역에서 배수되는 일부 하천을 포함해 몇몇 하천에서의 측정 결과는 침식의 대부분이 매우 드물게 발생하는 재난적인 홍수보다는 오히려 일반적인 흐름과 1년에 한두 번 발생하는 보통의 홍수로 인해 일어나는 것을 나타낸다(Wolman and Miller 1960; Leopold et al. 1964, p. 71). 또한 수많은 다른 연구는 이러한 증거를 반박하고 있는데, 매스웨이스팅뿐만 아니라 하천의 운반과 침식의 많은 부분이 규칙적으로 간격을 두고 매년 일어나기보다 오히려 10년이나 100년에 단지 며칠 동안만 일어나는 것으로 나타났기 때문이다(Beaty 1974b; Rapp 1974; Rapp et al. 1972; Rapp and Strömquist 1976; Starkel 1976). 논란이 해결되기까지는 아마도 수년이 걸리겠지만, 대규모 사건의 유효성에 대한 논쟁은 저지대에서보다 산에서 더 타당한 것으로 보인다. 이는 간헐적이며 장관인 사건의 발생 가능성이 산에서 더 크기 때문이다. 이것은 특별히 대력(cobble)[76]과 표석으로 된 하상하중이 있는 산악하천에 해당한다. 왜냐하면 오직 산봉우리에서 또는 재난적인 사건만이 이러한 물질의 이동을 가능하게 하기 때문이다(Beaty 1959; Steward and LaMarche 1967; Nanson 1974). 이 시기에는 유수의 정말 놀라운 잠재력이 입증된다.

배수 지형

수많은 배수 지형이 산에서 가장 잘 발달한다. 여기에는 망상하도, 충적선상지, 비대칭곡 등이 포함된다. 또한 하늘에서 보거나 지도로 보는 경우 기본적인 하계망 패턴은 지형적인 과정을 현저하게 보이고, 특정 유형의 암석, 구조, 과거 지질학적 사건의 존재를 나타낸다.

76) 입자 지름이 64~256mm인 자갈을 말한다.

망상하도

망상하천(braided stream)은 침전물로 덮인 하상 내에서 분리되고 재결합하는 얕은 하도가 뒤얽혀 이루어진다(그림 6.36). 망상작용은 하천이 깊은 단일 하도에서 운반하기에는 너무나 굵고 많은 하상하중 물질이 있는 경우에 발생한다. 과도한 침전물은 모래톱이나 작은 섬에 퇴적되어 있고 물은 나뉘어 이들 주위를 흐른다. 이는 하상을 높여서 사면과 하류 속도를 증가시킨다. 동시에 하도는 더 얕아지며, 이는 하상을 따라 유속을 증가시키고 동일한 유량에서 더 많은 양의 하상하중이 운반될 수 있도록 한다. 하천의 망상 구간은 단일 하도의 구간보다 몇 배나 더 가파른 경사도를 나타낸다. 따라서 망상하천의 얕지만 상대적으로 가파른 하도는 하천 바닥을 따라 굵은 입자의 운반을 용이하게 한다. 하지만 깊은 하천은 가장 빠

그림 6.36 알래스카주 랭걸산맥의 망상하도. 대부분의 하상 물질은 작은 하천이 운반하기에는 너무 굵기 때문에, 단순히 물질을 나누고 재결합하는 방식으로 작동한다.(저자)

른 유속이 하상에서 멀리 떨어진 수면 부근에서 발생하기 때문에 굵은 입자를 운반할 수 없다. 그러므로 망상작용은 단일 하도로 운반하기에는 너무나 큰 물질로 이루어진 하상하중의 증가에 대한 하천의 자연스러운 반응으로 볼 수 있다.

망상하도는 유출이 빠르고 주기적으로 건조한 산악지역에서 가장 잘 발달한다. 수많은 빙하 하천은 빙하의 융해로 인해 하천에 공급된 풍부한 암설 때문에 망상작용이 크게 발달한다. 망상작용은 높은 급경사면에서 발원하는 작은 하천에 의해 암설이 공급되는 중간 크기의 하천에서도 발견된다. 작지만 맹렬한 급경사면의 하천은 중간 하천이 보통의 단일 하도에서 운반할 수 있는 것보다 종종 더 굵은 물질을 곡저로 운반한다. 또한 망상이 아닌 하도는 급경사면 지역에서 인간의 교란, 예를 들어 벌목, 농업, 수력채굴 등으로 인한 결과로 망상하도가 될 수 있다.

망상하도는 일반적으로 곡벽에 국한되지 않는 상당히 넓은 계곡에서 나타나고 있으며, 물은 전체 하상의 작은 부분만을 점유하고 있다. 수많은 경우에 망상하천은 빙하의 작용으로 인해 크게 넓어지고 깊어지는 계곡을 뒤따르고 있다. 망상하도는 미세한 실트, 모래, 자갈[礫]에서부터 대력과 표석에 이르기까지 불충분하게 분급된 물질로 이루어져 있다. 하도 중간의 이렇게 느슨히 고결된 물질로 이루어진 모래톱은 흐름이 측면에 가해질 때 지속적인 침식에 노출될 수 있다. 하천의 유출량이 많은 기간 동안에는 모래톱의 상류 끝부분에서 침식이 일어나며, 하류 끝부분에서는 퇴적이 발생한다. 따라서 모래톱은 계속해서 그 모양을 바꾸고 하류로 이동하지만, 전체적인 모습은 여전히 비슷하다. 하도 자체는 유출이 많은 기간 동안 급격한 변화를 겪기 때문에 훨씬 더 큰 변화를 보인다. 이는 수 분 내지 수 시간 안에 일어날 수 있거나 훨씬 더 오래 걸릴 수도 있다. 워싱턴주 레이니어산의 에먼스(Emmons) 빙하에서 기원하는 화이트강은 8일 만에 횡으로 100m 이상을 이동했다. 거대한 망상하천은 횡방향 변위가 훨씬 더 커질 수 있다. 이러한 극단은 네팔의 에베레스트산 부근에 발원하여 결국 갠지스강으로 흘러 들어가는 코시강에 의해 증명된다. 이 하도를 따라 어느 한 지점에서 코시강은 지난 200년 동안 서쪽으로 112km의 거리를 이동했다. 또한 이 강은 매년 19km를 이동한 것으로 알려졌다.

충적선상지

충적선상지(alluvial fans)는 하천이 저지대로 흘러나오는 계곡이나 협곡의 입구에서 발생하는 원추(원뿔) 모양 또는 부채 모양의 퇴적물이다. 경사도가 감소하기 때문에 이 지점에서 하천의 속도는 느려진다(따라서 하중의 일부가 침강한다). 게다가 이 하천은 더 이상 기반암 하도의 가파른 계곡 벽에 국한되지 않기 때문에 횡방향으로 퍼져 나가면서 망상 패턴(유형)으로 변하여 에너지를 확산시키고 퇴적된 침전물 속에서 굽이쳐 흐른다. 그 결과로 암설은 계곡 입구에 꼭지점이 있고 바깥쪽 사면으로 주변이 반원형인 원뿔 모양이나 부채 모양의 형태로 쌓인다(그림 6.37). 큰 물질이 먼저 침강하고, 작은 물질은 더 멀리 운반된다(McPherson and Hirst 1972). 충적선상지는 기본적으로 산악하천이 더 멀리 운반하지 못한 하상하중의 일부분으로 구성되어 있다. 일반적으로 고지의 분수계와 발원지역이 커질수록 충적선상지도 커진다(Denny 1967).

충적선상지는 모든 종류의 환경에서 발생하며 다양한 형태를 나타내지만, 하천유출이 간헐적이며 범람과 유출이 매우 많은 시기에 퇴적의 대부분이 발생하는 건조한 산과 반건조한 산에서 가장 잘 발달한다(Beaty 1963, 1974b; Denny 1967; Cooke and Warren 1973). 또한 이류는 특히 반건조한 산괴 극지의 산에서 충적선상지의 형성에 기여할 수 있다(Blackwelder 1928; Beaty 1963, 1974b; Slaymaker and McPherson 1977). 어떤 경우에는 하천이 1년 내내 흐를 수도 있지만, 일반적으로 물은 멀리 충적선상지까지 도달하지 못하고 굵은 침전물에 스며들어 사라진다. 이것은 산악하천의 하류에서 유량과 속도를 증가시키지만, 충적선상지 아래에서는 유량과 속도를 감소시키는 흥미로운 상황을 초래한다. 저지대에 이르면서 하천은 하중 일부를 퇴적하여 선상지 형성에 기여하고 산악하천의 하도를 채운다. 이는 곡상에서 인접한 고지대 위로 올라간 매끄러운 오목한 단면을 만들어낸다(Denny 1967, p. 83). 하천의 유출이 강하고 지속적인 경우 하천은 선정[77] 부근에서 하도를 깊게 절단하여 하천이 빠져나가기 어렵게 만들 수 있으므로, 선상지의 퇴적작용이 중지되고 지세는 (적어도 선상지의 상부에서는) 비활동적인 상태가 된다. 활동적인 상태에서 선상지를 형성할 때 하도는 고정되지 않지만, 그 대신에 거대한 뱀이 주기적으로 자신의 영역을 방문하는 것처럼 하도는 수년에 걸쳐 선상지 표면을 왔다 갔다 사행하며 빠져 나간다(그림 6.37). 따라서 선상지의 한쪽은 퇴적물로부터 물질을 공급받는 반면에, 다른 한쪽은 우곡이 형성되어 침식될 수 있다. 저지대로 이어지는 각 하천 계곡에는 자체의 충적선상지가 있을 수 있으며, 인접한 선상지는 결국 병합되어 산악 전면의 기저부에 상대적으로 거대한 암설의 에이프런(apron)[78]을 형성할 수 있다. 대표적인 예로는 시에

77) 선상지는 형성되는 위치에 따라 선정, 선앙, 선단으로 구분 짓는다. 선상지가 시작되는 부분(선정)에서는 물이 땅 표면으로 흐르지만, 가운데 부분(선앙)에서는 땅속으로 흐른다. 선상지가 끝나는 곳(선단)에서는 땅속으로 흐르던 물이 솟아올라(용천) 하천으로 흐른다. 이러한 특성 때문에 선정과 선단에서는 물이 많이 필요한 벼농사를 주로 짓고 선앙에서는 밭농사를 주로 짓는다.

78) 여러 개의 선상지가 중첩되어 만들어지는 형태이며, 보통 바하다(bajada)라고 한다. 이 단어

그림 6.37 유콘 준주 세인트일라이어스산맥의 충적선상지. 이 선상지는 슬림스강의 범람원에 퇴적된 것으로, 비교적 최근에 형성된 것으로 보인다. 최근 이 지역의 활동적인 상태로 인해 이곳 지세의 왼쪽에는 숲이 있지만 오른쪽은 거의 나지인 것에 주목하라. 하천은 이제 왼쪽으로 이동하여 숲을 잠식하고 있는 것으로 보인다. 충적선상지는 산에서 일어나는 침식이나 기타 지형적인 활동의 크기를 보여주는 좋은 지표 역할을 한다.(저자)

라네바다산맥의 서쪽 주변부를 따라 캘리포니아주의 그레이트 밸리, 안데스산맥 기저부에 있는 칠레의 베일(Vale), 중국 서부의 타림 분지, 그리고 힌두쿠시, 파미르, 톈산의 기저부를 따라 러시아령 투르키스탄의 사마르칸트(Samarkand) 지구 등이 있다.

충적선상지는 지표면이 비교적 부드럽고, 토양이 생산되며, 물이 공급

••

는 '비탈길'이라는 의미를 갖는 스페인어에서 유래했다.

되기 때문에 산악지역에서 농업과 취락의 핵심 지역이다. 특히 물은 건조한 지역에서 주요 인자이다. 산에서는 때때로 하천을 댐으로 막아 물을 용수로 전용하지만, 다른 지역에서는 선상지에 우물을 팠다. 충적선상지는 훌륭한 대수층을 제공하므로 지하수의 좋은 공급원이다. 주요 기여 요인은 선상지 형성의 방법에 있다. 미세한 입자는 주변으로 운반되어, 이곳에서 상대적으로 투과성이 낮은 미세하고 밀도가 높은 퇴적물로 집적된다. 여기서 이들 미세한 입자의 댐은 지하수를 막아 유출을 방지하고 높은 지하수면을 유지하도록 돕는다. 중국에서 이란에 이르는 아시아 일부 지역과 북아프리카의 아틀라스산맥 부근의 지역에서는 충적선상지의 측면으로 터널을 파서 지하수를 개발하고 있다. 이 지하수의 위치는 선단에 구멍을 파는 탐사정(exploratory wells)을 통해 발견되었다. 카나트(qanat)[79] 또는 포가라(foggara)라고 하는 이 터널은 그리스도가 태어나기 훨씬 이전부터 행해진 고대 기술의 표본이다(English 1968). 카나트는 종종 수 킬로미터까지 뻗어 있고 수백 미터 깊이까지 파 내려가야 지하수면에 도달한다. 짧은 간격을 이루며 터널로 파 내려간 수직갱도를 통해 굴착토를 제거하여 아래의 작업자들에게 공기를 공급하고, 나중에 터널에 접근하여 유지보수를 할 수 있다(그림 6.38). 하늘에서 보면, 이들 수직갱도와 주위에 쌓여 있는 굴착토가 도넛 모양처럼 보인다. 이제는 중앙아시아에서도 현대적으로 물을 퍼내는 우물을 흔히 볼 수 있지만, 카나트는 여전히 주요한 물의 공급원이다. 말 그대로 수천 개의 이러한 지세가 이 지역 충적선상지의 지표

79) 지표수 관개가 불가능한 건조 지대에 분포하는 지하 수로식 관개 시설을 지칭하는 페르시아어이다. 북아프리카에서 서남아시아를 거쳐 중앙아시아에까지 분포한다. 파키스탄과 아프가니스탄에서는 카레즈(karez), 모로코에서는 레타라(lettara), 북부 아프리카에서는 포가라(foggara), 중국에서는 칸칭이라고 한다.

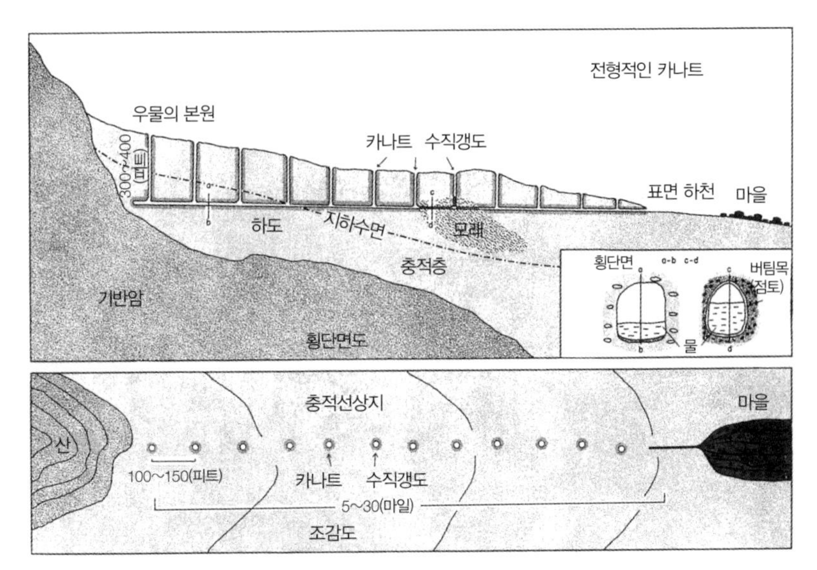

그림 6.38 중앙아시아의 전형적인 카나트에 대한 개략적인 그림으로, 횡단면도와 조감도 모두 보여준다. 삽도는 이 무른 지역의 터널의 형태와 붕괴를 방지하기 위해 점토 버팀목을 어떻게 사용하는지를 보여준다.(출처: English 1968, p. 171)

면에 점철되어 관개용수를 지속적으로 공급하여 상당히 많은 인구를 유지한다(Cressey 1958; Wulff 1968; English 1968).

비대칭곡

비대칭곡(valley asymmetry)은 한쪽 사면이 다른 쪽 사면보다 가파른 계곡이다(그림 6.39). 이러한 지세는 산에서 흔히 볼 수 있으며, 비대칭곡의 경향이 뚜렷하게 나타나는 곳에서는 하천-계곡의 발달사에 대한 귀중한 정보를 얻을 수도 있다. 비대칭 사면의 가장 분명한 원인은 지질 구조이다. 즉 경사(dip)[80]와 주향(strike)[81] 또는 암석의 다른 특성이 사면의 방향과 상대적 경사도를 제어한다. 다른 경우에 비대칭곡은 어떤 중요한 구조적인 제어도 없이, 또는 심지어 기본적인 암석학과는 반대되는 경우에도 발생할 수 있다. 이는 종종 하천이 사면과 부딪히고 침식으로 인해 사면이 가파르게 되는 곳에서 발생한다. 멜턴(Melton, 1960)은 이런 작용이 주로 계곡의 한쪽에 있는 크고 강력한 지류가 본류의 영력을 반대편 사면으로 향하도록 하는 경우에 일어나는 것으로 보았다. 퇴적물 생성도 마찬가지로 중요한 요인이다. 왜냐하면 과도한 하상하중의 퇴적이나 충적선상지의 형성이 또한 본류를 반대편 계곡의 벽 쪽으로 강제하는 경향이 있기 때문이다. 예를 들어, 카라코람 히말라야산맥의 북사면에서는 여름 내내 지속되는 비교적 크고 맑은 하천이 나타나는 반면에, 건조하고 식생이 한층 더 드문 남사면의 하천은 작고 간헐적으로 흐르지만 더 많은 퇴적물 하중을 운반한다. 따라서 본류는 북사면으로 강제된다(Hewitt 1972, p. 31).

비대칭곡은 모든 방향에서 발생할 수 있지만 한 사면이 다른 사면보다 햇볕에 더 많이 노출되는 동-서 계곡에서 가장 잘 나타나는 경향이 있다. 이로 인해 수많은 지형학자들은 균형이 안 맞는 계곡의 측면이 미기후 요인과 환경 요인 때문에 발달했다고 믿게 되었다(Kennedy 1976). 예를 들어 북반구에서는 일반적으로 북사면이 남사면보다 가파르다(하지만 수많은 예외도 있다)(Beaty 1962). 기본적인 패턴은 남사면에서 눈녹이의 물리적 풍화작용, 매스웨이스팅, 유출로 인해 발생하는 것으로 보인다. 물론 지역 기후의 조건에 따라 많은 것들이 달라진다(Karrasch 1972). 열대지방에서는 북사면과 남사면 사이에 햇볕 노출의 차이가 크지 않다. 결과적으로 바람과

80) 지층면이 주향에 대해 직각 방향으로 경사진 각도의 방향을 말한다.

81) 지층면과 수평면이 이루는 교선 방향을 말한다. 즉 지층면이 어느 방향에서 얼마만큼의 각도로 경사되어 있는지를 나타내는 요소이다.

그림 6.39 아북극 고산 환경(유콘 준주 루비산맥)의 동-서 비대칭곡. 왼쪽의 한층 더 완만한 사면은 남향이다. 이 계곡은 최근에 빙하작용을 받았으며, 얼음의 융해 이후 비고결 물질이 주로 집적되었다. 솔리플럭션은 남사면에서 작용하는 주요 과정이며, 계곡의 남쪽이 호수로 대체된 것을 설명한다. 나지의 암석투성이 북사면에서 작용하는 주요 과정은 동결쐐기작용, 설식, 암석낙하, 이류이다. 그림 6.28은 암설원추 중 하나를 한층 더 가까이 보여준다. 이 지역의 상부 지표면은 크리오플라네이션으로 인해 비교적 완만하다(그림 6.33 참조). (저자)

비에 노출되는 것이 햇볕에 노출되는 것보다 더 중요하다. 따라서 무역풍대에서는 풍상과 풍하의 사면(기본적으로 동사면과 서사면)이 비대칭이다.

중위도 지방의 건조지역과 반건조 지역에서는 카라코람산맥에서의 경우와 같이 북사면은 남사면보다 일반적으로 수분이 많고 식생이 잘 발달해 있다. 나지와 식생이 드문 사면은 면상 침식(sheet wash)[82]과 우곡 침식[83]에

82) 비탈진 땅에서 강우 또는 관개에 의해 발생된 유거수가 전면에 걸쳐 표토를 이동시키는 평면적인 토양 침식을 말한다.

더 취약하므로 한층 더 긴 단면을 나타낸다. 영구동토가 존재하는 극지방과 아극지방에서 일어나는 융해작용의 깊이는 지표면 과정에 매우 중요하다. 남사면에서는 일반적으로 솔리플럭션이 크게 나타나고 사면이 완만한 반면에, 북사면에서는 설식이 크게 발생하고 따라서 경사도 가파르다(Currey 1964; Kennedy and Melton 1972). 솔리플럭션이 지배적인 과정인 경우, 계곡에서 운반된 물질의 집적은 하천을 반대쪽 사면으로 강제하는 경향이 있어 비대칭성을 두드러지게 할 수 있다(그림 6.39). 이와 유사한 조건은 아마도 플라이스토세 동안 중위도 지방에 존재했고, 수많은 경관에는 플라이스토세 주빙하 조건이 계승된 것에 대한 증거가 있다(French 1972a).

비대칭곡의 또 다른 요인은 빙하작용이다(Gilbert 1904; Tuck 1935; Evans 1972). 빙하얼음은 (북반구에서) 한층 더 가파른 북사면을 만들 수 있다. 왜냐하면 동-서 계곡의 빙하는 북사면의 그늘에서 가장 깊고, 융해작용이 크게 일어나는 남사면 쪽에서 가장 얕은 경향이 있기 때문이다. 그러므로 계곡의 남쪽은 뒤이어 계속해서 더욱 깊어지고 가파르게 된다. 분명히 비대칭곡은 수많은 요인으로 인해 발생하지만, 어떤 정해진 과정의 작용에 대한 증거를 제공한다. 이들 과정의 식별과 적절한 해석은 경관의 역사와 발달에 대한 귀중한 통찰로 이어질 수 있다.

하계망 패턴

지구상에서 가장 흔히 볼 수 있는 하계망 패턴은 나뭇가지처럼 생긴 수지상 패턴으로, 꼭대기는 헤드워터(headwater)[84] 지류이고, 줄기는 본류

83) 우곡에 의한 토양 침식을 말하는 것으로 우곡이 많이 파이면 땅이 불모지로 변한다. 이는 인간 활동이나 기후 변동으로 식생이 파괴되거나 빈약해질 때 더욱 촉진된다.

이다. 수지상의 하천 패턴은 균질한 지표면 조건에서 발달하며, 일반적으로 중요한 구조적 제어가 부족하다는 증거로 받아들여진다. 그러나 하천 유출이 사면과 구조에 의해 더욱 강하게 제어되는 산에서는 다른 유형의 하천 패턴이 발달한다(그림 6.40). 어느 주어진 유형의 하천 패턴이 존재하면 경관의 지형 발달사를 이해하는 데 도움이 될 수 있다. 예를 들어, 돔이나 화산 봉우리에는 바퀴의 살(spoke)처럼 중앙의 산악지역에서 바깥쪽으로 하천이 흐르는 방사상 하천 패턴이 자주 나타난다(그림 6.40a). 만약 산괴가 사우스다코타주의 블랙힐스 산지에서처럼 위쪽으로 반구형이지만 일련의 산릉이 에워싸고 있다면, 환상 하계망 패턴이 탁월하게 나타날 수 있다. 이 하천은 내풍화성 암석[85]의 산릉을 통과하는 이동 경로를 찾을 때까지 침식 가능한 암석의 원형 노두[86]를 따라 흐른다(그림 6.40b). 애팔래치아 산맥이나 주라산맥과 같이 산릉과 계곡이 평행한 습곡산맥에서는 본류가 계곡의 중심을 점유하고 수많은 짧은 지류가 직각으로 본류에 합류하여 격자상(trellis)[87] 패턴을 형성하는 것이 일반적인 경향이다(그림 6.40c). 또한 단층작용과 절리작용도 하천유출의 방향에 크게 영향을 미친다. 뉴욕

84) 보통 하천의 발원지나 거대 하천에서 상류의 한계를 말한다.
85) 풍화가 쉽게 일어나지 않는 견고한 암석을 가리킨다.
86) 암석이나 지층이 토양이나 식생 등으로 덮여 있지 않고 직접 지표에 드러나 있는 곳을 말한다. 일반적으로 토양의 발달은 기후 조건이나 지형에 크게 영향을 받는다. 비가 많은 지역에 비해서 건조지역은 식생의 발달이 좋지 못하고, 토양도 얇기 때문에 노두가 잘 발달한다.
87) 개별 하천이 모여서 이루어지는 하계망의 공간구조로 경암층과 연암층이 반복해서 지표에 노출되어 있는 퇴적암 지역에 잘 나타난다. 하천은 주로 지층의 주향을 따라 연암층에 발달한다. 본류 하천은 열상으로 배열된 경암층의 산릉 사이를 똑바로 흐르는데, 이 산릉을 하천이 횡단할 때는 보통 직각으로 꺾인다. 그리고 본류에서 갈라지는 일차적인 지류는 본류와 직각을 이루며, 다시 일차적인 지류에서 갈라지는 이차적인 지류는 일차적인 지류와 직각으로 만나면서 본류 하천과 평행하게 흐른다.

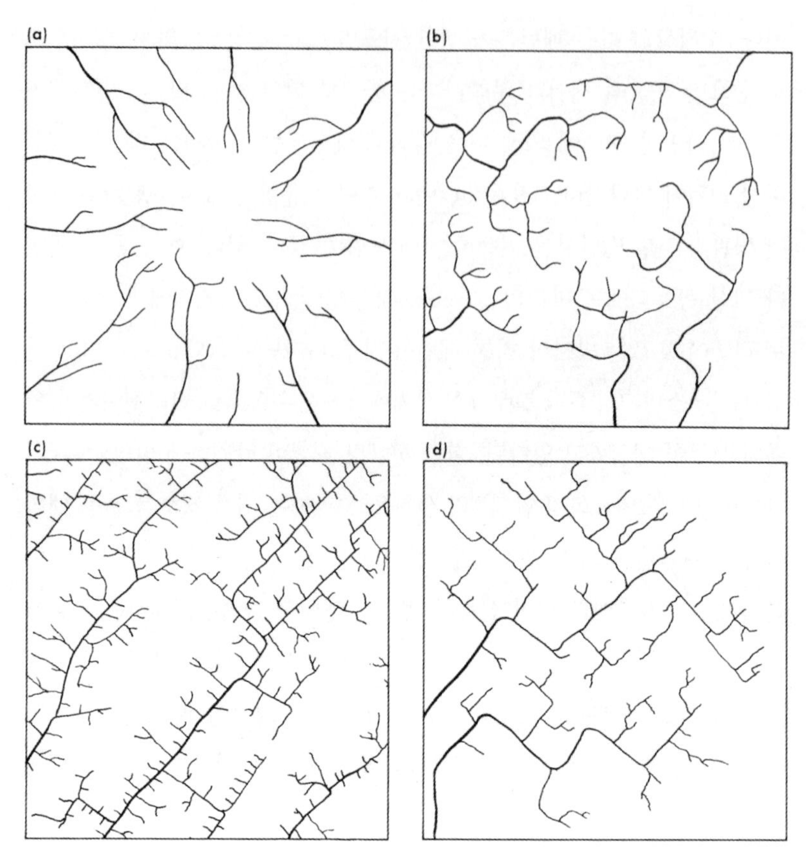

그림 6.40 구조적인 제어를 반영하는 하천의 패턴. (a)방사상 패턴 (b)환상 패턴 (c)격자상 패턴 (d)직교상 패턴(출처: 여러 자료)

주 애디론댁(Adirondack)산맥의 많은 부분은 지역적인 절리 시스템에 반응하여 하천이 직각으로 휘어지도록 강제하기 때문에 직교상 패턴을 보인다(그림 6.40d). 다른 유형의 하천 패턴도 언급할 수 있지만, 이들이 주요 유형이다. 일반적으로 고정되거나 반복적인 기하학적 패턴이 그 자체를 나타내거나 하천이 매우 직선적인 부분을 표시할 때마다, 이는 어떤 종류의 구조적인 제어에 대한 증거이다(Howard 1967).

하천 배수의 또 다른 매우 주목할 만한 진단적 특징은 하천이 산을 가로지른다는 것이다. 이것은 흥미로우며 수수께끼 같은 현상이다. 지형을 가로질러 흐르는 하곡의 발달은 물이 아래로 흐른다는 자연의 기본 법칙에 반대되는 것처럼 보인다. 사실, 네 가지 다른 과정이 이러한 지세를 가져올 수 있다. 하나는, 하천의 가장 낮은 하구가 산릉을 가로질러 있기 때문에, 물은 단순히 뒤로 흐르고 결국 물은 낮은 곳을 통해 흘러가 마침내 이를 통해 하도를 침식한다는 것이다. 다른 하나는, 하천이 두부 쪽으로 침식하여 결국 육안으로 보이는 장애물을 가로질러 흐른다는 것이다. 나머지 두 과정은 선행(antecedence)과 적재(superimposition)로 알려져 있다(Thornbury 1969, p. 116).

선행하천[88]은 산맥이 형성되기 전에 존재했던 하천이다. 융기가 발생하는 경우 이 하천은 하부굴착으로 보조를 맞추고 산맥을 통과하는 하천의 하도를 유지했다(그림 6.41). 선행하천은 몇몇 장관을 이루는 계곡을 만들어왔다. 브라마푸트라(Brahmaputra)강과 인더스강은 티베트고원에서 발원하여 세계에서 가장 높은 산맥을 가로질러 바다로 흘러간다. 또 다른 예는 컬럼비아강으로, 이는 캐스케이드산맥을 관통하여 이 장벽을 가로지르는 주요 해수면 높이의 경로를 제공한다. 다른 한편으로 적재하천[89]은 예를

88) 습곡산지가 형성되기 전부터 흐르던 하천이 습곡산지가 형성되는 동안에도 하방침식을 활발히 계속하면, 습곡 구조와는 관계없이 원래 유로를 제자리에 유지하는 하천이다.

89) 강의 흐름이 현재 침식받는 지질 구조에 따른 경로를 취하지 않고, 이전에 침식을 받았던 곳이나 이전에 그 위에 포개져 있던 지층의 구조에 의해 결정된 경로를 통해서 흐르는 경우에 대하여 말한다. 즉 연한 피복층을 하천이 침식하여 단단한 기반암에 도달해도 기반암의 굳기에 관계없이 처음의 유로를 유지하여 적재(표성)곡이라는 골짜기를 만드는데, 이곳을 흐르는 강을 적재(표성)하천이라 한다.

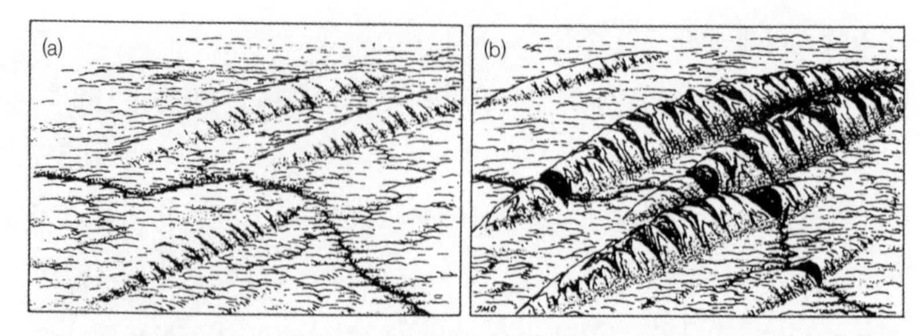

그림 6.41 구조물을 가로질러 흐르는 선행하천의 기원. (a) 주요 융기가 발생하기 전 초기 단계의 하천. (b) 산의 융기 및 변형 동안 스스로 유지되는 하천. 이 그림은 또한 (a)가 원래의 지형을 매립한 용암류나 빙하 퇴적물과 같이 새로이 퇴적된 지표면을 나타낸다고 가정할 경우 적재하천도 나타낼 수 있다. 이 새로운 물질에 하천이 형성되며, 하천의 조성과 계곡의 발달이 진행됨에 따라 결국 매몰된 구조적인 지형을 마주치게 된다. 이때까지 하천은 자리 잡았고, 따라서 하천은 스스로 유지되고 계속해서 하부굴착이 있을 수밖에 없다. 일반적으로 구조적인 지형보다 내풍화성이 떨어지는 퇴적 물질은 침식으로 인해 제거되고 구조적인 지형은 결국 두드러져 보이게 된다. (b)에서 하천은 이제 선행보다는 적재 과정을 통해 나타나고 있다.(출처: Oberlander 1965, p. 105)

들어 퇴적물, 용암, 빙하 퇴적물로 이전 지형이 뒤덮인 곳에서 발달한다. 이 지표면에는 새로운 하천이 형성되어 자리를 잡는다. 하천이 결국 그 아래 가로놓인 지형의 단단한 암석과 구조에 도달해도, 단지 이 형성된 하도의 아래쪽으로 계속해서 침식한다. 나중에 위에 가로놓인 부드러운 물질이 제거되면, 하천은 지형을 가로질러 횡으로 절단한 것으로 보이는데, 실제로는 다른 조건에서 하천의 이동 경로가 만들어졌기 때문에 어떤 선택의 여지도 없었다. 적재하천에 대한 수많은 사례가 로키산맥에서 인용되었지만 애팔래치아산맥에 훨씬 더 많은 수의 적재하천이 있는 것으로 보고되고 있다(Johnson 1931; Atwood and Atwood 1938). 이들 하천 가운데 허드슨강과 서스케하나(Susquehanna)강이 가장 많이 알려져 있다. 하지만 로키산맥과 애팔래치아산맥은 매우 다른 상황을 보여준다. 피복층 덩어리가 로키산맥에 남아 있어 적재를 입증하는 반면에, 애팔래치아산맥에는 어떠

한 피복층 덩어리도 없고, 적재는 한층 더 가설에 불과하다. 선행은 입증하기 어렵고, 적재는 아마도 상당히 국지적인 현상이기 때문에, 최근 몇 년 동안 하천에 의한 두부침식의 유효성이 훨씬 더 강조되고 있다. 또한 하천은 내풍화성이 번갈아 나타나는 하상을 가로질러 흘러가며, 결국 하천의 흐름 방향에 횡으로 달리는 구조로 이루어진 내풍화성 지층에 부딪히고 자리를 잡게 된다. 이는 선행이나 적재의 패턴과 유사한 하천 패턴을 생성할 수 있지만 어느 하나도 관련은 없다(Twidale 1971, p. 211). 산에서의 횡방향 배수에 대한 모든 논제는 문제가 되었다. 예를 들어, 이란의 자그로스산맥에 대한 오버란더(Oberlander, 1965)의 연구는 산맥의 결을 가로지르는 하천의 발달에서 선행과 적재 및 이들의 중요성에 관한 수많은 고전적 개념에 강한 반론을 제기했다.

하천이 산을 가로질러 흐르면, 수단과 방법을 가리지 않고 하천은 수극(water gap)[90]이라고 알려진 지형을 만들어낸다. 예상하는 바와 같이, 이러한 특징은 산악 장벽을 쉽게 통과할 수 있기 때문에 인간에게는 가치가 있다. 예를 들어, 캐스케이드산맥을 통과하는 컬럼비아 협곡(Columbia Gorge)에는 두 개의 고속도로와 두 개의 철도가 있으며, 또한 동-서 항공교통의 비행로 및 주요 수로 역할을 한다. 캐스케이드산맥의 다른 모든 고개를 합친 것보다 더 많은 승객과 화물이 컬럼비아 협곡을 통과할 가능성이 있다. 수많은 계곡이 하천 없이 남아 있는데, 이는 하천이 빠른 융기를 따라가지 못했거나 물의 흐름이 배수 시스템의 어떤 다른 부분으로 바뀌

90) 주로 평행하게 발달한 습곡산지에서 나타나는 하천 침식으로 형성된 일종의 협곡이다. 본류를 이루는 하천이 향사곡지에서 산맥과 평행하게 흐를 때, 배사산지를 횡단하면서 발달한 지류가 본류들을 연결시키게 되면 배사부의 산지에는 본류와 수직 방향으로 발달된 협곡이 형성된다.

었기 때문이다. 풍극(wind gap)[91]으로 알려진 이러한 지형은 또한 산악고개처럼 중요하다(VerSteeg 1930; Meyerhoff and Olmsted 1934). 이들 중 하나는 애팔래치아산맥 남부의 유명한 컴벌랜드 협곡(Cumberland Gap)이다. 초기 정착민들은 내륙으로 가는 도중에 이곳을 통과했다. 오늘날 고속도로(U.S. 25번 노선)가 이곳을 통과하지만, 불도저, 자동차, 주간고속도로(Interstate Highway System) 때문에 여행자들은 다른 노선을 선택할 수 있어 교통의 중심으로 컴벌랜드 협곡의 중요성은 줄어들었다.

바람의 작용

중위도 지방의 높고 노출된 산봉우리와 산릉은 바람이 가장 많이 부는 환경 중 하나이다(이 책 215~218쪽 참조). 그러나 산에서 부는 바람의 지형적인 영향은 아직 완전히 이해되지 않는다. 눈이 비교적 거의 내리지 않는 노출된 사면에 강한 바람이 지속되는 것, 토양을 결속하고 풍속을 감속시키는 식생의 부족, 동결분쇄 과정의 존재 모두는 침식의 상당한 잠재력을 시사하지만, 바람의 영향은 이들의 적절한 상관관계에 배치되어야 한다. 예를 들어 예전에는 바람을 수많은 사막 지역에서 일어나는 침식의 주요 동인으로 간주했지만, 지금은 (비록 드물지만) 유수를 대부분 사막 경관에서의 지형 변화의 주요 요인으로 알고 있다(Cooke and Warren 1973, p. 39). 바람은 다른 어느 곳보다 사막 환경에서 확실히 더 중요하지만, 바람의 지

91) 하천의 유로가 다른 하천의 유로에 의해 하천 쟁탈을 당하여 물이 흐르지 않아 말라버린 하곡을 말한다.

형적인 영향은 여전히 물의 영향보다 적다. 비슷한 조건이 산에도 존재한다. 바람은 높이와 노출이 증가함에 따라 더 중요해지지만, 앞서 논의했던 다른 어떤 과정보다 삭박의 동인으로 바람의 역할은 여전히 덜 중요하다.

풍식작용

바람은 작은 입자를 들어 올려 운반하는 것으로, 그리고 이들 공기 중의 입자를 이용하는 것으로 모래돌풍 효과를 만들어낸다. 산에서 미세한 입자의 세 가지 주요 공급원은 망상하천, 다량의 빙하 암분[92]이 포함된 빙하 주변의 퇴적물, 활동적인 상태의 동결분쇄로 인해 미세 물질이 생성되는 동결각석 지대이다. 바람에 의해 들어 올려질 수 있는 입자의 크기는 풍속 및 입자의 모양과 밀도에 따라 달라진다. 가장 큰 작용은 난류 조건에서 격렬한 돌풍이 부는 동안 이루어진다(그림 6.42). 보통 대기 중으로 들어 올려지는 가장 큰 입자는 완두콩 크기 정도의 역이다. 이러한 물질은 일련의 작은 도약으로 지면을 따라 이동한다. 큰바람은 모래입자를 1~2m까지 들어 올려 훨씬 더 먼 거리를 이동시킬 수 있다. 실트와 점토 크기의 물질은 대기 중으로 높이 들어 올려져 더 멀리 운반될 수 있다. 이것이 먼지 폭풍을 이루는 물질이다. 어떤 상황에서는 바람이 지면을 따라 암석을 움직일 수 있다. 예를 들어, 암석이 얕은 물에서 결빙되었을 때, 바람은 얼음을 움직일 수 있고 박힌 암석은 움직이면서 바닥의 진흙에 흔적을 남길 수 있다. 또한 바람은 호두 크기 정도의 암석을 밀어 얼음으로 뒤덮인 표면 위

92) 석영과 같은 조암 광물이 화학적 풍화를 받지 않은 상태로 실트나 점토의 크기로 되어 있는 것을 말하며, 이는 빙하가 지나가면서 암반을 삭박하여 만든 것이다.

그림 6.42 오리건주 캐스케이드산맥에 있는 스리시스터스 야생보호구역 콜리에 빙하의 측퇴석을 따라 이동하는 '더스트 데블(dust devil)', 즉 회오리바람. 회오리바람의 왼쪽 바로 아래에 있는 큰 암석이 바람에 날려 공중에 떠 있는 것이 보인다. 수많은 다른 암석들이 눈 표면 위에 쌓였다.(저자)

를 미끄러지게 할 수 있다(Schumm 1956).

몇 가지 특징은 산에서 풍식으로 인해 발생한다. 가장 두드러진 것 중에는 삼릉석(ventifact)[93]이 있다(Whitney and Dietrich 1973). 삼릉석은 바람에 날리는 입자의 마식작용으로 인해 윤이 나는 면이 생긴 돌이다. 돌이 부분적으로 묻히면, 한 번에 오직 하나의 주요 표면만이 모래에 깎여 마모될 수 있다. 돌이 뒤집히거나 아랫부분이 잘려나간다면, 다른 표면이 바람의 마식에 노출될 것이다. 따라서 삼릉석은 일반적으로 하나 이상의 평평한 표면이나 예각으로 나누어진 면이 있다(그림 6.43). 비교적 오랜 기간 멈춰 있는 큰 돌의 경우, 한쪽이 바람으로 인해 상당한 마식과 절단을 보일 수 있으며, 이는 탁월풍 방향에 대한 증거를 제공한다(Sharp 1949; Rudberg 1968). 마식이 일어나려면 바람에 의해 운반되는 입자가 부딪히는 암석보다 더 단단해야 한다. 눈은 온도가 낮을수록 경도가 증가한다. 어떤 특정한 조건에서는 날리는 눈이 암석 표면을 침식할 수도 있다(Teichert 1939; Fristrup 1953).

삼릉석과 관련된 것은 잔류퇴적물[94]이다. 이들은 모래와 실트 위에 가로놓인 중력(pebble)[95]과 큰 암석의 얇은 층으로 이루어져 있다. 잔류퇴적물은 일반적으로 바람이 미세한 입자를 제거한 것에 기인하며, 큰 입자가 돌이 많은 표층처럼 남겨진다. 이러한 지형은 산에서도 흔히 볼 수 있지만, 사막에서 가장 쉽게 볼 수 있다. 이곳에는 미세 물질이 제거된 후에 큰

93) 바람에 날려 오는 모래에 깎여 세 개의 모서리가 생긴 돌이다.

94) 과거의 퇴적 환경에서 생성된 퇴적물이지만 현재의 환경과 관련된 물질에 아직 묻히지 않고 남아 있는 퇴적물을 말한다. 예를 들면 외대륙붕 표면에는 과거 해수면이 낮을 당시 연안 환경에서 퇴적된 조립 퇴적물이 현재의 퇴적물에 피복되지 않은 채 잔류퇴적물로 남아 있는 경우가 많다.

95) 입도구분 중 입자 지름 4mm 이상, 64mm 미만의 것을 말한다.

그림 6.43 와이오밍주 윈드리버산맥의 커다란 삼릉석(화강암)(W. H. Bradley, U.S. Geological Survey)

그림 6.44 오리건주 캐스케이드산맥 스리시스터스 야생보호구역의 2,100m 높이 고산 수목한계선 부근의 풍식된 암석투성이 지표면(사막포도). 암석투성이 지표면의 암설 아래에 있는 물질은 주로 미세한 모래와 실트로 이루어져 있다. 대부분의 큰 암석들은 모래와 눈보라로 인해 매끄럽고 빛나는 표면을 가지고 있다.(저자)

그림 6.45 캘리포니아주 요세미티 국립공원의 2,700m 높이에 있는 센티널돔(Sentinel Dome) 상부 지표면의 풍화혈. 이 암석 유형은 거대한 화강암이다. 왼쪽의 나무는 화이트바크소나무(*Pinus albicaulis*)이다. 인근 계곡이 플라이스토세에 여러 차례 얼음으로 덮였지만 센티널돔은 결코 빙하작용을 받지 않았다. 결과적으로, 이 유별나게 크고 깊은 풍화혈은 그 발달에 상당한 시간을 보냈다.(Ted M. Oberlander, University of California)

입자들이 그 아래 가로놓인 미세 물질을 덮어 보호하는 경향이 있어 사막포도[96]라고 불리는 지형이 있다(그림 6.44). 물에 의한 미세한 입자의 제거와 동결작용에 의한 돌의 상향 이동을 포함해 바람 이외의 과정도 잔류퇴적물의 발달에 기여한다(Cooke and Warren 1973, pp. 124~129).

96) 먼지, 모래, 자갈 등이 섞여 있는 사막 지역에서 취식에 의해 먼지와 모래가 제거되고 자갈만이 잔유물로 남아서 마치 도로가 포장된 상태처럼 된 지형이다.

바람은 일부 산악지역에서 나타나는 암벽, 즉 움푹하게 풍화되어 세로로 홈이 새겨져 벌집 모양으로 깊게 파인 암벽의 원인으로 여겨진다. 마식작용에 필요한 충분한 수단이 있는 경우, 풍식작용은 이러한 지표면을 부분적으로 설명할 수 있지만, 이들 표면은 아마도 대부분 화학적 풍화작용의 결과일 것이다(Blackwelder 1929; Washburn 1969, p. 31). 하지만 바람은 보조적인 동인이다. 느슨한 입자들이 바람에 의해 끊임없이 날려가서 새로운 지표면을 노출시키기 때문이다. 이와 관련된 지세로는 풍화혈(weathering pit)[97]이 있으며, 이는 거의 수평적인 암석 표면에서 발생하는 원형의 함몰지이다(Roberts 1968)(그림 6.45). 풍화혈은 높은 산에서 흔히 볼 수 있으며, 주로 화학적 풍화작용과 물리적 풍화작용에 의해 형성되지만 바람은 함몰지에서 미세 암설을 제거하며 함몰지의 기원에 없어서는 안 될 동반 과정이다.

바람의 퇴적작용

바람은 무엇을 들어 올리든 반드시 내려놓아야 한다. 일부 지역에서, 특히 빠르게 풍화되는 근원암[98]의 풍하에서 그리고 빙하융해하천을 따라 모래가 집적되어 사구를 형성할 수 있다. (한랭기후에서는 점토 생산이 현저하지 않기 때문에) 대개 실트 크기의 미세 물질은 훨씬 더 먼 거리로 운반되고, 그 결과 깊은 퇴적물과 양질의 토양이 될 수 있다. 산악지역 자체는 토

97) 암석이 물리적, 화학적 풍화작용을 받은 결과 암석의 표면에 형성되는 요형(凹形)의 미지형(microtopography)을 말한다. 암석의 표면에 나타나는 풍화혈의 종류에는 나마(gnamma), 솔루션 팬(solution pan), 포트홀(pothole), 타포니(tafoni), 그루브(groove) 등이 있다.
98) 퇴적물에서 유래한 모암을 지칭한다.

양이 증가하기 보다 오히려 감소하는 곳이지만, 일부 미세 물질은 목초지와 같이 습하고 보호받는 곳에 집적되어 산악지역 내에서 가장 좋은 토양과 식생을 일부 생산할 수 있다. 또한 바람은 미세 물질을 높은 고도로 운반할 수 있다. 여기서 미세 물질은 쌓인 눈 위에 떨어지며(Warren-Wilson 1958), 설선 훨씬 위에 사는 유기체들에게 공기 중에 있는 영양분을 공급한다(Mani 1962; Swan 1963a, b; Windom 1969).

아마도 산에서 바람의 가장 중요한 단 하나의 (생태적인 측면뿐만 아니라) 지형적인 측면은 눈의 분포에 영향을 끼치는 역할일 것이다(Thorn 1978a). 산릉과 노출된 사면에는 일반적으로 눈이 내리지 않고 날리는 반면에, 풍하 사면에는 눈이 더 많이 내린다. 따라서 하나의 사면은 사실상 비어 있고, 다른 사면은 눈으로 가득 차 있다. 어떤 경우에는 심지어 눈이 작은 표류빙하(drift glacier)[99]나 포켓빙하(pocket glacier)를 만들고 유지할 수도 있다. 로키산맥의 콜로라도 프런트산맥에 있는 빙하 중 상당수는 이런 유형이다. 풍하 사면에 집적된 눈은 지면 부근의 극심한 온도 변동과 큰바람으로부터 이들 지표면을 보호한다. 이 둘 모두 노출된 사면에서 흔히 볼 수 있다. 그러나 이러한 사면은 눈사태가 발생하기 쉬우며, 일단 눈이 녹기 시작하면 설식, 동결작용, 솔리플럭션, 이류의 발달에 기여한다. 이러한 풍하 사면에서 수분의 가용성은 일반적으로 식물의 성장을 촉진할 수 있는데, 다만 식물이 수명을 다 할 수 있을 만큼 눈이 바로 녹지 않는 곳은 예외이다. 설전은 사면에 원뿔형 구멍을 넓혀서 신적설이 쌓이는 훨씬 더 넓은 지역을 형성하는 경향이 있기 때문에, 집적되는 눈으로 인해 시작된 다양한 과정은 수년에 걸쳐 과정 그 자체에 집중되어 확대될 수 있다. 따라서 바

99) 주위에서 바람에 날려온 눈으로 산악지대에 형성되어 흐르는 작은 빙하를 말한다.

람과 날려쌓인눈(snow drift)은 모든 사면의 동결작용, 지표면 유출, 매스웨이스팅의 상대적 속도에 영향을 미치며, 이는 결국 토양, 식생, 하계망 패턴, 비대칭 사면의 분포에 두드러진 영향을 미친다(French 1972b).

경관의 발달

만약 거의 모든 주요 산맥의 높은 산봉우리에 서서 멀리 내다본다면, 산봉우리와 산릉이 모두 대략 같은 높이라는 것을 알 수 있다(그림 6.46). 이것은 매우 흥미로운 일이다. 산은 지구상에서 가장 험준한 경관을 이루고 있지만, 산맥 내의 개별 산봉우리의 높이에는 놀랄 만큼 유사한 점이 있다. 지평선과 가상의 선으로 연결된 산봉우리를 배경으로 보면 이들은 거의 평원처럼 보인다. 알프스산맥에서는 이것을 gipfelflur, 즉 '산봉우리 평원(peaked plain)'이라고 한다(Penck 1919).

산맥의 상부 수평선과 정상이 일치하는 경향은 오래전에 관찰되었다. 이러한 경향의 의의와 기원은 경관 진화의 측면에서 다양하게 해석되고 있다. 한 가지 이론은 산봉우리 평원이 준평원(침식으로 인해 거의 평탄한 평원으로 마모된 지표면)의 잔유물이라는 것이다. 이에 따르면, 산맥은 융기로 인해 만들어졌고, 그런 다음 수백만 년 동안 거의 진행이 중단된 채로 있었지만 침식이 산맥을 거의 평원으로 마모시켰다(Davis 1899, 1923). 2차 융기는 침식의 또 다른 순환으로 이어졌다. 따라서 산봉우리와 산릉의 상부 지표면은 모두 준평원의 지표면이 잔존하는 것이다. 이 이론은 세기가 바뀐 후에 매우 유명해졌고 지금도 일부 지지자들이 있지만(King 1967, 1976), 적어도 두 가지 이유에서 실패한 이론이다. 초기의 융기 이후에 융기는 침식이 산맥을 준평원으로 마모시킬 수 있을 정도로 충분히 오랫동안 서 있었던 것 같지는 않다. 침식과 융기는 동시에 일어나는 것으로 보인다. 그리고 높은 고도에서의 상대적으로 빠른 침식 속도를 고려할 때, 준평원의 지표면이 그렇게 오랜 시간 동안 남아 있을 수 있었는지 의문이다.

고산의 정상이 일치하는 것의 기원에 대한 또 다른 학파의 생각은 워싱턴주 캐스케이드산맥 북부에 대한 초기 연구로부터 시작되었다(Daly 1905). 노스캐스케이드산맥은 극도로 험준하지만 약 2,500m 높이의 정상이 놀랍게도 일치하는 것을 보여준다(그림 6.46). 데일리(Daly)는 이 산맥이 준평원의 지표면이라고 믿지 않았지만, 대신에 계속되는 융기의 상황에서 비슷한 유형의 암석 구조가 침식된 결과라고 생각했다. "자연은 고산 사원의 건축과 조각 모두에서 사원의 새로운 돔과 미나레트(minaret)[100]의 높이가 무한정 달라지지 않도록 규정한다. 사원의 돔과 미나레트 사이에 나타나는 것처럼 이러한 일치는 보존되고, 자연의 조각칼이 이 건물에 새로운 세부 사항을 알맞게 만드는 것처럼 강조될 것이다"(Daly 1905, p. 114). 고산지대에서 발생하는 침식은 빠른 속도에 중점을 두고 있는 반면에, 수목한계선 아래에서의 침식은 숲이 제공하는 보호 때문에 느린 속도로 작용할 수 있다. 최근 이러한 생각의 연장선상에서 톰슨(Thompson, 1962b, 1968)은 오직 수목한계선이 산봉우리 평원(gipfelflur)뿐만 아니라 산마루 아래의 낮고 완만한 부분, 즉 고산 사면(alp slope)의 발달에 주요한 요인이라고 주장했다.

고산 사면은 종종 위쪽의 가파른 암석투성이 산릉과 아래쪽의 빙식

100) 이슬람교의 예배당인 모스크의 일부를 이루는 첨탑을 가리킨다.

그림 6.46 험준한 워싱턴주 노스캐스케이드산맥의 산봉우리 평원. 사진은 약 2,100m 높이의 피켓산맥으로 남서쪽에서 촬영한 것이다.(Will F. Thompson, U.S. Army Natick Laboratories)

곡 사이에 자주 존재한다. 톰슨의 관찰에 따르면, 북아메리카 서부의 현재 고산 사면은 수목한계선의 현재 위치와 상당히 밀접하게 일치한다. 이러한 산봉우리 평원, 즉 상부 정상의 일치는 오늘날의 수목한계선 위로 약 600m에서 발생한다(Thompson 1969, p. 668). 하지만 정상과 다른 수평선의 일치는 폭넓게 분리된 지역에서 나타나며, 건조한 푸나 데 아타카마

(Puna de Atacama)의 일부나 높은 히말라야산맥과 같은 경우에 수목한계선은 거의 요인이 되지 않는다는 지적이 있었다. 실제로 어떤 학생들은 수목한계선을 원인이라기보다 지표면의 지형적인 함수라고 더 많이 알고 있다(Hewitt 1972, p. 29). 그러나 또 다른 연구는 아주 오래된 침식 표면에 대한 타당성 전체에 의문을 제기하며, 대신에 침식 표면은 (적어도 화강암질 암석에서는) 암석이 노출된 곳보다 암석이 묻혀 있는 곳에서의 (지하수 용액의 지속적인 접촉과 화학적 풍화작용으로 인한) 빠른 풍화작용의 결과라고 제시한다. 분해된 암설은 작은 하천에 의해 제거되고 이 아래 가로놓인 풍화되지 않은 노두가 가속화된 침식으로 인해 노출되어 국지적인 침식기준면[101]으로 작용한다. 저자에 따르면, 이것은 종종 아주 오래된 침식 표면으로 잘못 해석되었다고 한다(Wahrhaftig 1965).

산악경관의 진화에 대한 가장 최근의 생각은 판구조론과 연관되어 있으며, 삭박작용 동안 융기는 활동적인 상태에 있다는 것이다(Garner 1959, 1965, 1974; Oberlander 1965; Hewitt 1972, p. 29). 예를 들어 융기는 대륙과 대륙의 충돌 또는 호상열도와 대륙의 충돌과 같은 여러 가지 방법으로 원동력을 얻을 수 있고, 그 결과 다양한 상황이 관련될 수 있다(이 책 90~93쪽 참조). 또한 융기는 지각 평형 재조정(isostatic readjustment) 때문에 삭박과 동시에 발생한다. 이는 물질이 산악지역에서 멀리 운반되면서, 산맥 자체는 가벼워지고 주변 지역의 암석과 평형을 유지하기 위해 융기하는 과정을 거친다.

이 과정의 다른 주요 부분은 융기하는 동안 서로 다른 여러 기후 지역에

101) 침식작용이 멈출 때의 높이이다. 어떤 지형에서 침식작용이 일어나서, 일정한 면에 도달하면 그 이상 진행하지 않고 멈추게 되는데, 이때의 높이를 말한다.

서의 침식과 관련된다. 일부 지역에서는 융기 전체가 유사한 조건에서 발생할 수 있다. 유일한 차이점은 높이에 기인한 것이다. 다른 경우에 융기는 습도나 건조도의 서로 다른 수준을 통해 발생할 수 있다(그림 6.47). 이것은 안데스산맥의 서쪽과 같은 곳에서 가장 현저한데, 이곳에는 낮은 고도와 높은 고도 둘 다에 사막이 있으며 이들 사이는 습윤기후 지대로 구분되어 있다. 예를 들어 페루에서 (바로 그 위도에 종속되어) 융기하고 있는 경관은 처음 수백 미터 동안 건조한 조건에 놓이게 되고, 그런 다음 습한 환경을 통과하며, 가장 높은 높이에서 한랭사막으로 들어가게 된다. 가장 높은 곳으로 이동하는 중에 안데스산맥은 이전 경관의 흔적을 간직할 수도 있고 그렇지 않을 수도 있다. 위도와 대륙도가 서로 다른 조건에서 경관 발달의 가능성 및 그 조합은 다양하지만, 이 모자이크에 고도 변화가 더해지면 그 복잡성은 굉장해진다(그림 6.47). 여기서 다시 말하지만, 산 기원의 본질은 중요하다. 왜냐하면 (대륙과 대륙이 충돌하는) 해양의 존재는 처음에 해양 조건을 야기할 수 있지만, 이는 조산운동이 진행됨에 따라 (해양이 사라지기 때문에) 대륙 조건으로 변경될 것이기 때문이다. 결과적으로 기후는 습윤기후에서 건조기후로 변할 수 있다. 게다가 산맥의 융기 자체는 풍상측과 풍하측 사이의 기후적 차이를 변경하고 강화시킬 수 있다. 서로 다른 기후 지역을 통과하는 산맥에 대한 증거가 페루와 에콰도르의 안데스산맥의 일부에서 발견되고 있다(Garner 1959; Myers 1976). 하지만 정확한 해석에는 논쟁의 여지가 있다(Cotton 1960).

이 개념이 이목을 끄는 것은 이것이 조산작용과 산의 작용에 대한 현대적인 이론들과 연결되어 있으며, 기후와 환경이 지형적인 과정에 미치는 영향도 고려한다는 것이다. 서로 다른 기후 지역의 제어뿐만 아니라 지속적인 융기와 삭박의 작용으로 경관이 발달한 증거를 포함하는 다양한 경

그림 6.47 습하거나 건조하며, 이 둘의 순차적인 다양한 기후 조건에서의 지형 발달을 보여주는 이상적인 개요. 왼쪽의 열은 지속적으로 습한 조건에서 가능한 발달을 나타내고, 가운데 열은 건조한 조건에서의 발달을 나타낸다. 결과에 따른 다양한 지형에 주목하라. 오른쪽 열은 변하는 기후에서 지형의 가능한 발달을 보여준다. 여기서 산은 처음에 건조한 조건에서, 그런 다음 습한 조건으로, 그리고 다시 건조한 조건을 거치면서 가장 높은 고도로 융기되었다. 고산의 빙하작용의 영향도 하방침식작용과 같이 나타나며, 저지대에는 건조한 조건이 존재하고 높은 고도에는 습한 상태가 발생한다.(출처: Garner 1974, p. 611)

관의 집합체는 이러한 조건에서 비롯된다. 이 새롭고 매우 복잡한 접근법의 전망은 만족스럽게 도전적이다. 이전의 생각은 모든 주요 질문에 대한 대답이 이미 나왔다는 인상을 주었지만, 이제는 우리가 올바른 질문을 하기 시작했다는 것이 명백해졌다.

제7장

산악토

토양이라고 해서 모두 결실을 맺을 수 있는 것은 아니다.

– 베르길리우스(Vergilius), 「전원시(Georgic)」 II(기원전 30)

사람들 대부분은 토양이 무엇인지 알고 있기에 토양을 당연한 것으로 여기는 것이 흔한 일이지만, 토양의 과학적 정의를 공식화하는 것은 매우 어려운 일이다. 이 용어를 누가 사용하느냐에 따라 많은 것이 달라진다. 공학기술자에게 토양은 단순히 지구의 표면에 있는 비고결 물질이다. 생물학자에게 토양은 살아 있는 유기체로, 오직 번식하고 이주하는 능력에만 제한이 있다. 이 두 가지 정의 중, 생물이 토양의 발달에 필수적이라는 생물학적 정의가 이 책의 목적에 한층 더 가깝다. 그러나 높은 산에서는 생물학적인 활동이 크게 제한되기 때문에 이 정의는 편견 없이 해석되어야 한다. 예를 들어, 지표면의 수많은 비고결 물질이 식물을 지탱하는 것이 가능하지만, 다른 환경적 요인 때문에 식물을 지탱할 수 없다. 다른 한편으로 나지의 노출된 기반암은 식물(지의류와 이끼)을 지탱할 수 있지만, 이는 토양에 대한 일반적인 견해에 부합하지 않는다. 이 책의 목적에 맞게 토양은 단순히 유기체가 사는 지구 표면의 최상부층으로 간주할 것이다.

토양은 풍화작용과 암석의 붕괴로 인해, 그리고 식물과 동물의 활동 및 그 부패의 산물과 결합하여 생성된다. 생물학적 구성 요소는 고도가 높아지면서 감소하기 때문에 토양 형성 과정이 약해져 결국 가장 높은 고도에서는 거의 작용하지 않는다. 물리적 과정과 생물학적 과정 사이의 균형도 환경이 혹독해지는 경향에서 점차 불균형을 이루게 되고, 따라서 물리적 구성 요소가 토양 형성 과정을 거의 완전히 지배하게 된다. (비슷한 경향은 뜨거운 사막이나 기온이 몹시 낮은 극지방을 향하는 경우에도 볼 수 있다.)

전형적인 토양은 토층[1]이라고 하는 뚜렷한 층이나 토양대[2]로 이루어져 있으며, 이는 토양 단면[3]을 구성한다. 이들 층은 색상, 질감, 구조, 유기물, pH(산도)와 같은 특성으로 구분된다. 물은 보통 토양을 통해 아래로 이동한다. 이 과정에서 일부 구성 요소는 용해되고 용탈(leaching)[4]에 의해 아래로 운반되며, 또한 작은 고체 입자도 운반되어 결국 다시 퇴적된다. 따라서 물질은 상부층에서 하부층으로 지속적으로 이동하게 된다. 최상부층(A층)[5]은 가장 많은 양의 유기물질을 포함하고 있으며 일반적으로 색이

1) 같은 암석 또는 모래에서 유래한 토양이라도 토양 단면은 수직 방향으로 색, 경도, 토성, 구조 등의 차이가 있는 몇 개의 층으로 지면에 거의 평행하게 구분되는데, 이러한 층을 토양층위 또는 토층이라고 줄여 말한다.
2) 토양형은 각 토양형을 생성시킨 주요 생성인자로 구분을 하는데, 이렇게 구분된 지역을 말한다.
3) 모암의 풍화가 계속되면서 더 성숙한 토양이 형성되면 지표면에 평행한 토양층이 형성된다. 수직적 분포인 토양 단면은 특성에 따라 다섯 개의 주요 토양층인 O층, A층, E층, B층, C층(이들 전체를 solum이라 함)과 모암층인 D층 또는 R층으로 분류한다.
4) 토양에 침투한 물에 용해된 가용성 성분이 용액의 상태로 표층에서 하층으로 이동하거나, 또는 토양 단면 외부로 제거되는 과정을 말한다.

가장 어둡다. 중간층(B층)[6]은 풍화된 미세한 무기질 물질로 이루어져 있으며, 토양 단면의 최하부(C층)[7]는 부분적으로 풍화된 토양모재[8]로 구성된다. 이러한 구분이 명확한 토층은 오래 지속되고 교란되지 않은 유리한 조건에서의 정상적인 토양 발달의 산물이다. 그러므로 이들 토층은 산악토에서 흔히 볼 수 있는 것은 아니다. 산악토는 특징적으로 얕고, 암석투성이며, 산성이고, 비옥하지 않으며, 미성숙하다.[9] 하지만 토양 발달의 다양한 단계는 서로 근접해 존재할 수 있다. 산은 평원과는 정반대의 극단에 서 있다. 평원에는 환경의 변동성이 미미하며 유사한 토양의 연속적인 큰 단일체가 존재한다. 산악경관의 다양성은 지속적으로 변화하고 대조적인 현장 조건을 특징으로 하는 불연속적이고 이질적인 미소환경의 패치워크(patchwork)[10]를 만드는 효과를 가지고 있다. 산악토가 발달하고 따라서 그 기원의 본질을 반영하는 것은 이러한 체계 안에 있다.

5) 토양 단면의 표층에 해당하는 층이다. 유기질이 상대적으로 많은 표층은 O층과 A층으로 명명되는데, 이 두 층은 유기질의 함량에 의해 상부의 O층과 하부의 A층으로 나뉜다. A층은 성토층의 가장 윗부분에 있으며 부식화된 유기물질의 집적이 광물질과 혼합되어 있으나 광물질이 더 풍부하다. A층은 기후와 식생 등의 영향을 직접 받는 층으로 가용성 염기류, 점토, 부식 등이 아래층으로 이동하므로 용탈층(eluvial horizon)이라고도 한다.

6) 토양의 주된 층위로 A 또는 E층 아래에 있는 토층이다. 점토, 철, 알루미늄, 부식, 탄산염 등이 집적되어 있기 때문에 집적층이라고도 한다.

7) B층 바로 밑의 C층은 풍화작용에 의해 생성된 암설로만 이루어진 층으로, 구성 물질은 모재(parent material, regolith)라고 한다.

8) 토양광물에 포함된 여러 가지 물질에 따라 토양의 특성이 크게 좌우되고 암석의 혼합물에서 생성되었거나 생성되고 있는 토양 물질을 토양모재라고 한다.

9) 토양 생성 과정의 시간이 짧거나 또는 침식을 받아 A층, B층 등 층위가 미처 완전하게 구분되지 않은 것을 말한다.

10) 작은 조각천이나 큰 조각천을 이어 붙여 한 장의 천을 만드는 수예 기법으로, 한국의 조각보와 비슷하다.

토양 형성 요인

서로 다른 종류의 토양이 되는 주요 요인은 기후, 생물학적 요인, 지형, 토양모재, 시간이다(Jenny 1941). 여기서는 이들 요인 각각에 대해 간략하게 논의할 것이다. 토양 발달에 영향을 미치는 요인들은 모든 환경에서 유사하다는 사실을 기억해야 한다. 산에서 유일한 것은 단지 이들 요인의 강도와 조합일 뿐이다. 게다가 모든 것이 상호 관련되어 있기 때문에, 어떤 단일 요인의 영향을 구분하는 것은 어렵다.

기후

토양 발달에 영향을 미치는 주요 기후적 요인은 온도, 강수, 바람이다. 물론 기후는 식생의 분포를 제어하기 때문에 그 자체보다 훨씬 더 중요한 의미를 갖는다. 이는 결국 어떤 주어진 지역에서 발달하는 토양의 종류에 근본적인 영향을 미치고 있다. 그러나 이와는 별개로 기후는 그 자체로 부차적인 영향도 끼친다. 예를 들어, 온도는 암석 파괴에 영향을 미치는 풍화작용의 속도와 유형을 제어하는 데 중요하다(이 책 337~346쪽 참조). 일반적으로 한랭기후에서는 물리적 풍화작용이 우세하고 굵은 토양 조직을 유발하지만, 산에서는 과거에 생각했던 것보다 더 많은 화학적 풍화작용에 대한 증거가 발견되고 있으며, 특히 해양 기후에서는 더욱 그렇다(Bouma et al. 1969; Bouma and Van Der Plas 1971; Reynolds 1971; Reynolds and Johnson 1972; Buurman et al. 1976). 암석 유형, 유기산의 존재, 수분 가용성, 온도의 주기성을 포함한 수많은 요인이 관련되어 있다(Johnson et al. 1977). 열대의 산에서는 매일 밤 결빙이 있을 수 있지만, 낮 동안 동일한 기간의 온난함은 화학적 풍화작용에 충분한 열을 공급하여 적당한 양의 점토를 생성한다. 이와는 대조적으로, 일 년 중 일정 기간 동안 겨울의 영향을 받는 중위도 지방이나 극지방의 산에서는 화학적 풍화작용이 한층 더 제한된다.

저온과 동결작용[11]은 다양한 유형의 구조화된 토양, 즉 구조토(patterned ground)[12] 형성의 원인이다(이 책 357~363쪽 참조). 열대의 높은 산에서 동결은 매일 지표면 아래로 단지 불과 수 센티미터만 침투하는 반면에, 중위도 지방과 고위도 지방의 계절별 동결은 훨씬 더 극심하다(그림 4.17, 4.18). 따라서 열대의 산에 있는 암석은 작은 집괴암으로 빠르게 축소되고 그 결과 구조토는 규모가 작은 반면에, 중위도 지방과 고위도 지방에서의 구조토는 대규모로 발생하며 훨씬 더 큰 암석으로 이루어진다(그림 6.14, 6.15). 이와 관련하여 낮은 온도의 지역에서 작용하는 사면 과정에는 동결포행과 솔리플럭션 및 다른 유형의 매스웨이스팅이 포함된다. 이들은 지표층의 이동과 혼합을 유발하여, 토양 단면이 거의 지속적으로 파괴되도록 한다.

낮은 온도가 갖는 주요 의미는 식물과 동물 모두의 생물학적인 활동을 제한하는 온도의 역할이다. 결과적으로, 토양에 유기물질이 적게 첨가되고 집적되면 매우 느리게 분해되며, 토양 동물상[13]은 한층 더 드물다(Rall

11) 한랭기후 지역에서는 겨울에 토양층에 얼음이 잘 생기는데, 이런 얼음은 보통 수직 방향의 가느다란 빙정, 즉 상주로 구성되어 있어 이것이 성장할 때 암석을 파괴하고 토양층을 들어 올리면서 요동시키는 작용이다. 서릿발작용이라고도 한다.

12) 주빙하 기후의 특징적인 지형이다. 토양 속의 수분이 동결·융해됨에 따라 토양 속에서 물의 대류 현상이 나타나고, 그 결과 암설과 미립의 토양 물질이 서로 분리되어 발달한다. 동결작용에 의해 표면으로 올라온 조립물질이 미립물질과 분리되어 형성되며, 분포 범위의 상한선은 설선이고 하한선은 삼림한계선이다.

13) 토양에 가장 많이 분포하는 것은 원생동물이다. 이들 동물상은 동식물의 조직을 섭취하여 생활하는 과정에 작물생육에 이로움을 주기도 하고 해를 주기도 한다.

1965; Faust and Nimlos 1968; Edwards 1972; Shulls 1976; Tolbert et al. 1977). 정밀하게 확립되지는 않았지만 토양 온도가 5℃ 이하인 경우를 일반적으로 토양 내의 생물학적인 활동이 매우 느려지거나 멈추는 온도로 받아들인다. 따라서 온도가 5℃ 이상인 시간의 길이는 어느 주어진 토양 지역에서의 생물학적인 활동 수준에 대한 개략적인 근사치를 제시한다(Retzer 1974, p. 781). 콜로라도주 로키산맥 3,750m 높이의 고산툰드라 관측소(니워트Niwot 산릉)에서 관측된 수년간의 데이터를 이용할 수 있다. 이 지역의 다양한 깊이에서의 토양 온도는 다음과 같은 기간 동안 5℃ 이상이다.

5cm	110일
15cm	93일
30cm	45일
60cm	21일

토양 온도의 세부 사항은 노출과 적설 및 다른 미소현장 조건에 따라 달라지지만, 이들 수치는 그로스 인덱스(gross index)를 제공한다(Marr et al. 1968b). 특정 깊이 아래의 땅이 일 년 내내 얼어 있는 영구동토의 극한 상황에서 생물학적인 활동은 활동층[14]으로 제한된다. 토양 온도는 냉각작용으로 낮아지고 서리가 내리지 않는 기간의 길이가 줄어든다. 배수는 제한되어, 물을 잔뜩 머금은 토양을 생성한다(Retzer 1965).

14) 영구동토층이 여름에 융해되는 토양의 부분을 말한다. 활동층의 두께는 위도에 따라 다르나, 대체로 그 두께는 수 센티미터에서 수 미터에 이른다. 활동층이 융해하면, 그 밑의 영구동토층이 토양수의 배수를 막으므로 수분으로 포화된다.

수분과 강수가 감소하는 것이 토양 발달에 미치는 영향은 여러 면에서 낮은 온도의 경우와 비슷하다. 생물학적인 활동이 적고, 유기물질의 양이 감소하며, 이용 가능한 수분이 감소함에 따라 분해 속도는 느려진다. 물리적 풍화작용이 화학적 풍화작용보다 상대적으로 더 중요해진다. 다른 한편으로 과도한 수분은 습지상태, 불량한 통기, 토양 산성도의 증가를 초래한다. 그럼에도 습한 토양은 일반적으로 건조한 토양보다 더 많은 식생을 지탱하기 때문에, 다소 더 생산적인 것으로 여겨진다(Webber 1974, p. 461). 가장 좋은 토양은 이 중간 상태로, 물이 잘 공급되지만 배수도 충분히 이루어지는 장소에서 발달한다. 불행히도, 이러한 장소는, 예를 들어 노출된 사면과 산릉, 또는 배수가 불량한 초지와 습지[15]와 같이 수분이 너무 적거나 너무 많은 곳에 비해 일반적으로 매우 작다.

수많은 요인이 산에서의 수분 분포를 조절한다. 고도에 따라 강수가 증가하는 일반적인 추세는 잘 알려져 있지만, 어떤 일정 지점(최대강수대)을 넘어서면 강수는 다시 감소할 것이다. 이는 특별히 열대지방에서 잘 나타나고 있다. 따라서 킬리만자로와 케냐의 중간 사면이 울창한 식생으로 덮여 있는 반면에, 정상 지역은 사막과 같은 모습을 하고 있다(Hedberg 1964; Coe 1967)(그림 4.28). 또한 산의 풍하측과 풍상측 사이의 강수뿐만 아니라 사면을 비추는 태양 강도의 영향과 햇빛의 분포에 따른 큰 대비가 토양 표면의 가열과 건조에 주요한 영향을 미친다. 일반적인 맥락과는 상관없이, 비처럼 내리는 강수는 유출로 빠르게 사라진다. 눈은 더 오래 유지될 수 있지만, 바람으로 인해 더 멀리 운반되는 것에 매우 취약하다. 어떤 사면에서는 자유롭게 날리는 반면에, 다른 사면에서는 할당된 것보다 더 많이

15) 이탄이 집적된 습지를 말한다. 습지 중 습지의 안과 밖으로 물의 이동이 거의 없는 습지이다.

내린다. 노출된 산릉과 사면은 눈이 없고 건조한 경우가 많은 반면에, 풍하 사면에는 설전이 형성된다. 설전은 바로 내리막사면으로 지역에 융수를 제공한다.

기후적 요인으로 바람은 식생이 있는 지표면과 나지의 지표면에서 증발응력을 유발하는 데 중요한 역할을 한다. 이는 직접적으로 바람이 부는 것으로 인해, 또는 간접적으로 눈의 운반과 불균등한 재분포를 통해 나타난다. 또한 바람은 노출된 표면에서 미세 물질을 침식하고 제거하는데, 특히 동결작용으로 인해 토양이 운반에 매우 취약한 '거품 같은' 조건으로 남겨진 곳에서 더욱 그렇다. 풍식은 빙하 퇴적물과 하천 퇴적물 주변에서 중요한데, 이곳에는 이용 가능한 미세 물질이 충분히 있다.

침식의 당연한 결과는 퇴적이고 미세 물질의 상당 부분이 산악 시스템에서 운반되었지만, 일부는 국지적으로 퇴적되어 토양의 발달에 기여한다. 또한 화산재는 이러한 점에서 중요하다. 게다가 주변 저지대에서 나온 미세 물질의 일부는 바람으로 인해 산악지역으로 운반될 수 있다. 바람에 의해 퇴적된 물질의 국지적인 분포는 설전의 경우와 유사하고(설전 자체는 대기먼지를 포함하는 데 매우 효율적이다), 미세 물질과 수분이 결합된 것은 식생의 발달에 유리하다. 이는 특히 사실이다. 왜냐하면 바람에 날린 퇴적물이 반응하여 알칼리성을 띠는 경우가 많고, 고산 토양의 자연적인 산성을 상쇄하는 데 도움이 되기 때문이다(Windom 1969). 대부분의 산악토는 너무 양호하여 기반암이 정상적인 풍화 과정을 거치면서 파괴된 곳에서 토양이 온전히 발달한 것 같지 않다. 특히 빙하의 영향을 받은 곳과 유년기의 지표면이 있는 곳에서는 더욱 그렇다. 이러한 토양은 기반암의 정상적인 침식을 통해 제자리에서 발달하기보다 오히려 퇴적으로 인해 형성된 것으로 보인다(Retzer 1965; Marchand 1970).

기후가 항상 동일한 상태에 있지 않은 것을 명심하는 것이 중요한다. 가장 최근의 지질시대인 플라이스토세에는 적어도 4회의 빙기와 4회의 간빙기가 있었다. 중위도와 극지의 산에서는 집중적인 빙식작용으로 증명된 바와 같이 이들 주요 기후 침식의 영향이 저지대보다 훨씬 더 심하게 나타났다. 따라서 알프스산맥이나 로키산맥과 같은 산의 토양 표면 대부분이 위스콘신 빙기 후기(Late Wisconsin; 10,000~15,000년 전)보다 더 유년기이다. 이후 기후는 점차 온난해졌지만, 이러한 체계 안에서 현저한 변동이 일어나고 있다(이 책 269쪽 참조). 빙하작용의 직접적인 영향에서 벗어난 지표면은 여전히 이러한 기후 사건이 토양 형성과 지형에 미친 영향에 대한 증거를 제공할 수 있다(그림 7.1). 어떤 경우에는 훨씬 더 오래된 토양도 매우 상이한 기후 체계(regimes)에서 형성된 특성을 지속하고 유지할 수 있다. 오리건주 북부의 코스트산맥에는 마이오세(2,000만 년 전)에 형성된 아주 오래된 적색의 라테라이트[16] 토양이 있다. 기후가 변하면서 토양 발달에 미치는 영향도 또한 달라졌고, 오래된 토양은 현대 토양의 토양모재 역할을 했다. 비슷한 상황이 러시아 남부 트랜스캅카스(Transcaucasus)[17]에도 존재한다(Romashkevich 1964).

토양이 저지대에 존재하는 기후 체계에서 발달하고 그런 다음 조산작용의 과정을 통해 높은 고도로 융기되는 것이 또한 가능하다. 아마도 이것이 오리건주 코스트산맥에서 일어났을 것이다. 왜냐하면 이 지역의 주요 융기

16) 습윤과 건조의 반복으로 형성된 철광석의 경반(hard pan)으로 대체로 암적색 또는 갈색 반점의 석영이 포함된 점토질 철이 풍부한 혼합물이다. 온난다습한 기후와 관련된 열대 토양에 광범위하게 분포한다.

17) 캅카스에 위치한 유라시아의 일부 지역이다. 그루지야 서부의 콜키스 저지, 아제르바이잔 중동부의 쿠르아라스 저지를 제외하면, 산악지대이다. 남부에는 말리캅카스산맥이 있다.

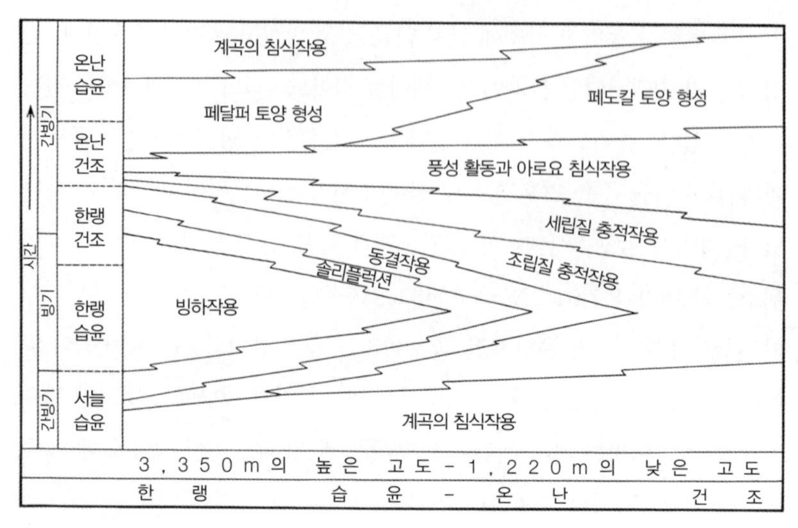

그림 7.1 빙기와 간빙기 동안 토양 발달에 미친 기후 영향. 이 삽화는 유타주 라살산맥의 고도, 온도, 수분, 시간의 복합적인 영향을 보여준다.(출처: Richmond 1962, p. 18)

는 플라이오세(1,000만 년 전)에 일어났기 때문이다. 마찬가지로 오스트리아 북부의 석회암 알프스산맥에서도 제3기 후기(2,000~3,000만 년 전)에 열대토양[18]이 형성되었고 그 이후 융기되었다. 이것은 현재 약 2,100m 고도에서 토양의 잔존물로 존재한다(Kubiena 1970, p. 45). 이러한 경우 토양이 융기하는 동안 다양한 환경 시스템에 노출되기 때문에 환경조건은 실제로는 더욱 복잡할 수 있다. 이것은 온도의 변화뿐만 아니라 수분 체계의 변화도 문제이다. 페루 안데스산맥의 융기는 저지대의 건조한 조건에서 중간 고도의 습한 조건을 거쳐 결국 가장 높은 고도의 한랭사막 환경으로 이어

18) 열대지방에 분포된 토양을 말하며, 주로 산화철과 산화알루미늄이 집적되고 규산이 용탈된 적색토(과거의 라테라이트, 현재의 옥시솔)가 대표적인 열대토양이다.

지는 경관을 초래했다(이 책 441~444쪽 참조). 이러한 가변적인 조건은 다성인적 토양(polygenetic soil)[19]과 경관을 조성할 잠재력을 가지고 있다(그림 6.47)(Garner 1959, 1974).

생물학적 요인

식생은 다른 어떤 요인보다도 토양에 독특한 특성을 부여한다(Jenny 1958). 특히 식생은 토양에 첨가되는 유기물의 양과 종류를 조절한다. 일반적으로 풀과 초본 식물은 관목이나 나무보다 유기물을 더 많이 추가한다. 초원에서 식물의 기생(aerial) 부분은 매년 죽어 토양에 유기물을 추가하지만, 나무는 단지 잎만 떨군다. 만약 나무가 상록수라면, 이러한 연간 증가량마저 감소한다. 상록수의 침엽은 실리카가 풍부하여 토양을 더욱 산성으로 만드는 반면에, 풀과 허브는 이러한 반응에서 더 염기성을 나타낸다. 게다가 어떤 종류의 상록수 식물은 특히 높은 고도의 온도가 낮은 지역에서 본질적으로 썩기 어려운 딱딱하고 질긴 잎을 가지고 있다(Edwards 1977).

어디에서나 발견할 수 있는 가장 뚜렷한 토양경계 중 하나는 숲과 초원 사이에서 발생하는 것이다. 이것은 토양 형성의 과정이 약해졌기 때문에 고산의 수목한계선에서는 다소 다르지만, 그럼에도 이러한 주요 식생대[20]에

19) 동일한 토양 단면 내에 기후와 식생의 변화에 대응하는 다른 토양생성작용에 의한 성질의 변화로 형성된 토양이다. 다원토양이라고도 한다. 서로 다른 자연환경의 영향을 중복해서 받은 토양으로 단성인적 토양에 상대되는 것이다.

20) 위도나 표고와 같이 온도조건이 변하고 식생이 띠 모양으로 분포하는 지역이다. 표고에 동반하는 식생대는 수직 분포대와 같은 뜻이다.

대한 충분한 증거가 여전히 토양에 반영되어 있다. 수많은 지역에서 수목한계선이 전진하거나 후퇴하면서 기후변화 및 산불이나 질병 또는 인간의 개입과 같은 어떤 다른 변화를 나타낸다(이 책 548~549쪽 참조). 이에 대한 증거는 토양의 조직에 포함되어 수목한계선의 이전 분포를 재구성하는 것을 가능하게 한다(Nimlos and McConnell 1962; Molloy 1964; Retzer 1965; Zimina 1973; Olgeirson 1974; Miles and Singleton 1975; Reider and Uhl 1977; Van Ryswyk and Okazaki 1979).

동물 및 다른 여러 생물이 산악토에 미치는 영향에 대해서는 거의 알려져 있지 않다. 미소동물상(microfauna)[21]은 일반적으로 높은 고도에서 덜 풍부해 보인다(Rall 1965; Faust and Nimlos 1968; Edwards 1972; Shulls 1976; Tolbert et al. 1977). 이와 달리 열대지방에서도 장기간 결빙이 일어나지 않는 열대의 산에서 수분이 증가하고 온도가 낮은 조건에서는 미소동물상이 매우 잘 작용한다. 보르네오 키나발루산과 오스트레일리아 코지어스코(Kosciusko)산의 상부 사면에서는 커다란 지렁이와 미생물이 지속적으로 지표면의 엽적을 토양에 포함시키고 있다(Costin et al. 1952: Askew 1964). 결과적으로 유기물질은 빠르게 분해된다. 적어도 오스트레일리아에서는 주변 저지대에서보다 빠르게 분해된다(Wood 1970, 1974).

작은 천공동물[22]은 고산툰드라에 중요하다. 땅다람쥐(*Thomomys spp.*)는 식생이 좋고 겨울 적설이 충분한 초지에서 흔히 볼 수 있는 점유동물이다. 이들 작은 생명체는 식물의 뿌리를 찾아 토양 아래 얕은 곳에 복잡한 터널

21) 육안으로 볼 수 없는 작은 동물로서 토양에는 선충류, 원생동물 등이 있다.
22) 목재, 암석, 산호, 조개껍데기 등의 고형물에 구멍을 뚫고 그 속에서 생활하는 동물을 총칭한다.

그림 7.2 오리건주 왈로와산맥의 2,600m 높이 아고산 목초지에서 겨울 동안 땅다람쥐의 활동으로 인한 토양 케이싱. 사진은 6월 하순 눈이 녹은 직후에 촬영되었기 때문에 출토된 물질은 여전히 원형 그대로 남아 있다. 이들 물질은 여름이 끝날 무렵에 지표면 여기저기로 흩어지게 될 것이다.(저자)

의 네트워크를 만든다. 굴에서 파낸 물질은 지표면 위로 옮겨 그 위에 가로놓인 눈에 있는 비슷한 터널에 채운다. 이듬해 봄에 이들 눈 터널의 토양은 서로 얽힌 토양 케이싱[23](soil casing)으로 지면에 퇴적된다(그림 7.2). 천공동물이 토양을 섞고 뒤집어엎는 것은 침식에 대한 토양의 취약성을 증가시킨다(Ellison 1946; Turner et al. 1973). 이는 사면에서 더욱 그러하다. 왜냐하면 굴에서 파낸 물질은 항상 내리막사면으로 이동하기 때문이다(Jonca 1972; Imeson 1976; Thorn 1978b). 유콘 준주 루비산맥의 어떤 사면에서는

23) 굴착한 구멍의 붕괴나 물의 침투를 막기 위해 구멍의 전장 혹은 상부와 벽에 넣는 보호용 물질을 말한다.

북극얼룩다람쥐(*Citellus undulatus*)가 내리막사면에 운반한 물질을 관찰했는데, 연간 0.4헥타르마다 대략 145kg인 것으로 측정되었다(Price 1971c). 수년 전 그리넬(Grinnell, 1923, p. 143)은 캘리포니아주 시에라네바다산맥에 있는 요세미티 공원의 땅다람쥐가 1.6km^{2}마다 6.5톤의 토양을 파내는 것으로 추정했다.

지형

지형은 태양과 바람, 사면의 경사도, 배수 등에 대한 노출을 제어함으로써 토양 형성에 크게 영향을 미친다. 태양에 대한 노출은 생물학적인 활동을 제어하고 물리적 과정과 화학적 과정에 크게 영향을 미친다. 또한 바람에 대한 노출도 중요하다. 바람이 부는 산릉에서 형성된 토양은 비·바람 등으로부터 보호받고 있는 곡저평탄면의 토양과는 매우 다르다. 사면의 경사도에는 여러 가지 의미가 있다. 평평한 지표면과 비교하여 가파른 암석 표면의 경우 토양 발달의 잠재력이 분명히 다르다. 상부 사면은 침식에 취약한 반면에, 하부 사면은 퇴적이 증가한다. 물질은 내리막사면으로 지속적으로 운반되고 있다. 아마도 산에 있는 사면의 토양은 그 아래 가로놓인 기반암에서 직접 나오는 것보다 운반된 물질로부터 더 많이 형성될 것이다(Parsons 1978). 또한 사면의 토양은 토양 발달 과정에서 지속적으로 교란을 받게 된다. 높은 곳과 급경사면에 있는 토양은 일반적으로 배수가 잘되며, 지표수는 유수로 빠르게 유실된다. 하부 사면과 계곡의 토양은 더 습하다. 왜냐하면 이곳은 강수 수집 면적이 크고, 지하수면[24]이 높으며 그

24) 지층의 간극을 채워서 연속적으로 존재하는 불압지하수(자유수)의 위쪽 표면, 즉 지하 암석

늘기후(햇빛이 주변의 사면으로 인해 차단된다)가 지속되기 때문이다.

토양의 지형적인 위치, 예를 들어 토양 연접군(catena)[25] 또는 지형성토양연속계열(toposequence)[26] 등을 근거로 토양을 분석하기 위한 다양한 도표가 고안되었지만, 보편적으로 받아들여진 것은 없다(Bushnell 1942; Jenny 1946; Ollier 1976). 이러한 접근 방식은 다음과 같은 관찰에 기초한다. 즉 어느 비교되는 여러 지역이 유사한 지형적 상황에 있을 경우, 특히 토양모재나 시간과 같은 하나 이상의 추가 요인이 동일한 경우에 일반적으로 유사한 토양이 발달한다는 것이다. 그러나 지형의 변화에는 다른 토양 형성 요인의 변화도 포함되기 때문에 지형의 정확한 기여도를 평가하는 것은 어렵다. 예를 들어, 토양질(soil quality)[27]은 높이와 노출에 따라 변하지만, 이것이 지형 때문인지, 아니면 기후와 식생의 변화 때문인지 쉽게 판단할 수 없다. 지형은 일반적으로 비교적 수동적인 토양 형성 요인으로 간주되는 반면에, 기후와 식생은 토양의 발달에서 능동적인 역할을 한다. 어떤 경우에도 지표면의 지형은 매우 중요하다. 경사도와 배수는 토양질에 직접적인 영향을 미친다.

의 공극이 물로 가득 찬 포화대의 상한으로 통기대와 경계면을 이루는 곳이다. 지하수면의 위치는 지하수위를 측정하는 것으로 알 수 있으며 강수, 증발, 기압 등의 영향을 받아서 변동하고 이 수면이 지표에 나타나면 천(spring)이 된다.

25) 협소한 지역에서 지형의 변화와 동반해서 나타나는 일련의 토양군을 말한다. 이 토양군은 기후, 모재, 생성 연대가 유사하지만 지하수나 정체수의 영향으로 배수조건이 상이하다.

26) 토양생성인자 중에서 주로 지형의 영향을 많이 받아 토양의 형태적 특성이 달라진 일련의 토양군을 말한다.

27) 토양의 생산성을 유지하고, 환경의 질을 보전하며, 서식하는 생물과 인간의 건강을 유지시키기 위한 생태계의 기능과 관련된 토양의 물리적, 화학적, 생물학적 용량의 총체적 질을 말한다.

토양모재

토양이 되는 무기 물질은 토양의 특성에 큰 영향을 미친다. 이는 단단한 기반암이나 빙하 퇴적물, 애추, 암해, 이류, 충적선상지, 또는 바람에 날리는 퇴적물과 같은 비고결 물질일 수 있다. 토양은 일반적으로 단단한 기반암보다 비고결 물질에서 더 빠르게 형성되지만, 암석의 특성과 현장 조건에 따라 많은 것이 달라진다. 화산재는 매우 빠르게 풍화되는데, 규산염 광물을 풍부하게 포함하는 미분된 물질로 이루어져 있기 때문이다. 규산염 광물은 점토로 쉽게 분해된다. 이러한 이유로, 많은 지역에서 화산암류 토양은 매우 생산적이다. 기반암 내부의 부드럽고 약한 암석(퇴적암)은 보통 단단하고 내풍화성이 강한 암석(화성암이나 변성암)보다 더 빠르게 풍화된다. 하지만 산에서는 단단한 결정질암이 우세한데, 이는 조산운동의 과정과 관련된 엄청난 열과 압력 때문이다. 셰일이나 사암과 같은 세립질 암석은 일반적으로 미세한 입자로 부서진다. 화강암과 같은 조립질 암석은 굵은 입자로 부서진다. 어떤 암석은 매우 빠르게 점토로 풍화되지만, 다른 암석은 그렇지 않다. 따라서 토양모재의 유형은 토양의 조직, 토양의 구조, 수분의 보유 능력, 염기교환용량(비옥도의 척도)에 영향을 미친다.

모재의 유형 또한 토양화학[28]에서 상당한 역할을 한다. 수많은 화성암과 변성암은 산성인 반면에, 퇴적암은 염기성의 반응을 나타내는 경향이 있다. 어떤 암석은 매우 강한 반응을 일으켜 거의 모든 기후에서 독특한

28) 토양학의 한 분야이며 토양 구성물질의 화학적 조성, 화학적 성질, 토양에 의한 물질의 흡착과 이온교환, 토양의 화학적 반응과 물질 변환 등 토양에서 일어나는 현상의 원리를 화학적 측면에서 접근하여 밝히고자 하는 분야이다.

토양을 형성한다. 예를 들어, 석회암은 렌지나(rendzina)[29]를 형성하는 것으로 유명하다. 렌지나는 부식이 풍부한 탄산염 토양으로 몇몇 산악지역에서 발생한다(Jenny 1930; Ugolini and Tedrow 1963; Kubiena 1970). 색다른 화학적 성질을 가진 다른 암석 유형, 예를 들어 사문석, 석고, 아연광석은 식물의 성장과 대사[30]를 억제하여 토양 발달을 제한한다(Domin 1928; Billings 1950; Whittaker 1954; Kruckeberg 1954, 1969; Komarkova 1974). 이러한 암석 유형의 효과는 너무 강해서 단순히 식생 지도를 만드는 것만으로도 암석의 분포를 표시할 수 있다.

토양모재의 영향은 일반적으로 토양 발달 초기에 가장 강하며 오래될수록 감소한다. 이러한 이유로 토양모재는 주변의 저지대와 비교해볼 때 산에서의 토양 유형 분포에 다소 불균형한 역할을 한다. 산은 지질학적으로 비교적 젊다. 빙하의 전진은 광범위한 새로운 지표면을 노출시켜 만들며, 다른 침식 과정은 새로운 암석 표면을 계속해서 노출시키고 생성한다.

시간

시간은 지형과 마찬가지로 토양 형성에 있어 수동적인 요인으로 간주되는 경우가 많다. 왜냐하면 시간은 토양의 특성에 직접적으로 기여하지는 않기 때문이다. 그럼에도 토양이 발달할 수 있는 것은 시간을 통해서만 가능하다. 지속 기간이 더 길어질수록 토양 형성은 더욱 완전해질 것이다.

29) 난대에서 냉온대에 걸쳐 분포하는 탄산칼슘 부식층을 가진 흑색 토양이다. 렌지나는 체르노젬토와 같은 검은색을 띠며, 토층은 15~30cm로 깊지 않으며, B층이 명확하지 않다.
30) 생물체에서 물질의 화학 변화이다. 무기질 대사와 같이 생물 체내에서의 수송과 분포 등 물질의 흐름을 의미한다. 신진대사 또는 물질대사라고도 한다.

용암류[31]가 산비탈을 뒤덮는다면 토양의 형성은 새롭게 시작되어야 한다. 이전의 토양이 남아 있을 수 있지만, 지금은 매장되어 있어 지질학적 기록의 일부이다. 마찬가지로 만약 산이 빙하작용의 영향을 심하게 받는다면, 침식된 지역은 거의 나지의 암석일 가능성이 크다. 이전에 존재했던 토양은 제거되고 파괴되었다. 시간은 토양과 식생에 관한 한 다시 원점에서 시작된다. 빙하 퇴적이 일어난 하부 계곡 지역에서도 마찬가지다. 유일한 보상은 물질이 집적되고 환경이 다소 유리하다는 것이다. 그래서 토양 발달은 일반적으로 빙식이 있는 고지대보다 빠른 속도로 진행된다.

수많은 연구는 산에서의 빙하 빙퇴석과 이류와 같은 최근의 지형에서 토양 발달의 상대적인 속도를 입증했다(Dickson and Crocker 1953, 1954; Retzer 1954; Richmond 1962; Birkeland 1967; Crandell 1967; Reider 1975). 토양 형성의 속도는 가변적이지만, 토양의 발달에 대한 몇몇 긍정적인 증거는 대개 1세기 정도 이내에 나타난다(그림 7.3). 습한 열대지방에서 이 기간은 특히 화산의 토양모재에서 크게 단축되었고, 그래서 토양은 단지 수년 안에 발달할 수 있는 반면에, 중위도와 극지의 산에서는 수천 년이 걸릴 수도 있다. 1883년 남태평양의 크라카타우(Krakatoa) 화산의 분출로 섬 전체가 용암과 화산암설로 범람했고 모든 형태의 생명체를 파괴했다. 그러나 오늘날에는 비교적 잘 발달된 토양을 가진 무성한 열대 식생이 존재한다. 이와는 대조적으로, 중위도와 고위도 산의 수많은 지역에서는 수천 년 동안 비바람에 노출되어 어떤 것도 토양에 이르지 못하는 결과를 초래했다.

31) 점성을 가진 마그마가 지표로 흐르면서 고화되어 생성된 암체를 말한다. 용암의 점성에 따라 화구 위에 돌출된 상태로 전혀 흐르지 않는 화산암첨에서 물과 같이 흐르는 것까지 그 종류는 다양하다. 유속, 두께, 표면 형태도 다양하다.

최근 콜로라도주 로키산맥의 인디언 피크(Indian Peaks) 지역에서 아고산 지대의 빙하 퇴적물을 조사한 결과, 토양이 뚜렷한 토층을 형성하고 안정된 pH를 이루는 데 약 2,750년이 걸리는 것으로 나타났다. 토층의 완전한

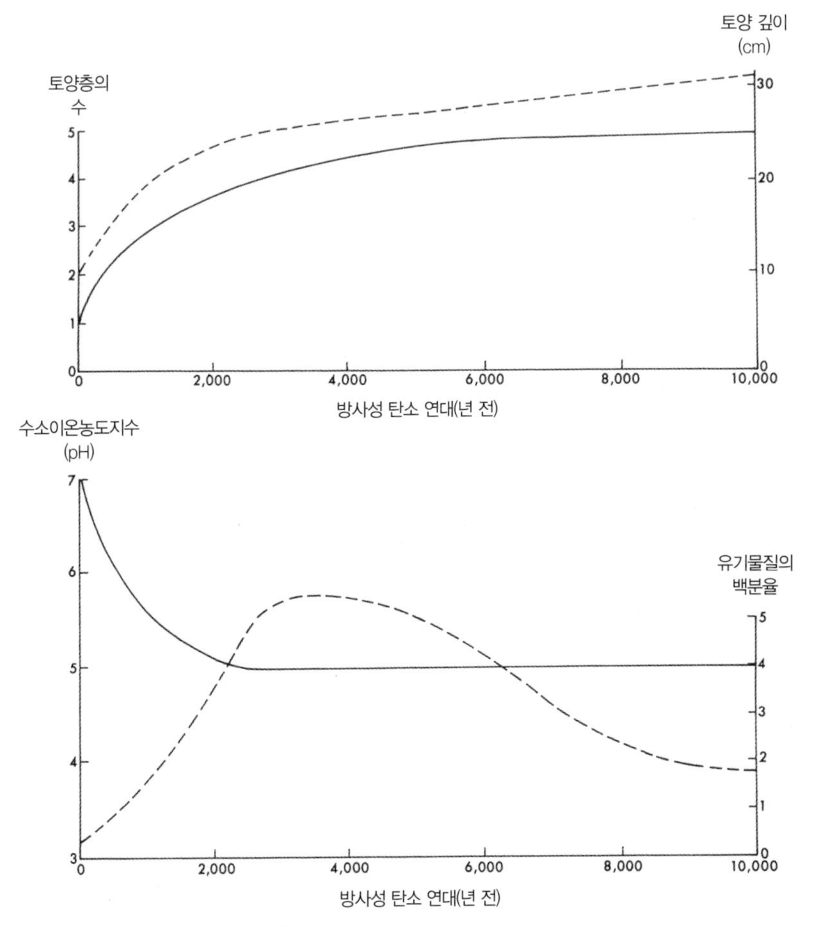

그림 7.3 콜로라도주 로키산맥의 인디언 피크 지역에서 시간에 따른 빙하 퇴적물의 토양 발달에 대한 일반적인 변화 패턴. 위 그림에서 파선은 토양의 깊이를 나타내고, 실선은 토양층의 수를 나타낸다. 아래 그림에서 파선은 유기물질의 백분율을 나타내고, 실선은 수소이온농도지수를 나타낸다.(출처: Retzer 1974, p. 783)

발달은 훨씬 더 오랜 시간이 필요하다. 토양 발달은 낮은 온도뿐만 아니라 낮은 수분에 의해 제한된다. 바다를 접한 산에서는 토양의 발달 속도가 건조한 산에서보다 아마도 약간 더 빠를 것이다(Retzer 1974, p. 784).

산악토의 주요 종류

산악토의 본질을 상세히 논의하는 것은 다음의 두 가지 이유로 어렵다. 하나는 개별 지역 내에서 나타나는 엄청난 다양성 때문이고, 다른 하나는 지구의 환경 매트릭스와 관련하여 산이 차지하는 다양한 지위 때문이다. 노출된 산릉은 습하지 않고 보호할 수 없어 초지를 유지할 수 없는 것이 사실이다. 마찬가지로 어떤 환경에서 고도에 따라 나타나는 변화가 다른 환경에는 적용되지 않는다. 고도가 높아짐에 따라 토양 발달에 미치는 영향은 사막 지역에서 해양 지역에 이르기까지, 그리고 중위도 지역에서 열대 지역에 이르기까지 다소 차이가 있다. 습한 중위도 지역 대부분에서는 고도가 높아지면 토양 발달에 지장이 있는 것은 분명하지만, 건조한 열대의 산에서는 고도에 따라 (어떤 일정한 범위 내에서) 토양이 실제로 개선될 수 있다. 중위도의 습한 산에서는 온도가 주요 제한 요인이지만, 사막의 산에서는 고도에 따른 강수의 증가가 하강하는 온도를 상쇄하고도 남을 수 있으며, 또한 낮은 고도에서보다 토양의 발달에 더 유리하다(Shreve 1915; Martin and Fletcher 1943; Whittaker et al. 1968; Messerli 1973; Hanawalt and Whittaker 1976). 습한 열대지방에서는 고도에 따라 온도가 하강하면서 분해와 용탈의 속도가 느려지기 때문에 높은 고도에서는 많은 유기물질이 지표면에 집적되어 한층 더 많은 영양소가 토양에 보존된다

(Jenny 1948; Thorp and Bellis 1960; Askew 1964; Frei 1964; Haantjens 1970).

산악토의 엄청난 다양성에 더해진 문제는 우리가 알고 있는 산악토에 대한 지식의 본질이 단편적이라는 것이다. 우리가 알고 있는 것 중 상당 부분은 체계적이고 통일된 접근법을 통한 것이 아니라 개별적인 노력을 통해 광범위하게 분리된 지역에서 행해진 고립된 연구로부터 비롯한 것이다. 일반적으로 중위도의 습한 산악토에 비해 사막과 열대의 산악토에 대해서는 알려진 것이 훨씬 더 적으며, 중위도의 산에서조차 상세하게 토양 작도(soil mapping)[32]한 경우는 극히 드물다(Retzer 1962, 1974, p. 785). 따라서 대부분의 세계 토양도에서 산악지역은 잠정적으로 '미분화'로 표시된다. 산악토의 이질성 및 이에 대한 상세한 정보가 부족함에도, 유사한 환경 시스템에서 산악토의 일반적인 특성은 상당한 확신을 가지고 예측할 수 있다. 이러한 논의로 넘어가기 전에, 토양 발달에 대한 연구의 기초가 되는 기본 개념의 일부를 설명할 필요가 있다.

토양 분류

토양의 식별, 분류, 작도를 위한 수많은 도표가 수년에 걸쳐 제시되었지만, 어느 것도 보편적으로 받아들여지지 않았다. 오늘날에도 다수의 나라는 고유의 토양 분류와 작도에 대한 체계를 가지고 있다(Kubiena 1953; Soil Survey Staff 1960, 1974; Bunting 1965). 토양 발달에 관한 초기의 수많은 아

32) 토양 자원을 과학적으로 조사 평가하여 토지를 합리적으로 이용하고, 토지생산성을 향상시키기 위하여 지역 내에 분포하는 토양의 종류를 체계적으로 분류하며, 분포 토양의 성질 등을 조사하는 것을 말한다.

이디어는 이른바 '동적토양분류'와 '대토양군'[33]으로 러시아에서 나왔다. 이런 러시아 체계는 토양 발달이 기후에 의해 제어되는 식생의 발달을 동반한다는 근본적인 가정에 기초했다. 따라서 충분한 시간이 주어지면 유사한 기후(식생) 지역은 토양모재나 지형의 차이와 관계없이 유사한 토양을 유지한다는 것이다. 토양 발달의 초기 단계는 식생 천이의 초기 단계와 유사한 진행 과정을 따르는 것으로 간주되었다. 식생과 토양의 발달은 동시대적으로 발달하며 각각은 시간을 통해 훨씬 더 복잡해졌고, 결국 식생과 토양의 발달과 기후 사이에 동적 평형을 이루게 된다. 이 발달의 단계는 '극상식생(climax vegetation)[34] 유형'(이 책 502~503쪽 참조)과 '성숙토[35]의 단면'으로 대표된다. 이론적으로 이 지점을 넘어서는 어떤 주요 변화도 일어나지 않으며, 발생하는 이들 변화는 지향적인 상태보다 오히려 안정된 상태의 전·후 관계 안에서 어느 한 지점 주위의 변동으로 간주된다.

보통 성숙토나 성대토양(zonal soils)[36]의 유형은 세계의 주요 극상식생 지역과 일치하는 것으로 여겨진다. 대부분의 토양도는 이러한 접근법을 반영한다. 따라서 프레리 초원 지역에는 '프레리토',[37] 활엽낙엽수 지역에

33) 과거 미국에서 사용하던 토양 구분 방법 중 하나로 토양조사에서 식별된 토양통(soil series)을 기본단위로 하여 구분한 것이다. 적황색토, 회색토, 사막토 등이 여기에 속한다.

34) 온도와 수분이 충분하면 극상림이 되지만 고상, 극지, 사막 등에서는 삼림을 이룰 수 없다.

35) 구성하는 토층의 특징이 충분히 발달한 토양으로 환경조건에 대응한 토층 구성을 나타낸다. 이에 비해 사막이나 한랭지, 사면 토양과 같이 토층 발달이 불충분한 토양은 미숙토라고 한다.

36) 기후, 식생 등의 영향을 받아 분포하는 토양이다. 일반적으로 지형의 연속성이 중단되지 않는 범위 내에서 넓은 지역에 걸쳐 규칙적으로 분포한다. 따라서 성대토양은 위도에 따라 기후대별로 분포한다.

37) 스텝 기후의 긴 풀이 자라는 초원에서 생성되며, 석회포화도가 높고, 어두운 색에 두꺼운 부식층을 가진 토양을 말한다.

는 '갈색삼림토',[38] 냉대림[39] 지역에는 '포드졸토(podzol soils)'[40]가 나타나고 있다. 산악지역에서 이 토양의 작도는 보통 고도가 높아짐에 따라 나타나는 극상식생대를 따라 일련의 대(zone)나 띠(belt)를 보여준다(Thorp 1931; Martin and Fletcher 1943; Marr 1961; McCraw 1962; Haantjens and Rutherford 1965; Johnson and Cline 1965; Whittaker et al. 1968; Hanawalt and Whittaker 1976). 이들은 유사한 식생과 기후의 장기적인 존재로 인해 생성된 성숙토 유형으로 간주된다. 이러한 성대토양은 이론적으로 완만한 사면의 배수가 양호하고 평균적이거나 전형적인 장소를 차지하고 있다. 그러나 이들 광범위한 지역 내의 수많은 구역은 다양한 국지적인 요인 때문에 성대토양의 유형과 일치하지 않는다. 배수, 암석 유형, 지형과 같은 국지적인 요인 때문에 서로 다른 이들 토양을 간대토양(intrazonal soils)[41]이라 하고, 완전한 토양 발달에 비해 생성된 지 얼마 안 되는 지표면에서 발달하고 있는 토양을 비성대토양[42]이라고 한다(Jenny 1941). 수많은 산악경관에서 간대토양

38) 성대토양의 일종으로 포드졸 토양 지역에서 온대지역으로 내려가면서 나타나는 토양으로, 온대 습윤 기후의 낙엽활엽수림지대 혹은 혼합림지대에서 많이 나타난다. 포드졸 지역보다는 염기의 생물학적 순환이 활발하여 비교적 부식층이 두껍게 쌓인다.

39) 기온이 낮은 아한대 지역에서 자라는 상록침엽수림을 말한다. 북방침엽수림 또는 타이가라고도 한다. 전체 육지의 약 11%를 차지하고 있으며, 지구상에서 가장 큰 유기탄소의 저장고 역할을 한다. 일부 낙엽송류를 제외하면 소나무, 가문비나무, 전나무, 솔송나무 등이 높은 밀도로 우점하기 때문에 종 다양성은 낮은 편이다.

40) 습윤냉온대기후의 침염수림에서 산성 부식이 생성하는 산으로 알루미늄과 철 등이 용탈되고 규소가 남아 표백층이 생긴다.

41) 토양의 주요 재료, 지형, 식생 등의 국부적인 조건의 영향을 받아 성숙된 토양이다. 같은 기후나 식생에서도 지질, 지형 등의 특성이 다르기 때문에 주변의 성대토양과는 전혀 성질이 다르게 발달한 토양을 말한다.

42) 토양 단면이 충분히 발달할 수 있을 만큼 시간이 경과하지 않았거나 풍화 산물이 제자리에 오래 머무를 수 없는 급사면에 형성되는 토양을 말한다. 범람원에 존재하는 충적토와 산악지방의 암석토 등이 이에 속한다. 토층이 분명하지 않은 특징이 있다.

과 비성대토양은 성대토양보다 더 많은 영역을 차지하고 있다.

여전히 널리 사용되고 있지만, 이 체계는 용어가 부정확하고 토양 특성을 정량화하기 어렵기 때문에 최근 들어 점점 외면받고 있다. 게다가 이 체계에는 수많은 전문가가 제한적이라고 생각하는 강한 발생적인 편향이 나타나고 있다. 그 결과, 일반적으로 '7차 시안'으로 알려진 새로운 토양분류 체계가 미국에서 개발되었다. 이것은 전적으로 토양형태학[43]에 근거하고 있으며, 토양의 기원에 대해서는 어떤 고려도 하지 않는다. 인간의 감각이나 계측으로 결정될 수 있는 토양 특성만 포함된다(Soil Survey Staff 1960, 1974). 새로운 체계는 다른 접근법보다 장점이 많이 있지만, 용어가 그리스어와 라틴어의 이국적인 조합인 크라이아쿠엔트(Cryaquents), 우스토크렙트(Ustochrepts), 삼아쿠엔트(Psammaquents) 등과 같이 외국어로 이루어져 몹시 복잡하다. 그럼에도 사람들 대부분은 이 체계를 천천히 채택하고 있다(Birkeland 1974).

습한 중위도 산악토

습한 중위도 산악토에는 다섯 가지 주요 유형이 있다(대괄호 안은 새로운 토양-분류에 해당하는 표현).

암쇄토(리토솔), 퇴적토(레고솔)[엔티솔(entisols)]

습지토, 이탄토[히스토솔(histosols)]

43) 토양학의 한 분야로, 토양 단면에 나타나 있는 토양의 형태적 특성을 다룬다. 층위의 종류, 두께, 배열, 공극성, 경도, 구조, 토색 등을 다룬다.

고산잔디토, 고산초지토[인셉티솔(inceptisols)]

아고산과고산초원토[몰리솔(mollisol)]

아고산삼림토[스포도솔(spodosols)[44)]]

이들의 각 내용은 아래에 간략히 설명되어 있다. 로키산맥의 토양 유형에 대한 더 자세한 분석과 논의는 레처(Retzer 1974)를 참조하라.

암쇄토, 퇴적토[엔티솔]

암쇄토(리토솔lithosols)[45)]는 나지의 암석 표면, 예를 들어 사면이나 노출된 산릉에서 발견되는 얇고 잘 발달되지 않은 토양이다. 깊이가 얕고 노출이 심하기 때문에, 암쇄토는 대개 건조하며 얼마 안 되는 지의류 식물, 이끼, 방석식물[46)]로 피복되어 있다. 유기물질 때문에 지표면이 약간 어두울 수 있지만, 토층에 대한 다른 증거는 보통 거의 없다. 암쇄토는 침식에 매우 취약하고 종종 실제 토양보다는 미세 물질이나 암석 물질이 집적된다. 어떤 경우든 이 토양은 정상적인 토양으로 발달하는데 상대적으로 새롭고 본질적으로 느리기 때문에 또는 그 어느 하나 때문에 비성대토양이나 간대토양으로 분류된다.

44) 습윤기후에서 생성되고 북방한대림에서 열대지방까지 분포한다. 대부분 침엽수림에서 생성되지만 온난기후의 사바나 열대우림지에서도 발달되고 특징적인 토양층위인 스포딕(spodic)층이 있다.

45) 풍화를 받지 않거나 풍화를 적게 받은 암편으로 이루어진 토양군의 이름이다. 경사가 급한 산지 등에 분포한다.

46) 가지나 줄기가 밀생하여 조밀하고 견고한 단괴상이 되는 식물이다. 싹은 불리한 조건에도 단괴 속에서 보호된다. 증산속도가 낮고 수분 유지도 잘 되기 때문에 건조지의 생활에 유리하며, 또한 저온이나 강풍에 대한 저항성이 큰 것도 있다. 단괴식물이라고도 한다.

레고솔(regosols)[47]은 기반암보다는 오히려 비고결 암석 물질(예: 퇴석, 애추, 이류)에서 발달한다는 점에서 암쇄토와는 다르다. 이들 토양은 토양모재가 초기에 세분되기 때문에 더 안전한 곳에 위치하며 빠른 발달을 보여준다. 레고솔은 약간 더 깊을 수 있지만 다른 면에서는 암쇄토와 비슷하다. 어떤 토양도 없는 새롭고 불안정한 암석 슬라이드[48]부터 느린 토양 발달과 함께 수천 년 된 안정화된 빙하 퇴적물에 이르기까지 모든 변화의 단계를 확인할 수 있다. 암쇄토와 레고솔은 모든 산에서 발생하며, 특히 높은 고도의 사막 및 빙하가 있는 지역에서 흔히 볼 수 있다.

습지토, 이탄토[히스토솔]

습지토나 이탄토[49]는 배수가 잘되지 않는 곳에서 형성되는데, 전형적으로 함몰지에서, 그리고 작은 샘이나 수원지에서 나온 물이 고이는 다른 지역에서도 형성된다. 주요 특징은 지표면에 이끼가 많고 부분적으로 부패된 식물이 많이 남아 있다는 것이다. 이들 이끼와 식물은 그 두께가 수 센티미터에서 최대 1m 이상까지 다양하다. 무기질 토양은 일반적으로 고지대 사면에서 침식된 물질로 구성되어 있으며, 무기물에서 유기물질로 갑작스럽게 전이된다. 무기질 토양은 종종 주황빛과 푸르스름한 회색빛을 띠며 얼룩져 있는데, 이는 토양의 통기가 부족함을 반영한다. 습지토(bog

47) 토양생성작용을 받은 기간이 짧아 생성적 층위가 아직 발달되지 않은 토양을 일반적으로 지칭한다.

48) 급경사의 사면에서 암석이 성층면, 절리면, 단층면을 따라 미끄러져 내려가는 활동이다. 빙식지형인 U자곡은 급애면을 이루어 암벽이 불안정하여 거대한 암괴가 기반암으로부터 분리, 슬라이드한다. 또한 퇴적암층의 성층면이 급애면과 평행하면 역시 불안정하여 암체가 슬라이드하게 된다.

49) 지하 얕은 곳에는 미분해된 이탄층이 있고, 지표 부분은 분해가 진척되어 토양화되었다.

soils)[50]는 pH가 4.0에서 5.0으로 강한 산성을 띤다. 영구동토가 종종 존재하며, 그리고 이끼의 단열 능력과 그늘진 지형 함몰지의 서늘하고 습한 특징 때문에 습지 아래에서는 거의 최대로 적도 부근의 위치에 도달할 수 있다. 영구동토가 있으면 이는 결국 배수가 잘 안되어 사초(sedge)와 이끼로 뒤덮이게 된다. 습지토는 국지적으로 제한적인 조건에서 발달하기 때문에 간대토양으로 분류된다. 습지토는 극심한 사막지대를 제외한 모든 산악지역에서 발견되지만, 이전의 하계망 패턴이 파괴되고 광대한 암석 분지에 물이 모이는 곳으로 빙하가 있는 습한 산에서 가장 중요한 위치를 차지한다. 습지토와 이탄토는 유럽의 해양산맥에서 널리 발견된다(Pearsall 1960).

고산잔디토, 고산초지토[인셉티솔]

이 토양은 습한 중위도 산의 전형적인 성대토양 집단이다. 피레네산맥, 캅카스산맥, 로키산맥, 알프스산맥의 수목한계선 위에서 발견되는 토양의 대부분을 이루고 있다(Jenny 1930; Kubiena 1953; Retzer 1956, 1965, 1974; Agri. Exp. Sta. 1964). 고산잔디의 하위 집단(cryumbrepts)은 배수가 양호하지만, 고산초지(cryaquent)는 배수가 양호하지 않다. 고산잔디토는 상부 사면과 노출된 지역에서 발생하는 반면에, 고산초지토[51]는 물이 더 풍부한 계곡과 하부 사면에서 발달한다. 두 토양 모두 꽉 차고 서로 맞물리며 매우 유기적인 뿌리 지대를 형성하는 허브와 풀로 꽤 완전히 피복되

50) 통상적으로 이탄이 집적된 유기질 토양을 가리킨다. 습지에서 고사한 습생식물유체가 과습한 조건에서 분해가 억제된 채 퇴적된 것 중에서 식물조직이 명료하게 잔존하는 토양이다

51) 고산의 초본 밑에서 형성되는 암갈색을 띠는 토양으로, 토양의 구조가 잘 발달되고 토심이 깊다.

어 있다. 잔디층은 이러한 지표면에 상당한 수준의 안정성을 제공한다. 하지만 일단 잔디가 파괴되면 토양은 침식과 수분 감소에 매우 취약해진다(Bouma 1974). 따라서 이 지표면에 대한 보호는 고산 경관의 보존에 필수적이다.

고산잔디토와 고산초지토 모두 비교적 깊어 30~80cm 두께를 보이며, 뚜렷한 토층의 발달을 보여준다. 그리고 이들은 약산성에서 강산성을 띤다(일반적으로 토양은 깊이에 따라 pH값이 커진다). 이러한 특성은 적어도 토양 단면을 통한 물의 내리막사면 이동을 반영하며, 이로 인해 약한 용탈작용 및 염기 제거가 발생한다(Sneddon et al. 1972, p. 109). 가장 미세한 물질은 지표면에서 발생하고 깊이에 따라 크기가 증가하며, 이는 지표면 근처의 한층 더 큰 풍화작용과 생물학적인 활동을 반영한다. 풍성(바람에 의한) 퇴적작용도 지표면 조직을 더 미세하게 만드는 원인이 될 수 있다. “A층”은 짙은 갈색에서 검은색으로 유기물 함량이 높지만 영양 상태는 여전히 상당히 낮다. 고산초지토는 거의 지속적으로 수분을 유지한다. 그러나 고산잔디토는 보통 여름에 완전히 메마르게 된다. 평평하게 가로놓인 돌 아래에 갇힌 수분은 식물의 뿌리를 끌어당기고, 종종 이러한 암석 바로 아래에 검은색의 유기 퇴적물을 생성한다(Retzer 1956, p. 25). 두 토양의 “B층”은 갈색에서 회색빛 갈색을 띠며, 점토의 위치는 거의 변경되지 않고 토양 구조가 약하게 발달되어 있으므로 주로 색상에 기초하여 구별된다. 조직은 전형적으로 굵고 자갈이 많다.

아고산과고산초원토[몰리솔]

이 토양은 뚜렷한 토층이 있는 비교적 깊고 양질의 토양이라는 점에서 고산잔디토나 고산초지토(인셉티솔)와 비슷하다. 그러나 이들 토양은 더 높은 염기의 존재로 중성에서 약한 알칼리성 pH를 나타내고, 따라서 영양 상태가 더 좋다. 이것은 부분적으로 아고산과고산초원토가 고산잔디토와 고산초지토보다 다소 건조하고 용탈이 적기 때문이지만, 많은 경우에 몰리솔[52]은 높은 염기의 석회질 퇴적암이나 다른 기반암 유형에서 유래되었기 때문이기도 하다. 아고산과고산초원토에는 대토양 유형으로 프레리, 체르노젬(chernozem),[53] 갈색삼림토, 렌지나가 포함된다(Retzer 1974, p. 796). 이들 토양 유형은 로키산맥, 시에라네바다산맥, 캐스케이드산맥에서 제한된 규모로 나타나고 있으나, 피레네산맥, 알프스산맥, 캅카스산맥과 같은 유럽의 산맥에서는 다소 더 흔히 볼 수 있다(Buurman et al. 1976).

아고산삼림토[스포도솔]

아고산삼림토는 적당히 깊고 배수가 잘되며, 토층이 잘 발달하고 뚜렷한 산성 토양이다. 이들 토양은 결정질암이 우세하지만, 수많은 유형의 토양모재를 완전히 피복하는 침엽수림에서 형성된다. 주요 토양 형성 과정은 "A층"이 선택적으로 용탈되고 염기와 점토가 "B층"으로 그 위치가 변경되는 것으로 이루어진 포드졸화 작용[54]이다(Johnson and Cline 1965; Bouma et al. 1969; Brooke et al. 1970; Singer and Ugolini 1974). 수많은 높은 산의

52) 아습윤기후의 초생지에서 나타나는 토양이다. 염기 포화도가 높고 암색을 띠며, 구조가 잘 발달한 표층(몰릭 표층)을 가진다. 밤색토, 프레리토(브루니젬), 체르노젬 등이 대표적이다.
53) 온대에서 냉온대 대륙 내부의 반건조, 반습윤 기후의 스텝 식생지역에 분포하는 성대성 토양이다.
54) 기초적 토양생성작용의 하나로 포드졸 토양을 형성하는 작용이다. 습윤한랭한 기후의 침엽수림 지역에서는 세균류의 활동이 활발하지 않기 때문에 지표에 퇴적된 동식물 유체가 완전히 분해되지 않고 진균류나 사상균에 의해 강산성을 갖는 가동성 부식산이 생성되어 토양도 산성을 띠게 되는데, 그것이 포드졸이다. 유기질이 풍부한 편이지만 강한 산성을 띠어 농사에는 적당하지 않다.

삼림에서 발견되는 낮은 온도와 두꺼운 눈쌓임으로 인해 유기물이 분해되어 토양에 혼합되는 속도가 느리다. 이러한 조건에서, 엽적(litter)[55] 및 부분적으로 분해된 유기물질의 층은 일반적으로 무기질 토양 위에 집적된다. 토양 단면을 통해 아래로 이동하는 물은 분해되는 부식질(humus)에서 나오는 부식산(humic acid)[56]과 함께 스며들게 되고, 철과 알루미늄의 산화물은 용해되어 아래로 운반된다. 이는 "A층" 하부의 극심한 용탈작용을 유발하여 회색빛의 표백된 규산질 지대가 된다. 이것이 진정한 포드졸[57]을 상징하는 특징이다(그림 7.4). 철과 알루미늄의 산화물은 "B층"에 집적되어 적황색을 띤다. 점토와 염기가 "B층"으로 그 위치가 변경되는 것은 종종 배수를 억제할 수 있는 뭉툭하거나 각기둥 모양의 토양 구조를 초래한다. 포드졸은 산성이 강하며 낮은 염기 상태를 나타내고 있어 생산성이 그리 좋지 않다.

숲의 상한계에서의 크룸홀츠(krummholz)[58]와 툰드라 지대(이 책 556~563쪽 참조)에서의 포드졸은 고산잔디토 및/또는 고산초원토로 분류된다. 이들 고도에서의 매우 낮은 온도는 유기물 분해의 속도를 억제하며, "A층"의 용탈은 약해진다. 그러나 바로 그 기후 지역에 종속되어 약한 수준의 포드졸화 작용이 툰드라까지 계속될 수 있다(Molloy 1964; Bliss and Woodwell 1965; Johnson and Cline 1965; Bouma et al. 1969; Sneddon et al.

55) 토양 표면에 위치하는 낙엽 및 여러 다른 미분해된 생물유체의 집적을 말한다. L층과 동의어로 사용된다.

56) 부식을 구성하는 성분 중의 하나이다. 산성 물질로 무정형이고 황갈색 내지 흑갈색을 띤다.

57) 토양의 단면 분화가 가장 잘 나타나는 회백색의 표백층을 갖는 삼림토양이다.

58) 바람과 추위가 심한 고위도 지역이나 높은 고도의 삼림한계의 특성으로 인해 작고 비틀어지게 자란 기형목을 의미한다. 일반적으로 고위도에서 아고산지대의 삼림과 고산지대의 툰드라 지대 사이의 점이지대에 잘 나타난다.

그림 7.4 캐나다 로키산맥(재스퍼 국립공원)의 아고산 삼림 아래 포드졸 토양의 단면. 토양 단면 상부의 담회색 층은 "A층"의 염기를 나타낸다. 그 아래에는 적황색의 "B층"이 있다. "C층"과 토양모재는 표석점토[59]로 이루어져 있으나, 토양은 화산재가 풍부한 풍성퇴적물 내에서 주로 발달했다. 이 단면은 발달하는 데 적어도 7,000년이 걸렸다. 손모종삽은 30cm 길이로 토양의 깊이를 가늠할 수 있다. 이곳의 숲은 엥겔만가문비나무(*Picea engelmannii*)와 로지폴소나무(*Pinus contorta*)로 이루어져 있다.(Roger King, Western Ontario University)

59) 빙하시대에 빙하작용을 받은 지역의 표면 일부를 뒤덮은 퇴적물로 점토, 실트, 모래, 자갈 등이 불규칙하게 퇴적되어 있다.

1972; King and Brewster 1976).

아고산 삼림과 진정한 포드졸 지대에서 온도가 상승하고 강설이 감소하는 곳은 유기물질이 무기질 토양에 더 잘 혼합되는 경향이 있으며, 그 결과 흑색이나 어두운 갈색의 "A층"이 밝은 갈색의 "B층"으로 분류된다. 이것이 회갈색의 포드졸 토양이다. 기후에 따라 숲은 저지대로 계속될 수도 있으며, 또는 초원과 사막관목으로 바뀔 수도 있다. 만약 숲이 지속되면, 이 토양은 회갈색의 포드졸이나 이것이 변형된 토양으로 계속되는 반면에, 초원과 관목지로 바뀌면 프레리토, 체르노젬, 진한 갈색토[60]로 합쳐진다(Agri. Exp. Sta. 1964; Johnson and Cline 1965).

건조한 산악토

건조한 지역에서 고도가 높아지면서 일어나는 환경 변화는 종종 저지대보다 토양이 깊어지고, 동식물 종의 수가 증가하여 생물량(biomass)[61]이 증가하고 생산성이 증대되는 역설을 제시한다. 이는 건조한 곳에서는 수분이 주요 제한요인이므로 고도에 따라 강수가 증가하고 증발이 감소하면서 기온이 (어떤 일정 지점까지) 낮아짐에도 불구하고 생존에 한층 더 유리한 조건이 되기 때문이다. 숲은 종종 반건조 산의 중간 높이를 점유하며 상부 수목한계선과 하부 수목한계선을 모두 보여준다. 하부 수목한계선은 일반적으로 수분이 부족하기 때문이며, 상부 수목한계선은 낮은 온도 때문이다

60) 중위도 지대 및 열대의 약간 건조한 습윤지대에 분포한 갈색을 띤 토양이 이에 속한다.
61) 일정 지역의 모든 생물이 갖고 있는 유기물의 총량을 말한다. 특히 식물체에 존재하는 유기물량을 식물량(phytomass)이라고 한다.

(이 책 553~556쪽 참조)(Dubenmire 1943). 이러한 상황은 건조한 지역의 산에서 수분이 많은 '섬'이 나타나는 수많은 곳에서 관찰할 수 있다. 열대지방의 예로는 동아프리카의 킬리만자로산과 케냐산 및 남아메리카 안데스산맥의 서사면을 들 수 있다. 중위도 지방의 예로는 오스트레일리아 알프스산맥, 캅카스산맥, 트랜스히말라야산맥[62]의 여러 산맥들, 로키산맥, 그레이트베이슨산맥, 북아메리카 캐스케이드산맥과 시에라네바다산맥의 동사면을 들 수 있다. 이러한 중간 고도의 숲은 아극지방의 한층 더 건조한 지역에서는 나타나지 않는데, 이는 기온이 너무 낮아 높이에 따라 발달이 불리해지기 때문이다.

건조 지역과 반건조 지역에서 고도가 높아지면서 토양이 한층 더 잘 발달하는 근본적인 이유는 수분이 증가하기 때문이다. 수분은 식물이 더욱 완전히 피복되고 유기물질이 더 많이 생산되도록 한다. 또한 이는 화학적 풍화작용과 물리적 풍화작용의 과정을 강화하여 토양모재의 붕괴를 촉진하고 한층 더 깊은 토양과 미세한 입자를 생성한다. 용탈이 더욱 커지고 토양 미생물의 개체 수가 증가하는 것은 유기물의 분해와 결합을 가속화한다. 따라서 건조한 토양은 고도가 증가함에 따라 색이 더 어두워지는 경향이 있다. 건조한 토양은 일반적으로 알칼리성이지만 높이에 따라 수분이 증가하면서 알칼리성이 줄어든다(그림 7.5). 마지막으로, 토양의 질소 함량과 염기치환용량은 건조한 산에서 높이가 증가함에 따라 증가한다(Whittaker et al. 1968; Hanawalt and Whittaker 1976, 1977).

햇볕에 노출되는 것은 건조한 지역에서 특히 중요하며, 북사면과 남사면 사이 토양과 식생의 발달에 현저한 차이가 발생할 수 있다(Shreve 1915;

62) 중국, 티베트 자치구 남부의 동서로 뻗은 산맥으로 티베트고원 남쪽에 있다.

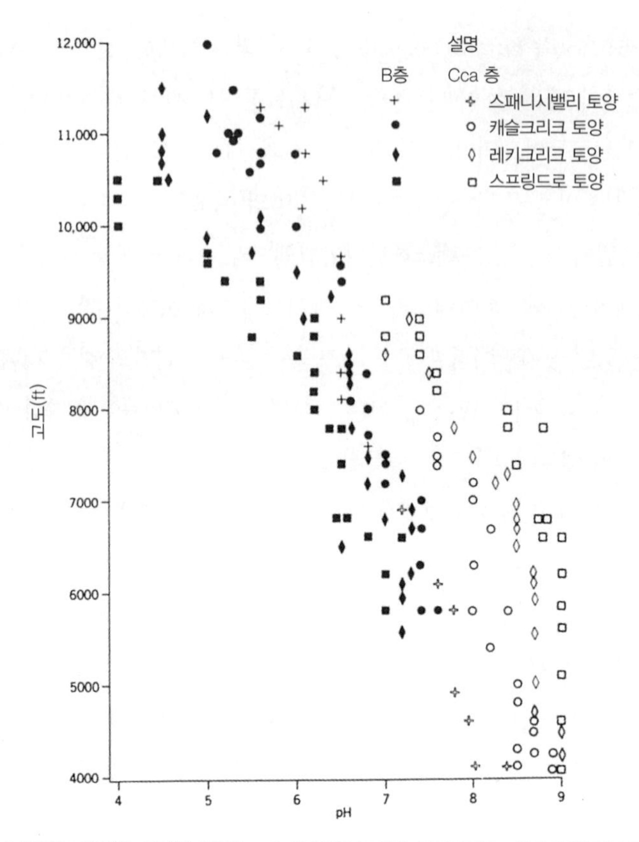

그림 7.5 반건조 지역인 유타주 라살(La Sal)산맥의 고도에 따른 토양 pH의 일반적인 감소(출처: Richmond 1962, p. 89)

Whittaker et al. 1968). 어느 주어진 식생대나 토양대 내에서 노출마다 수십 미터 이상의 수직 변위가 종종 발생한다(그림 7.6). 무덥고 건조한 지역에서 식물에 한층 더 유리한 장소는 대개 극 방향(poleward) 사면과 그늘진 지역에서 더 높은 고도로 확장되는 반면에, 습하거나 한랭한 지역에서는 양지바른 사면의 더 높은 곳으로 확장된다. 지형이 가파르고 험준한 경우,

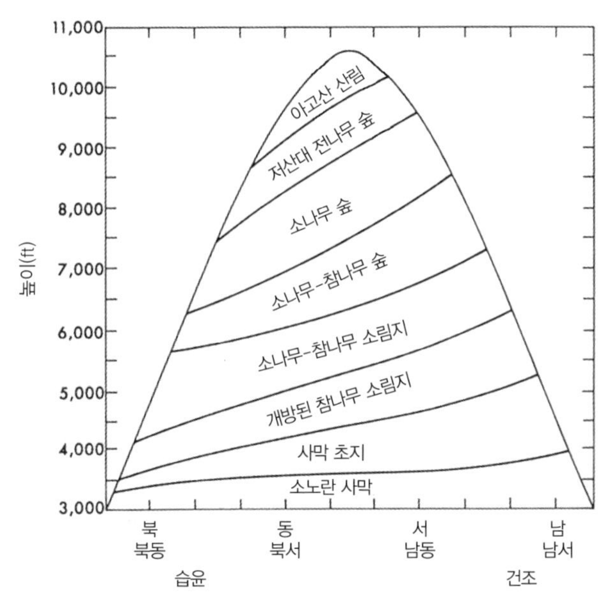

그림 7.6 사막 환경인 애리조나주 산타카탈리나산맥의 북사면에서 남사면으로 이어지는 식물군락 패턴의 이상적인 횡단면도. 2,700m 이상의 높이는 피날레뇨(Pinaleño)산맥 부근에서 외삽한 것이다. (Whittaker et al. 1968, p. 441에서 인용)

특히 빙하작용을 받거나 침식이 지속적으로 활동적인 상태인 경우 토양의 발달은 크게 제한된다. 게다가 건조한 산에서 식물과 토양 발달을 위한 최적의 조건은 낮은 온도의 높은 고도와 건조한 낮은 고도 사이의 폭 좁은 수직 지대에서만 우세하다. 이러한 최적 조건의 지대에 산악지형이 급경사면과 폭이 좁은 산릉으로 이루어져 있는 경우 토양 발달에 유리한 면적은 상대적으로 작을 것이다. 만약 이 지역의 경관이 광범위하고 완만한 고지의 사면으로 이루어져 있다면, 토양 발달에 유리한 면적은 상당히 증대될 것이다(Costin 1955). 높은 고도에서 기후가 유리한 지역에 위치한 광범위하고 완만한 사면 지역은 볼리비아와 페루의 알티플라노(Altiplano)고원 및

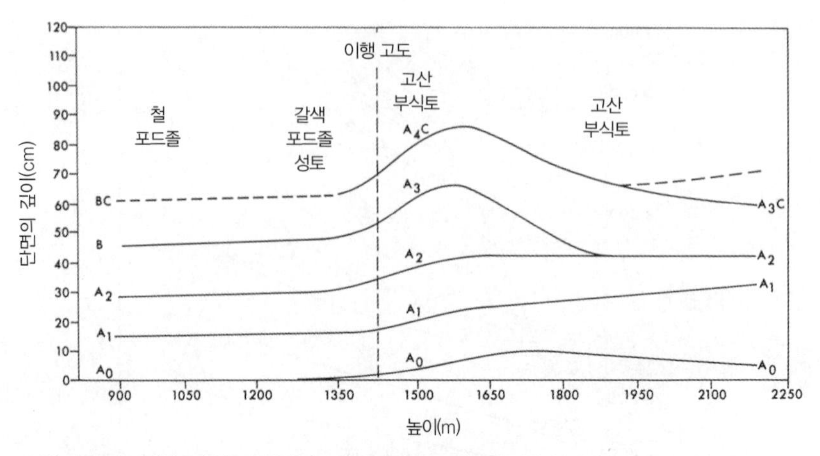

그림 7.7 오스트레일리아 알프스산맥의 토양 발달과 고도 사이의 관계. 단면도의 용어는 복잡하지만, 중요한 점은 낮은 고도나 높은 고도 어느 곳보다 고산지대로 이행하는 중간 고도(파선)에서 토심[63]이 더 깊다는 것이다. 낮은 고도에서는 양질의 토양 발달에 필요한 수분이 충분하지 않은 반면에, 높은 고도에서는 온도가 제한된다.(출처: Costin et al. 1952, p. 203)

티베트고원을 예로 들 수 있다. 미국 서부의 베이슨앤드레인지(Basin and Range)산에 있는 단층지괴[64]의 완만한 침강 사면에서도 이와 유사한 조건이 나타난다.

최적의 기후 지역은 때때로 아고산지대, 예를 들어 오스트레일리아 알프스산맥에서 나타난다. 이 지역은 코스키우스코(Kosciusko)산의 최대 2,220m 높이에 있으며 광범위하고 완만한 고지의 지표면과 일치한다. 수목한계선은 약 1,800m이다. 아고산지대에서는 충분한 수분이 존재하지만 광범위한 빙하작용이 없는 것이 토양 발달에 이례적으로 유리했다(그림 7.7). 실제로 코스틴(Costin, 1955, p. 35)은 오스트레일리아 알프스를 "토양

63) 무기질 토양의 표면을 기준으로 토양의 수직적 깊이를 말한다. 식물(작물)이 자라는 데 필요한 조건을 갖춘 토층의 깊이를 합하여 유효토심이라고 한다.
64) 단층운동에 의하여 인접 지역보다 상대적으로 높아지거나 낮아진 지괴를 말한다.

산맥(soil mountains)"이라고 부르며 이탄이나 암석이 지배적인 유럽의 알프스산맥 같은 다른 산맥과 구별하고 있다.

건조한 산의 토양 유형에 대해서는 기록이 별로 없다. 앞의 절에서 중위도의 습한 산에 대해 나열한 주요 토양군[65] 중에서 암쇄토와 레고솔(엔티솔)이 가장 흔하고, 아고산과고산초원토(몰리솔)가 그 뒤를 잇는다. 습한 산의 다른 주요 토양군이 존재한다 하더라도 거의 드물게 나타난다. 반건조 지역의 지배적인 식생의 유형은 관목, 소림(open forest), 건조지 초원으로, 건조도에 따라 나지의 크기가 증가한다. 그러므로 가장 건조한 지역에서는 암쇄토와 레고솔(엔티솔) 또는 회색이나 적색의 사막토(애리디솔 aridisols)가 나타나고, 수분이 증가하는 방향으로 등급을 매겨 수목이 우거진 회색이나 갈색의 토양(알피솔alfisols) 또는 밤갈색토, 체르노젬, 프레리토(몰리솔)가 나타나며 토양 발달이 진행된다.

습한 열대의 산악토

습한 열대지방의 산은 울창한 열대림이 나타나는 저지대에서 개성 있게 우뚝 솟아 있다. 고도가 높아지면서 저지대의 숲은 키가 작고 밀도가 감소하는 저산대 삼림으로 대체되어 결국 나무들은 가장 높은 높이에서 관목, 풀, 초본식물 등으로 바뀐다(이 책 512~522쪽 참조). 따라서 환경은 고도에 따라 생산성이 감소하게 되지만, 이것은 온도와 수분 사이의 상호작용 및 이들의 결합이 토양의 생산성보다는 도태되는 식물상에 크게 영향을 미치

65) 토양의 생성작용이 같고, 토양 단면에서 볼 수 있는 특징 층위의 배열과 성질이 유사한 토양을 말한다.

는 것을 나타낸다. 실제로 사막의 토양과 같이 습한 열대지방의 토양은 일반적으로 높이가 증가할수록(특정 지점까지) 개선된다. 대부분의 열대 저지대의 토양은 형편없기로 악명이 높다. 이들 토양은 비가 매우 많이 내리고, 유기물질이 빠르게 분해되고, 영양소가 심하게 용탈되는 무덥고 습한 환경에서 존재한다. 대부분의 토양은 식물이 이용하는 영양소의 저장고 역할을 하는 반면에, 저지대의 열대 토양은 너무나 척박하여 토양보다는 오히려 숲의 살아 있는 생물량이 이용 가능한 영양소를 보유하고 있다. 숲이 남아 있는 한 영양소도 비축된다. 영양소는 잎이 떨어져 분해되고 용탈되어 나무뿌리에 흡수되면서 지속적으로 재활용된다. 만약 숲이 파괴된다면 영양소의 공급원은 제거되고 토양은 빠르게 영양분이 용탈된다. 이러한 이유로 중위도에서 행하는 것처럼 열대지방에서도 일년생작물을 대규모로 재배하려던 시도는 대부분 실패했다. 토양은 비옥하지만 기온이 여전히 양호한 곳인 열대지방의 높은 고도에서는 일년생작물의 재배가 훨씬 더 성공적이다. 이 중에서도 실제로 옥수수, 감자, 콩, 호박은 열대의 고지대에서 처음으로 재배되고 자라게 되었다(Sauer 1936). 농업에 적합한 토양의 존재와 함께 중간 고도에서의 적당한 기후는 저지대에서보다 열대의 고지대에서 높은 인구 밀도를 불러오는 경우가 많다(이 책 766~779쪽 참조).

습한 열대의 산악토에서 나타나는 두드러진 특징 중 하나는 고도가 높아지면서 유기물이 증가한다는 것이다(Thorp and Bellis 1960; Askew 1964; Frei 1964; Rutherford 1964). 이는 온도가 낮은 지역에서 분해 속도가 더 느리기 때문이다. 뉴기니의 2,500m 높이에 있는 하부 저산대 삼림에서 토양 내 유기물의 비율은 4:1이다. 반면에 인접한 저지대 열대림에서는 0.5:1이다(Edwards and Grubb 1977, p. 943). 또한 용탈은 감소하고 영양소는 그리 빠르지 않게 고갈된다. 그 결과, 열대의 산악토는 보통 저지대의 토양보다 높은 영양 상태를 나타낸다(그러나 Grubb and Tanner 1976; Grubb 1977; Edwards and Grubb 1977 참조). 집적된 유기물질은 특히 인과 질소의 영양소를 즉시 공급한다(Jenny 1941; Haantjens 1970, p. 102). 습한 열대의 산악토가 영양소 함량이 높은 또 다른 이유는 저지대에서보다 이들 열대의 산악토가 덜 심하게 풍화되었기 때문이다(Burnham 1974). 이는 산악지형이 비교적 유년기에 해당할 뿐만 아니라 고도가 높아질수록 풍화작용의 속도가 감소하기 때문이다. 수많은 열대의 산은 단지 제3기 후반에 생성되었다. 예를 들어 뉴기니에서는 심하게 풍화된 토양은 2,100m 이하의 높이로 제한된다. 다른 한편으로 열대지방에서는 풍화작용이 심지어 더 높은 고도에서도 거의 언제나 충분히 빠르기 때문에 적절한 토양 단면을 만들 수 있다. 따라서 가장 높은 정상과 산릉을 제외하고 암쇄토(엔티솔)는 비교적 드물다. 그러나 산들 사이에는 상당한 대비가 발견된다(Smith 1977b). 토양의 풍화 속도가 상대적으로 빠르기 때문에 일반적으로 중위도와 고위도의 산에서보다 습한 열대의 산에서는 토양 형성에 암석 유형이 덜 중요하다.

습한 열대지방의 주요 토양 형성 과정은 라테라이트화[66] 작용이다. 토양의 상부층에서 선택적인 실리카의 용탈작용은 철과 알루미늄을 남겨둔다(철과 알루미늄은 열대 저지대 토양이 적색과 황색을 띠게 하는 주된 원인이다). 라테라이트화 작용의 최적 조건은 많은 강우, 높은 온도, 유기물질의 부재 등이다. 철과 알루미늄의 산화물은 부식산이 없는 경우 상대적으로 용해되지 않아 보존되는 반면에, 실리카는 이러한 조건에서 용해되어 쉽게 아래로 운반된다. 그러나 고도가 높아지면서 온도는 낮아지고 유기물은 집

66) 기초적 토양생성작용 중의 하나로 연중 고온다습한 열대습윤기후 지역에서 일어나는 토층의 발달이 분명하지 못한 토양생성작용을 말한다.

적되며 라테라이트화 작용은 약해진다. 포드졸화 작용은 라테라이트화 작용의 역행이다. 포드졸화 작용은 철과 알루미늄의 선별적인 용탈을 수반하며, 실리카를 토양의 상부층에 남겨둔다. 따라서 유기물이 증가하면서(부식산 생성), 온도가 낮아질수록 포드졸화 작용은 더욱 우세하게 된다. 중위도와 아극 지방의 산에서는 침엽수림이 대부분이지만, 포드졸화 작용은 습한 열대지방의 한층 더 높은 고도에서도 나타난다(Hardon 1936; Askew 1964; Harris 1971; Burnham 1974). 포드졸화 작용은 산성도를 증가시키고, 토층을 한층 더 뚜렷하게 하며, 고도가 높아지면서 토양색을 짙게 만든다. 이러한 경향은 단지 수목한계선까지만 적용된다. 이 지점을 넘어서면 기후는 현저하게 건조해지고, 식생과 토양은 지속적으로 교란되는 시스템의 영향을 받아 단지 제한된 발달만을 보이는 동결작용이 낮에 나타난다(Zeuner 1949; Coe 1967; Agnew and Hedberg 1969).

산악토의 가능성과 한계

건조하고 습한 열대의 산에서 중간 높이를 제외하고, 토양은 일반적으로 고도가 높아질수록 악화된다. 이 토양의 두께는 한층 더 얇아지고, 입자는 굵고 암석이 많아지며, 산성을 띠고, 불안정하며, 비옥하지 않고, 미숙하게 된다. 이러한 한계에도 불구하고, 산에서는 상당히 완전한 식생의 피복이 나타나며 적당한 생산성을 보여준다(이 책 574~578쪽 참조). 그러나 저지대 환경에 비해 높은 산의 토양 잠재력은 제한적이다.

토양 생산성은 어느 위치에서나 작용하는 과정의 완전한 상태를 나타내는 함수이다. 토양이 장기간 결빙되거나 눈으로 덮여 있으면, 토양의 질에 상관없이 물리적, 화학적, 생물학적 과정의 작용 수준이 크게 저하된다. 성장기의 낮은 온도는 이러한 환경에 존재하는 종의 수와 종류를 효과적으로 제한하고, 수분의 부족도 유사한 한계를 설정한다. 그러므로 산악토의 생산성을 높이는 가장 분명한 방법은 온도를 높이고 적절한 수분을 공급하는 것이다. 이러한 조건에서 생물학적 구성 요소를 개선해야 하며 이는 곧 토양에 반영될 것이다. 그러나 불행하게도 이러한 환경을 변경하는 것은 대부분 비현실적이다.

산악토의 특성 자체는 이들 토양이 상대적으로 비생산적인 이유를 설명하는 데 도움이 된다. 토양의 얕은 깊이는 생물학적인 활동의 침투를 제한한다. 토양의 굵은 조직과 부족한 구조는 토양의 염기치환용량과 물 보유능력을 감소시킨다. 이들 토양의 낮은 pH(높은 산성도)는 식물과 토양 유기체를 제한한다. 토양의 영양소, 특히 질소의 결핍도 또한 제한적이다. 고산지역에서 동물의 굴과 새의 홰(roost) 주변 식물이 더욱 풍성하게 자라는 것은 동물 배설물의 높은 질소 함량을 반영한다. 단순히 비료를 첨가하는 것만으로도 토양 생산성을 높일 수 있을 것이다. 실험은 이것이 사실이라는 것을 입증했지만, 낮은 온도에서 식물이 질소를 이용하는 것은 명백히 비효율적이다(Scott and Billings 1964; Bliss 1966).

산악토의 영양 상태에서 또 다른 요인은 유기물이 상대적으로 많이 존재한다는 것이다. 대부분의 치환 가능한 염기는 유기물질의 경우와 마찬가지로 지표면 근처에서 발견되고 깊어질수록 감소한다. 수많은 산에서 고도가 높아질수록 유기물이 증가하는 경향은 뚜렷하지만, 이것이 항상 토양의 비옥도가 유사하게 증가하는 것을 의미하지는 않는다. 실제로 그 반대일 수 있다. 유기물의 집적이 증가한 것은 유기물의 생산이 증가했다기보다는 낮은 온도에서 분해와 동화(assimilation)[67]의 속도가 감소했기 때문이다. 분해를 통한 유기물질의 형성은 실제로 영양소 물질을 순환에서 벗어나게 한다. 이것은 주요 영양소가 이미 부족한 높은 고도에서의 생산성에 영향을 미치는 중요한 요인이다(Smith 1969, p. 9; Edwards and Grubb 1977; Edwards 1977; Grubb 1977).

또한 유기물질은 물을 흡수하는 효율적인 매개체로서의 수용 능력에서 산악토에 중요하며, 유출을 줄이고 침식으로부터 무기질 토양을 보호한다. 수목한계선 너머의 토양 안정성은 주로 허브와 풀의 꽤 완전한 피복이 존재하기 때문이다. 이러한 식생 피복은 유기물질과 뿌리가 서로 얽힌 빈틈없는 매트릭스를 형성한다. 따라서 일단 식생이 파괴되면, 토양은 침식에 훨씬 더 취약해진다. 이것이 농업 목적으로 산악토를 이용하는 데 가장 큰 제한 요인 중 하나이다.

산에서의 농업적인 토지이용은 현지 산악지역의 문화적이고 자연적인 맥락에 따라 크게 다르다. 북아메리카에서는 근래 들어 산악지역을 농업 목적으로 이용하기 시작한 반면에, 세계의 다른 지역들, 예를 들어 알프스산맥, 안데스산맥, 히말라야산맥에서는 이미 수 세기 전부터 정주와 집중적인 농업을 행했다. 높은 고도는 주로 방목에 이용하고, 중간 고도는 곡물과 덩이줄기(tuber)[68] 식물의 재배에 이용한다.

대부분의 높은 산악지역에서는 일부 방목은 견딜 수 있지만, 무리를 지어 풀을 뜯어 먹는 동물들, 특히 양과 염소 방목은 한 지역에 빠르게 피해를 준다(이 책 822~830쪽 참조). 산에서 일어난 과도한 방목의 피해에 대한

67) 생물체가 외부에서 물질을 흡수하고 변화시켜 자기 몸의 구성물질로 바꾸는 과정을 말한다.
68) 식물의 땅속에 있는 줄기 끝이 양분을 저장하여 크고 뚱뚱해진 땅속줄기를 말한다. 괴경이라고도 하며, 감자, 돼지감자, 토란 등이 여기에 속한다.

수많은 사례를 제시할 수 있다. 아마도 그 대표적인 지역은 지중해와 중동으로, 이곳에서는 수천 년의 방목으로 주변 언덕의 피복이 너무 벗겨져서 어떤 자연적인 식생도 거의 남아 있지 않고 토양은 심하게 침식되고 있다. 동시에 숲도 대규모로 파괴되었다. 레바논의 백향목(Cedar)[69]은 규모가 너무 축소되어서 단지 소수의 좁은 지역만이 원래의 생장 지역으로 남아 있다. 이 백향목은 과거 널리 보급되고 정선된 목재로 솔로몬의 신전에 사용되었다(Mikesell 1969)(그림 12.1). 방목이 한 세기도 채 되지 않은 미국 서부의 산맥에서조차 뚜렷하게 나타나는 영향이 우려의 대상이다(그림 7.8)(Strickler 1961; Marr 1964; Johnson 1965). 다행히도 이러한 위험에 대처하는 조치가 취해졌고 실행되고 있다. 한때 자유롭게 방목하던 수많은 높은 지역의 공공 토지를 현재 출입금지 지역으로 선언하거나, 이들 토지의 이용을 신중하게 규제하고 있다.

산악지의 경작은 가파른 표면과 얇은 토양뿐만 아니라 기후에 의해서도 제한된다(그림 7.9; 표 11.1). 기후가 적절하고 필요성이 크면 아무리 급한 경사면이라도 경작할 수 있다. 급경사면에서 경작할 경우 계단재배가 가장 좋은 방법 중 하나이지만 비용은 극도로 많이 든다. 대부분의 계단재배는 한 지역에서 영구적으로 정착하고 들밭과 단구를 계속해서 유지하고 있는 고도로 조직화되고 정교한 문화에 의해 이루어졌다(이 책 766~779쪽 참조)(그림 2.2, 11.1, 11.3). 하지만 이러한 접근 방식은 소수에 불과하다. 대부분의 산악 농업은 생태학적으로 훨씬 덜 건전하며 급속한 침식으로 이어진다. 중간 상황은 취락과 농업의 역사가 오래된 알프스산맥에서의 경우이다. 이 경관은 이용된 기간을 고려해볼 때 눈에 띄게 보존되고 있다. 그

69) 소나무과에 속하는 상록교목으로 성서에 나오는 식물이다.

그림 7.8 오리건주 왈로와산맥의 아고산 초원에서의 토양 침식. 위 사진은 1938년 8월에 찍은 것으로 20세기 초에 양몰이와 양의 과도한 방목의 영향을 보여준다. 토탄으로 보호받는 토양지지대(pedestal)는 침식의 정도를 보여준다. 아래 사진은 30년 후인 1968년 8월에 찍은 것으로, 즉 방목을 크게 축소한 후의 상황을 보여준다. 1968년 당시 이 지역은 방목을 멈춘 상태였다. 풀의 일반적인 확장과 재형성을 제외하면 가장 눈에 띄는 발달은 수많은 나무 묘목들, 주로 백송(*Pinus albicaulis*)의 정착이다.(E. H. Reid; G. S. Strickler, U.S. Forest Service 제공)

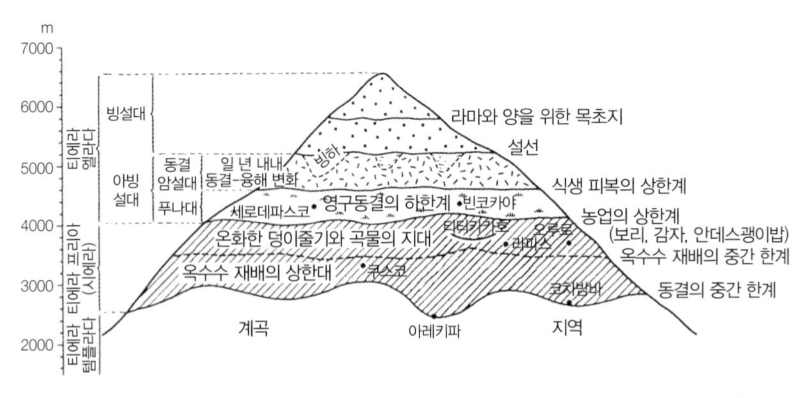

그림 7.9 페루 남부와 볼리비아 북부의 높은 안데스산맥의 기후 생태 지대(출처: Troll 1968, p. 33)

럼에도 자연 식생을 다른 농작물로 대체한 것은 필연적으로 토양의 수분 감소를 초래했다(Bouma 1974; Lichtenberger 1975).

서유럽이나 북아메리카의 많은 선진국에서는 산에서의 토지이용이 현재 상당히 엄격하게 규제되고 있지만, 안데스산맥, 히말라야산맥, 오스트랄라시아(Australasia) 산맥과 같은 수많은 다른 지역에서는 한계지(marginal land)의 무제한 이용이 계속되고 있다. 인구 밀도가 증가하고 있으며, 어떤 경우에는 산악환경에 큰 피해가 발생하고 있다(Eckholm 1975). 산악환경에 대한 우려는 매우 커서 최근 설립된 유네스코 인간과 생물권 프로그램(UNESCO Man and the Biosphere Program)에 의한 조사의 주요 초점이 되었다(Man and Biosphere 1973a, 1974a, 1975; Ives 1974c, d, 1975, 1979). 산악토에는 생명을 지탱할 수 있는 수용량이 제한적이지만, 이들 한계지에 대한 압력이 증가함에 따라 산악토와 인간의 행동 결과에 대해 더 많은 것을 배울 필요가 있다. 인간과 생물권 프로그램은 올바른 방향으로 가는 큰 진전이다.

지은이

:: 래리 프라이스 Larry Price

미국 포틀랜드 주립대학교 지리학과에서 자연지리학을 연구하고 후학들을 가르쳤다. 국제지리학연합(IGU)의 고고도지생태학(이후 산악지생태학으로 명칭 변경) 위원회의 일원으로 거주 가능한 산악환경 및 산속 사람들에 관한 연구에 전념하였다. 이후 산악환경, 자원 개발, 산속 사람들의 복지(well-being) 사이에 균형을 잡기 위해 노력하였다. 현재는 같은 학교의 명예교수이다. 생태계의 균형과 조화, 산지 개발에 따른 부담과 위험성에 대한 관심을 촉구하며 산의 보전과 이용을 결정할 근거가 되는 학술 정보를 망라하여 산에 관한 통합적 교과서인 『산과 사람』을 저술하였다.

옮긴이

:: 이준호

경희대학교 지리학과 및 동 대학원에서 자연지리학을 전공했고, 영국 레딩대학교 인문환경과학대학 지리학 및 환경과학과에서 기후학을 전공하여 박사 학위를 취득했다. 프랑스 국립과학연구센터(CNRS)에서 박사후 연구원을 지냈으며 현재 국내외 주요 대학과 대학원에서 기후학 및 기후변화를 강의하고 있다. 관심 분야는 기후학 일반, 기후변화, 고기후학 및 기후와 문화사다. 주요 역서로 『빙하여 잘 있거라』, 『일반기후학개론』(공역), 『지구의 기후변화: 과거와 미래』(공역) 등이 있으며 주요 논문으로 「도시 기온의 3D 시뮬레이션」, 「한반도의 기후변화와 식생」, 「19세기 농민운동의 기후학적 원인」 등이 있다.

한국연구재단총서 학술명저번역 656

산과 사람 ❶

산의 과정과 환경에 관한 연구

1판 1쇄 찍음 | 2024년 8월 9일
1판 1쇄 펴냄 | 2024년 8월 30일

지은이 | 래리 프라이스
옮긴이 | 이준호
펴낸이 | 김정호

책임편집 | 박수용
디자인 | 이대웅

펴낸곳 | 아카넷
출판등록 | 2000년 1월 24일(제406-2000-000012호)
주소 | 10881 경기도 파주시 회동길 445-3
전화 | 031-955-9510(편집) · 031-955-9514(주문)
팩시밀리 | 031-955-9519
www.acanet.co.kr

Printed in Paju, Korea.

ISBN 978-89-5733-936-7 (94980)
ISBN 978-89-5733-214-6 (세트)

이 번역서는 2019년 대한민국 교육부와 한국연구재단의 지원을 받아 수행된 연구임. (NRF-2019S1A5A7069404)
This work was supported by the Ministry of Education of the Republic of Korea and the National Research Foundation of Korea. (NRF-2019S1A5A7069404)